제2판

최신 소방학개론

최기봉 · 강균희 · 김동일 공저

도서출판
구미서관

머리말

Preface

소방학개론은 화재에 대한 안전관리의 출발점이자 종착점이다.

즉, 개론이라 함은 "기본의 이해"라는 뜻으로서 소방학개론은 어느 과목보다도 넓은 범위에 대해 숙지하여야 한다.

따라서 본서는 소방의 기초학문에 관해 공부하는 학생과 현장실무자에게 기본서가 될 수 있도록 화재의 기초이론과 위험물에 관한 법적 규정과 응용부분, 그리고 건축물에 관한 안전대책을 중심으로 정리했다.

2007년 제1판 출간 후 6년여의 세월이 경과하는 동안 건축과 소방의 환경변화 및 사회의 안전요구 의식변화 등에 따라 수많은 변화가 있었으며 그에 수반되어 건축법과 소방법 및 산업관련법규 등이 개정이 있어왔다. 따라서 금번 개정판에서는 책의 편제를 10장에서 11장으로 세분 편집하였으며, 소방안전관리 전반에 관한 근본적인 이해를 돕기 위하여 국내외 관련이론과 법령 등을 소개하였다.

본서의 특징으로는

1. 익숙하지 않는 용어를 각 장마다 해설함으로써 독학의 어려움을 덜게 하였고
2. 소방을 처음 접하는 공학도에게 기초부터 알 수 있는 내용을 게재하여 쉽게 접근할 수 있도록 편집하였으며
3. 1장, 2장, 3장, 4장에서 소방학의 기초이론인 연소와 화재 및 폭발에 대한 기초이론을 다루었고
4. 5장은 소화원리에 대해 설명하였으며
5. 6장, 7장, 8장은 건축물의 화재, 방화, 안전대책
6. 9장, 10장에서는 위험물의 성상 및 안전관리대책
7. 11장에서는 소방시설의 유지관리에 대하여 법규를 중심으로 그 응용부분에 대해 다루었다.

본서가 많은 대학생들에게 소방학개론을 쉽게 이해하고 친근감을 갖는데 도움이 되도록 기술하였으나, 아직도 미흡한 부분이 많을 것으로 생각되며, 추후 계속 보완하여 더욱 좋은 교재가 되도록 노력하고자 합니다.

끝으로 집필하는데 많은 도움을 주신 안병철 박사님과 구미서관 사장님 이하 임직원 여러분께 감사드립니다.

2014년 3월

저자 최기봉·강균희·김동일

목차

Contents

01 • 연소이론

02 • 화재이론

09 • 위험물의 화재 및 소화

10 • 위험물 저장시설의 기준 및 소화대책

11 • 소방시설의 자체점검

CHAPTER 01

연소이론

CHAPTER 01

연소이론

연소란 화학반응의 일종으로 가연물이 산소중에서 산화반응을 하여 열과 빛을 발산하는 현상이다. 연소가 되기 위해서는 가연물, 산소공급원, 점화원의 3조건이 만족되어야하며, 이들을 연소의 3요소라고 한다.

1.1 연소의 정의

빛과 열을 수반하는 산화반응이라 정의한다. 즉, 물질이 산소와 화합하여 빛과 열을 내는 화학변화를 연소라 한다.

연소는 고체, 액체, 기체인 물질이 빛과 열을 수반하면서 공기 중의 산소와 반응하여 일어나는 것으로 우리 주위에 철이 녹스는 것도 산화이지만 열발생율이 작아 주위에 별 영향을 미치지 않으므로 연소라 할 수 없고 질소 등과 같이 산화, 흡열반응을 하는 경우도 연소라 하지 않는다.

특히, 가연물을 구성하고 있는 주성분인 C, H, O가 연소할 때 공기가 충분하면 CO_2(완전연소), 공기가 불충분하면 CO(불완전연소) 또한 H_2O의 습기분이 발생한다.

완전연소시 연소반응식

$$C + O_2 = CO_2 + 94.1\text{kcal}$$

$$CO + \frac{1}{2}O_2 = CO_2 + 67.7\text{kcal}$$

여기서, C(탄소) : 카본(Carbon)의 약자로 가장 중요한 원소로 자연계 생물체 안에 널리 존재.
H(수소) : 하이드로겐(Hydrogen)의 약자. 무색, 무미, 무취의 가장 가벼운 원소. 대기권 상층부 및 동식물 존재.
O(산소) : 옥시겐(Oxygen)의 약자. 무색, 무미, 무취, 모든 원소 중 가장 다량 존재. 물의 8/9. 지각 질량 1/2 차지.

N(질소) : 니트로겐(Nitrogen)의 약자. 무색, 무미, 무취. 동식물를 구성하는 단백질의 요소. 암모니아 등의 원료.

불완전연소 시 연소반응식 $C + \frac{1}{2}O_2 = CO + 26.4kcal$

비연소반응(산화흡열) $N_2 + O_2 = 2NO - 43.1kcal$

물질이 연소한다는 것은 화학반응으로 발열과 발광을 수반하는 산화반응을 말한다. 이는 어떤 물질에서 다른 물질로의 변화를 말하며, 이러한 과정이 일어나기 위해서는 일정 크기의 점화에너지인 열에너지가 필요하다. 반응물이 외부로부터 열에너지를 얻어 활성화 상태가 되면 열에너지를 방출하여 생성물로 이동한다. 이 열을 반응열이라 한다.

1.2 연소의 3요소

연소가 일어나려면 가연물, 산소공급원, 점화원 및 순조로운 연쇄반응이 필요하다.

연소의 3요소 : 가연물, 산소공급원, 점화원을 말한다.
연소의 4요소 : 가연물, 산소공급원, 점화원, 연쇄반응(순조로운 연쇄반응)을 말한다.

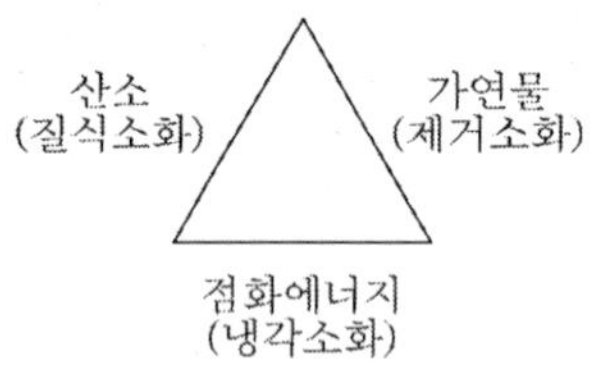

(a) Fire Triangle

(B) Fire Tetra Hedron

그림 1.1 연소의 3요소

참 고

소화이론

연소의 필수요소인 4요소 중 어느 한가지를 만족하지 못하도록 하면 연소가 진행될 수 없으므로 화재예방이나 소화목적을 달성할 수 있다. 즉

① 가연물 - 제거소화 ② 산소 - 질식, 피복소화
③ 점화원 - 냉각소화 ④ 연쇄반응 - 부촉매소화

연쇄반응을 제어하는 방법은 화학적 방법, 그 외 것은 물리적 소화 방법이다.

1.2.1 가연물

산소와 화합하는 물질이라도 산화반응과 발열반응을 하여야만 가연물이라 할 수 있으며 산화반응은 하지만 발열반응이 없거나 발열량이 적으면 가연물이 될 수 없다.

가연물질에는 유기화합물의 대부분의 것과 나트륨·마그네슘 등의 금속, 비금속, 수소, 일산화탄소 및 LPG, LNG 등과 같은 가연성가스가 해당된다.

(1) 가연물의 구비 조건

① 산소와 친화력이 클 것 : 화학적 활성도가 클 것. 즉, 가연물이 산소와 화학적 친화력이 커야한다.
② 활성화에너지가 작을 것 : 점화에너지가 작을 것. 즉, 필요에너지가 적어야한다.
③ 열전도도가 작을 것 : 열전도율이 작을 것. 즉, 열의 축적이 용이해야 한다.
④ 발열량과 비표면적이 클 것 : 발열량이 크고 산소와 접촉하는 표면적이 커야한다.
⑤ 주위온도가 높을수록 : 연소주위의 온도가 높으면 열손실이 적게 되기 때문이다.

(2) 가연물이 될 수 없는 물질

① 산소와 더 이상 반응하지 않는 물질 : 프레온, 이산화탄소 등(CO_2, P_2O_5, SO_3)
② 산화 흡열 반응물질 : 질소 또는 질소산화물
③ 주기율표상 0족 원소 : 헬륨(He), 네온(Ne), 아르곤(Ar), 크립톤(Kr), 크세논(Xe)

가연물은 산화되기 쉬운 물질이라고 할 수 있다. 산화되기 쉽다는 것은 연소하기 쉽다는 말과 같으며, 활성화 에너지가 작고, 발열량이 많다는 것과 같다.

가연물에는 유기화합물과 나트륨, 마그네슘 등의 금속, 비금속, 수소, 일산화탄소, LPG, LNG 등의 가연성 가스가 해당된다. 이 중 가연성 가스는 폭발을 수반하므로 다른 가연물에 비해 위험성이 크다. 이러한 가연물들의 공통적인 구비 조건은 우선적으로 산화되기 쉬운 물질로서 산소와 결합할 때 발열량이 커야한다. 그리고 활성화에너지가 작아야 하며, 열전도도가 작아야 한다. 여기서 활성화에너지가 작은 물질은 그 만큼 위험한 물질이라고 볼 수 있고, 열전도도가 작다는 것은 열의 축적이 용이하다는 것과 같다.

산소와의 결합력이 강한 물질이어야 한다. 이것은 산소와의 친화력이 크다는 것이며, 화학적으로 활성이 강하다는 것이다.

가연물의 표면적이 커야 한다. 가연물의 표면적이 크면 산소와의 접촉면적이 커지므로 연소가 용이해 진다.

기체가 액체, 액체가 고체보다 표면적이 크므로 연소가 더욱 용이해 진다. 그리고 연쇄반응을 수반하여야 한다.

이러한 조건을 갖춘 가연물은 산소와 반응하여 반드시 발열반응을 해야지 흡열반응을 해서는 안 된다. 흡열반응을 하는 물질은 가연물이 될 수 없다. 즉, 불연성 물질을 의미한다.

불연성 물질은 헬륨, 아르곤, 네온, 크세논, 라돈, 크립톤 등이 속한다. 산소와 반응은 하나 발열반응이 아닌 흡열반응을 하는 물질로서 대표적인 물질은 질소 또는 질소산화물 등이다

$$N_2 + \frac{1}{2}O \rightarrow N_2O - 19.5\text{kcal},\ N_2 + O_2 \rightarrow 2NO - 43.2\text{kcal}$$

그리고 산소와 이미 결합하여 더 이상 산소와 화학반응을 일으킬 수 없는 물질로서 이산화탄소, 삼산화황(SO_3), 오산화인(P_2O_5), 규조토(SiO_2), 물 등이다.

1.2.2 산소 공급원

일반적으로 연소에 필요한 산소는 공기, 조연성 가스, 제1류, 제5류, 제6류 위험물 등이 있다.

(1) 공기

공기 중에는 산소가 21%(약1/5) 포함되어 있어 연소에 필요한 산소의 주공급원이다. 그러나 공기중 산소의 양을 15[V%]이하로 억제하면 연소반응은 일어나지 않는다.

표 1.1 공기의 조성

성 분	부피%[V%]	중량%[wt%]
질소	78.03	78.51
산소	20.99	23.15
이산화탄소	0.03	0.04
기타(아르곤, 크립톤, 크세논 등)	0.95	1.30

(2) 조연성가스

1) 가연물은 혼자 연소반응을 할 수 없고 산소(O_2), 오존(O_3), 염소(Cl_2), 불소(F_2), 산화질소(NO) 등과 같이 가연물을 탈 수 있게 보조해 주는 물질을 말한다.
2) 제1류 위험물 : 산소를 함유하고 있는 산화성 고체로서 분류되며 충격, 마찰, 가열로 분해되어 산소를 방출하여 산소공급원이 된다.
   - 아염소산염류, 과염소산염류 〈 무기과산화물, 질산염류(질산나트륨 외) 등
3) 제5류 위험물 : 자신이 가연물이면서 조연성물질인(가연물 + 산화제 형태) 위험물로서

자기반응성 물질(자기연소성 물질)로 분류되며 산소공급원 기능을 가지고 있다. 질화면, TNT 등 이러한 화합물의 연소는 폭발적이고 빠른 속도를 가지며 이러한 연소를 자기연소(=내부연소)라 한다.

- 유기과산화물, 질산에스테르류, 셀룰로이드류(celluloid), 니트로화합물 등

4) 제6류 위험물 : 분해 시 산소가 발생하는 산화성 액체로 분류되며 이 물질들은 불연성이지만 산소공급원 역할을 한다.

- 과염소산, 과산화수소, 질산

(3) 산소와 연소

가연성 혼합기체라도 적당한 혼합비율로 공기 중 산소와 혼합되지 않으면 점화원이 있더라도 발화하지 않는다. 예로서 $1m^3$의 도시가스를 완전연소 시키는데 필요한 공기량(산소량)은 $4 \sim 5m^3$정도이다. 또한 인체에 미치는 영향으로는 산소의 양이 10%이하이면 호흡이 곤란하며 7% 이하이면 사망할 수도 있다.

산소공급원으로는 대표적으로 공기이지만 그 외에도 물질 자체의 분자내에 산소를 포함하고 있는 것으로 산화제와 자기연소성 물질이 있다.

산화제로는 상기에 제시한 제1류 및 제6류 위험물 등이 여기에 속한다. 연소에 필요한 산소공급원인 산소가 가연물에 함유되어 있는 자기연소성 물질은 연소속도가 빠르고, 폭발적인 연소현상을 일으키는 물질로서 제5류 위험물 등이 여기에 속한다.

1.2.3 점화원(활성화에너지, 착화원, 발화원)

가연물이 연소를 시작하는 최저온도로 연소를 일으킬 수 있는 최소에너지이다. 즉 가연물과 산소에 연소반응을 일으킬 수 있는 활성화에너지를 공급해 주는 열에너지원(불씨 등)을 말한다.

원인이 되는 점화원의 형태는 다음과 같이 분류된다.

(1) 점화원의 형태적 분류

표 1.2 점화원의 형태

열적 점화원	적외선, 복사열 등
기계적 점화원	단열압축, 마찰(마찰 스파크), 충격 등
화학적 점화원	연소열, 용해열, 중합열 등
전기적 점화원	정전기, 전기저항열, 전기불꽃(전기아크), 유도열, 유전열 등

1) 연소열 : 물질(1 mol)이 완전히 산화할 때 발생하는 열량
2) 용해열 : 용질(1 mol)이 용매에 녹을 때(어떤 물질이 용해될 때) 발생 또는 흡수되는 열량
3) 자연발화에 의한 열 : 착화원 없이도 상온에서 장기간 열이 발생되어 열의 축적으로 인해 발화점까지 온도가 상승되어 나타나는 현상이다.

(2) 자연발화

화학적 점화원 중 자연발화에 의한 열은 가연물이 서서히 산화되어 축적, 발열, 발화하는 현상으로서 분해, 산화, 미생물, 흡착, 중합열 5가지로 나눈다.

1) 분해열 : 아세틸렌, 산화에틸렌, 셀롤로이드류 등
2) 산화열 : 산화반응에 의해 발열 축적되는 것(기름종이, 기름걸레, 고무분말, 건성유, 석탄 등)
3) 미생물열 : 미생물에 의해 발효됨으로 발생되는 열(=발효열)(퇴비, 먼지, 곡물분 등)
4) 흡착열 : 고온에서 고열물에서 방출하는 열을 흡수, 발화되는 것(목탄, 활성탄 등)
5) 중합열 : 시안화수소, 산화에틸렌 등

즉, 자연발화는 외부로부터 열의 공급을 받지 않고 온도가 상승하는 현상으로 유기물질은 대기에 노출되면 산화하여 물질의 온도가 발화점 이상이면 되면 자연발화 한다.

예로서 기름걸레라도 빨래줄에 걸어 놓으면 열을 빼앗기며 증발되지만 뭉쳐서 방치해두면 열을 축적, 산화되어 자연발화 될 수 있다.

1) 자연발화에 영향을 주는 요인 : 열의 축적이 용이해야하고 공기유통이 어려워야 하며 수분이 적당해야 한다.
2) 자연발화의 조건 : 열전도율이 적어야하며 주위온도, 발열량, 비표면적이 커야한다.
3) 자연발화 방지법 : 공기유통이 잘 되게하고 습도가 높은 곳은 피하며 저장실 온도를 낮게 유지하며 퇴적수납시 열축적이 용이치 않도록 한다.
4) 황린은 자연발화성이 큰 물질의 대표적인 것으로 발화온도 30~50℃이면 자연발화 된다.

(3) 중요 점화원

점화원은 가연물이 연소를 시작할 때 가해지는 활성화 에너지로 생성물질을 형성하는데 필요한 에너지이다. 점화원의 강도는 온도로 표시되며, 종류는 다음과 같다.

1) 전기불꽃 : 전기의 ⊕ ⊖ 합선으로 일어나는 불꽃으로 스파크에 의한 방전, 접점 스파크 등이 있다.
2) 정전기 : 전기의 부도체가 마찰에 의해 미세한 불꽃 방전을 일으키는 것으로 액체유동에 의한 대전, 분출가스의 대전, 인체의 대전 등이 있다.
3) 마찰 및 충격 : 두개의 물체가 서로 마찰, 충격을 일으켜 발생되는 열 에너지원이다.
4) 나화 및 고온 표면 : 일반적인 화기의 사용 시 공급되는 열적 에너지이다.
5) 단열압축 : 디젤 엔진은 전기 불꽃의 방전 없이 압축에 의해 폭발 연소하는데 이와 같이 외부와의 열의 출입이 없이 압축하는 것을 말한다.
6) 산화열 : 산소와 결합할 때 생성되는 반응열이다.

1.2.4 순조로운 연쇄반응

순조로운 연쇄반응이란 정촉매로서 가연물이 산소와 반응하는 점화원에 의해 불꽃연소, 분해연소, 증발연소 등 순조롭게 화학적 연쇄반응을 할 수 있는 것을 말한다.

불꽃연소의 경우 연소의 3요소 외에 연쇄반응이 필요하다. 불꽃연소는 조성된 가연성혼합기에 생성된 활성라디칼인 수소이온(H^+) 또는 수산화이온(OH^-)등이 화학반응 중 촉매로 작용하게 되면 반응에 필요한 에너지가 작게 되어 산화반응이 순조롭게 진행되고 남은 에너지 만큼 고온의 불꽃으로 나타난다.

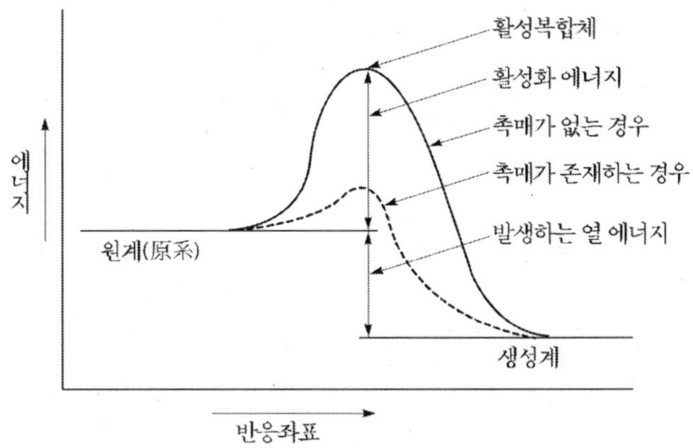

촉매의 기능

(1) 불꽃연소와 작열연소의 구분

1) 불꽃연소(발염연소)

불꽃(발염)연소는 가연물이 탈 때 움직이는 불의 모습을 갖는 것으로 정의할 수 있는데 수소, 메탄, 암모니아 등의 가연성가스가 공기중에서 산소와 점화원을 가해주면, 산소와 접하고 있는 부분의 가연성 기체만이 불꽃을 내면서 타는데 이러한 연소형태를 확산연소라 한다. 그리고 산소와 혼합 후는 매우 빠른 연소속도(산화속도)를 갖게 되는데 이러한 형태를 예혼합연소라고도 한다.
예) 프로판, 부탄, 등유 ,경유 등의 기체 상태의 연소로 가스가 타는 것

2) 작열연소(표면연소, 응축연소, 무염연소)
산화성고체가 고온 시 그 원소 자신이 고 진폭의 진동에너지를 갖으면서 고체결합이 부서지며 일어나는 연소를 표면연소라 한다면, 솜뭉치 처럼 느린속도로 대류를 일으키지 못하며 고농도 상태로 표면에서 산화반응하는 연소를 응축연소라 한다.
예) 숯(목탄), 코크스, 금속분, 담뱃불, 솜뭉치

3) 불꽃연소와 작열연소를 함께 가지는 것
나무, 종이 등의 고체

4) 화재공학에서의 표현
불꽃연소는 연소의 4요소가 만족되어야만 일어날 수 있다. 즉 활성화라디칼(수소이온, 수산화이온 등)이 촉매 역할을 하여 반응이 촉진된 결과로 불꽃이 발생한다.
이와는 달리 훈소, 작열연소는 활성라디칼이 거의 없어 반응시 활성화에너지 많이 필요하게되어 불꽃이 없는 연소인 무염연소(훈소), 작열연소만 일어난다. 화재공학에서는 불꽃연소를 표면화재, 표면연소를 심부화재라 칭한다.

1.3 연소형태

연소의 형태는 상황에 따라 크게 정상연소와 비정상연소로 나눌 수 있다. 정상연소는 열의 발생과 발산이 균형을 유지하면서 연소하는 것을 말하며, 비정상 연소는 연소속도가 급격히 증가하여 폭발적으로 연소하는 것을 말한다. 또한 연소는 물질의 상(고체, 액체, 기체)에 따라 다양한 형태가 있다.

1.3.1 기체의 연소

기체의 연소는 불꽃은 있으나 불티가 없는 연소로서 공기 중의 가연성가스가 확산에 의해 혼합가스를 생성하며 연소하는 현상을 말한다.

일정한 양의 가연성 기체에 산소를 접촉시켜 점화원을 주게 되면 산소와 접촉하고 있는 부분부터 불꽃을 내면서 연소하는 것을 기체의 연소라 한다. 아세틸렌-산소, LPG-공기, 수소-산소 등의 혼합 연소하는 형태를 말한다. 기체연소의 가장 큰 특징은 폭발을 수반하는 것인데 반해 고체 및 액체는 산소를 공급한다 해도 비정상연소에 의한 폭발을 일으키지 않는 것이 특징이다.

예) 불꽃연소, 발염연소, 확산연소

1.3.2 액체의 연소

1) 증발연소 : 일반적인 연소형태로 액체의 연소가 아니고 가열된 액체에서 발생한 증기가 연소하는 것
   예) 가솔린(휘발류), 아세톤, 등유, 알코올, 에테르
2) 분해연소 : 휘발성이 적은 액체가연물이 열분해에 의해 발생된 가스와 공기가 혼합하여 연소하는 현상
   예) 중유(벙커유)
3) 액적연소 : 액적연소라는 것이 있는데 이것은 점도가 높고 비 휘발성인 액체를 일단 가열 등의 방법으로 점도를 낮추어 분무기를 사용하여 액체의 입자를 안개상으로 분출하여 액체 표면적을 넓게 하여 공기와의 접촉면을 많게하는 연소 방법이다.

1.3.3 고체의 연소

고체 가연물에 열을 가했을 때 우선적으로 증발할 수 있는 가연물은 증발연소를 일으키며, 다음은 열분해해서 분해연소가 일어나고 나머지 남은 물질은 표면연소를 한다.

(1) 표면연소

휘발성이 없는 고체가연물이 고온 시 표면에서 공기가 접촉해 연소하는 현상
예) 숯(목탄), 코크스, 금속분

(2) 분해연소

가연성 분해생성물이 공기와 혼합기체를 만들어 연소하는 현상
예) 목재, 종이, 석탄, 플라스틱, 고무류, 섬유류

(3) 자기연소(내부연소)

분자 내 산소를 갖고 있어 외부 산소공급 없이 자기내부의 연소형태를 갖는 현상

예) TNT, 니트로글리세린, 셀룰로이드류 등 제5류 위험물과 같은 물질

자기연소는 자기 자신에서 산소공급이 되어 외부로부터의 산소공급이 없어도 연소가 진행되므로 대단히 빠른 연소속도를 가지고 있으며, 폭발적인 연소를 보여준다.

(4) 증발연소

증발하거나 열에 녹아 액체가 되어 가연성 증기와 공기혼합상태에서의 연소현상

예) 유황, 양초, 나프탈린

1.4 연소의 특성

1.4.1 연소속도

연소속도란 연소시 화염이 미연소 혼합가스에 대하여 수직으로 이동하는 속도 즉, 단위시간에 단위면적당 연소하는 혼합가스량을 말하며, 이는 가스의 성분, 공기와의 혼합비율, 혼합가스의 온도 및 압력에 따라 달라진다.

실내화재의 경우 화재가 어느 정도 확대되면 실내의 가연물이 화염으로부터 직접 받는 열 이외에 화재에 의해 발생한 연기와 같은 고온의 기체로부터의 복사열과 공간화재인 경우 주위공간으로 확산되어 버리는 열이 실내에서 그냥 없어지는 것이 아니라 실내 주위환경에 흡수되어 다시 복사에 의해 가연물 표면으로 열이 전달된다.

연소 속도의 특징은 다음과 같다.

1) 가스의 연소는 발열반응이므로 연소가 시작되면 발생한 열에 의해 혼합가스에 열이 전달되어 발화온도에 도달하게 되면 반응이 계속되어 연소가 계속 진행된다. 이때 화염이 화염주위에서 수직으로 미연소 혼합가스 쪽으로 이동하는 속도를 연소속도라 한다.
2) 화염이 미연소 혼합가스에 대하여 직각으로 들어오는 속도이다($m^3/(m^2 \cdot sec)$ 또는 m/sec).
3) 연소속도는 가스의 분출상태에 따라 층류 연소속도와 난류 연소속도로 구분되는데 이것은 레이놀드 수에 의해 정해지며 보통 연소속도라 함은 층류 연소속도를 말하는데 화재인 경우는 난류 연소속도이다.
4) 연소속도는 온도와 압력이 높을수록 빨라진다.
5) 연소속도는 혼합가스에서 연소속도가 빠른 수소, 메틸렌가스의 함유율이 많을수록 빨라진다. 가스에 공기가 공급되어 반응이 시작되면 반응생성물 중 수증기, 이산화탄소, 질소 등의 불연성 물질의 농도가 증가하여 공기가 가연물에 공급되는 것을 저지하므로

연소속도가 저하된다.

1.4.2 연소온도

(1) 연소온도(연소실 온도)의 정의

실제 연소 시 온도로 다음 식에 의해 계산된다.

$$T = \frac{\eta \times H_1 + Q - Q'}{G \times C}$$

여기서, T : 연소온도(℃)

η : 연소효율(%)

H : 연료의 저 발열량(kcal/kg)

Q : 연소 및 연소용 공기의 현열(kcal/kg)

Q : 전도, 대류, 복사에 따른 손실열(kcal/Ncm^3 · ℃)

G : 연료의 중량(kg)

C : 연소가스의 평균 정압 비열(kcal/Ncm^3 · ℃)

연소실 온도를 높이고 연소를 효과적으로 하기 위해서 연소 및 연소용 공기의 현열을 크게 하고 전도, 대류, 복사에 따른 손실열 및 연료의 중량을 작게 한다.

(2) 이론 연소온도의 정의

이론 연소온도란 연료의 저발열량에 의해 이론적으로 결정되는 온도로서, 계산식은 다음과 같다.

$$T' = \frac{H_1 + Q}{G \times C}$$

여기서 T′ : 이론 연소온도(℃)

H_1 : 연료의 저 발열량(kcal/kg)

Q : 연소 및 연소용 공기의 현열(kcal/kg)

G : 연소가스량(Nm^3/kg)

C : 연소가스의 평균 정압 비열(kcal/Ncm^3 · ℃)

(3) 연소온도에 영향을 미치는 인자

1) 연료의 저발열량 : 열량이 커지려면 연료의 성분 중 C, H 등의 연소물질이 많으므로 연소에 의해 발생하는 가스량도 많아져 이론 연소 온도에는 영향을 미치지 않는다.

2) 산소농도 : 연소용 공기 중에서 산소농도가 증가하면 연소 가스량이 감소하므로 이론 연소 온도는 높아진다.
3) 공기비 : 공기비가 커지면 산화염이 형성하여 발생 열량은 증가하나 연소가스량이 더욱 증가하므로 이론 연소 온도는 낮아진다.
4) 열전달 : 전도, 대류, 복사 등의 열 전달요인으로 인해 발생되는 손실열로 연소 실내의 온도는 낮아진다.

(4) 공기비(m)

공기비(m)는 실제공기량(A ⁰)과 이론공기량(A)의 비를 나타낸 것이다.

공기비(m) = 이론공기량(A ⁰)/실제공기량(A)

보통, 기체연료는 공기비가 1.1 ~ 1.3, 액체연료 공기비는 1.2 ~ 1.4, 고체 연료 공기비는 1.4 ~ 2.0 정도이다

1) 이론공기량 : 이론 산소량을 함유하는 공기량, 즉, 어느 연료를 이론적으로 완전 연소시키는데 소요되는 최소한의 공기량을 말한다.
2) 실제공기량 : 연료를 완전 연소하려면 연소가 진행되는 동안 연료에 대한 이론 공기량으로는 완전산화 반응을 시키기에는 부족하므로 추가적으로 공기를 공급하여야 하는데 이때의 공기량을 말한다.
   즉, 이론 공기량 + 추가 공기량이다.

1.4.3 플래쉬오버(Flash-Over)와 백드래프트(Back-Draft)

(1) 플래쉬오버

순발연소(전실연소)라고도 하며, 실내화재 시 흔히 나타나는 양상으로서 발화로부터 열에 의해 개체의 내장재, 가구 등에 화염이 옮겨 붙어 천정부분의 연소까지 미치게 되고 천정부근에 가연성 가스가 축적되어 어느 시기에 이르러 폭발적으로 연소함으로써 실 전체가 순식간에 화염에 휩싸이면서 모든 공간을 통하여 입체적으로 화재가 확대되는 현상이다.

플래쉬오버 시점에서는 실내의 온도는 실내의 가연물질에 따라서 다르지만 보통 800~900℃가 된다. 최성기의 시작인 플래쉬오버에 대한 정의는 다음과 같이 표현된다.

1) 국소화재에서 실내의 모든 가연물 표면이 연소하는 대화재로의 전이
2) 화재가 가연물에 의해 좌우되는 단계에서 실내환기에 의해 좌우되는 단계로의 전이
3) 실내 천장쪽에 축적된 연소하지 않은 가연성 증기나 기체를 통한 화염의 급격한 전파 현상

화재 시 발생한 연소생성물이 천정 쪽에 축적되어 고온 기체의 층을 형성한다. 고온의 기체가 천장 쪽에 축적되는 경우 층의 두께와 온도에 따라 화재에 미치는 영향이 달라지고 축적되는 두께는 실의 구조와 환기에 의해 달라진다. 화재가 어느 정도 이상 커지면 연소에 필요한 공기량이 많아져 실내 연소속도는 환기에 의해 좌우되는데 환기가 충분하지 못하면 플래쉬오버에 이르지 못하는 반면 실내 환기가 지나치게 크면 개방상태의 화재와 같이 되고 플래쉬오버가 불분명해진다.

실내화재의 실험을 통해 플래쉬오버에 이르는 시간(F · O · T)은 실의 형태에 의해서 별로 영향을 받지 않으며, 환기 개구부의 크기에 따라 약간 달라지고, 점화원의 위치와 면적, 가연물의 높이, 가연물의 체적과 밀도 그리고 실내 마감재 등이 크게 영향을 미치는 변수로 나타난다.

1. 발생시기	화재의 성장기에 발생되며 후레쉬오버 이후를 최성기라 함
2. 발생원인	실내 열축적
3. 특징	① 후레쉬오버 발생시간까지가 피난허용시간(실에서 사람이 거주 가능한 시간)이다. ② 건물화재의 수평, 수직 연소확대 기준점이다.
4. 발생시간에 영향을 주는 인자	① 내장재의 재질 및 두께 ② 화원의 크기 ③ 개구부의 크기 ④ 가연물의 양

(2) 백 드래프트(back draft)

실내화재는 실외화재에 비하여 공기의 유통이 자유롭지 못하다. 화재가 최성기로 접어들면 많은 양의 공기를 필요로 하지만, 개구부가 폐쇄되어 있는 실내라면 공기의 공급이 어렵게 되어 연소현상이 원활치 못하게 된다. 이때 문을 열거나 공기를 공급하게 되면 실내에 축적되어 있던 가연성 가스가 폭발적으로 연소하는데 이를 백 드래프트현상이라 한다.

1. 발생시기	최성기 이후에 발생
2. 발생원인	산소공급
3. 특징	① 개방된 개구부를 통하여 화염이 외부로 분출된다. ② 급격한 압력상승으로 충격파가 발생 건물이 붕괴될 수 있다. ③ 소방관살인현상으로 불림
4. 발생되기 위한 조건	① 밀폐된 공간에서 연소가 일어날 때 ② 실내에 다량의 가연성 가스가 존재할 때 ③ 실내의 온도가 매우 높을 때

1.4 연소 시 발생되는 이상현상

1.4.1 역화(Back fire, Flash back)

불꽃이 연소기 내로 전파되어 연소하는 현상으로 가스의 분출속도보다 연소속도가 클 때 발생된다. 역화의 원인은 다음과 같다.

1) 가스압력이 비정상적으로 낮거나 노즐 또는 콕크 등이 막혀 가스량이 정상때보다 적을 때
2) 혼합기체의 양이 너무 적을 때
3) 버너가 오래되어 노즐의 부식 등으로 분출구멍이 커지는 경우
4) 연소속도보다 가스의 분출속도가 작을 때
5) 버너부분이 고온으로 되어 그것을 통과하는 가스의 온도가 상승하여 연소속도가 빨라지는 경우

1.4.2 블로우 오프(Blow Off)

가스의 분출속도가 크거나 공기의 유동이 너무 강하여 불꽃이 노즐에서 정착하지 않고 떨어지게 되어 꺼져버리는 현상을 말한다. 이것은 Lifting(선화)한 상태에서 다시 분출속도가 증가하면 결국 화염이 꺼지는 현상이다.

1.4.3 리프트 또는 리프팅(선화)

역화(Back fire)의 반대현상으로 버너에서 연소기의 분출속도가 연소속도보다 커서 불꽃이 노즐에서 떨어져 노즐에 정착되지 않고 불꽃이 버너 상부에 떠서 어떤 거리를 유지하면서 공간에서 연소하는 이상현상이다.

선화(Lifting)의 원인은 다음과 같다.

1) 가스압의 과대로 가스가 지나치게 토출하는 경우
2) 1차 공기량이 너무 많아 혼합가스량이 많아지는 경우
3) 연소기 노즐의 부식으로 인하며 노즐이 막혀 분출구멍의 면적이 적어져서 버너 내부의 압력이 증가하여 분출속도가 빨라지는 경우

1.4.4 불완전 연소

가스 연소 시 연소생성물을 포함한 배기가스가 공급가스와의 산화반응을 완전히 완료하지 않으므로 일산화탄소, 그을음, 알데히드, 카본 등의 미연소물이 생기는 것과 같은 상태

를 불완전연소라 한다.

불안전연소의 원인으로 다음과 같다.

1) 가스공급량보다 공기의 공급량이 부족할 때
2) 과다한 가스량이 공급될 때
3) 연소기 주위에 다른 기물이 둘러 쌓인 경우
4) 불꽃의 온도가 저하되는 경우
5) 환기가 제대로 되지 않은 상태의 실내에서 가스기구를 사용하는 경우
6) 주위의 기온이 너무 낮을 때
7) 물체가 화염에 접촉될 때
8) 연소기구가 적합하지 않을 때
9) 연소의 배기가스 분출이 불량일 때

1.5 물질의 연소 시 열특성

1.5.1 현열(감열 : Sensible Heat)

물질의 상의 변화는 없고 온도의 변화만 있을 때 필요한 열량을 말하며, 분자 운동에너지의 증감으로도 나타난다. 즉, 가해진 열이 온도변화의 현상으로 나타나는 열을 말한다. 이러한 현열은 다음의 식에 의해 표현된다.

$$Q = m \cdot C \cdot \Delta t$$

여기서, Q : 현열(kcal, cal), m : 질량(kg, g)
C : 비열(kcal/kg·℃), Δt : 온도차(℃)

1.5.2 잠열(Latent heat)

물질의 상의 변화는 있고 온도의 변화가 없을 경우 필요한 열량을 말한다. 즉 어떤 물질이 고체에서 액체로, 액체에서 기체로 변할 때와 액체에서 고체로, 기체에서 액체로 변할 때에 필요한 열을 의미한다.

전자를 기화잠열, 후자를 융해잠열이라 한다. 대기압하에서 물의 1g당 기화잠열은 539kcal 융해잠열은 80kcal이다. 이러한 잠열은 다음 식에 의해 표현된다.

$$Q = m \cdot \gamma$$

여기서, Q : 잠열(kcal, cal), m : 질량(kg, g)

γ : 기화(증발)잠열, 융해잠열(kcal/kg)

1.5.3 비열

비열은 1g의 물질를 온도 1℃만큼 상승시키는데 필요한 열량 또는 1lb의 물체를 1°F만큼 상승시키는데 필요한 열량은 말한다. 단위로는 kcal/kg · ℃, cal/g · ℃, Btu/lb · °F이다.

물이 소화약제로 사용되는 이유 중의 하나가 다른 물질에 비해 비열과 잠열이 크기 때문이며 이러한 이유로 냉각효과가 뛰어나다.

표 1.3 물질의 비열

물질의 종류	비열	물질의 종류	비열
물	1	알루미늄	0.217
금	0.031	공기	0.240
주석	0.054	나무	0.420
구리	0.091	윤활유	0.510
철	0.113	아세톤	0.528
유리	0.161	부탄	0.549
목탄	0.165	파라핀 왁스	0.700
사염화탄소	0.201		

1.5.4 고열 기체

사람이 장시간 고열에 노출되면 눈에 띄는 외상은 없더라도 폐 속으로 들어간 열로 인해 혈압강하와 혈액순환 장애로 사망할 수 있으며, 그 외에 열에 장시간의 노출로 인해 체온이 상승함으로써 뇌신경 중추에 손상을 입게 되어 일사병과 동일한 결과가 초래되어 사망하는 경우도 있다.

1) 1도 화상(홍반성 화상) : 최외각의 피부가 손상되어 그 부위가 빨간 색깔을 띄고 심한 통증을 느끼는 상태로서 2도 및 3도 화상보다 중증은 아니다.
2) 2도 화상(수포성 화상) : 보다 깊숙이 피하까지 손상을 입어 그 부위가 분홍색을 띄고 분비물이 피하에 모여 물집이 생기는 증세이다.
3) 3도 화상(괴사성 화상) : 피하의 지방질에까지 열이 깊숙이 침투된 것으로서 가장 중화상에 속하며, 말초신경까지 손상을 입어 그 기능이 죽은 상태여서, 1도나 2도 화상에 비해 통증은 거의 느끼지 못하는 증세이다. 2도 및 3도 화상을 입으면 인체의 재생능력만으로는 피부가 원상으로 회복되기는 어렵다.

표 1.4 공기 공기온도와 생존한계기간

공기온도(℃)	생존한계시간(분)
143	5이하
120	15이하
100	25이하
65	60이하

1.5.5 복사열

대규모 건물화재, 석유탱크화재 등 강한 복사열을 받는 환경 하에서 소화활동을 할 경우는 복사열에 대하여 반사성, 단열성이 있는 방열복을 착용하지만 장시간 진화작업을 하면 열을 많이 받고 피로가 가중됨과 동시에 신체의 열이 외부로 퍼져 나가고 탈수와 체온상승에 의한 현기증, 구역질, 두통, 허탈감, 경련, 실신 등에 의한 열중증이 되고 심한 경우에는 사망에 이른다.

일반 화재용의 방열복은 통풍이 좋지 않기 때문에 직접 태양광선을 받으면서 소방훈련을 하거나, 소화활동 중에 일사병, 열사병으로 열 장애를 받은 사례도 있다. 인간이 피부에 느끼는 고통과 복사열 강도의 관계는 표 1.5에서 볼 수 있지만 의복의 다양성, 신체의 노출부위 범위에 따라서 고통과 복사열 강도는 다르게 되는 것이다.

1.5.6 열전달 방법

물체에서 온도의 차가 발생되면 열은 높은 곳에서 낮은 곳으로 이동하는데 이러한 것을 열전달이라 한다. 열전달방법으로는 전도, 대류, 복사 등이 있다.

표 1.5 인간이 피부에 느끼는 고통과 복사열 강도

인체상태	복사열 강도(kcal/m^2 · hr)
장시간 노출에 견디는 최대 방사열	1,080
고통을 느끼기 시작한다.	1,260
1분 후 고통	1,800
10~20초 후 고통	3,600
3초 후 고통, 10~20초 후 불에 데어 살이 부어오름	9,000

(1) 전도

동일한 물질 또는 일정한 물질 상호간의 열의 이동이며 물질의 각 분자가 지니고 있는 운동에너지가 인접한 분자에 이동해 나가는 현상을 말한다.

단면적이 일정한 도체일 경우 관계식은 다음과 같다.

$$Q\,(\text{kcal/hr}) = \frac{K \cdot A \cdot \Delta t}{L}$$

여기서, Q : 열전달량(kcal/hr)

L : 두께차(m)

K : 열전도도(kcal/m · hr · ℃)

A : 열전달면적(m^2)

Δt : 온도차(℃)

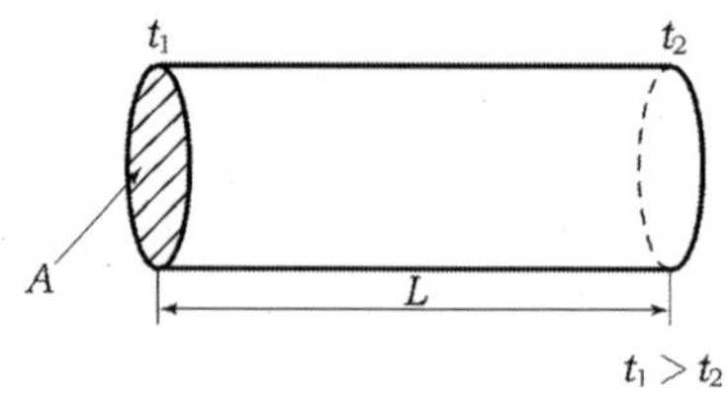

그림 1.2 전도

(2) 대류

고체벽에 유체가 접촉하고 있을 때 유체의 일부가 온도변화가 발생하면 동시에 밀도변화가 발생되고 유체의 운동에 의해 균일화되기 위해서 유체 서로가 이동하는 현상을 말한다.

외부의 이력에 의해 일어나는 것을 강제 대류, 자연적으로 발생되는 변화를 자연대류라 한다. 고체와 유체간의 열전달 관계식은 다음과 같다.

$$Q = h \cdot A \cdot \Delta t$$

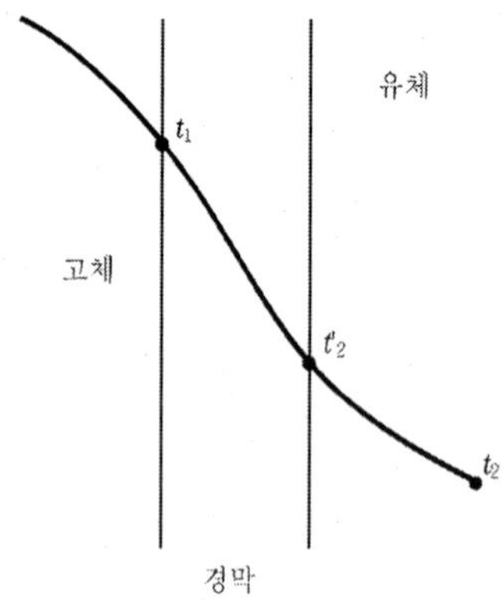

그림 1.3 대류

여기서, Q : 열대류량(kcal/hr)

A : 열전달면적(m^2)

Δt : 고체표면과 유체와의 온도차[$t_1 - t_2$]

h : 경막열전달계수(열전달계수)[kcal/m^2 · hr · ℃]

(3) 복사

복사는 전도, 대류와 같이 물질을 매개체로 하여 열에너지가 전달되는 것이 아니라 서로 떨어져 있는 두 물체 사이에 열에너지가 전자파 형태로 물체에 복사되며 이것이 다른 물체에 전파되어 흡수되면 열로 변하는 현상을 말한다. 화재시 열의 이동에 가장 크게 작용하는 열 이동방식이다. 복사는 스테판 - 볼츠만법칙에 의해 복사열은 절대온도의 차의 4제곱에 비례하고, 열전달 면적에 비례한다. 관계식은 다음과 같다.

$$Q = aAF(T_1^4 - T_2^4)$$

여기서, Q : 복사에너지
a : 스테판-볼츠만 상수
A : 열전달면적(m^2)
F : 기하학적 factor
T_1 : 고온(K)
T_2 : 저온(K)

1.5.7 건축물과 열 현상

소방활동을 필요로 하는 소방대상물은 큰 피해를 받아 정상적인 상태를 잃어버리는 것이 보통이다. 타고 있는 건물은 지붕, 천장, 벽 등이 붕괴하는 등 화재현장에서는 대부분 위험을 가지고 있다.

(1) 열전도율

화재 시 물질에 대한 화열의 영향과 효과를 생각해 볼 때, 불꽃의 전파와 직접적인 관련을 갖는 물질의 열 특성으로서 중요한 것은 물질의 열전도율이다.

열원에 의해 물질이 가열되면 열은 가열지점으로부터 그 물질 내부의 모든 방향으로 전달된다. 그러나 물질을 경유하여 같은 시간에 전달되는 열의 양은 물질마다 다르기 때문에 물질의 온도를 발화점에 도달하게 되는 데에 요하는 열량 역시 물질에 따라 같지 않다.

표 1.6은 주요 건축재료의 열전도율을 보여주고 있는데, 이 표에서 볼 때 건축재료 중 금속성의 것과 그 외의 것 사이에는 열전도율에 엄청난 차이가 있음을 쉽게 알 수 있다.

건축물의 콘크리트 구조물 내에 들어있는 철골이나 금속지지물이 화재시 심하게 열을 받을 경우, 금속의 큰 열전도율 때문에 구조물의 다른 부분으로 열이 신속히 전달됨으로써 화재의 확대요인이 될 수도 있다.

표 1.6 주요 건축재료의 열전도율

건축재료	열전도율(cal/sec/cm/℃)
알루미늄	0.50
벽돌	1.70×10^{-3}
콘크리트다	4.10×10^{-3}
동	0.91
코크보드	0.10×10^{-3}
화이버보드	0.14×10^{-3}
유리	2.30×10^{-3}
철재	0.15
대리석	6.20×10^{-3}
광물섬유	0.10×10^{-3}
종이	0.30×10^{-3}
석고	1.70×10^{-3}
합성수지류	0.45×10^{-3}
질석	0.14×10^{-3}
목재(참나무)	0.41×10^{-3}
목재(소나무)	0.29×10^{-3}

(2) 열팽창

건축물의 화재문제를 논할 때 물질의 열전도성 외에도 화열의 영향 및 효과와 관련하여 제기되는 또 하나의 열 특성은 물질의 열팽창에 있다. 건축자재의 열팽창은 건물의 구조물에 결함을 초래함으로써 화재로 인한 건물붕괴의 주 인자가 된다. 화재현장에서 소방진압대원이 이 때문에 생명을 잃은 일도 적지 않다.

철재, 벽돌, 콘크리트, 목재와 같은 건축자재가 화염에 노출되어 가열되면, 이들은 서로 같지 않은 비율로 종적, 횡적으로 팽창함으로써, 구조물과 상호 견고하게 결합되어 있는 자재들의 표면이 파괴되고, 구조물들의 강도와 상호 협력이 상실되어 붕괴가 일어날 수 있다.

표 1.7은 주요자재들의 선팽창계수를 나타내고 있다. 그러나 이 값들만으로 실제 화재 시에 직면하는 물질들의 열팽창 특성이 전부 설명될 수 있는 것은 아니다.

예컨대, 표 1.7에서 보면 철재가 벽돌 및 콘크리트로부터 분리되고 이에 따라 벽돌과 콘크리트의 연결부분이 파손되면서 건물의 골조와 벽사이의 결합력이 상실되는 일이 많다.

따라서 화재시 열을 받는 과정에서, 콘크리트 및 벽돌에 비해 철재의 팽창속도가 대단히 크기 때문에 이들 간의 접촉이 파괴되는 현상이 일어나게 되는 것이다.

콘크리트와 벽돌 간에도 비교적 큰 차이의 열전도율 때문에 이와 같은 팽창이 일어날 수 가 있어서 화열을 받는 과정에서 벽돌간의 시멘트 접합부분이 파괴되어 벽의 견고성이 상실 될 수 있다.

표 1.7 주요물질의 열팽창계수

물 질	선팽창계수
알루미늄	2.50×10^{-4}
황동	1.87×10^{-4}
벽돌	9.50×10^{-5}
콘크리트	$(1.00 \sim 1.40) \times 10^{-4}$
동	1.66×10^{-4}
유리	9.20×10^{-5}
철재	1.15×10^{-4}
석고	$(4.00 \sim 7.00) \times 10^{-5}$
목재(참나무)	4.92×10^{-5}

1.6 특수가연물

특수가연물이란 화재가 발생하면 그 확대가 빠른 물품으로서 소방기본법에서 표 1.8과 같이 면화류, 대팻밥, 합성수지류 등으로 분류하고 일정수량 이상을 저장 취급할 경우에는 법에 따라 관리하여야 한다.

표 1.8 특수가연물(소방기본법 시행령 별표 2)

<table>
<tr><th>품 명</th><th>수 량</th><th colspan="2">품 명</th><th>수 량</th></tr>
<tr><td>면화류</td><td>200(kg) 이상</td><td colspan="2">석탄·목탄류</td><td>10,000(kg) 이상</td></tr>
<tr><td>나무껍질 및 대팻밥</td><td>400(kg) 이상</td><td colspan="2">가연성 액체류</td><td>2(m³) 이상</td></tr>
<tr><td>넝마 및 종이부스러기</td><td rowspan="3">1,000(kg) 이상</td><td colspan="2" rowspan="2">목재가공품 및 나무부스러기</td><td rowspan="2">10(m³) 이상</td></tr>
<tr><td>사 류</td></tr>
<tr><td>볏짚류</td><td rowspan="2">합성수지류</td><td>발포시킨 것</td><td>20(m³) 이상</td></tr>
<tr><td>가연성 고체류</td><td>3,000(kg) 이상</td><td>그 밖의 것</td><td>3,000(kg) 이상</td></tr>
</table>

1.7 물질의 연소 시 발생되는 열에너지원

어떤 물질이 발화하여 연소가 이루어지기 위한 최소에너지를 열원이라 한다. 이러한 열원에는 화학열, 전기열, 기계열, 원자열로 분류할 수 있다.

1.7.1 화학적 에너지

(1) 연소열

연소열은 물질이 완전 산화되는 과정에서 발생되는 열로서 그 물질분자를 구성하는 원자의 종류, 수 및 배열방법에 따라서 다르다.

연소열은 화재하중 등의 평가 기준이 되므로 방화계획상에 중요성을 가지고 있다. 또한 자연발열과 같은 불완전한 연소 혹은 부분 연소에서 점화원으로 사용된다. 탄소와 수소, 산소로 구성된 물질은 대부분 연소열이 산소의 소모량에 의해서 정해진다.

(2) 자연발열

어떤 가연물질이 외부에서 열을 공급받지 아니하고 물질 자체내의 열 축적만으로 온도가 증가하여 물질의 발화점 이상에서 연소하는 현상을 말한다.

또한, 기름걸레를 뭉친 상태에서 방치해 두면 자연발열에 의해 발화할 수 있으나 자연발화 할 수 있는 기름걸레를 빨래 줄에 가지런히 걸어 놓으면 공기의 유통에 의해 열이 제거되므로 자연발화가 일어나지 않는다.

(3) 분해열

화합물이 분해할 때 발생하는 열을 말한다. 분해열을 발생할 수 있는 화합물의 특성은 그 화합물이 합성될 때의 열은 흡열반응물질이며, 흡열반응 물질은 보통 불안정한 경우가 많다.

(4) 용해열

어떤 물질이 액체에 용해될 때 발생되는 열로서 물질의 화재를 발생시킬 만큼 위험하지는 않다. 진한 농황산은 물에 희석할 때 열이 발생되는데 물질 자신을 타지 않고 주위의 가연물을 연소시킬 위험이 있다. 반면 질산암모늄은 물에 용해되면 열을 흡수한다.

1.7.2 전기적 에너지

(1) 저항열

도체에 전류가 유동하면 물질의 원자구조 특성에 의한 전기저항 때문에 전기에너지가 일부의 열에너지로 바뀐다. 이때 열의 발생속도는 저항 및 전류의 제곱에 비례한다. 저항열의 가열효과는 주변으로 발산하는 열량의 크기에 좌우되므로 나선은 전열피복보다 가열효과가 적다.

(2) 유도열

도체 주위의 자장 변화에 의해 전위차가 발생하며 이 전위차로 인해 전류의 흐름이 발생된다. 또 전율에 대한 저항 때문에 저항열이 발생한다. 이것은 자장의 변화에 의해 발생된 것이므로 유도열로 볼 수가 있다.

(3) 유전열

보통 절연물질은 완벽한 절연능력을 갖지 못하므로 절연물질에 약한 전류가 흐르게 된다. 이런 전류를 누설전류라 한다. 열의 발생견지에서 보면 누설전류에 의한 열은 별로 중요한 것은 아니지만 절연물질의 재질이 적합하지 못하거나 콘덴서 용량 증대를 위해서 매우 얇은 절연체를 사용하게 되면 누설전류가 커서 절연물을 가열하여 절연이 파괴된다.

(4) 정전기열

1) 정전기 정의

정전기란 전하의 공간적 이동이 적어 이 전류에 의한 자계효과가 전계효과에 비해 무시할 정도로 아주 적은 전기를 말한다.

정전기는 마찰전기라고도 불리우며, 두 종류 이상의 물질이 접촉한 후 서로 떨어질 때 발생되며(주로 부도체물질로 대전서열이 먼 물질 간) 정전기에 의한 전압은 1,000~10,000(V) 정도이다. 정전기의 스파크에 의하여 가연성가스, 인화성액체, 분진 등이 있는 곳에서는 착화가 용이하다.

정전기의 특징은 그 시간이 짧고 발생되는 열도 많지 않으므로 종이와 같은 가연물은 점화시키기 어려우나 인화성 기체나 가연성 분진은 쉽게 점화시킬 수 있다.

석유화학공장에서는 석유와 같은 유체를 배관 내로 이동하므로 정전기가 발생할 우려가 있다. 정전기에 의해 주위의 인화성 증기가 발화되어 폭발되는 경우가 있으므로 유의하여야 한다.

2) 정전기방지대책

① 접지와 본딩

② 공기의 이온화

③ 상대습도를 높인다 (70%이상)

④ 도체를 사용한다

⑤ 유속을 줄인다.

⑥ 정치시간을 확보한다

(5) 아크열

아크열은 나이프 스위치에 의하여 또는 접점이 느슨하여 전류가 단절될 때 발생한다. 아이크는 온도가 상당히 높기 때문에 방출된 열에 의해 가연성 및 인화성 물질을 발화시킬 수 있다.

(6) 낙뢰에 의한 열

번개는 구름에 축적된 전하가 다른 구름이나 지상과 같은 반대전하에 대한 방전현상으로 지상이나 구름을 통과할 때 저항이 큰 물질에서 많은 양의 열을 발생시킨다.

1.7.3 기계적 에너지

(1) 마찰열

마찰열은 두 물체의 마찰에 의해 기계적 에너지가 얼마의 열로 변화되는가에 따라 또는, 열의 발생속도에 의해 결정된다. 예를 들면 그라인더에서 발생되는 불꽃이나 벨트와 도르래 사이에서 발생되는 열 등이 여기에 속한다.

(2) 압축열

기체를 압축시키면 열이 발생되는데 이것은 기체분자간의 충돌횟수가 증가되어 내부에너지의 증가를 가져오며 결국 주위온도를 증가시켜 점화원의 역할을 한다. 예를 들어 디젤엔진의 경우 압축에 의하여 발생되는 열로 인해 연료와 공기의 혼합가스가 점화된다.

(3) 마찰스파크

금속물체와 다른 고체물체가 충돌하여 충돌된 금속입자가 순간적으로 높은 열이 생성되어 스파크가 일어나는 것을 말하며, 불이 일어나는 경우가 있다. 철제공구가 콘크리트바닥에 떨어지면 마찰스파크가 발생되는데 보통 철제공구의 마찰스파크는 약 1,370℃에 이른다.

1.8 인화점, 연소점, 발화점

1.8.1 인화점

휘발성 물질에 불꽃을 접하여 발화될 수 있는 최저온도라고 정의한다.

점화원 접촉시 연소를 시작할 수 있는 온도로서 어느 순간 외부의 직접적인 점화원에 의하여 주위에 불꽃이 일어날 수 있는 최저온도라고도 할 수 있으며 가연성 액체의 위험성을 기준으로 인화점을 나타내기도 한다. 가솔린(휘발유)은 대표적으로 인화점이 −20℃ 이하의 낮은 액체로 상온에서 증발성이 있기 때문에 착화하여 연소가 일어나기 쉬운 물질이다.

표 1.9 액체가연물의 인화점

가 연 물	인 화 점(℃)	가 연 물	인 화 점(℃)
에테르	−45	메틸 알콜	11
에틸벤젠	−40	에틸 알콜	13
아세트알데이드	−38	등유	30~60
가솔린	−43~−20	중유	70~150
아세톤	−18	클레오소오트	74

1.8.2 연소점

인화점이후 점화원을 제거한 후에도 지속적인 연소작용(5초 이상)을 일으킬 수 있는 온도라고 정의한다.

표 1.10 액체가연물의 연소점

가연물	연소점(℃)	가연물	연소점(℃)
에테르	−35	메틸알콜	21
가솔린	−10 이하	에틸알콜	23
아세톤	−8	등유	40 이상

가연물이 인화점에 도달하여도 연소되지 않는다. 그러나 이것보다 온도가 조금 높으면 연소가 계속된다. 즉, 어떤 인화성 액체가 공기중에서 열을 받아 점화원 존재하 또는 점화원 제거 후에도 혼자서 계속 탈 수 있는 온도를 말하며 일반적으로 인화점과 서로 관계가 있으며 보통 인화점보다 10℃정도(5초 이상 연소를 지속시킬 수 있는 온도) 높다.

(1) 연소불꽃의 색상

온도가 상승시 열복사선과 가시광선의 파장이 짧아져 우리의 눈이나 피부로 느끼게 된다. 연소에 의한 빛은 온도가 상승하므로 생기는 것이며 물질에 따라서 조금씩 다르나 스펙트럼을 찍어보고 시험으로 알아보면 일반적으로 저온에서 고온으로 온도에 따라 암적색 → 진홍색 → 주황색 → 황색 → 황적색 → 백적색 → 휘백색 순으로 나타낸다.

구체적인 온도와 색깔은 다음과 같다.

표 1.11 연소의 색깔과 온도

색깔	온도(℃)	색깔	온도(℃)
담암적색	500	황색	1050
암적색	700	황적색	1100
진홍색	750	백적색	1200~1300
주황색	900~1000	휘백색	1500

표 1.12 물질의 색깔과 온도

연소물질	온도(℃)	연소물질	온도(℃)
목재화재	1100~1300	가스불꽃	1800
촛 불	1400	전구필라멘트	2100
복합화재	1500~1800	전기용접 불꽃	3000~4000
알 콜	1700	아세틸렌 불꽃	3300

(2) 연소 증대를 시키는 방법

가연물질의 연소를 증대시키는 방법으로는 대체적으로 다음과 같다.

1) 온도 또는 압력을 높인다.

2) 산소와 친화력이 큰 물질을 사용한다.

3) 열전도도 값이 적은 물질을 사용한다.

1.8.3 발화점(착화점)

점화원 접촉없이 연소를 시작할 수 있는 최저온도로서 가연물을 공기중에서 가열했을 경우 외부로부터 점화시키지 않더라도 그 스스로 발화하여 연소를 일으키는 최하의 온도를 말하며 자동발화점이라고도 한다.

(1) 발화점이 낮아지는 조건

1) 적쇄 탄화수소계열의 분자량 또는 탄소쇄의 길이가 길수록
2) 분자구조가 복잡할수록, 발열량이 클수록
3) 산소의 농도, 친화력이 클수록(화학적 활성도가 클수록)
4) 활성화에너지(점화에너지)가 적을수록
5) 열전도율이 적을수록(열축적이 용이할수록)

즉, 가연물의 구비조건과도 유사한 발화점이 낮아지는 조건이란 불붙는 온도가 낮아진다는 말로 해석되며, 예를 들어 황린은 30℃, 셀룰로이드는 180℃, 목재가 410℃라면 황린은 셀룰로이드나 목재보다 불이 빨리 붙을 수 있다는 말로 정리 할 수 있다.

표 1.13 가연물의 발화온도

가연물	발화점(℃)	가연물	발화점(℃)
황린	30℃	석탄	350℃
셀룰로이드	180℃	목재	410℃
적린	260℃	코크스	500℃

1.9 연소가스

화재시에는 연소반응에 의해 발생한 물질, 주로 탄소입자, 일산화탄소, 이산화탄소, 연소에 의해 생성된 기타가스, 연소에 의해 감소된 산소 등을 포함한 열기류가 있는 연기를 대량 흡입하고 일산화탄소가 주가 되는 유독가스를 매개체로서의 상승작용에 의하여 행동불능이 되어 사망에 이르는 사례도 많다.

1.9.1 연소생성물

화재시 발생되는 연소생성물을 4가지로 분류하면 다음과 같다.

1) 연소가스
2) 불꽃(화염)
3) 열
4) 연기

1.9.2 연소가스와 연소생성물이 인체에 미치는 영향

연소생성물 중 인체에 미치는 영향이 가장 큰 것은 연소가스이며 거의 모든 가연물은 탄소를 포함하고 있어 공기공급(산소공급)이 충분하면 이산화탄소가, 공기공급이 불충분하면 인체(심장, 폐, 혈액 등)에 해를 끼치는 일산화탄소가 생성된다. 그 외 실내가연물의 연소 시 독성이 큰 순서대로 분류하면 포스겐, 아크로레인, 이산화질소, 염화수소, 아황산가스, 황화수소, 시안화수소, 암모니아 등이 발생된다.

(1) 일산화탄소(CO)

표 1.14 일산화탄소와 인체의 반응(허용농도 : 50ppm)

공기중 농도(%)	인체의 반응
3%	호흡 증가
4%	복부에 압박감
9%	구토, 의식불명
20%	중추신경 마비시 사망

가연물의 불완전 연소시 많이 발생하여 인명에 피해를 주는 공기보다 가벼운 무색, 무취, 유독성 기체이다.

일산화탄소는 산소의 210~250배의 친화력으로 혈중에 헤모글로빈과 결합하고 산소 헤모글로빈의 결합을 방해하기 때문에 생체조직에 대해서는 산소결핍이 되고 결과적으로는 질식과 같은 상태가 된다. 또한 연기의 매개체와 자극물을 다량으로 흡입하고 기관, 기관지, 폐가 경련을 일으켜서 정상적으로 호흡을 방해하여 산소의 섭취를 원활하게 할 수 없게 한다.

(2) 이산화탄소(CO_2)

가연물의 완전연소 시 발생하는 무색, 무취, 무독성 기체이다.

이산화탄소를 대량 흡입하면 산소부족을 보충하고자 하는 생체화학적 작용으로 인해 호흡속도가 매우 빨라진다. 또한 산소부족 및 자극성 물질의 존재로 말미암아 허파의 팽창을 일으킨다. 이산화탄소의 농도가 2%가 되면 호흡심도는 1.5배 정도 증가하고, 3%의 농도에 이르면 약 2배정도의 호흡심도를 보여주는 것을 알려져 있다. 5% 농도에서는 호흡이 과중해지고 사람에 따라서는 심한 고통을 느끼게 된다. 남자의 경우 5% 농도에서 약 1시간정도 견딜 수 있는 것으로 알려져 있다.

실제 화재 시에는 이산화탄소의 농도증가에 따라 호흡속도가 빨라짐으로써, 함께 존재하는 유독성 가스의 흡입률이 증가하기 때문에 위험은 더욱 가속화된다. 이를 상승효과 또는 복합효과라 한다.

농도의 대체로 9% 정도 되는 이산화탄소의 분위기 속에서는 거의 모든 사람이 10분이내에 의식을 잃게 된다.

공기보다 1.5배 무겁고 일산화탄소보다 1/100의 독성이다.

표 1.15 이산화탄소와 인체반응(허용농도 : 5000ppm)

공기중 농도[%]	인체의 반응
0.07	1시간경과 중독증세 나타남
0.2	1시간호흡으로 위험한 상태
0.4	1시간이내 호흡으로 사망할수 있는 상태
1.0	1분정도 호흡으로 사망할수 있는 상태

(3) 포스겐($COCl_2$)

1) PVC : 수지류등은 탈 때 발생되는 생성물로 발생량은 극히 적다.
2) 염소가 들어있는 화합물로 화염에 접촉 시 발생되는 맹독성 가스이다.
   독성허용농도 : 0.1ppm

(4) 아크로레인(CH_2CHCHO)

아크로레인은 석유제품 및 유지류 등이 탈 때 생성되는데, 너무도 자극성이 크고 맹독이어서 1ppm 정도의 농도만 되어도 견딜 수 없게 될 뿐 아니라, 10ppm 이상의 농도에서는 거의 즉사한다.

독성허용농도 : 0.1ppm

(5) 이산화질소(NO_2)

이산화질소 독성은 매우 커서 대체로 200~700ppm 정도의 농도에 잠시 노출되기만 해도 인체에 치명적이다.

이산화질소는 니트로셀룰로오스가 연소 또는 분해될 때 생성되며, 질산암모늄과 같은 질산염 계통의 무기물질이 포함된 화재에서도 발견된다.

그 외에도 질산이 금속이나 가연물과 접촉하면 발생되기도 한다. 이산화질소를 흡입하면 즉각 인후의 감각신경이 마비되어 그 존재여부를 깨닫지 못하는 경우가 많기 때문에 자기도 모르게 방심해 버릴 수 있으므로 크게 주의를 요한다.

이 가스의 분위기에 그다지 심하게 노출되지 않는 경우에는 독성의 효과가 대개 8시간쯤 전후에 나타나는데, 그래도 대개는 회복이 어렵고 폐렴 등이 유발되는 경우가 많다.

허용농도 : 1ppm

(6) 염화수소(HCl)

PVC와 같이 염소가 함유되고 수지류가 탈 때 건축물내 전선의 절연재 및 배관재료 등이 탈 때 생성되는 무색 기체. 염소와 수소의 화합물인 염화수소는 금속에 대한 강한 부식성이 있다.

암모니아처럼 염화수소 역시 자극성의 물질로서 사람들이 싫어하는 냄새가 있으며 약 1,500ppm의 농도에서 호흡하면 불과 몇 분 내에 치명적인 위험을 받을 수가 있다.

염화수소는 금속에 대해 강한 부식성이 있어 콘크리트건물의 철골이 때로는 손상되기도 한다.

허용농도 : 5ppm

(7) 이산화황(SO_2)

황(S)이 함유된 물질이 탈 때 또한 털, 고무, 일부 나무가 탈 때 발생하는 무색 가스, 눈, 호흡기 계통에 자극이 크다.

황화수소의 경우처럼 유황이 함유된 물질이 연소하는 화재 시 발생된다. 황화수소의 경우와 달리 유황이 완전히 산화될 때 생성된다.

이산화황은 자극이 있어 눈 및 호흡기 등의 점막을 상하게 하기 때문에 약 0.05%의 농도에 단시간 노출되어도 위험하다.

산성비 등의 원인이 됨.

허용농도 : 10ppm

(8) 황화수소(H_2S)

유황(S)이 함유된 물질이 불완전연소 시 또한 털, 고무, 나무, 가죽소파 등이 탈 때 발생하는 무색가스로서 달걀 썩는 냄새가 난다. 약 0.04% 농도의 황화수소 농도 속에서 30분 이상 호흡하면 위험할 뿐만 아니라 0.08% 정도의 농도에서는 치명적인 위험상태에 빠질 수가 있다.

황화수소는 썩은 달걀에서 나는 것과 같은 특유한 냄새가 있어 쉽게 감지할 수가 있으나 0.02% 이상의 농도에서는 후각이 바로 마비되기 때문에 불과 몇 회만 호흡하면 전혀 냄새를 맡을 수 없게 되므로, 황화수소에 대해서는 냄새가 감지되는 즉시 적절한 방호조치를 취할 필요가 있다.

허용농도 : 10ppm

(9) 시안화수소(HCN)

시안화수소는 맹독성의 유독가스로서 대체로 0.3% 이상의 농도에서는 거의 즉사한다. 그러나 다행히도 대부분의 화재에서는 발생량이 매우 적다.

목재나 종이류가 탈 때는 공기중의 질소가 탄소와 결합하면서 생성되기도 하지만, 주로 질소 함유물로 제작되는 수지류, 모직물 및 견직물이 불완전 연소되어 발생하는 경우가 많다.

시안화 화합물이 물 또는 산과 반응하여 발생, 허용농도 : 10ppm

(10) 암모니아(NH_3)

질소함유물인 수지류, 나무 등이 탈 때 발생하는 질소와 수소의 화합물로 악취가 나는 무색 기체로서 발생 시 눈, 코, 폐의 자극이 크다. 암모니아는 상공업용의 냉동시설에는 냉매로 널리 사용되기 때문에 이런 시설의 화재 발생 시 잘못 누출되면 큰 위험을 초래할 수 있다.

대체로 0.25~0.65%의 농도를 가진 암모니아의 분위기 속에서 30분 정도 노출되면 대개 사망하기 쉬우며 또한 그렇지 않게 된 경우라도 생체의 내부조직에 심한 손상을 입게 되어 매우 위험하게 된다.

허용농도 : 25 ppm

이외에도 화재시 연소가스는 불화수소, 취화수소, 알데히드, 일산화질소, 벤젠 등의 유독성가스가 발생된다.

1.9.3 연소범위(폭발범위)

연소한계 또는 폭발범위, 폭발한계라고도 한다. 가연물이 기체상태에서 공기와 혼합하여 일정 농도 범위 내에서 연소를 일으킬 수 있는 범위 즉, 연소에 필요한 혼합가스의 농도를 말한다. 연소범위는 압력의 변화에 따라 차이가 있다. 압력을 대기압 이상으로 증가시키면 연소범위가 일반적으로 넓어진다.

예외) CO_2의 연소범위는 압력이 증가하면 반대로 좁아진다.
H_2의 연소범위는 압력이 낮거나 높을 때 일시적으로 좁아진다.

연소범위의 한예로 수소가 4~75%이면 수소체적이 4~75[V], 공기가 96~25[V]일 때 점화원에 의해 연소될 수 있다는 의미이다. 또한 아세틸렌이 2.5~81%이면 아세틸렌은 공기중에서 2.5% 이상 81% 이하로 유지되어야만 화재나 폭발을 일으킬 위험이 있다는 말로 해석된다. 이 경우 낮은 쪽의 한계치를 하한계(LFL) 높은 쪽의 한계치를 상한계(UFL)라 한다.

표 1.16 공기중 가연물의 연소범위와 위험도

가연물	연소범위(%)	위험도	가연물	연소범위(%)	위험도
이황화탄소	1.2~44	35.7	일산화탄소	12.5~74	4.9
아세틸렌	2.5~81	31.4	벤젠	1.4~7.1	4.1
산화에틸렌	3~80	25.6	부탄	1.8~8.4	3.7
에테르	1.9~48	24.3	프로판	2.1~9.5	3.5
수소	4~75	17.6	에탄	3~12.4	3.1
에틸렌	2.7~36	12.3	메탄	5~15	2
산화프로필렌	2~22	10	암모니아	15~28	0.87

(1) 위험도

위험도는 가연성 가스가 화재를 일으키는 위험성을 나타내는 척도로서 연소범위의 하한치는 그 물질의 인화점에 해당된다. 아세틸렌이나 수소, 일산화탄소 등은 대표적인 위험한 가연물이다. 이러한 가연성가스의 위험도를 구하는 방법으로서 이는 위험성의 상대적 지표를 나타내는 것으로 다음과 같다.

$$\text{위험도}(H) = \frac{UFL - LFL}{LFL} = \frac{\text{연소상한계} - \text{연소하한계}}{\text{연소하한계}} = \frac{\text{연소범위}}{\text{연소하한계}}$$

※ 가연성가스의 연소범위(폭발범위)에 대한 영향요인은 다음과 같다.

연소범위 하한계 값이 낮을수록 위험성은 증가

연소범위 상한계 값이 높을수록 위험성은 증가

연소범위가 넓을수록 위험성은 증가

그러나 불활성가스가 첨가할수록 연소범위는 통상 좁아지게 된다.

(2) 르샤트리에의 법칙

2종류 이상 가연성가스가 혼합되었을 때 폭발한계값을 구하는 방법이다.

$$\frac{100}{L} = \frac{V_1}{L_1} + \frac{V_2}{L_2} + \frac{V_3}{L_3} \cdots + \frac{V_n}{L_n}$$

$$L = \frac{100}{\frac{V_1}{L_1} + \frac{V_2}{L_2} \cdots \frac{V_n}{L_n}}$$

L : 혼합가스의 연소한계(%)

L_1, L_2, L_3 … L_n : 각 가연성가스의 폭발한계(%)

V_1, V_2, V_3 … V_n : 각 가연성가스의 용량한계(%)

예제 1.1

가연성가스인 LPG가 실내에 누설되었다. 이 LPG는 프로판 70V%, 부탄 20V% 및 에탄 10V%으로 구성됐으며, 프로판, 부탄, 에탄 폭발하한계값은 2.1V%, 1.8V%, 3.0V% 이다. 이 LPG의 폭발하한계는?

해설

2종류이상의 가연성가스 혼합 폭발하한계값이므로 르샤틀리에법칙을 적용한다.

$$L = \frac{100}{\frac{V_1}{L_1} + \frac{V_2}{L_2} \cdots \frac{V_n}{L_n}} \text{ 이므로}$$

$$L = \frac{100}{\frac{70}{2.1} + \frac{20}{1.8} + \frac{10}{3}} = 2.093\%$$

답 $L = 2.1\%$

(3) 압력

대기가 단위면적에 미치는 힘을 대기압이라 한다면 절대압력은 대기압과 계기압의 합으로 표시되는 압력 즉, 완전진공(절대진공)을 기준으로 한 압력을 말한다.

표준대기압(Iatm) = 760mmHg = 1.0332kgf/cm^2 (10332kgf/m^2)
= 10.332mH$_2$O(10332mmH$_2$O) = 101.325KPa(101325Pa)

절대압력 = 대기압 + 계기압력

절대압력 = 대기압 - 진공압력

예제 1.2

대기압 750[mmHg]하에서 계기압력이 3.25[kgf/cm^2]이었다. 이때의 절대압력은 몇[kgf/cm^2]인가?

해설

760mmHg = 1.0332kgf/cm^{2}이므로 단위를 변경하면

$$\frac{750\text{mmHg}}{760\text{mmHg}} \times 1.0332 = 1.02\text{kgf/cm}^2$$

절대압력 = 대기압 + 계기압력 = 1.02 + 3.25 = 4.27(kgf/cm^2)

(4) 증기밀도

증기밀도는 어떤 온도와 압력에서 같은 부피의 공기의 무게와 비교한 것으로서 다음과 같다.

증기밀도가 1보다 크면 공기보다 무겁고 1보다 작으면 공기보다 가볍다.

$$\text{증기밀도(비중)} = \frac{\text{분자량}}{29} = \frac{\text{증기(기체)분자량}}{\text{공기의 평균분자량}}$$

(5) 증기–공기밀도

① 증기–공기밀도는 증기와 공기의 혼합기체로서 다음과 같다.

$$\text{증기}-\text{공기밀도(비중)} = \frac{P_v \times d}{P} + \frac{P - P_v}{P}$$
$$= \frac{\text{증기압} \times \text{증기밀도}}{\text{전압(대기압)}} + \frac{\text{전압} - \text{증기압}}{\text{전압(대기압)}}$$

② 증기– 공기 밀도의 의미

- 증기–공기밀도 <1 : 공기 중 누설된 증기가 공기와 혼합되었을 경우 주위공기 밀도보다 낮아 공기 중으로 상향 확산되어감
- 증기–공기밀도 >1 : 공기 중 누설된 증기가 공기와 혼합되었을 경우 주위 공기밀도보다 높아 낮은 곳에 체류함
- 증기–공기밀도 = 1 : 공기 중 누설된 증기가 공기와 혼합되었을 경우 주위 공기밀도와 거의 같을 경우 주위공기와 적절히 혼합 유동 함

예제 1.3

25℃에서 증기압이 76mmHg이고 증기밀도가 2인 인화성액체가 있다. 증기–공기밀도는 얼마인가?(단 대기압은 760mmHg이다)

해설

$$\text{증기}-\text{공기밀도(비중)} = \frac{P_v \times d}{P} + \frac{P - P_v}{P}$$
$$= \frac{76 \times 2}{760} + \frac{760 - 76}{760} = 1.1$$

(6) 기체의 법칙

① 아보가드로의 법칙

모든 기체 1mol이 표준상태(0℃, 1기압)에서 차지하는 체적은 22.4ℓ이며, 그속에는 6.023×10^{23}개의 분자수를 포함한다. 즉, 온도와 압력이 같을 때 같은 부피 속에는 같은 수의 분자수가 존재한다.

② 보일의 법칙 : 온도가 일정할 때 기체의 부피는 압력에 반비례한다.

$$P_1 V_1 = P_2 V_2 \qquad P \text{ : 압력, } V \text{ : 부피}$$

③ 샤를의 법칙 : 압력이 일정할 때 기체의 부피는 절대온도에 비례한다.

$$V_1 / T_1 = V_2 / T_2, \qquad T \text{ : 절대온도}$$

④ 보일·샤를의 법칙 : 기체부피는 절대온도에 비례하고 압력에 반비례한다.

$$P_1 V_1 / T_1 = P_2 V_2 / T_2$$

⑤ 이상기체상태방정식

$$PV = nRT \text{에서 } n = \frac{W}{M} \text{이므로} \quad PV = \frac{W}{M} RT$$

P : 압력(atm), V : 체적(m^3)
n : 몰수(k-mol), R : 기체정수(atm · m^3/k-mol · K)
T : 절대온도(K), M : 분자량(kg), W : 질량(kg)

예제 1.4

처음 실내온도가 21℃에서 화재시 온도가 650℃가 되었다면 팽창된 공기의 부피는 처음의 몇 배인가? (단, 대기압은 일정)

해설

문제에서 대기압이 일정하면 샤를의 법칙을 써서 체적을 구한다.

$$\frac{V_1}{T_1} = \frac{V_2}{T_2}$$

$$V_2 \times T_1 = V_1 \times T_2$$

따라서 $V_2 = 3$배

예제 1.5

표준상태 11.2ℓ의 기체질량이 22g이었다면 기체의 분자량은?

해설

$$PV = \frac{W}{M}RT \rightarrow PVM = WRT$$

$$M = \frac{WRT}{PV} = \frac{22 \times 0.082 \times 273}{1} \times 11.2 = 44$$

예제 1.6

1kg의 이산화탄소를 15℃에서 대기중에 방출하면 몇 ℓ의 가스체로 되는가?

해설

이산화탄소분자량은 CO_2로 (12+16+16)=44이다.

$$V = \frac{WRT}{PM} = \frac{1000 \times 0.082 \times (273 + 15)}{44} = 537\ell$$

(7) 이산화탄소 체적농도

이산화탄소 방출시 산소와의 이론적인 체적농도는 다음과 같다.

$$CO_2[\%] = \frac{21 - O_2}{21} \times 100$$

여기서, 21 : 공기 중 산소농도

O_2 : 방출된 산소농도

예제 1.7

산소농도를 15%이하로 제어하면 일반적으로 소화가 가능하다. 만약 이산화탄소를 방사하여 산소농도가 12%되었다면 이때 사용한 이산화탄소의 농도는 몇 % 정도인가?

해설

$$CO_2[\%] = \frac{21 - O_2}{21} \times 100 = \frac{21 - 12}{21} \times 100 = 42.9\%$$

1.10 불꽃(화염)

① 정의 : 연소생성물로서 불꽃을 화염이라 하며, 이는 기상반응에서만 나타나며 가연물에 따라 또는 산소공급에 따라 달라질 수 있다.

② 화염의 전파속도(화염속도)

- 정의 : 가연성 혼합기체의 발화로 화재가 주위에 넓게 퍼지는 속도
- 속도 : 0.1~10[m/sec], 폭연
  1000~3500[m/sec], 폭굉

③ 연소전파속도

화재초기의 연소속도는 풍속, 습도, 온도, 열의 발생속도 등에 따라 다르지만 일반적으로 평균 2~2.5[m/s]씩 확대 전파된다.

1.10.1 화재확대 주요원인

도시건물 화재확대 주요원인으로는 다음과 같다.

① 접촉 : 화염의 접촉, 접염이라고 하며 불꽃의 직접접촉을 말한다.

② 복사열 : 화염의 전파에 가장 크게 작용하는 것으로 물질을 매개로 하지 않고, 전자파 형태로 옮겨지며 가연물에 흡수되어 그 표면온도가 발화점에 도달하면 연소하기 시작함

③ 비화 : 불티가 되어 날아가 발화하는 것을 말한다.

1.11 열

열은 연소를 개시하고 지속시키는 데는 필수적이지만, 열이라는 에너지가 물체에 가해지면 그 에너지는 열의 형태가 아니라 물체를 구성하고 있는 원자나 분자의 운동에너지와 위치에너지의 형태로 저장된다. 뜨거운 열에 인간이 노출되는 경우에는 맥박수가 증가하고 탈수, 호흡장애, 기도의 폐쇄, 화상 및 사망의 원인이 되기 때문에 열의 노출에 주의를 기울여야 한다.

1.11.1 열의 정의 및 여러 가지 표현

뜨거운 물체를 찬 물체에 접촉시키면 뜨거운 물체는 차거워 지고 찬 물체는 뜨거워진다. 이렇게 뜨거운 물체에서 찬 물체로 무엇이 전달된다고 생각할 수 있는데 이를 열이라 한다. 열은 항상 고온에서 저온으로 흐른다는 사실과 모든 연소반응은 발열반응으로 화재의 특징

중 하나는 열의 방출이다.

① 1[cal] : 1[g]의 물의 온도를 1℃높이는데 필요한 열량

② 1[Btu] : 1[lb]의 물을 1[F]높이는데 필요한 열량

1[Btu] = 252[cal] 1[cal] = 0.004[Btu]

③ 비열 : 단위질량의 물체를 1℃올리는데 필요한 열량 ※(물의 비열은 1)

④ 융해열 : 고체 1g이 같은 온도에서 액체 1g으로 액화될 때 필요한 열량

⑤ 용해열 : 용질(예 : 설탕) 이 용매(예 : 물)에 용해될 때 내는 열(용질+용매=용액)

⑥ 현열 : 가해진 열이 온도변화의 현상으로 나타나는 열

⑦ 잠열 : 열의 출입이 기화나 액화처럼 상(相)변화로 나타나는 열

⑧ 열용량 : 열용량 = 비열 × 질량 × 온도차 ($Q = c.m\Delta t$)

예제 1.8

0℃ 물 1g이 100℃ 수증기가 되려면 몇 [cal]가 필요한가?

해설

$Q = c.m\Delta t$

물의 비열은 1[cal/gC]

$Q = 1 \times 1 \times (100 - 0) + (1 \times 539) = 639 \quad \therefore 639[cal]$

예제 1.9

0℃ 얼음 1kg이 100℃수증기가 되려면 몇 [kcal]가 필요한가?

해설

열용량 = 비열 × 질량 × 온도차

얼음→물 : 80[kcal/g], 물→수증기 : 539[kcal/g]

$= [1 \times 1\times (100 - 0) + 80] + (1 \times 539) = 719 \quad \therefore 719[kcal]$

1.11.2 화상

화염과 열에 의한 화상은 3도 > 2도 > 1도 화상으로 분류한다.

① 3도화상(괴사성) : 말초신경까지 손상을 입어 그 기능이 마비된 상태

② 2도화상(수포성) : 살 속 깊숙이 손상을 입어 부위가 분홍색이고 물집이 생기는 상태

③ 1도화상(홍반성) : 외각피부의 손상 부위가 빨간색이고 통증을 느끼는 상태

1.12 연기

화재 시 연기가 인체에 미치는 영향으로는 일산화탄소 증가와 산소의 감소이다.
연기는 연소생성물로서 유기물이 불완전연소시 다량으로 발생된다.

1.12.1 연기의 정의

(1) 연소생성물이 눈에 보이는 것
(2) 기체가운데 완전연소 되지 않는 가연물이 고체 미립자가 되어 떠돌아 다니는 상태
(3) 탄소함유량이 많은 가연물질이 산소부족 시 연소할 경우 다량의 탄소입자가 생성되는 것

1.12.2 연기농도표시법

중량농도법, 입자농도법, 투과율법 등이 있다.

1.12.3 연기의 유동속도

(1) 수평방향 : 0.5~1[m/sec]
(2) 수직방향 : 2~3[m/sec]
(3) 계단방향 : 3~5[m/sec]

1.12.4 연기의 입자와 색깔

연기의 입자는 보통 0.01~10[um]정도로 아주 작다. 화재 시 연기는 처음엔 백색, 나중에는 흑색연기로 변한다. 수소가 많으면 백색연기, 탄소수가 많으면 검은 색깔로 변한다. 그래서 화재 초기 발연량은 화재 성숙기의 발연량보다 많다고 할 수 있다.

1.12.5 굴뚝과 연기

굴뚝효과와 관계되는 것은 층의 높이, 화재실의 온도, 건축물 내・외 온도차이며 유입되는 공기는 하부의 공기와 상부의 공기로 이루어지는데 그 중간압력의 0의 직선대가 형성되는데 이를 중성대라한다. 이곳의 개구부에서는 공기의 유동이 발생치 않고 중성대는 천장가까이 형성되는 것이 환기량이 크다. 또한 굴뚝의 옥상 돌출부는 지붕면으로부터 수직거리 1m이상으로 해야 한다.

CHAPTER 02

화재이론

CHAPTER 02

화재이론

불은 희랍 신화에 의하면 불을 다스리는 신(神)이 올림푸스에서 불을 훔쳐다가 인간에게 건냈다고 전해지는데 역사적으로 구석기시대부터 불을 사용하기 시작하였다.

2.1 화재의 정의

화재란 사람의 의도에 반하여 발생 또는 확대되고, 혹은 방화에 의하여 발생하여 소화의 필요가 있는 연소현상이다.

화재는 한마디로 불이 나는 재앙이라 할 수 있지만 다음과 같이 설명할 수 있다.

(1) 사람의 의도에 반(反)하여 출화(出火) 또는 방화에 의하여 불이 발생하고 확대하는 현상
(2) 불이 그 사용 목적을 넘어 다른 곳으로 연소하여 예기치 않은 경제손해 혹은 손실을 발생시키는 현상
(3) 자연, 인위적 원인으로 불이 물체를 연소시키고 인명과 재산의 손해를 주는 현상

즉, 화재란 실화, 방화, 자연발화에 의한 것으로서 사람의 의도에 반하여 인명과 재산의 손해를 주면서 일어나는 물질의 연소현상으로 소화의 필요성이 있는 것을 말하며, 이를 소화할 때에는 소화시설 또는 이와 같은 정도의 효과가 있는 것의 이용을 필요로 하는 것이라 할 수 있다.

2.2 화재의 발생 원인

2.2.1 화재발생 원인의 연쇄성

우리나라의 화재조사통계에 따르면 화재의 주요 발생 원인으로는 전기화재가 차지하는 비율이 가장 컸으나, 2007년 이후 화재조사통계 항목과 화재조사 기법의 발달로 조사통계 자료가 변하고 있다.

(1) 발생 원인별

과거 : 전기, 담배, 방화, 불장난, 불티, 가스, 유류, 난로, 아궁이, 성냥, 화공약품 순
현재 : 부주의, 전기적원인, 기계적원인, 방화 순

(2) 발생 장소별

과거 : 주택(아파트), 차량, 공장, 점포, 음식점, 사업장, 호텔(여관) 순
현재: 비주거시설, 주거시설, 기타, 임야, 자동차 순

(3) 계절별

겨울, 봄, 가을, 여름 순

2.2.2 화재의 분류

물질의 종류와 성상에 따라 화재의 종류별 등급를 정하고 있다. 등급은 나라별로 분류하는 방법에 차이가 있고, 국내에서는 통상 B급을 E급과 같이 취급하고 있으나 세계적인 추세의 이론상 화재는 다음과 같이 분류하고 있다.

표 2.1 화재의 분류

급수	종류	내용
A급	일반화재	목재, 섬유, 고무류, 합성수지 등
B급	유류화재	인화성 액체 등 기름성분인 것
C급	전기화재	통전중인 전기 설비 및 기기의 화재
D급	금속화재	금속분, 박 등의 금속화재
E급	가스화재	LPG, LNG, 도시가스 등의 화재

◎ 소화기 적응성에 대한 색
A급 화재용은 백색의 원형 안에 흑색문자로 "일반 화재용"
B급 화재용은 황색의 원형 안에 흑색문자로 "유류 화재용"
C급 화재용은 청색의 원형 안에 흑색문자로 "전기 화재용"

표 2.2 화재종류별 색상

화재종류	일반화재	유류화재	전기화재	금속화재	가스화재
표지색상	백색	황색	청색	무색	황색

(1) 일반화재

1) 급수 : A급 화재로서 보통화재라고도 한다.
2) 대상물 : 페놀수지, 규소수지, 폴리에틸렌, 폴리우레탄, 면화류, 목모, 대패밥 등
3) 화재발생 : 생성된 연기가 주로 백색이며 연소후에는 재를 남긴다.
4) 주된 소화효과 : 물을 포함하는 액체 냉각작용의 냉각소화를 주로 적용한다.

(2) 유류화재

1) 급수 : B급 화재로서 화재의 진행속도가 빠르다.
2) 원인 : 특수인화물, 석유류, 알코올류, 동식물유류 등
3) 화재발생 : 주로 검은색 연기이며 연소후 재를 남기지 않는다.
4) 주된 소화효과 : 공기의 차단 효과인 질식효과를 주로 적용한다.

(3) 전기화재

1) 급수 : C급화재로서 통전중인 전기시설물로부터 유도된다.
2) 원인 : 합선(단락), 과부하, 누전, 절연불량, 스파크, 전기저항, 정전기, 낙뢰 등.
3) 화재발생 : 전기시설물이 점화원 기능을 하여 일반 및 유류화재로 전환된다.
4) 주된 소화효과 : 질식 효과를 주로 적용한다.

(4) 금속화재

1) 급수 : D급화재로서 물과 반응하면 수소 등 가연성 가스를 발생한다.
2) 대상물 : 칼륨, 나트륨, 알킬알루미늄 등
3) 원인 : 금속분 분말발생과 금속작업시 열의 축적, 저장 보관시 수분의 접촉 등이다
4) 소화방법 : 마른 모래의 질식, 피복효과이며 알킬알루미늄은 팽창질석이나 팽창진주암의 소화제가 더 효과적이다.

(5) 가스화재

1) 급수 : E급화재로서 에너지 원천이 되는 연료용 가스에 의해 주로 발생된다.
2) 대상 : LPG, LNG, 도시가스, 석탄가스, 합성가스 등

3) 원인 : 가스가 누설되어 공기와 일정 비율 혼합되면 불씨에 의거 연소 폭발된다.
4) 주된 소화효과 : 벨브류 등을 잠그거나 차단시키는 제거소화 효과로 본다.

이상의 분류 내용을 세분화 하고 분류하면 다음과 같다.

2.3 화재의 종류

화재의 종류는 가연물의 종류와 성상, 대상물의 종류 등에 따라 구분하여 정하고 있다.

2.3.1 일반화재(A급 화재)

(1) 일반화재의 정의

A급 화재는 산소와 친화력이 강한 물질에 의한 화재이며 생성된 연기가 백색이고 연소후 재를 남길 수 있는 대상물 화재를 말한다.

면화류, 대패밥, 넝마, 종이, 볏짚, 고무, 석탄, 목탄, 목재가공품 등의 특수가연물과 폴리에스테르, 폴리아크릴, 폴리아미드계의 합성섬유, 페놀, 멜라민, 규소, 폴리에틸렌, 폴리우레탄 등의 합성수지에 의한 화재를 말하며, 물 또는 물을 포함하는 액체의 냉각작용이 가장 적절한 소화방법이다.

일반화재는 다른 종류의 화재에 비해 발생빈도 및 피해액이 가장 많으며, 생활주변에서 흔히 볼 수 있는 화재이다.

(2) 일반화재 발생원인

일반화재는 아파트, 주택, 공장, 시장, 백화점, 고층건물 등에서 많이 발생되며, 유류, 전기 등의 취급 부주의로 발생되는 등 발생원인은 다양하다.

1) 불을 사용·취급하는 시설의 취급 부주의로 인한 화재
2) 타다 남은 불티에 의한 화재
3) 담뱃불의 취급 부주의로 인한 화재
4) 어린이들의 불장난에 의한 화재
5) 유류 및 전기로 인한 주택·공장 화재
6) 개인의 감정에 의한 방화

2.3.2 유류화재(B급 화재)

(1) 유류화재의 정의

유류화재는 위험물안전관리법 시행령 별표3에 규정된 제4류 위험물의 특수인화물, 제1석유류, 제2석유류, 제3석유류, 제4석유류, 알코올류, 동식물유류 등의 화재를 말하며, 화재 성장 속도가 일반화재보다 빠르다.

1) 특수인화물 : 디에틸에테르, 이황화탄소 및 산화프로필렌 그 밖의 1기압에서 액체로 되는 것으로서 발화점이 100℃ 이하인 것 또는 인화점이 -20℃ 이하로서 비점이 40℃ 이하인 것을 말한다.
2) 제1석유류 : 1기압에서 아세톤 및 휘발유 그 밖의 액체로서 인화점이 21℃ 미만인 것.
3) 제2석유류 : 1기압에서 등유, 경유 그 밖의 액체로서 인화점이 21℃이상 70℃미만인 것. 다만, 도료류 그 밖의 물품에 있어서는 인화성 액체량이 40용량 퍼센트 이하이고 인화점이 40℃이상, 연소점이 60℃이상인 것은 제외한다.
4) 제3석유류 : 1기압에서 중유, 클레오소오드유 그 밖의 액체로서 인화점이 70℃이상 200℃미만인 것. 다만, 도료류 그 밖의 물품에 있어서는 인화성 액체량이 40용량%이하인 것을 제외한다.
5) 제4석유류 : 1기압에서 기계유, 실린더유 그 밖의 액체로서 인화점이 200℃ 이상인 것. 다만, 도료류 그 밖의 물품에 있어서는 인화성 액체량이 40용량% 이하인 것은 제외한다.
6) 알코올류 : 1분자 내의 탄소원자 수가 3개 이하인 포화1가 알코올(변성알코올을 포함한다)로서 알코올 수용액의 농도가 60용량%이상인 것을 말한다.
7) 동식물유류 : 1기압과 20℃에서 액체로 되는 동식물유로 인화점이 250℃미만인 것을 말하며 불연성 용기에 수납 밀전되고 저장·보관되어 있는 것을 제외한다.

(2) 유류화재의 발생원인

유류화재는 연소기구 등에 의한 취급 부주의에 의해 발생하며, 유류는 대부분 가연성 액체로서 대기압에서 상온 이하의 인화점을 가지므로 가연성 증기를 발생시키며, 이 증기와 공기가 혼합하여 연소(폭발) 범위 내에서 점화원과 접촉하여 쉽게 인화되어 화재가 발생되는데 다음 4가지로 분류할 수 있다.

1) 석유를 주유하던 중에 흘린 기름이나 유류장치에서 새어나온 기름에 불씨(점화원)가 접촉 되었을 때
2) 연소 및 난방 장치의 전도, 가연성 물질의 낙하 등에 의한 발화

3) 유류에서 발생된 증기가 공기와 혼합하여 연소(폭발) 범위 내에 존재하고 있는 상태에서 열 및 불씨와 같은 점화원과 접촉되었을 때
4) 연소 및 난방기구 등을 장시간 작동·과열시켜 놓고 자리를 비우거나 하여 인근 가연성물질에 인화되는 경우.

2.3.3 전기화재(C급 화재)

(1) 전기화재의 정의

전기 화재는 그 형태가 아주 다양하며 원인 규명이 상당히 곤란하다. 전기 자체가 화재발생의 직접적 원인이 될 수 없고 전기에너지 이용, 각종 기계류의 설계 부적합, 구조적인 결함과 시설의 취급 소홀, 사용자의 사용 부주의는 물론 안전수칙을 준수하지 않는데서 발생되고 있음을 알 수 있다.

(2) 전기화재의 발생원인

1) 누전에 의한 발화

전기누전은 부하에 있는 전력에서 전류가 이동경로를 벗어나 주변의 물질로 누설되어가는 현상을 말한다.누전의 요인으로는 전류공급체로서 전선피복열화, PVC전선의 화학약품부착 등에 의한 취급 부주의, 전선온도 급변, 전선을 고정하기 위하여 못박기 및 진동체와의 전선마찰 등이 있고, 전력 공급용 개폐기류로서는 급기, 저저항 출체와의 접촉, 먼지, 분체 등의 주위 분위기 등을 지적할 수 있다.

2) 과전류(과부하)에 의한 발화

전류가 전선을 통하여 흐르는데 전선의 굵기에 따라 허용전류가 있다. 한 개의 전선에 전기기기(전열기, 선풍기, 전동기, 가전제품, 전기소모 저항체) 등을 과다설치 또는 사용하게 되면 전선에 흐르는 전류가 허용 전류치를 초과하게 되므로 줄열이 발생하여 전선의 피복이 발화하게 되고 주변의 물질에 인화되어 화재가 발생하게 된다.
주택에서는 가전제품의 정격용량과 전선의 허용전류에 대한 개념을 이해하여야 하며 퓨즈 및 차단기(회로단로 역할)의 역할과 중요성을 인식해야 한다.

3) 합선 혹은 단락에 의한 발화

전선에 흐르는 전류 $I=\dfrac{V}{R}$로 표시된다.
저항 R가 0이 되면 전류I는 무한대와 같이 많이 흐르게 된다.
이러한 현상을 발생케 하고 있는 주요 시설별 부분을 분석한 결과, 산업시설용 이송,

배전선, 주택 인입선, 건축물내 배선과 가설전선 전열기 플러그 등이고, 발화 실례로는 펌프작업장, 창고 등에 가설된 전선의 절연피복의 노화나 손상으로 합선, 단자박스 내 나사가 진동 충격으로 죄임이 풀려 접촉불량, 단락 및 전열기의 과열로 플러그와 콘센트가 합선된 경우로써 발화요인이 된다.

4) 불꽃방전(스파크)에 의한 발화

공기 중에서 불꽃방전(스파크)은 전원스위치의 개폐 및 콘센트에 플러그를 꽂거나 뽑을 때와 같이 전기회로의 개폐시 발생할 수 있고 양도체 사이에 미소한 간격이 있을시 이 사이에 전압이 걸리면 불꽃방전이 일어난다. 불꽃방전은 빛을 수반하고 동시에 주위 물질을 가열시키는 작용을 한다.

이로 인하여 주위에 있는 인화성 물질을 발화케 하여 화재가 발생될 수 있다. 주로 분진이 많이 발생하는 장소에서 의외로 발생빈도가 높은데 스위치의 내부에 분진이 적재되어 스위치 작동시 발생된 스파크에 의해 주변의 가연성 물질에 착화되는 경우이다.

5) 도체 접속부 과열에 의한 발화

전선과 전선, 전선과 단자 등의 접속부에 있어서 접속부가 불완전하면 접속저항이 증가하여 발열하게 된다.

이 발열은 처음에는 국부적이지만 그 부분에 산화·팽창·수축 등의 현상이 겹쳐서 접촉면이 거칠어지므로 접촉저항은 점점 증대하게 되며 마침내 과열상태가 되어 발화원인이 된다.

6) 지락에 의한 발화

지락은 전류가 대지를 통하는 점이 단락과 다른 점이다. 이 경우 전류가 대지를 통해서 흐르기 때문에 지락지점이 접지저항치에 의해 좌우된다. 이때 접지저항값은 전선의 저항값에 비해서 대단히 크므로 단락시와 같은 대전류가 흐르지 않지만 지락전류가 금속체 등을 타고 흘러 발열 발화와 지락지점에서 발생한 스파크가 발화원인이 되는 경우 지락전류가 과전류 또는 접속부 과열 등으로 발화하는 경우가 발생한다.

7) 용접 불꽃에 의한 발화

용접에는 전기용접(아크용접), 가스용접, 저항용접 등이 있으나 전기용접이 가장 많이 사용되며, 화재 위험도도 가장 높다.

전기용접 작업시에는 주변에 인화되기 쉬운 가연물질을 최소 15m까지 이격시키는 것이 바람직하다.

2.3.4 금속화재(D급 화재)

(1) 금속화재의 정의

금속화재는 위험물안전관리법 시행령 별표1의 금속나트륨, 금속칼륨, 철분, 마그네슘, 금속분 등의 화재를 말하며, 물과 반응하여 수소(H_2), 아세틸렌(C_2H_2) 등과 같은 가연성 가스를 발생하는 금수성 물질의 화재로 물 및 물을 포함한 소화약제를 사용하여 소화해서는 안 된다.

$$2K+2H_20 \rightarrow 2KOH+H_2\uparrow + 92.8[kcal]$$
$$2Na+2H_20 \rightarrow 2NaOH+H_2\uparrow + 88.2[kcal]$$

가장 적응성 좋은 소화제로는 건조사(마른모래)이며, 특히 알킬기(C_nH_{2n+1})와 알루미늄(Al)의 유기금속화합물(R_3Al)인 알킬알미늄 화재시 가장 적합한 소화제로는 팽창질석이나 팽창진주암이다. 30~80mg/L 분진의 양으로 금속화재를 일으킬 수 있다.

1) 철분 : 50메쉬(mesh)의 표준체를 통과한 것이 50중량% 이상인 것을 말한다.
2) 금속분 : 알칼리금속, 알칼리토류금속, 철 및 마그네슘 이외의 금속분을 말하며, 구리·니켈분과 150마이크로 미터의 물체를 통과하는 것이 50중량% 미만인 것을 제외한다.
3) 알킬알루미늄 : 알킬기와 알루미늄(Al)의 유기금속화합물(R3Al), C1~C4까지는 공기와 접촉하면 발화되고, 물과 접촉하면 폭발적인 반응을 하여 CnH_2n+2의 알칸족 기체를 발생한다.
   ① $2(C_2H_4)_2\ Al+21O_2 \rightarrow 12CO_2\uparrow +Al_2O_2+15H_2O$
   ② $(C_2H_5)_3Al\ +3H_2O \rightarrow Al(OH)_3\ +3C_2H_6\uparrow + \ \Delta Q$(발열)

(2) 금속화재의 발생원인

금속화재는 금속의 정밀 가공시에 축적되는 열에 의해서 금속표면에 붙어 있는 금속가루(분)에 의하여 화재가 발생된다.

금속화재는 마그네슘, 나트륨, 칼륨 등과 같이 미세한 분말인 경우와 수분과의 접촉에 의해 화재의 위험성이 높다. 금속 가공시 발생되는 금속분을 억제하고 열 축척을 방지하며, 작업장에 환기시설을 하고 적당한 습도를 유지시켜 금속화재의 발생을 방지할 수 있다.

2.3.5 가스화재(E급 화재)

(1) 가스화재의 정의

수소, 산소, 일산화탄소, LPG, LNG, 아세틸렌 등의 가연성 기체에 의한 화재를 말하며,

산업구조가 발달함에 따라 에너지 원천의 주 요소가 되었으며 이를 취급하는 사람의 부주의에 의해 자주 발생하는데 일반(A급) 및 유류(B급) 화재와 더불어 증가하고 있는 추세이다. 특징은 공기 또는 산소와의 반응과정에서 비정상 연소(폭발)가 발생되기가 쉽다는 것이다.

연소한계(폭발한계, 연소범위, 폭발범위)가 있으므로 점화원이 존재하면 화재 위험성이 매우 크다. 화재 위험성이 큰 가연성 가스는 액화가스, 압축가스, 용해가스 상태로 존재하며, 보통 유류화재(B급 화재)에 포함하여 취급한다.

가스를 연소성에 따라서 분류하면 다음과 같다.

1) 가연성 가스 "고압가스 안전관리법 시행규칙 제2조"의 아크릴토니트릴, 아세틸렌, 아세트알데히드, 일산화탄소, 에탄, 에틸아민, 벤젠, 에틸벤젠, 에틸렌, 산화에틸렌, 염화메탄, 수소, 시안화수소, 황화수소, 아황화수소, 메탄, 에탄, 프로판, 프로필렌, 브타디엔, 암모니아 및 기타의 가스로서 폭발한계(공기와 혼합된 경우에 있어서의 한계를 말한다.)의 하한이 10%이하의 것과 폭발 한계의 상한과 하한의 차가 20%이상의 것을 말한다.
2) 불연성 가스 : 불연성 가스란 질소, 이산화탄소, 아르곤 등과 같이 자기 스스로 연소하지 못하고 다른 물질을 연소시키는 성질을 갖지 않는 가스이다.
3) 지연성 가스(또는 조연성 가스) : 산소, 염소 등과 같이 그 가스가 존재하는 경우에 다른 가연성 물질을 연소시킬 수 있는 가스이다.

가스를 취급하는 상태에 따라서 분류하면 다음과 같다.

1) 압축가스 : 수소, 산소, 질소, 메탄 등과 같이 상온에서 압력을 가하여도 액화하기 어려운 가스로서 가스를 상태변화 없이 압축한 것을 말한다. 용기에 충진할 때 압축가스의 압력은 약 12MPa 이상이다. 그러나 "고압가스 안전관리법"에서의 적용대상은 상용의 온도 또는 35℃온도에서 게이지 압력이 1MPa 이상의 기체상태의 가스이다. 또 상용온도의 개념은 운반하거나 조작하는 상태하에서의 최고 온도를 말한다.
2) 액화가스 : 암모니아, 염소, 산화에틸렌, 이산화탄소, LP가스 등과 같이 가압 냉각에 의하여 용이하게 액체 상태로 되는 것으로서 대기압에서의 비점이 40℃ 이하 또는 사용온도 이하인 것을 말한다. "고압가스 안전관리법" 에서의 적용대상은 사용 온도에서 압력이 0.2MPa가 되는 경우의 온도가 35℃ 이하인 것으로 하고 있다.
   따라서 압축가스 및 액화가스에 있어서는 가스의 고유성질에 의하여 분류한 것이 아니고 취급하는 상태에 따라 분류한 것이다.
3) 용해가스 : 고압가스 용기 속에 다공성물질을 충진한 후 용제를 넣고 그 안에 가스를

고압으로 용해시켜 저장한 것을 말한다. 대표적인 물질이 아세틸렌인데, 아세틸렌을 압축시켜 저장하면 분해 폭발 위험이 있으므로 다공물질에 아세톤 또는 DMF(디메틸 포름아미드) 등의 용제를 침윤 시킨다. 그 아세톤에 아세틸렌을 용해시켜 저장한다. 고압가스안전관리법에서는 15℃의 온도에서 압력이 0kg/cm^{2}를 초과하는 아세틸렌을 적용대상으로 한다.

그리고 가스를 독성에 따라서 분류해 보면 가스중에는 공기 중에 일정량이 존재하면 인체에 유해한 것이 있는데 "고압가스 안전관리법"에서는 포스겐, 염소, 시안화수소 등 24종을 독성가스로 분류하고 있다. 또, 그 독성의 허용농도는 200ppm이하인 것을 말한다. 또, 허용농도란 독성이 있는 가스가 공기 중에 혼합되어 있는 분위기 속에서 보통 건강한 사람이 1일 8시간씩 계속하여 중정도의 작업을 해도 건강에 이상이 없는 농도를 말하는 것이다.

(2) 가스화재의 발생원인

가스는 공기와 일정한 비율로 섞여 있을 때 점화하면 갑자기 연소 또는 폭발하기 때문에 가스연료을 이용하는 설비는 세심한 주의와 관리가 필요하다.

1) 가스기구 및 기기 등의 불량제품에 의한 발생
2) 가스의 사용·취급시 부주의에 의한 발생
3) 가정에서 가스 사용기구의 취급 부주의에 의한 발생
4) 가스의 저장과정에서 부주의에 의한 발생
5) 가스 기구 및 기기, 설비 등의 취급 부주의 등 관리 소홀로 가스 누설에 의한 화재 발생
6) 가스배관의 부식으로 인한 가스배관의 폭발에 의한 발생

(3) 가연성 가스의 폭발범위

연소는 일반적으로 가연성 가스와 지연성 가스(공기, 산소)가 일정농도범위 내로 혼합된 경우일 때만 일어난다. 가연성 가스의 농도가 낮아도 또는 너무 높아도 연소가 일어나지 않는다. 낮은 쪽의 한계를 하한계, 높은 쪽의 한계를 상한계라 한다. 상한계와 하한계의 사이를 폭발범위(연소범위, 폭발한계, 연소한계)라 한다.

폭발한계는 가스의 온도, 기압 및 습도의 영향을 받는다. 가스의 온도가 높아지면 폭발범위는 넓어지며, 가스압력이 높아지면 하한계는 크게 변하지 않으나 상한계는 상승한다. 또, 가스압이 상압(1기압)보다 낮아지면 폭발범위는 좁아진다.

압력이 높아지면 일반적으로 폭발범위는 넓게 된다. 그러나 가스의 종류에 따라서는 반대로 좁아지는 것이 있다. 예를 들어 일산화탄소와 공기의 혼합기는 압력이 높아질수록 폭발범위가 좁아진다.

다음표 2.3은 대표적인 가스의 연소한계를 나타낸 것이다.

표 2.3 공기중에서의 폭발범위(상온 1atm)

가스	하한계[V%]	상한계[V%]
아세틸렌	2.5	81.0
벤젠	1.4	7.1
톨루엔	1.4	6.7
에테르	1.9	48.0
아세톤	3.0	13.0
산화에틸렌	3.0	80.0
암모니아	15.0	28.0
이황화탄소	1.2	44.0
황화수소	4.3	45.0
수소	4.0	75.0
일산화탄소	12.5	74.0
메탄	5.0	15.0
에탄	3.0	12.4
프로판	2.1	19.5

(4) 폭발한계의 측정에 영향을 주는 요소

1) 점화원 : 폭발한계를 결정하기 위한 점화원은 충분한 에너지가 필요하고, 메탄-공기의 경우 10mJ 이상이다. 일반적으로 하한계를 결정하기 위하여 필요한 점화에너지 보다도 상한계의 결정을 위하여 보다 큰 에너지가 필요하다.
2) 측정용기의 직경 : 폭발한계의 측정을 가는 관에서 하면 화염이 관벽에 냉각되어 소멸되는 일도 있어 폭발범위가 좁혀지게 된다. 따라서 관벽의 영향이 없는 일정 크기의 장치가 필요하다. 미국광산국에서 사용하는 연소범위 측정기는 지름5cm, 길이120cm를 표준으로 채택하고 있다.
3) 화염의 전파 방향 : 폭발범위는 위쪽으로 전파하는 화염에서 측정하면 가장 넓은 값이 나오고, 아래쪽으로 전파하는 화염에서 가장 좁게 나오며, 수평전파화염은 그 중간치를 나타낸다. 그러므로 안전목적에는 수직관 하단에서 점화하는 방법이 표준이다.
4) 온도의 영향 : 일반적으로 폭발범위는 온도 상승에 의해서 넓게 된다. 폭발한계의 온도의존은 비교적 규칙적이다. 온도에 따른 연소범위의 확대비율은 가연성기체의 성질이 유사하면 거의 공통적인 경향을 갖는다는 것이 여러 실험에서 밝혀졌으며, 이들 사이

의 관계는 Burgess – Wheeler법칙으로 나타낼 수 있으며 Zabetakis 등은 이것을 수정하여 다음 식을 제안하였다. 즉, 저급탄화수소는 t℃에서의 하한계Lt(상한계 Ut)와 25℃에서의 하한계 L_{25}(상한계 U_{25}) 사이에 다음과 같은 관계가 있음을 밝혀내었다.

$$L_t = [1-0.000721(t-25^o)]L_{25}$$

$$U_t = [1+0.000721(t-25^o)]U_{25}$$

5) 압력의 영향 : 연소범위는 대기압 부근의 미소한 압력변화에는 거의 영향을 받지 않는다. 압력을 대기압 이하로 감압시키면, 연소하한계는 높아지고 연소상한계는 낮아져서 연소범위는 좁아지나, 반대로 압력이 대기압 이상으로 높아지면 연소하한계는 약간 낮아지나 상한계는 급격이 높아져 연소범위는 넓어진다는 것이 실험으로 밝혀졌다. 즉, 폭발 한계는 압력변화에 영향을 받는다.

Jones 등은 천연가스(85～96% 메탄, 나머지는 에탄) – 공기계의 연소범위에 대한 압력의존을 다음 식과 같이 나타내었다.

$$L(vol\%) = 4.9 - 0.71\log P$$

$$U(vol\%) = 14.1 + 20.4\log P$$

여기서, L : 하한계, U : 상한계, P : 압력(atm)

6) 산소의 농도

일반적으로 연소범위는 산소농도에 따라 변하는데, 산소의 농도가 높아지면 연소하한계는 거의 변화가 없으나 연소상한계는 크게 높아져 연소범위는 넓어진다. 실험에 따르면 메탄의 연소범위는 공기 중에서 5～15vol%이나 산소농도의 증가에 따라 점점 넓어져 산소농도가 100vol%인 경우는 5～61vol%로 넓어진다. 산소농도에 따른 상한계의 범위는 다음과 같은 추산식이 발표되었다.

$$U_{\%O_2} \approx U + 70(\log\%O_2 - 1.321)$$

여기서, $\%O_2$: 20.95~100

U : 공기 중에서의 상한계

7) 폭발한계를 측정하는 장치는 다음의 2가지 방법으로 크게 나눈다.

① 전파법 : 원통형 또는 구형의 용기내에 혼합가스를 넣고 한쪽에서 점화하여 화염이 전체에 확산되는 한계조성을 결정하는 방법이다.

② 버너법 : 버너위에 안정된 화염이 가능한 혼합가스 조성의 한계치를 결정하는 방법이다.

(5) 혼합가스의 폭발하한계 계산방법

가연성 가스가 여러 가지 성분의 혼합물인 경우가 종종 있는데 이 경우, 그것을 구성하고 있는 단독 성분가스의 폭발한계를 알면 르샤틀리에의 법칙에 의하여 폭발한계를 근사적으로 구할 수 있다.

$$\frac{100}{L}=\frac{V_1}{L_1}+\frac{V_2}{L_2}+\frac{V_3}{L_3}+\ldots$$

여기서, L : 혼합가스의 폭발한계(vol%)

L_1, L_2, L_3 ... : 혼합가스를 형성하는 각 단독 성분의 폭발한계(vol%)

V_1, V_2, V_3 ... : 각 단독성분의 혼합가스 중의 농도(vol%)

$V_1+V_2+V_3+\ldots$ = 100이 된다.

일반적으로 이법칙에서 하한계는 일치되지만 상한계는 일치하지 않는 경우가 있다. 그러나 상한계에 대하여도 대략적인 경향을 알 수 있기 때문에 편리하다.

가스가 화재를 일으킬 수 있는 척도를 나타내는 것을 위험도라 하는데 폭발범위의 하한계와 상한계로서 구하는 제한 수치이다. 위험도의 수치가 클수록 위험성이 크다.

$$H=\frac{U-L}{L}$$

여기서, H 위험도

U : 폭발상한계

L : 폭발하한계

(6) 폭발 및 폭굉

1) 폭발(Explosion)

폭발이란 급격한 압력의 상승 또는 개방에 의해 가스가 격한 음을 내면서 팽창하는 현상이다. 폭발할 때 연속파의 전파속도는 기체의 조성이나 농도에 따라 다르지만 일반적으로 0.1~10m/sec인 범위라고 알려져 있다.

2) 폭굉(Detonation)

연소나 폭연은 화염전파속도가 음속이하이지만, 이것이 음속보다 큰 초음속일 경우에는 폭굉이라 한다. 폭굉은 격심한 파괴작용을 일으키며 파면선단에서 충격파라는 압력파가 발생하는 현상이다.

폭발범위내에서 어떤 특정 농도범위에 있어서는 연소의 전파속도가 대단히 빨라져서 연소파의 전파속도는 보통 폭발에 비하면 수백배 내지 수천배 이상의 속도에 달하는데 약 1000~3500m/sec정도이다. 이 농도 범위를 폭굉이라 한다.

표 2.4 공기중 주요가스의 폭굉범위

가스명	폭굉범위
수소	18~59
아세틸렌	42~50
일산화탄소	15~70
메탄	6.5~12
에틸렌	3.3~14.7
프로판	2.6~7.4
n-부탄	2.0~6.2

가늘고 긴 관에 폭발성 혼합물가스가 존재할 때 한쪽 끝에서 점화하면 화염은 처음에는 천천히 연소해 나가지만 차츰 가속되어 어느 지점에서 갑자기 폭굉으로 전이한다. 전이가 일어나기 쉬운 정도는

① 정상연소 속도가 큰 가스일수록
② 압력이 높을수록
③ 관경이 가늘수록
④ 관벽이 거칠고 돌출물이 있을수록 크게 된다. 즉, 연소파면의 난류가 일어나기 쉬운 조건이 있으면 화염면적이 크게 되고 속도가 증가하기 때문이다.

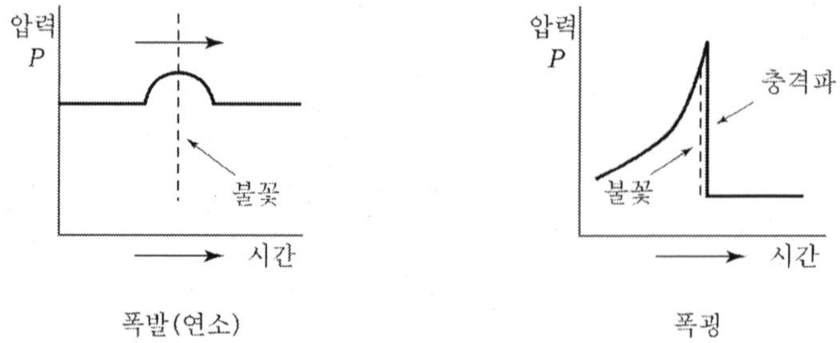

그림 2.1 폭발(연소), 폭굉의 화염전파속도

표 2.5 가연성 가스의 연소와 폭굉의 특성비교

특성	연소	폭굉
전파속도	음속의 0.03~0.0001배	음속의 4~10배
파면압력	최초의 0.98~0.99배	최초의 10~30배
파면밀도	최초의 0.08~0.20배	최초의 1.5~2.3배
파면온도	대개 110~3000℃	연소의 1.2~1.3배

2.4 화재의 분류

소방방재청장 고시에 따른 화재조사보고규정에 따르면 화재의 유형을 다음과 같이 구분한다.

1) 건축 · 구조물 화재 : 건축물, 구조물 또는 그 수용물이 소손된 것
2) 자동차 · 철도차량 화재 : 자동차, 철도차량 및 피견인 차량 또는 그 적재물이 소손된 것
3) 위험물 · 가스제조소 등 화재 : 위험물제조소 등, 가스제조 · 저장 · 취급시설 등이 소손된 것
4) 선박 · 항공기화재 : 선박, 항공기 또는 그 적재물이 소손된 것
5) 임야화재 : 산림, 야산, 들판의 수목, 잡초, 경작물 등이 소손된 것
6) 기타화재 : 위의 각 호에 해당되지 않는 화재

2.4.1 화재 분류에 따른 특성

(1) 건물화재

화재시 특성을 보면 화재초기는 목재화재와 동일한 내부 가연물에 착화하여 가연성 가스를 발산하고 연소를 시작해 백색연기, 수증기를 맹렬하게 분출하여 실내를 유동시킨다.

화재중기가 되면 연기도 흑색으로 변하고 창유리가 파손하여 개구부로부터 검은 연기를 분출하기 시작하여 연소에 필요한 산소량이 부족하기 때문에 불완전 연소가스가 화점에 충만하여 시야가 나쁘게 된다.

최성기에는 화점에 있는 방 또는 구획내는 완전히 화염에 휩싸이고 모든 개구부에는 불꽃과 연기가 분출하여 천정의 콘크리트가 파손되어 떨어져 계단, 에스컬레이터, 기타 공기 유동이 좋은 장소를 돌아 점차 입체화재로 진전된다.

건물화재는 초기소화실패 및 소화활동실패 시에는 반드시 이웃된 실과 상층으로 연소 확대되는 특성이 있다.

건축물의 구조형식 등에 의한 연소특성을 보면 다음과 같다.

1) **다창형과 무창형**

다창형은 유리의 파손시 보다 많은 공기의 유입이 순차적으로 되어 단시간에 최성기에 이른다. 무창형은 중기 상태가 길고, 그 때 까지의 상태로 서서히 확대하는 경향이 있다.

2) **대구획과 소구획**

대구획은 그 구역내에 연소에 필요한 공기가 충분히 존재하므로 중기가 되는 시간이 비교적 빠르다. 소구획은 연기의 충만이 빨라 화점의 확인이 어렵다.

3) **고천정과 저천정**

천정이 높으면 높을수록 연소속도는 완만하게 되고, 낮으면 낮을수록 빠르고 횡방향으로 연소한다.

4) **가연물량에 의한 영향**

중기에서 최성기에 이르는 연소의 세기는 가연물량이 많을수록 크다.

(2) 차량화재

화재의 특성을 살펴보면 다음과 같다.

1) 화재가 발생하면 농연, 고열은 자연배기 혹은 환기설비에 의해 배출되고 화재가스가 다량으로 발생하면 산소결핍증을 일으킨다.
2) 위험물 차량화재는 연소범위가 매우 넓고 2차적으로 위험물 유출이 일어난다.
3) 열차화재 혹은 고속도로 상에서의 자동차화재는 소방대가 한쪽으로 편중된다.
4) 차량화재는 숨겨진 부분에서 연소되고 있는 경우가 많고 외부로부터 주수가 곤란하다.
5) 위험물 차량 이외의 열차화재는 다른 연소에 비해 비교적 적다.

(3) 선박화재

화재특성은 소형선박은 출입구가 적고 누수에 의해 전복 등의 위험이 있으며, 대형선박은 화재를 국부적으로 소화하는 것이 용이하다.

1) 여객선

① 분무주수를 주로하되 최소한도로 하고 상황에 따라 고발포 주입이 효과적이다.
② 인명검색 및 구조 행동을 제일 먼저 해야 한다.
③ 무계획한 출입문 개방이나 국부파괴는 연기나 열의 유출로 방어 곤란의 위험이 있다.

2) 화물선

① 통로는 수밀화되어 간벽도 많다. 화재초기 이외는 농연이 충만하여 화점 확인이 다른 선박에 비해 매우 곤란하다.

② 화재시는 보통 건물에 비하면 배연 효율은 나쁘고 화세의 경우에 연기, 가스 등이 충만하여 시계가 불량하기 때문에 선내 작업은 매우 곤란하고 연소속도는 일반적으로 완만하다.

3) 유조선

① 필요한 소화약제 및 특수장비의 응원요청을 실시하고 승무원의 구출, 부근 항해 선박의 규제 및 펌프차대와의 연락 등을 정확하게 판단하여 출동한다.

② 유조내의 유류가 유출하는 경우는 연안시설물 및 주변에 있는 타 선박으로 화재확산 방지에 중점을 둔다.

(4) 항공기 화재

화재 특성을 보면

① 보통 대량의 인화성 액체 연료를 탑재하고 있기 때문에 이것에 착화되면 급격히 연소 확대하여 승객 등이 순식간에 위기에 처한다.

② 연소방향 및 연소속도가 풍위, 풍속등 기상상황 및 지형에 영향을 받기 쉽다.

③ 화재 후 단시간에 알루미늄 마그네슘 합금 등이 연소하여 외판 등의 금속부분이 용이하게 용해한다.

④ 연료탱크가 주 날개 안에 있기 때문에 주 날개 부근이 화재의 중심이 되고 유출연료 등에 의하여 주위에 연소 확대한다.

⑤ 연료가 다량으로 유출되는 경우는 낮은 곳으로 화재 면적이 급속하게 확대할 위험성이 있다.

⑥ 연료탱크에 손상이 없고 액체의 일부가 연소하는 경우는 연소가 비교적 완만하고 연소속도도 느리다.

⑦ 군용기화재에 있어서는 탑재된 폭탄, 총탄 및 탈출장치에 장작된 화약이 유폭을 일으킬 우려가 있다.

(5) 산림화재

기복이 많고 복잡한 지형에서는 국지풍으로 휩쓸리는 현상이 나타나고 연소방향 및 연소속도가 불규칙하다. 경사면과 평지에서 강풍의 경우는 급속한 연소를 일으키는 것도 있다. 일반적으로 연소속도는 경사면으로 오르는 불은 빠르지만 내려가는 불과 넓고 얕은 산골짜기 불은 늦고 화세도 약하다.

침엽수는 잎사귀와 나무줄기에 수지분이 많이 포함되어 있기 때문에 화재때에 발열량이 크고 살아있는 나무도 잘 탄다.

산림화재 발생은 4계절 가운데 봄철이 화재 다발기이다.

(6) 위험물 화재

석유는 인화성이 강하고 화재의 크기는 유류면적의 크기와 연소시간에 따라 결정되며, 인화점이 낮고 연소범위가 넓은 것일수록 위험하다.

유증기가 표면연소하면서 서서히 타서 내려가지만 휘발성이 높고 인화점이 낮을수록 연소속도는 빠르다.

(7) 지하화재

지하화재 시 연소 특성을 살펴보면 다음과 같다.

① 공기의 공급은 화점에 의하여 지상과의 연결구, 지하통로, 터널, 환기구 기타 공간으로부터 행해져 복잡한 연소를 시작하면서 고열, 농연이 천정으로 상승한 후 냉각 되어 내려간다.

② 출입구가 1개소인 대상물을 초기는 보통연소이고, 중기는 서서히 범위가 확대되어 간다. 지상과의 연결구 계단 입구 배연과 공기의 유입이 동시에 행해지기 때문에 중성대가 생긴다.

③ 출입구가 2개소 이상인 대상물은 상부로부터 배연, 하부에서 흡기하는 것이 많다. 개구부에 차이가 있으면 높은쪽에서 배연한다.

④ 지하철은 공간용적이 크고 공기 유동이 양호하므로 지상건물과 다름없이 연소를 한다

⑤ 지하주차장은 위험물 화재가 많고 최성기에 이르는 속도가 빠르고 지하실은 전반적으로 연소가 느리다.

⑥ 지상에서 내부상황 파악이 곤란하여 화점과 연소범위도 각 개구부로부터 분출한 상황에서 추정한다.

⑦ 화점 확인이 어렵고 통신 불가능한 곳이 많으며, 현장지휘부에서 연락, 명령, 지시 등을 행하기 어렵다.

2.4.2 이재정도에 의한 화재분류

표 2.6 화재구분에 따른 소손정도

구 분	소손정도	내 용
전 소	70% 이상	건물 70% 이상 소손된 것 또는 이것 미만에 있어서도 잔존 부분에 보수를 하여도 재사용할 수 없는 것
반 소	30%이상 70%미만	건물30%이상 70%미만을 소손한 것
부 분 소	30%미만	전소 및 반소에 해당하지 않은 것

2.5 화재와 기상과의 관계

2.5.1 기온

기온이 낮은 겨울철이 기온이 높은 여름철 보다 화재발생이 빈번하다.

보통 습도가 동일한 경우에는 기온이 높을 때가 낮을때보다 물질의 연소속도가 빠르다. 동절기에 화재 발생율이 높은 것은 불의 사용횟수가 많고, 습도가 다른 계절에 비해 낮기 때문이다.

2.5.2 습도

습도는 화재와 관계가 깊은 기상요소중 하나이며, 낮다는 것은 가연물질이 건조해서 발화(착화)되기 쉽다는 것이다.

화재 확대 원인인 비화나 튀는 불꽃은 습도가 낮아 건조할 때 화재를 제압하기가 상당히 어려우므로 소화에 지장을 준다.

이렇게 화재가 습도의 고저에 의해 민감한 영향을 받는다.

2.5.3 바람

풍속은 화재 확대 규모에 많은 영향이 있다. 풍속이 강할 때는 바람 방향의 연소속도가 빠르며, 연소면적이 확대된다.

바람에 의해 연소면의 형태 변화가 있는데, 바람이 거의 없을 때에는 화원을 중심으로 하여 원의 형태를 그리면서 연소가 확대하지만, 바람이 약할 때에는 연소면의 형태가 계란형이 되며, 바람이 강하게 불면 타원형 형태를 그리면서 연소가 확대해 간다.

2.6 실내화재(건축물 내부 또는 구획실)의 성상

2.6.1 실내화재 진행단계

화재는 착화(화원)→성장기→최성기→감쇠기 순으로 진행한다.

(1) 착화(화원)(O)

점화원에 의해 가연물이 공기중에서 산소와 반응하여 빛과 열을 내는 초기의 단계

(2) 성장기(O~B)

1) 1성장기(O~A) : 초기단계를 거치면서 크게 상승하지 않는 발화단계
2) 2성장기(A~B) : F.O에 이르는 단계로서 실내가 순간적으로 화염이 충만한 단계
3) 최성기(B~C) : F.O현상이 일어나며 실내온도가 최고온도점에 이르며 천장, 대들보 등이 내려앉는 단계
4) 감쇠기(C~D) : 화재의 세력이 부분 소멸되고 연기의 발생도 거의 정지되는 단계

2.6.2 플래시 오버(flash over)

(1) 정의

건물화재에서 발생한 가연가스가 일시에 인화하여 화염이 충만하는 단계로서 순발적인 연소확대현상이다. 즉 옥내화재가 서서히 진행하여 열이 축적되었다가 일시에 화염이 실내 전체에 확대되는 현상으로 폭발적인 착화현상이라고도 한다.

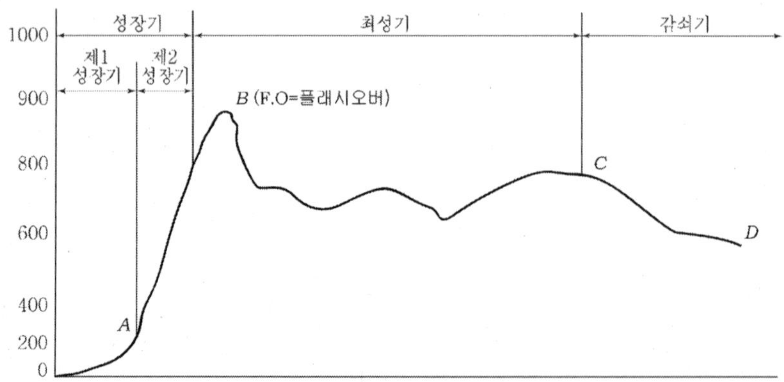

그림 2.2 실내화재의 상태도

(2) F.O발생이 시작되는 점

제 1성장기에서 제 2성장기로 넘어가는 분기점

(3) F.O현상이 나타나는 점

성장기에서 최성기로 넘어가는 분기점

(4) F.O현상의 영향조건

1) 화원의 크기 : 화원의 위치와 크기를 말하며 화원이 크면 발생시각이 빠르다.
2) 내장재의 종류 : 실내부에 수납된 가연물의 양과 그 성질을 말하며 벽재료보다 천장재가 발생시각에 큰 영향을 미친다.
3) 개구부의 조건 : 실내부에 설치된 창의 높이 면적 개구부 위치 및 크기를 말하며 밀폐된 공간보다 개구부가 클수록 발생시각이 빠르다.
4) 온도 : 플래시오버현상이 발생되는 천정의 열기류 온도는 일반적으로 550~650℃가 된다.

2.6.3 목조건축물 화재

(1) 목재의 성분

나무를 구성하는 성분은 탄소(C), 수소(H), 산소(O)가 연속적인 연소를 일으켜 화재를 가져온다. 그러므로 목재가 탈때는 일산화탄소(CO), 이산화탄소(CO_2), 수증기(H_2O)가 생성된다. 또한 적은 양의 질소(N), 인(P), 유황(S)도 목재 화재시 인체에 해로운 유독성 가스로 연소 생성물을 생성하게 된다. 목재의 주성분은 셀룰로오스[$(C_6H_{10}O_5)n$]가 40~50%를 차지하고 그 외 리그닌, 무기물, 수분 등이라 할 수 있다.

(2) 목재의 연소

나무류는 가열이 되면 수분을 잃고 탄화되다가 일정온도 이상이 되면 발화되어 연소하기 시작한다. 목재는 철과 같은 금속에 비하여 열전도율이 낮아(열의 축적이 용이하므로) 화재시 빨리 연소되는 특징이 있다.

열전도율이라 함은 물체 속에 열이 전도하는 정도를 나타내는 수치 즉, 물체에 흡수된 열이 그 물체의 내부를 흘러가는 정도를 나타내는 것이며, 얇은 가연물이 두텁고 큰 가연물보다 더 잘 탈 수 있는 이유는 물질을 작게 부수면 표면적이 많아져 공기와 접촉부분이 많아지기 때문이다.

목재의 연소에 영향을 주는 것으로는 목재의 비표면적, 산소의 공급상태, 온도 등이며 목재 형태에 따른 연소상태는 다음과 같다.

표 2.7 목재 형태에 따른 연소 상태

형태 \ 속도	빠르다	느리다
크 기	작고 얇은 것	두텁고 큰것
모 양	각(角)이 있는 것	둥근것
표 면	거친 것	매끄러운 것
색 상	흑색	백색

또한, 목재는 함유수분이 15%이상 초과하게 되면 고온에 장시간 접촉해도 착화하기 어렵고 반이상의 수분을 함유한 목재라도 이미 연소되고 있는 목재로부터 활성화에너지를 공급받게 되면 연소는 계속 진행될 수 있다.

목재의 연소는 수분함유량, 표면적, 공기와의 접촉, 열전도도, 온도, 비열 등 여러 가지 요인에 따라 다르지만 일반적으로 물질 내 수분→기화→열분해→연소의 단계로 이루어진다.

- 목재의 연소단계

  ① 목재가열 → ② 수분증발(150℃) → ③ 목재분해(200~260℃) → ④ 탄화종료(300~350℃) → ⑤ 발화(410~480℃)

(3) 목조건축물의 특성

일반목조건축물의 지붕속, 천장, 벽 등에 불이 착화한 후 최성기까지 도달 소요시간은 재질과 풍속에 따라 다르지만 일반적으로 거의 무풍상태에서 5~15분정도이고, 맹화에서 연소낙하까지는 6~19분이 소요된다. 또한 목조건축물 화재의 진행시간은 30~40분에 해당되며 최성기에 도달하는 최고온도는 약 1100~1300℃로서 화재의 특징은 고온 단기형이다.

(4) 목조건축물의 화재진행 과정

목조건축물에 화재의 출화를 기준으로 한 진행과정은 다음과 같다.

표 2.8 목조 건축물의 화재 진행 과정

화재전기				화재후기		
화재의 원인	무염착화	발염착화	화재의 출화	맹화	연소낙하	진화

화재출화를 기준으로 화재전기를 초기화재라고도 하며 화재후기를 본격화재라고도 한다. 또한 화재출화를 기준으로 플래시오버의 시작과 현상을 구분한다면 발염착화와 화재 출화

사이에서 F.O가 발생되는 시기에 해당되고 화재출화와 맹화사이에서 F.O 현상이 나타나는 시기에 해당된다고 볼 수 있다.

(5) 목조건축물 화재의 출화

화재의 출화는 화염이 개구부를 통하여 외부로 분출된 상태의 화재로서 구조상으로 옥내출화와 옥외출화로 구분되기도 하는데 다음 표와 같다.

목조건물의 화재출화의 일반적 현상은 처음엔 백색 연기가 창, 환기구 등으로 분출되면서 옥내에서 불이 타는 소리가 나면서 차츰 연기량이 많아지고 지붕, 처마 등에서 연기가 새어나오며 결국 화염은 외부에 나타난다. 또한 목재가옥의 기둥, 벽 등은 발화부를 향하여 도괴하는 경향이 있으므로 이 곳을 출화부로 추정하는 것을 도괴방향법이라 하는데 잔화 정리시 도괴된 건물 밑까지 방수하여 불티가 남지 않도록 한다.

표 2.9 목조건축물 구조상 화재 출화

시기 / 구분	내 용
옥 내 출 화	가옥구조에서 천장면에 또는 천장속, 벽속에 발염 착화시 불연벽체나 불연천장인 경우의 실내에서는 그 뒷면판에 발염착화시
옥 외 출 화	창, 출입구 등에 발염 착화시 외부, 벽, 추녀밑에서 발염착화시(목재 가옥)

2.6.4 내화건축물

(1) 내화건축물의 정의

내화구조라 함은 건축법에서 정하는 바와 같이 철근 콘크리트조, 연와조, 석조 그 밖의 이와 유사한 구조로서 대통령령이 정하는 내화성능을 가진 것을 말한다.

이와 같은 성능을 가진 내화 건축물이란 화재발생시 쉽게 연소하지 않고 구조물의 성질이 크게 변화하지 않는 최종적인 단계에서 내장재가 전소하더라도 수리하여 재사용 할 수 있는 구조로 된 건축물을 말한다.

(2) 내화건축물의 특성

내화건축물은 목조 건축물 화재발생시와는 다르게 공기유통조건이 크게 변하지 않고 화재의 진행시간은 목조건축물 30~40분에 비하여 2~3시간에 해당되며 최성기에 도달하는 최고 온도는 목조건축물보다 낮은 900~1100℃로서 화재의 특징은 저온 장기형이라 한다.

(3) 섬유류 화재 특성

합성섬유, 합성수지의 종류별 화재 특성은 표 2.10과 같다.

예를 들어서 면의 착화점은 400℃인데 비해 모의 착화점은 600℃이다.

화재시 성상은 면은 식물섬유로 주성분이 셀룰로오스로서 연소시키기 쉽고 연소속도도 빠르고 모에 비해 소화하기도 어렵다.

표 2.10 섬유별 연소특징

종 류	착화점(℃)	연 소 특 징
면	400	연소시키기 쉽고 연소속도가 빠르다.
나이론	425	지속적인 연소가 어렵고 용융하여 망울이 됨(용융점은160~260℃)
아세테이트	475	불꽃을 일으키기 전에 연소하여 용융됨(용융점 300~350℃)
폴리에스테르	485	쉽게 연소되고 256~292℃연화하여 망울됨
모(毛)	600	연소시키기 어렵고 연소속도가 느리다.

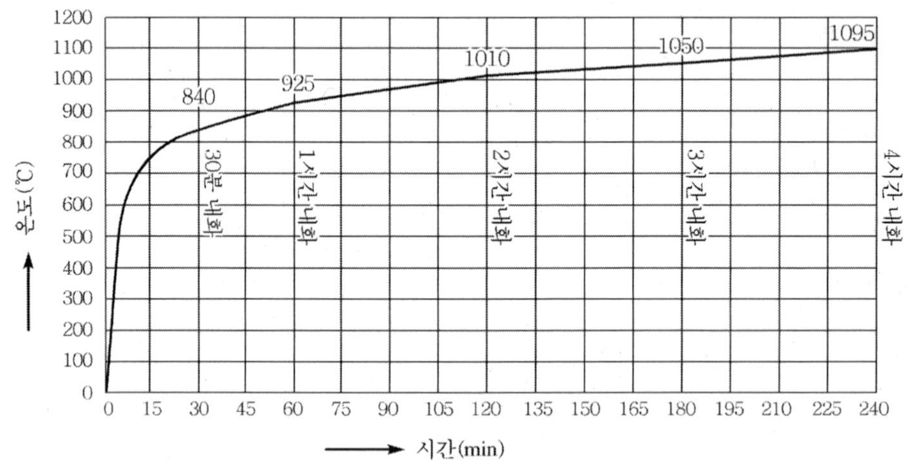

그림 2.3 표준온도 – 시간 곡선

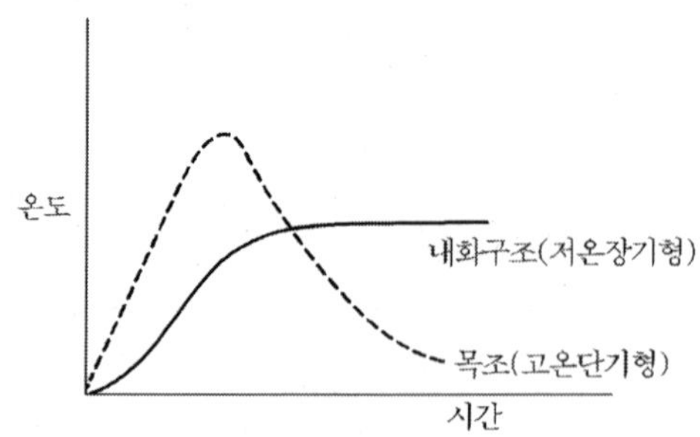

그림 2.4 목조건축물과 내화건축물의 화재성상 비교 개념도

반면 모는 동물성 섬유로 착화점이 높고 주성분이 단백질로 되어 있으므로 연소시키기가 어렵고 연소속도도 느리고 면에 비해 소화하기도 쉽다는 장점이 있다.

2.6.5 플라스틱 화재

(1) 플라스틱 화재의 연소생성물

플라스틱 화재 역시 섬유화재와 마찬가지로 생성되는 가스는 다음과 같다.

일반적인 플라스틱 화재시 CO, CO_2를 비롯하여 폴리우레탄, 질소함유 플라스틱이 탈 때는 시안화수소(HCN) 등 질소계통의 생성가스가 생성되며, 폴리염화비닐이 탈 때는 염소계통의 염화수소(HCl) 등이 생성된다.

표 2.11 생성가스별 종류

종류	생성가스
모든 플라스틱	CO, CO_2
폴리우레탄, 질소함유 플라스틱	NO, NO_2, HCN, NH_3
폴리염화비닐(PVC)	HCl

(2) 플라스틱 화재 성상

플라스틱은 약 30여종으로 생활주변에서 흔히 볼 수 있다.

열과의 분류상 2가지로 나누는데 가열하면 연화하여 변형하는 열소가소성 플라스틱과 가열해도 다른 모양으로 변형하지 않는 열경화성 플라스틱으로 분류된다.

1) 열가소성 : 폴리염화비닐(PVC), 폴리스틸렌(PS), 폴리프로필렌(PP), 폴리에틸렌(PE)
2) 열경화성 : 페놀수지, 에폭시수지, 멜라민수지, 규소수지, 요소수지,

또한, 플라스틱을 인공합성 고분자로서 분해온도 및 산소지수(LOI)는 다음과 같다.

표 2.12 고분자 온도별 산소지수

고 분 자(Polymer)	온 도(℃)	한계산소지수[LOI]
폴리염화비닐(PVC)	200~300	45
폴리스틸렌(PS)	285~440	18
폴리프로필렌(PP)	328~410	19
폴리에텔렌(PE)	335~450	17.5

2.7 유류저장탱크의 연소 시 특성

2.7.1 보일오버 현상(Boil-Over Phenomenon)

원유나 중질유와 같이 끓는점이 다른 다성분을 가진 제품의 저장탱크에 화재가 발생하여 장시간 진행되면 유류 중 가벼운 성분이 표면층에서 증발하여 연소되고 무거운 성분은 계속 축적되어 화염의 온도에 의하여 가열되어, 상부에 층을 이루게 되는데 이를 열류층이라 한다. 열류층은 화재의 진행과 더불어 점차 탱크 바닥으로 도달하게 되는데, 이때 탱크의 저부에 물 또는 물-기름 에멀젼이 존재하면 뜨거운 열류층의 온도에 의하여 물이 수증기로 변하면서 급작스러운 부피 팽창에 의하여 유류가 탱크 외부로 분출되게 되는데 이를 Boil-Over 현상이라 한다. 이 현상이 발생하면 화재가 확대되고 진화작업에 큰 지장을 초래하게 된다.

2.7.2 슬롭오버 현상(Slop-Over Phenomenon)

중질유와 같이 점성이 큰 유류에 화재가 발생하면 유류의 액표면 온도가 물의 비점 이상으로 올라가게 되는데 이때 소화용수 또는 포화용수가 뜨거운 액표면에 유입되게 되면 물이 수증기로 변하면서 급작스러운 부피 팽창에 의하여 유류가 탱크 외부로 분출되게 되는데 이를 Slop-Over 현상이라 한다. Slop-Over 현상도 화재의 확대 및 진화작업에 장애를 초래하는 요인이 된다.

2.7.3 블레비 현상(BLEVE)

액화가스의 저장탱크 주위에 화재가 발생하여 저장탱크 벽면이 장시간 화염에 노출되게 되면 탱크벽면은 물론 탱크내부 액체의 온도도 증가하게 된다. 이 때 탱크벽면의 온도는 내부액체로의 열전달에 의하여 위험할 정도로 증가되지는 않으나, 액체가 차있지 않은 윗부분의 온도는 매우 증가하여 재질의 인장력이 저하되어 탱크내부 압력을 견디지 못하고 파열되게 된다.

저장탱크 벽면이 파열되면 탱크내부 압력은 급격히 감소되고 이로 인하여 탱크내부의 과열된 액체가 폭발적으로 증발하면서 이 폭발적인 증발력에 의하여 액체 및 탱크의 조각이 날아가게 되는데 이러한 현성을 BLEVE 현상이라 한다.

BLEVE 현상으로 분출된 액화가스는 순간 기화되어 주위의 공기와 혼합하여 인화 범위 내에 들어오게 되므로 점화원이 가해지면 착화되어 대형 화염이 형성되고 공의 모양으로 상부로 상승하게 되는데 큰 복사열을 방출하므로 주위의 인명 및 재산에 많은 피해를 줄 수도 있다.

2.7.4 후로스오버 현상(Froth-Over Phenomenon)

저장탱크 속의 물이 점성을 가진 뜨거운 기름의 표면 아래에서 끓을 때 화재를 수반하지 않고 기름이 넘쳐흐르는 현상을 말하며, 대개 뜨거운 아스팔트를 물이 들어 있는 탱크 속에 넣을 때 발생한다.

2.7.5 증기운 현상(Vapor Cloud Phenomenon)

저장탱크에 화재가 발생하면 화재로 인한 복사열이 주위로 전달된다. 화재탱크 인근에 다른 저장탱크가 있을 경우 이 저장탱크가 복사열을 받아 저장액체의 온도가 증가하게 되고 이로 인하여 증기의 방출이 많아져 다량의 증기와 함께 탱크외부로 누출되게 된다.

이렇게 누출된 증기는 바로 확산되지 않고 구름과 같이 뭉쳐져 있게 되는 경우도 있는데 이를 Vapor Cloud라하며 Vapor Cloud가 화재탱크의 화염과 연결되게 되면 화염이 Vapor Cloud를 타고 인접 탱크로 전파되어 화재가 확대되게 된다. 저장탱크 화재가 단시간 내에 소화되지 않을 경우 Vapor Cloud에 의하여 인접한 모든 탱크에 화재가 발생하는 대형사고로 확대 된다.

2.7.6 이상현상의 비교 특성

표 2.13 이상현상 종류별 특성비교

종 류	대상물	발생점	원 리
플래시오버	고, 액, 기체 실내가연물	가연물의 열의 축적	순발적인 연소 확대 현상
보일오버	액체 유류	탱크내 유류 저부	수증기에 의해 기름이 비산 증발하는 현상
슬롭오버	액체 유류	탱크내 유류 표면	〃
후로스오버	액체 유류	탱크내 유류 표면 아래	물의 증발로 기름을 밀어냄

2.7.7 원유의 분별증류

원유는 유정에서 뽑아 올린 푸른 빛이 도는 검은색의 액체이다. 원유는 끓는점이 다른 여러 액체의 혼합물이므로 분별증류하여 각 성분의 물질로 분리한다. 우선 물과 염기의 수용액으로 씻어 냄새의 원인이 되는 물질을 제거하여 가열 가마에서 약 350℃로 가열하여 증기로 만들어 증류탑으로 보낸다. 증류탑에서는 연속적으로 분별증류가 이루어지는데 상부 쪽일수록 끓는점이 낮은 휘발유(가솔린)성분이 먼저 분리되고 하부 쪽으로 갈수록 끓는점이 높은 등유, 경유, 중유 순으로 분리된다. 또한 석유류는 소방에서 다음과 같이 분리된다.

표 2.14 석유류별 인화점과 용도

	인화점	지정항목	용 도
제1석유류	21℃이하	아세톤, 휘발유	승용차(휘발류), 화공약품원료
제2석유류	21~70℃미만	등유, 경유	승합차(경유), 가정보일러, 화공약품원료
제3석유류	70~200℃미만	중유, 클레오소오트	디젤기관, 대형보일러(중유), 방부제(클레오소오트)
제4석유류	200℃~250℃미만	기계유, 실린더유	각종기계, 실린더

2.8 전기화재의 성상

사진 2.1 전기화재 실험 예

전기시설물로부터 유도된 일반 및 유류화재로서 전기가 유인되어 발화한다는 의미가 아니고 전기가 설치되어 있는 전기장판, 전열기, 코드접촉부 등 전기기기, 전기기구가 점화원 기능을 하는 화재의 분류이다.

2.8.1 전기화재의 발생 원인

(1) 단락(합선)에 의한 발화

두 개의 전선이 서로 접촉되어 접촉부의 낮은 저항차에 의해서 매우 큰 전류가 흐르는 현상이다. 예로서 적열된 주위에 있는 가연성 물질에 접촉된다든지 단락점에서 발생한 스파크로 주위의 인화성 가스 등 또는 단락지점 이외 전선피복이 연소하여 발화하는 경우 등이다.

또한, 스테이플로 옥내배선을 고정하였을 때 해가 거듭할수록 경년변화에 의한 절연피복이 손상되어 단락되는 경우 등이다.

(2) 과전류(과부하)에 의한 발화

허용전류를 초과한 전류현상을 말한다. 전선에 전류가 흐르는 주울의 법칙($H = 0.24I^2Rt$ (cal))에 의한 열이 발생하는데 일정용량이상 전류가 흐르는 원인이 과전류가 된다.

예로서 냉장고, 히터, 에어컨 등 전기소모량이 많은 부하를 동시에 사용함으로써 과전류가 흘러 발화된 경우 등이다.

(3) 누전에 의한 발화

지락사고 외에 전류가 전선이나 기구에서 절연불량 등의 원인으로 건물내 금속 도체를 따라 대지로 흐르는 현상이다.

지붕의 철판 물받이통 등의 누전점과 수도관, 전선관 등의 접지점과 간판, 함석지붕 철판 이음새 등 발화점에서 누설전류 발열량이 누적되어 주위 가연성물질을 발화시키는 것이다.

(4) 정전기에 의한 발화

이동하지 않는 정지된 상태를 나타낸 전하를 정전기(static electricity) 현상이라 한다. 정전기는 움직이지 않는 조용한 전기로서 +, - 전기를 띠고 있다.

축적된 정전기가 일시에 방전될 경우 주위에 가연성 기체 또는 가연성 분진이 있을 경우 발화될 수 있다.

여기서, 전기량을 $Q = CV$라 할 때 정전기(축적)에너지(W)는 다음과 같다.

1) 정전기에너지

$$W = \frac{1}{2}CV^2 = \frac{1}{2}QV = \frac{Q^2}{2C}$$

여기서, W : 정전기에너지
C : 정전용량
V : 전압
Q : 전하량

2) 정전기 발생

- 전기부도체인 위험물, 섬유류, PVC film 등 취급시 마찰로 발생된다.
- 자동차의 장기간 주행시 와류가 형성되어 비전도성 유체 마찰이 클 때 발생된다.
- 위험물, 옥외탱크에 석유류 등 주입시 유류 등 비전도성 유체의 유속이 클 때 발생된다.

3) **정전기 발화과정** : 전하발생 → 전하축적 → 방전 → 발화

4) **정전기 발생방지** : 접지시설을 하는 방법, 공기를 이온화하는 방법, 상대습도를 70%이상으로 높이는 방법이 사용된다.

(5) 전기저항열에 의한 발화

전구는 저항이 큰 텅스텐을 필라멘트로 하여 진공 혹은 내부의 산소를 제거하고 비가연성

기체인 질소, 아르곤을 봉입 필라멘트에서 발생되는 열을 이용한 원리이다.

이러한 열은 기전력에 의한 도체의 저항열인데 백열전구에서 열이 발생되는 것은 저항발열이라 할 수 있다. 그러므로 저항인자에 의하여 발생되는 전기적인 열이 점화원 기능을 할 수 있는 발화를 말한다고 할 수 있다.

저항체 R에 과전류 I가 흐르면 열이 발생하는데 이것을 전류의 발열작용이라하고 이 열을 줄열이라 한다.

(6) 유도열과 유전열에 의한 발화

1) 유도열 : 도체 주위에 변화하는 자장이 존재하거나 도체가 자장사이를 통과하여 전위차가 발생하고 이 전위차에 의하여 전류의 흐름이 일어나 도체의 저항에 의하여 열이 발생하는 가열을 유도열(유도발열)이라 한다.
2) 유전열 : 유전체가 부도체로서 정전기적 유도작용을 매개하는 물질 즉, 운모, 유리, PVC, 절연물질을 말하며 누설전류에 의한 가열, 전선피복의 파괴 등 전기절연불량에 의한 발열을 유전열이라 한다.

이외 아크발열(전기불꽃), 낙뢰, 지락, 접속부과열, 열적경과 등을 들 수 있다.

2.9 금속화재의 성상

금속화재는 앞에서 설명을 조금 더 구체적으로 다룬다면 제2류 위험물인 철분, 마그네슘, 금속분(아연, 알루미늄 등)와 제3류 위험물인 칼륨, 나트륨, 알킬알루미늄과 알칼리금속(세슘, 리듐 등)을 말한다.

금속화재를 일으키는 물질은 대부분 물과 반응하여 수소, 아세틸렌, 에탄 등 가연성가스를 발생시키거나 다른 화학물질과 잘 반응하는 활성금속이다.

대표적인 대상물로는 칼륨, 나트륨, 알킬알루미늄으로서 원인과 소화의 예를 들면 다음 표 2.15와 같다.

표 2.15 원인별 소화 특성

원 인	금속칼륨, 나트륨 등이 물과 접촉하면 위험한데 그 이유는 물과 격렬히 반응하여 발열하고 가연성 수소가스를 발생하기 때문
소 화	알킬알루미늄 화재 시 사용할 수 있는 소화약제는 공기와 접촉하여도 자연발화되는 것도 있고 물과 반응하면 폭발적인 반응을 하기 때문에 화재초기에는 팽창질석, 팽창진주암 또는 마른 모래 등을 사용하고 본격시기에는 주변연소를 방지하고 자연 진화하도록 내버려둔다.

2.10 가스화재의 성상

2.10.1 연소 상태에 따른 분류

가스화재는 에너지의 원천이 되는 연료용 가스에 의해서 대체로 발생된다. 연소상태에서 의해 분류하면 다음과 같다,

(1) 가연성 가스

수소(H_2), 아세틸렌(C_2H_2), 일산화탄소(CO), 암모니아(NH_3), 시안화수소(HCN), 메탄, 에탄, 부탄, 프로필렌, 부타디엔, 에틸렌 등 폭발한계값 즉, 연소하한값이 10% 이하 또는, 연소 상한값과 하한값의 차가 20% 이상인 것을 말한다.

(2) 조연성 가스

염소(CI_2), 산소 등 자신은 연소되지 않으나 가연성물질이 연소하도록 도와주는 가스를 말한다.

(3) 불연성 가스

이산화탄소(CO_2), 질소(N_2), 아르곤(Ar), 네온(Ne), 헬륨(He), 오산화인(P_2O_5), 삼산화황(SO_3), 프레온 등과 같이 산소와 반응하지 아니하거나 반응한다 하더라도 산화흡열반응을 일으키는 가스를 말한다.

2.10.2 저장과 구분상태에 따른 분류

(1) 압축가스

산소, 수소, 질소, 아르곤, 헬륨 등과 같이 고압에 의하여 용기에 저장되는 기체

(2) 액화가스

CO_2, LNG, LPG 등과 같이 −78℃ 이하에서 액화시킨 것으로 용기내에서 액체와 기체의 평형상태로 존재한다.

(3) 용해가스

아세틸렌과 같이 용제에 용해시켜 저장 취급하는 가스로서 아세틸렌은 압축하면 분해폭발하기 때문이다.

1) 아세틸렌(C_2H_2)의 저장방법

다공성 용기의 용제에 용해시켜 저장한다. 즉, 규조토, 목탄, 석면 등의 다공성물질을 고압 용기에 넣고 아세톤이나 D.M.F 용제에 용해시켜 저장한다.

2) 아세틸렌의 취급관리

전도하거나 낙하 또는 함부로 방치하면 고압가스나 고압으로 충전하면 폭발위험성이 있고 동(Cu), 은(Ag), 마그네슘(Mg), 수은(Hg)과 접촉하면 폭발성 화합물인 금속 아세틸라이트를 생성하기도 한다.

3) 아세틸렌의 특성

아세틸렌은 위험도가 가장 높은 가스로서 인화되기 쉽고 압력을 가하면 분해하기 쉽고 아세톤에 용해되기 쉬운 특성을 가지고 있다.

(4) 독성가스

포스겐, 아크로레인, 이산화질소, 일산화탄소, 암모니아 등 허용농도가 250ppm이하인 가스를 말한다.

표 2.16 독성가스 허용농도

가스의 종류	[ppm]	가스의 종류	[ppm]
포스겐($COCl_2$)	0.1	시안화수소(HCN)	10
아크로레인(CH_2CHCHO)	0.1	황화수소(H_2S)	10
이산화질소(NO_2)	1	암모니아(NH_3)	25
아황산가스(SO_2)	5	일산화탄소(CO)	50
염화수소(HCl)	5	이산화탄소(CO_2)	5000

2.10.3 가스저장탱크에서의 화재(BLEVE현상)

과열상태의 탱크에서 내부의 액화가스가 분출되어 착화되었을 때 폭발하는 현상으로 탱크내부의 액화가스가 화재시 열로 인하여 급격한 팽창비등함과 동시에 내부압력이 증가되어 안전 장치 압력 완화율을 넘어서서 용기벽면들이 균열, 파괴되고 분해되었을 때 착화되어 폭발하는 현상으로 블리브현상이라 한다.

2.10.4 가스연소의 이상현상

가스연소시 정상 연소에는 양호한 기상 조건하에서 충분한 산소 공급이 이루어지고 정상적인 상태로 연소가 이루어지는 반면에 일산화탄소 등이 많이 발생되는 비정상적인 연소에는 다음과 같은 현상이 나타난다.

(1) 리프팅(lifting fire)

연소속도보다 가스분출속도가 클 때 불꽃이 노즐에서 떨어져 연소하는 현상으로 리프트라고도 한다.

(2) 역화(Back fire)

리프트의 반대현상으로 가스의 분출속도보다 연소속도가 클 때 불꽃이 내부로 전파되는 현상으로 백파이어, 라이팅 백 또는 역화라고도 한다.

(3) 블로우 오프(blow off)

주위에 공기유통이 심하여 불꽃이 노즐에서 떨어져 꺼져버리는 현상을 말한다.

2.10.5 가스저장용기

가스가 충전된 용기는 주위온도는 40℃가 초과되면 액상 열팽창하여 폭팔위험이 있으므로 항상 40℃ 이하로 유지하며 직사광선, 습기, 눈, 비를 피하여야 한다.

가스저장용기는 그 종류에 따라 색상을 달리하는데, 녹색 = 산소, 청색 = 이산화탄소, 수소 = 주황, 황색 = 아세틸렌, 백색 = 암모니아, 갈색 = 염소, 회색 = 기타가스로 표시된다.

2.10.6 가스화재의 특성과 대책

LNG 및 도시가스는 메탄(CH_4)이 주성분이기 때문에 누설시 공기보다 비중이 가벼워 천장으로 올라간다.

LPG는 무색무취로서 물에는 녹지 않으나 유기용매에 용해되며 공기중에서 쉽게 연소, 폭발하는 성질을 가지고 있으며 공기보다 1.5~2.0배 비중이 무거워서 누설시 바닥으로 가스가 체류된다.

1) 가스누설 경보기를 설치시 검지부는 LPG는 지면으로부터 상방 30cm이내, LNG 도시가스는 천장으로부터 하방 30cm이내 되는 곳에 설치한다.
2) 가연성가스가 누출되었을 때에는 먼저 밸브를 잠그고 가스의 종류에 따라 빗자루로 쓴다든지 물을 분사시켜 누출가스를 분산시키고 가스저장용기가 파열되지 않도록 충분한 냉각수를 뿌려 탱크와 배관의 폭발위험을 제거한다.
3) 전기스위치 등은 전기스파크를 일으킬 염려가 있으니 절대 동작시키지 않는다.

CHAPTER 03

화재시 연기의 특성

CHAPTER 03

화재시 연기의 특성

연기란 가연물질의 연소에 의하여 생성된 가스와 입자가 공기와 일체가 되어 하나의 혼합기체가 된 것이다.

3.1 연기의 정의 및 성상

3.1.1 연기의 정의

연기란 가연물질의 연소에 의하여 생성된 가스와 입자가 공기와 일체가 되어 하나의 혼합기체가 된 것이다.

연기의 특징은 이 혼합기체속의 탄소입자나 액적입자의 유동흐름이며 그 입자의 크기는 $0.1\mu m \sim 10\mu m$ 정도다.

또한, 공기가 부족하면 불완전 연소되어 탄소의 입자가 방출된다. 이러한 입자가 다량으로 포함된 연기는 농도가 짙으며 검게 보인다.

화재시 연기는 건물내부에 갇혀 있기 때문에 쉽게 대기 속에 확산되지 않는 경우가 많다. 이러한 연기가 주로 인체에 해를 끼치게 된다. 건물화재시의 연기는 화재실에서 복도, 계단 또는 덕트를 통하여 그 윗 층으로 번져 건물내부에 확산되며, 공기가 통할 정도의 틈이 있으면 어디든지 스며들어 건물내부의 구석구석까지 오염시키게 된다. 출화점에서 발생한 화재실의 연기는 부력을 얻어 천정면에 이르게 되어 바닥면의 열기류에 의하여 사방으로 확산하여 두터운 층을 형성하면서 실내에 가득 차게 되고 창문이나 기타 개구부를 통하여 빠져나가게 된다.

실내가 플래쉬오버(Flash-Over)에 이르면 가연물의 급격한 연소로 인하여 대량의 가스가 방출되고 온도가 상승하게 된다. 따라서 연기는 열팽창되어 더욱 큰 압력으로 확산된다.

이러한 화재시의 연기는 피난을 저해하는 중요한 요인의 하나이다.

3.1.2 연기의 발생형태

물질은 고체, 액체 또는 기체 상태로 존재한다. 고체가연물을 가열하면 열분해되어 가연성 증기가 발생되고, 이것에 점화되어 화염의 기둥과 뜨거운 연기가 발생된다. 이 때 생성된 연기는 주위의 차가운 공기보다 밀도가 낮기 때문에 주변의 차가운 공기를 끌어들여 커다란 상승기류를 형성한다. 이렇게 빨려 들어간 공기 중 일부는 가연물의 연소를 도와주고 커다란 열기류(Plume)을 형성한다. 열기둥의 온도가 그다지 높지 않거나 산소의 공급이 부족하면 불완전연소가 일어나 그을음이 생성된다.

열기둥에는 가연물의 연소에 필요한 양보다도 더 많은 양의 공기가 포함되어 있어 이들이 가열되고 다른 연소생성물과 혼합되어 분리되지 않는 많은 양의 연기를 발생하게 된다. 따라서 화재 시 인명피해의 약 50~75%는 이상과 같은 다량의 연기 또는 연소가스에 의한 질식사로 추정되고 있다.

연기는 열에 의한 물질의 분해생성물이기 때문에 연기의 종류와 양은 가연물의 화학적 조성, 연소속도, 연소온도 및 산소의 공급조건, 연소가스의 농도 등에 따라 크게 영향을 받는다.

온도가 낮은 그을음 연소(훈소)단계에서는 액적입자가 주로 생성되기 때문에 연기의 색은 백색 또는 청백색이나, 온도가 높아져 착화연소단계(발염연소)가 되면 유리탄소의 생성이 많아져 검은색의 연기가 발생된다.

물질의 종류에 따른 연소단계별 연소생성물을 살펴보면, 고체물질의 연소는 예를 들어 목재의 경우 1단계에서는 열에 의해서 열분해 가스 및 증기 등이 발생되는데, 160~360℃에서는 이산화탄소, 일산화탄소 등이, 360~432℃에서는 수소가스, 아세틸렌가스 등이 발생하며 온도에 따라 각종 탄화수소류의 가스가 발생하게 된다.

2단계에서는 이와 같이 발생한 가연성 가스들이 계속 공급되는 열에 의해서 산소와 결합하며 연소가 일어나 연소생성물이 생겨나는데 이것이 바로 연기인 것이다. 이러한 열분해가스의 연소와 병행하여 증발되고 남은 잔재물인 탄화목탄이 연소하게 되는데 이것은 탄소가 주성분이고 그 밖에 미량의 철, 이산화규소 등의 무기물이 포함되어 있다.

이 목탄은 표면이 산소와 접촉하면서 연소하여 이산화탄소, 일산화탄소, 탄소의 미립자 등을 방출하며 이 역시 연기인 것이다.

LPG와 같은 가연성 가스는 액체 가연물의 연소과정 중 증발과정 없이 이미 기체화되어 있는 가스가 연소하면서 연기를 발생시킨다.

일반적으로 가연물이 가열되면 열분해를 일으키고 휘발성 가스 및 유리탄소 등을 방출하는 1차 반응이 일어나며 이들 생성물에 가열이 계속되어 착화되면 산화 발열반응인 2차 반응이 일어나게 되는 것이다.

이러한 1, 2차 반응을 통한 연소과정에서 연기가 발생되는 것이다.

3.1.3 연기의 성상 및 성분

연기는 농황색의 황화수소가스, 백색의 수증기 등과 같이 눈으로 볼 수 있는 성분이 있기도 하며 일산화탄소, 사염화탄소와 같이 무색 투명한 기체여서 눈으로 볼 수 없는 성분도 있다.

우리는 흔히 눈으로 볼 수 있는 입자나 가스만이 연기인 것으로 생각하기 쉬우나 연기란 말 자체가 뜻하듯이 눈으로 식별되지 아니하는 기체라도 가연물의 연소시 발생되는 가스 등의 부유물은 모두 연기의 범위에 포함시키는 것이 타당하다. 연기에 대한 정의는 "가연물이 연소할 때 생성되는 물질인 고상의 미립자, 액상의 타르 (tar) 등 액적입자, 무상의 증기 및 기상의 분자가 공기 중에서 부유 확산하는 복합혼합물"이라고 정의 된다.

화재시 발생되는 가스는 단일물질인 경우가 거의 드물다. 오늘날 흔히 사용되는 셀룰로오스는 연소 시 175가지의 해로운 생성물이 만들어지는 것으로 보이며 그중에서 약150가지 정도만이 확인되었다.

P・V・C는 약 70가지의 해로운 물질을 생성하는 것으로 보고 있다. 최근에 많이 사용되고 있는 건축재료 중 플라스틱 등의 유기합성재료는 화재시 다양한 유독가스를 발생시킨다.

보통, 산소가 부족한 경우에는 메탄, 에탄올, 포름알데히드, 개미산, 초산도 포함되어 있다.

(1) 연기의 분류

1) 고체입자계 연기

대부분이 검은 그을음(고체탄소입자)으로 이는 가연물질 중의 유리탄소가 완전히 연소되지 못했을 때 생성되는 연소물질이다. 그을음은 약 10^6개 정도의 탄소입자(입자의 평균직경은 20~30μm)가 연쇄상으로 결합하고 있는 구조를 가지고 있다.

그을음의 생성은 가연물질의 종류와 연소조건, 특히 산소부족에 의한 불완전연소 등에 따라 크게 좌우된다.

가연물질의종류에 따라 그을음 생성량이 다른데, 탄화수소화합물의 경우 방향족〉 알킨〉 올레핀(알켄)〉 iso-파라핀(알칸)〉 n-파라핀(알칸)의 순으로 많이 생성되며, 일반적으로 탄소/수소의 질량비가 클수록 그을음이 많이 생성된다.

예를 들면 방향족인 벤젠(C_6H_6)은 C/H = 6/6 =1 이므로 연소 시 다량의 그을음이 생성되나, 지방족인 메틸알코올(CH_3OH)은 C/H = 1/4 =0.25이므로 연소되고 있는 사실을 확인하기 어려울 정도로 그을음이 생성되지 않는다.

또한 그을음은 화염의 색깔과도 관계가 있다. 그을음이 존재하지 않으면 화염은 청염이 되고, 그을음이 다량 존재하면 화염은 그을음으로부터의 고체 방사에 의해 황색, 황적색 또는 백색을 띄게 된다.

2) 액체미립자 연기

연소시 기체로 발생되었다가 냉각, 응축된 액체미립자가 대기 중에 부유하는 물질을 말한다. 이러한 액체 미립자도 대부분 불완전 연소시 주로 생성된다.

실례로 담배나 향불이 탈 때 나는 연기는 고체물질의 열분해로 발생된 비점이 높은 물질이 처음에는 기체상태로 있다가 주위의 차가운 공기에 의해 냉각ㆍ응축되어 액체미립자가 되어 대기 중에 부유하게 되는 것이다.

액체입자계 연기는 비점이 높고 분자량이 큰 유기물질을 많이 포함하고 있기 때문에 연소조건에 따라 여러 가지 냄새를 나타내기도 한다.

(2) 연기의 색

연기에 따라 색깔이 다른 것은 연기 속의 부유입자가 광선을 어떻게 흡수하고 산란 시키느냐에 달려 있다. 즉, 연기 입자크기에 따라 또는 광선이 입자에 입사되는 각도와 반사되는 굴절각 등에 따라 광선을 분해하는 성질에 차이가 생겨 색깔이 달라진다. 일반적으로 연기의 입자가 아주 작으면 청색이나 자색을 띄게 되고, 반대로 연기 입자가 아주 크면 광선의 산란 상태가 심해 난반사가 되기 때문에 흰색을 띄게 된다. 몇 가지 가연물질의 연소시 생성되는 연기의 색은 다음과 같다.

1) 수증기를 포함하는 백색 연기

수분을 가진 물질이 고온의 가연물질과 접촉할 때 발생

2) 완전 백색 연기

난연제로 많이 쓰이는 인 등이 탈 때 주로 발생

3) 흑색 연기

고무, 석탄, 석유류 등이 불완전 연소할 때 다량으로 발생

4) 회색 연기

건초, 퇴적된 짚 등이 연소할 때 발생

5) 황색 또는 홍갈색 연기

TNT, 셀룰로이드 등과 같은 물질이 연소될 때 발생

3.1.4 건축재료별 연소생성물

일반적으로 사용되는 건축자재를 대별하면 ① 목재계 ② 염소계 ③ 불소계 ④ 질소계 ⑤ 유황계 등으로 나눌 수 있다.

(1) 목재계 재료

목재, 합판, 목재섬유판, 종이 등은 탄소, 수소 산소로 이루어진 셀룰로오스 리그닌(cellulose lignine)이 주성분이다. 자연연소나 강제연소를 불문하고 발생되는 연기성분의 대부분은 CO_2 및 CO이고 소량의 알데히드나 산이 검출되나, 불완전연소시에는 특히 CO의 발생이 많다.

(2) 염소계 재료

PVC와 일반적으로 사란(Saran)이라고 불리는 염소를 포함한 재료는 스스로 화염을 억제하려는 방염 성질을 가지고 있으나 연소시에는 독성이 강한, HCl, Cl_2, $COCl_2$(Phosgen)을 발생시킨다.

(3) 불소계 재료

상품명으로 테트론이라고 부르는 불소(F)를 포함한 이 수지는 난연성이지만 가열을 계속하면 연소하면서 자극성과 부식성이 강한 불화수소(HF) 가스를 발생시킨다.

(4) 질소계 재료

명주와 양모 등의 동물성 천연섬유와 아크릴 섬유, 나일론, 폴리우레탄수지, 우레아수지, 멜라민수지 등 질소를 포함한 여러 가지 재료는 자기 스스로 화염을 억제하려는 성질도 있지만 연소에 의하여 CO, CO_2, HCN, NH_3 등의 가스를 발생시킨다. 맹독성인 HCN은 일반적으로 400~500℃에서 발생하지만 공기 공급이 부족하거나 고온이 되면 더욱 많이 발생한다.

(5) 유황계 재료

고무류, 양모, 아스팔트 등 유황을 포함한 여러 가지 재료는 연소시 H_2S, SO_2 등 유독가스를 발생시킨다.

3.2 연기의 농도 및 가시거리

연기로 인한 시각적인 장해는 주로 연기속의 주성분인 탄소입자로 인하여 광선이 차단되어 피난유도 표지나 출입구를 찾기 어렵게 되는 한편 연기로 인한 눈의 기능장애도 일으키게 된다.

연기에 의한 시각장애는 연기의 농도에 좌우되며, 감광계수로 표시한 연기의 농도와 가시거리는 반비례의 관계를 가지게 된다.

건물내부에 익숙한 사람인 경우, 연기의 농도가 약 0.3 이상, 건물내부에 익숙하지 못한 사람의 경우에는 0.1 이상이 되면 피난에는 지장이 없다.

화재 시 건물내부의 연기로 인한 의식불명 또는 질식은 사람의 생리적인 기능장해로서 그 대표적인 것은 연기속의 유해성분인 일산화탄소 가스로 인한 중독 증상과 산소의 호흡량 부족으로 인한 근육의 활동이나 정신활동의 저하로서 움직일 수 없거나 의식이 몽롱한 결과를 가져오게 된다.

3.2.1 연기농도의 표시법

연기의 농도는 단위 부피당에 존재하는 미립자 등의 물질을 1개에 모으면 어느 정도의 중량, 개수, 용적이 되느냐 하는 방법으로 표현할 수 있다. 따라서 연기의 농도 표시법은 다음의 3가지가 있다.

(1) 중량농도법 : 단위 용적당의 연기 입자의 중량(mg/m^3)

(2) 입자농도법 : 단위 용적당의 연기 입자의 개수(개/m^3)

(3) 투과율법 : 연기속을 투과한 빛의 양으로 구하는 광학적 농도표시로, 일반적으로 감광계수를 사용한다.

피난설비를 논하는 경우에는 일반적으로 감광계수에 의한 표시법이 사용되고 있다.

3.2.2 감광계수 (Lambert-Beer's law)

연기중에서 빛의 세기는 I, 감광계수를 Cs라고 하면 다음 식이 성립한다.

$$I = I_o e^{-C_s L}, \quad C_s = \frac{1}{L} \ln \frac{I_o}{I}$$

여기서, I_0 : 연기가 없을 때의, 빛의 세기

I : 연기가 있을 때의 빛의 세기

L : 빛의 발생점과 닿는 점의 거리(m)

C_s : 감광계수(1/m)

C_s의 개념은 꽤 감지하기 어려우나 감각적으로는 연기입자와 같은 크기, 즉 단위 체적당의 입자수라고 생각하면 알기 쉽다. 즉 C_s가 크면 입자가 많으며, 적으면 입자가 적다고 생각한다.

표 3.1 연기의 농도(감광계수)와 가시거리 관계

감광계수	가시거리(m)	상 황
0.1	20~30	연기 감지기가 작동할 정도
0.3	5	건물내부에 익숙한 사람이 피난에 지장을 느낄 정도의 농도
0.5	3	어두침침한 것을 느낄 정도의 농도
1.0	1~2	거의 앞이 보이지 않을 정도
10	0.2~0.5	화재 최성기 때의 연기농도로 유도등이 보이지 않을 경우
30	-	출화실에서 연기가 분출될 때의 연기 농도

3.2.3 연기의 농도와 시계

연기의 농도가 높으면 연기 입자에 의한 빛의 차폐효과 때문에 투과거리가 저하된다. 이것을 연기의 시정저해효과라 하며 피난과 소방활동에 현저한 장해가 된다.

피난한계시야는 그 건물을 잘 알고 있는 사람과 그렇지 않은 사람에 따라서 다르다. 건물을 잘 아는 사람의 피난 한계시야는 3~5m, 피난 연기농도 C_s는 0.2~0.4/m이다. 건물을 잘 알지 못하는 경우는 피난한계시야가 20~30m, 피난한계 연기농도가 0.07~0.13/m이다. 실험에 의하면 약10%의 사람들이 시계 10m의 연기가 차있는 복도를 통과하지 못하고 되돌아 왔다. 화재실의 C_s가 30인 경우(검은 연기가 나는 경우) 이 연기를 100배 희석해야 피난이 가능하다는 것을 뜻한다.

3.3 건물내의 연기 유동

연기의 유동은 저층 건물에서는 열, 대류이동, 화재압력과 같은 화재의 영향이 연기 유동을 일으키는 주요한 원인이 되나, 고층 건물에서는 이와 같은 요인들은 굴뚝효과, 즉 건물내부와 외부공기 사이와 밀도 차이로 인하여 통한 수직적인 자연 공기유동에 의해 변화한다.

고층 건물에서 연기유동을 일으키는 요인을 보면

(1) 온도에 의한 가스의 팽창
(2) 굴뚝 효과
(3) 외부 풍압의 영향
(4) 건물내에서의 강제적인 공기유동 등이다.

연기는 부력에 의해 수직 상승하면서 점차 확산된다. 천정에서 꺾인 연기는 다시 천장을 따라 수평방향으로 흐르다가 벽과 같은 수직 장애물을 만나면 흐름이 정지되어 연기층을 형성한다. 연기층 두께의 증가속도는 당연히 연소속도에 좌우될 것이며, 유체가 흐르면 경계면에서 정지하고 있는 유체가 유인되어 같이 흐르는 현상에 의해 수직 상승하는 연기 속에 유인되는 공기의 양과 관련이 있다.

연기는 수평방향으로 0.5~1m/sec, 수직방향으로 2~3m/sec, 계단에서는 3~5m/sec의 속도로 유동한다.

3.3.1 화재에 의한 부력

화재시 연소에 의해 열이 발생하고 그 열에 의해 온도가 상승하여 발생되는 부력으로 인해 고온가스가 실 위쪽의 환기 개구부 또는 틈새 등을 통해 빠져나가거나 실위쪽으로 올라가 축적되거나 하는데 화재에 의한 부력의 크기(압력차)는 다음식으로 나타낸다.

$$0.25(m/T_0 \cdot A_w)^2 T_f \le \Delta P \le 1.0(m/T_0 \cdot A_w)^2 T_f$$

여기서, T_f : 화재실 온도
T_0 : 대기온도
A_w : 개구부 면적
m : 연소속도

3.3.2 바람에 의한 압력차

바람 역시 건축물내의 연기 이동에 영향을 끼치는데 바람에 의해 건축물 외부의 압력분포가 달라지기 때문이며, 압력분포는 풍향, 풍속, 건축물 높이, 건축물 배치 등에 따라 달라진다.

일반적으로 건축물에 바람이 부는 경우 바람을 맞는 쪽은 압력이 높아져 공기는 건축물내에서 압력이 낮은 바람이 불어가는 쪽으로 이동하게 된다.

바람에 의한 압력차 ΔP는

$$\Delta P = \frac{U^2}{20.16T_o}(N/m^2)$$

여기서, U : 풍속(m/min)

T_o : 대기온도(K)

로서 풍속의 제곱에 비례하며 바람에 의한 건축물 표면의 압력분포는 인접 건축물과의 병렬 상태와 건축물 자체의 배치에 의해 달라진다.

3.3.3 공기조화설비에 의한 영향

공기조화설비의 팬(Fan)이 작동하고 있지 않은 경우 닥트(Duct)는 고층 건축물에서 연돌 효과에 의해 연기가 확산되는 경로가 되며, 설비가 작동 중 일 때 화재가 발생하면 연기 확산이 더욱 빠르게 된다.

따라서, 화재 시에는 연기의 감지에 의해 자동적으로 설비의 운전이 중단되고 또한, 연기나 열의 확산을 방지하기 위해 댐퍼(Damper)를 닥트의 중간 중간에 설치해서 화재 시 자동적으로 닫히도록 하여야한다.

3.3.4 굴뚝효과(연돌효과 : stack effect)

화재 시의 연기는 주위 공기보다 온도가 높기 때문에 밀도차에 의해 부력(buoyency force)이 발생하여 위로 상승한다. 특히 고층건축물이 계단실, 엘리베이터실(elevator shaft)과 같은 수직 공간내의 온도와 밖의 온도가 서로 차이가 있는 경우 부력에 의한 압력차가 발생하여 연기가 수직공간을 따라 상승하거나 하강하는데 그런 현상을 굴뚝효과 또는 연돌(연통)효과라 한다.

수직 공간내의 흐름의 방향은 온도에 따라 달라지는데 내부온도가 외부온도보다 높으면 아래쪽에서 위쪽으로 흐르고 그 반대가 되면 위쪽에서 아래쪽으로 흐른다.

대규모 건축물인 경우 건축물 내부 아래쪽에서 화재가 발생했을 때 엘리베이터실이나 계단실 등 수직공간의 연돌효과에 의해 연기가 상승으로 퍼져 가는데 건축물의 중성대 아래쪽은 수직 공간내로의 유입만이 가능하므로 수평방향으로의 연기확산은 거의 없을 것이며, 중성대 위쪽은 수직공간 밖으로 유출하려는 경향 때문에 연기가 수평으로 확산되는데 상층으로 갈수록 그러한 경향은 더욱 커져 연기가 상층부터 충만되어 내려오는 것이다.

3.3.5 중성대(neutral plane)

(1) 중성대의 개념

실내에서 화재가 발생하면 연소열에 의해 기체의 온도가 상승하므로써 부력에 의해 실의 천장쪽으로 상승하는 흐름이 발생하여 고온의 기체가 천장쪽으로 가서 축적되고, 온도가 높아지므로써 기체가 팽창하여 실내와 실외가 압력이 서로 달라지는데 대체적으로 실의 천장쪽은 실내가 실외보다 정압이 높은 경향을 보인다. 따라서 그 사이 어딘가에는 실내외의 정압이 같게 되는 면이 있는데 그 면을 중성대(neutral plane)라고 한다.

그러므로 중성대의 위쪽은 실내 정압이 실외보다 높아 실내에서 실외로 기체가 유출되고 중성대 아래쪽에는 실외에서 실내로 기체가 유입되는데 자칫 기체의 유출입 현상에만 집착하여 실내의 천장쪽의 고온가스와 바닥 쪽의 찬공기와의 경계가 중성대인 것으로 오해할 수 있으나 그것은 중성대가 아니라 불연속선(thermal discontinuity) 이다.

중성대는 면(plane)의 개념이므로 단면에서 보면 선으로 표현 될 것이며, 따라서 두께를 갖지 않는다. 때문에 평면상에서 어떤 면적을 갖는 너비의 개념을 갖는 대(帶 : zone)라는 말보다는 중성면(中性面)으로 보면 된다.

(2) 중성대의 형성

1) 화재 실내의 정압

중성대는 압력에 의해 정의되지만 화재시 상부와 하부의 압력차가 대기중에서의 압력차보다 큰 것은 화재실의 온도가 대기 온도보다 높은 까닭이며 화재실의 온도는 화재실 상부의 고온 기체층(hot gas layer)의 온도에 따라 좌우된다.

실내와 실외의 정압차는 고온 기체층의 온도가 높을수록 커지며 고온 기체층의 온도는 연소열에 의한 것이므로 정압차가 커질수록 실내의 연소속도가 큰(실내의 화재가 격렬하다는) 것이 되며, 실험결과에 의하면 최대 정압차가 15.5Pa($1575 \times 10^3 mH_2O$)로서 플래쉬오버 직후인 것으로 나타났다.

2) 중성대의 높이(위치)

중성대는 보통 개구부의 중앙보다 약간 아래쪽에 형성되며 개구부와 관련하여 중성대의 높이를 구할 수 있다. 즉,

$$\frac{H_2}{H_1} \fallingdotseq 0.17623 \sqrt[3]{T} \quad H_1 + H_2 = H$$

여기서, H_1 : 중성대에서 개구부 하단까지 거리

H_2 : 중성대에서 개구부 상단까지 거리

T : 화재에 의해 상승한 실온(K)

H : 개구부 상단에서 하단까지의 길이

이러한 관계가 성립되므로 실의 온도와 개구부의 길이(H)를 알면 중성대의 대략적인 위치를 알 수 있다.

화재 시 실온이 높아지면 높아질수록 중성대의 위치는 낮아지며 중성대가 낮아지면 외부로부터의 공기 유입이 적어지고 따라서 연소가 활발하게 되지 못하며 열발생 속도가 완만해져 실온이 내려가 중성대는 다시 높아지고 하는 과정이 반복됨으로써 화재 시 실온이 무한정 상승하는 것이 아니라 어떤 한계값을 갖게 되며, 개구부가 제한되어 있는 실내화재시 초기에는 연소에 필요한 공기량이 비교적 충분하여 연소속도가 연료조건에 의해서만 좌우되는 연료지배형 화재(fuel controlled fire) 또는 연료지배형 연소(burning)의 형태를 갖다가 화재가 어느 정도 성장하면 가연물의 양이 아무리 많다하더라도 연소속도가 좌우되는 환기지배형 화재(Ventilation controlled fire) 또는 환기지배형 연소(burning)가 되는 것이다.

3) 고층 건축물의 중성대

화재시 화재실에서 중성대가 형성되는 것과 같은 원리로 건축물내의 어떤 층에 화재가 발생하였을 때 화재가 발생한 층의 위쪽은 건축물내 정압이 건축물 밖의 정압보다 낮게 되는데 건축물 전체에 대한 중성대의 위치는 다음의 관계식으로부터 구할 수 있다.

$$\frac{h_1}{h_2} = \frac{A_2^2}{A_1^2} \cdot \frac{T_o}{T_i}$$

여기서, h_1 : 중성대로부터 아래쪽 개구부까지의 거리

h_2 : 중성대로부터 위쪽 개구부까지의 거리

A_1 : 아래쪽 개구부의 단면적

A_2 : 위쪽 개구부의 단면적

T_0 : 대기온도

T_i : 건축물내 온도

(3) 중성대의 이해와 활동

중성대란 실내화재 시 실내외의 정압차에 의해 발생하는 현상으로 중성대의 위쪽 개구부로는 연기가 실외로 유출되고 아래쪽 개구부로는 공기가 실내로 유입되므로 화재현장에서 창문으로 연기가 분출되는 상태를 보면 중성대가 어디에 형성되어 있는가를 알 수 있다.

즉, 화재실 창문의 전체에서 연기가 분출하고 있는 경우 중성대는 그 창문의 하단보다 아래쪽에 있으며, 따라서 어딘가에는 공기가 유입되고 있는 개구부가 반드시 있다. 그러나 창문의 어떤 일정 높이에서만 연기가 분출되고 있다면 연기가 분출되고 있는 면 최하단이 중성대의 위치이며 그 아래로는 공기가 실내로 유입되고 있으며 다른 쪽에 개구부가 없거나 있더라도 닫혀 있는 상태라고 보아야 한다. 또한 제연을 할 경우에도 중성대 위쪽에서 제연을 하는 것이 효과적이며 제연과 아울러 공기의 유입 또한 증가하여 화세가 격렬해지는 점도 잊지 않아야 한다.

3.4 연기의 유해성

3.4.1 연기의 영향

(1) 시계의 저하

화재시에 발생한 연기에 의해 시계가 저하되어 건축물내의 인원이 피난하는데 장애요소가 될 뿐 아니라 진압하는 소방대원의 활동에도 장애가 된다. 시계의 저하는 연기의 농도가 짙어질수록 더욱 저하되며 연기의 농도를 표시하는 방법은 여러 가지가 있겠으나 일반적으로 감광계수에 의한 농도 표현법을 사용한다.

(2) 연기에 의한 공포

연기가 예상치 않은 곳에서 갑자기 몰려들면 누구나 당황하여 평소에는 잘 나타나지 않은 행동반응을 보이게 되는 것이 일반적이다. 그렇듯 흔히 화재시 화염이나 연기를 보고 놀라서 평소에는 잘하지 않는 행동을 하거나 아니면 아무것도 하지 못하고 굳어 버리는 경우를 패닉(Panic) 현상이라고 하는데 연기를 보고 놀라서 전후 사정을 가리지 않고 무조건 창 밖으로 뛰어 내리거나 하는 것도 다 그런 이유 때문이다.

(3) 연기에 의한 연소

실내에 축적된 고온의 연기에 의해 실내 연소상황이 달라지며 그런 이유로 인해 불꽃이 닿지 않더라도 고온의 연기가 눈에 띄지 않는 인접실과의 틈을 통해 스며들어 인접실에 충만되어 있는 상태에서 상황에 따라 발화하거나 연기가 덕트 등을 통해 배출되면서 덕트의 온도가 상승하여 주위 가연물이 발화할 수 있다. 또한 연기안에는 가연성 성분이 분명히 있어 경우에 따라서는 연기폭발을 일으키는 경우도 있을 수 있으며, 불꽃을 내지 않고 연소하는 물질 예를 들면, 담배나 쌀겨 들의 화재시에 더욱 그러한 점에 유의해야 한다.

3.4.2 연기의 위험성

연기의 성분은 다양하나 위험성은 독성이 많으며, 독성의 내용은 자극성 · 독성 가스(irritants), 최면 · 마취성 가스(hypnotic, narcotic, anesthetic), 감지 할 수 없는 독성가스, 체내 산소 농도의 결핍 등으로 분류하여 생각할 수 있다.

(1) 자극성·독성 가스

가연물이 연소하므로 발생하는 연기속에 포함된 인체에 치명적인 피해를 주는 대표적인 독성가스로 일산화탄소(CO), 시안화수소(HCN), 그밖에 염소(Cl_2), 염화수소(HCl), 포스겐($COCl_2$), 이산화탄소(CO_2) 등을 들 수 있다.

염화수소(HCl) 가스는 사람이 흡입하면 가공할 만큼 감각을 마비시키는 자극성 독성가스이다. 이 가스는 금속을 부식시킬 뿐만 아니라 호흡기도 부식시킨다. 사람이 짧은 시간내에 염화수소가스가 50ppm(0.005%)정도 폭로된 공간에 있으면 치명적은 아니나 사람의 행동은 그 자리에서 정지되어 도피할 수 있는 능력을 상실한다. 만약 눈에 들어가면 염산으로 작용하여 격렬한 통증을 느끼게 하며 눈물이 쏟아져 나온다. 암모니아 가스 같은 것도 사람의 시각능력을 저하시켜 피난로를 찾는데 크게 방해된다. 할로겐화수소 가스들이 이런류이며, 특히, 불화수소(HF)는 유리를 부식시킬 정도로 독성이 강하므로 사람의 시력을 상실케 한다.

(2) 최면·마취성 가스

케톤(ketone)류는 보통 폐에는 거의 영향을 주지 않는다.

그러나 호흡기를 통해 신경에 도달하면 정신착란, 심지어는 의식불명까지 불러일으킨다. MEK와 Isobutyl ketone은 지독한 냄새를 가지며 이를 흡입하면 곧 의식을 상실한다. 황화수소(H_2S) 가스 역시 폐에 자극을 주기 전에 신경계통에 충격을 가한다. 방염물질로 쓰이는 할로겐 화합물도 어느 정도 이런 성질이 있다.

(3) 감지할 수 없는 독성가스

질소 산화물은 냄새가 없으므로 폐에 그 가스가 차서 호흡장애를 일으킬 때까지는 이 가스에 침해당하고 있음을 알지 못한다.

마찬가지로 CCl_4(사염화탄소)나 trichloroethylene과 같은 염화탄화수소도 우리의 오감으로 감지할 수 없기 때문에 증상을 느껴서 조치를 취하고자 할 때에는 이미 생명은 구하기에 늦은 때이다.

카드뮴을 비롯해서 독성을 느끼지 못하는 복합물들은 많다. 이러한 가스중에서 가장 흔하게 피해를 주는 것은 일산화탄소인데 이는 무색・무미・무취가스로서 화재시 인체에 치명적인 영향을 미친다.

3.4.3 일산화탄소(CO)에 의한 중독

도시가스나 기타 연료의 연소성분 중에 CO가 약간 포함되어 있는데 이를 제거하는 것은 매우 어렵다.

따라서 화기사용시설이나 기구가 적절하지 않던가 밀폐된 실내에서 연소가 지속되면 CO에 의한 중독사고를 일으킬 우려가 높아진다.

CO에 의한 중독은 CO가 혈액중의 헤모글로빈(Hb)과 결합하는 능력이 산소보다 200배나 높기 때문에 폐에 흡수된 CO가 바로 HbCO로 되어 헤모글로빈에 의한 산소의 운반과 이산화탄소의 배출작용이 방해받게 된다.

CO의 인체에 대한 영향은 표 3.2에 나와 있는데 혈액중의 HbCO의 %로서 나타낼 수 있다.

CO중독의 영향은 CO농도, 흡입시간, 작업강도, 호흡수, 개인의 연령, 체질, 기타에 의해 차이가 있으므로 일률적으로 결정할 수 없으나 일반적으로 CO의 인체에 대한 허용량은 0.01% 정도이다.

이와 같이 CO는 극히 미량으로서도 인체에 큰 위협을 주게 되므로 충분한 주의가 요망된다. 중독사의 응급조치로서는 신선한 공기를 흡입하게 하고 안정 및 보온의 필요가 있다.

표 3.2 CO중독 증상

공기중에서의 CO농도(%)	흡입시간과 중독 증상
0.02	수시간 정도로 가벼운 두통
0.04	1~2시간 정도로 두통, 토함, 2.5~3.5시간 정도로 심한 두통
0.08	45분 정도로 두통, 현기증, 경련, 2시간 이상이면 실신
0.16	20분 정도로 두통, 현기증, 메스꺼움, 2시간 이상이면 사망
0.32	5~10분 정도로 두통, 현기증, 30분 이상이면 사망
0.64	1~2분 정도로 두통, 현기증, 30~15분 이상이면 사망
1.28	1~3분 정도로 사망

3.4.4 이산화탄소(CO_2)에 의한 중독

CO_2는 보통의 공기중에 0.03~0.04% 함유되어 있고 인간의 호흡기 체중에서는 약 4%이상 포함되어 있다.

거실내에서 사람이 거주하고 있을 때는 이 CO_2가 점차 축적되고 있으나 자연환기 등의 요소를 감안한다면 CO_2의 축적량이 우려할만한 양에 이르지는 않는다.

표 3.3 CO_2의 독성

공기중의 CO_2농도(%)	증 상
2.5	수시간 호흡해도 일반 장애는 없다.
3.0	무의식중에 호흡수가 증가하고 호흡량이 많아진다.
4.0	국소적으로 지각증상이 생긴다. 머리의 압박감, 두통, 귀울림, 심계항전, 혈압증가, 흥분, 현기증, 두통
6.0	스스로 호흡량이 증가하는 것을 느낄 수 있게 된다.
8.0	고도의 호흡곤란 증상이 생김
10.0	급격히 의식불명이 되고 호흡이 정지된다. 그러나 심장박동은 계속한다.
20.0	수초사이에 사망

그러나 실내에 배기구가 없는 연소기구가 사용되고 있는 경우에는 실내의 CO_2의 양은 큰 비율로 증가하게 된다. 인체에 영향을 미치는 CO_2의 양은 폐내 농도가 4~5% 이상이 되지 않으면 직접적인 해독은 없는 것으로 조사되었다.

표 3.4 공기중의 산소농도의 결핍이 인체에 미치는 영향

공기중의 O_2 농도(%)	영 향
21	정상(공기중에 포함되어 있는 O2 정상치)
20	영향 없음
17~19	필요한 최소한도
16	근로 기준법상의 허용량
16~12	호흡과 맥박증가, 근육의 질서있는 운동에 지장을 초래한다.
12~10	감정의 착란, 호흡의 흐트러짐, 근육은 무겁게 느껴 피로가 빠름
10~6	구토, 의식불명
6 이하	호흡중지, 수분후에 사망

3.5 연기의 제어방법

연기제어의 기본방법은 희석(Dilution), 배기(Exhaust), 차단(Confinement)이 있으며, 보통 이 세 가지를 조합하여 적용하고 있다.

희석은 건물내의 연기를 계속적으로 외부로 배출하거나 다량의 신선한 공기를 유입시킴

으로써 연기나 연소생성물을 위험수준 이하로 희석하는 것이다. 인간은 1% 정도의 연기에는 장시간 견딜 수 있으며, 짧은 시간 내에서는 2~3%의 연기에도 견딜 수 있다.

연기제어의 두 번째 방법은 배기이다. 고층건물에서 배기를 효과적으로 하려면 연기의 유동로와 유동력이 필요하게 되며 유동력은 압력차를 이용한다. 스모크 샤프트(Smoke Shaft)는 공기를 옥외로 배출시키는 통로의 하나로서 건물 밑에서 지붕 꼭대기까지 수직으로 관통되는 구조로 하며, 샤프트에는 각층에 댐퍼를 두어 화재가 발생하기까지 폐쇄상태로 유지된다.

차단은 일정한 장소내로 연기가 들어오지 않도록 차단하는 것으로 두 가지 방법이 있다. 첫째는 출입문, 벽 또는 댐퍼와 같은 차단물을 설치하는 것으로서 개구부의 크기는 될 수 있으면 적게 하여 배기유입을 최대한 방지하는 것이고, 두 번째는 방호장소와 연기가 있는 장소 사이의 압력차를 이용하는 방법이며, 실제적으로 이들 두 가지를 조합하여 연기를 제어한다.

안전구역 계단실 및 승강기 샤프트는 가압 및 차단을 이용하는 장소가 될 수 있다.

3.5.1 제연(制煙)의 기본원리

(1) 화재실의 제연

제연의 기본원칙은 화재실의 중성대보다 위쪽에서는 언제나 연기가 외부로 유출되고, 아래쪽에서는 외부로부터 신선한 공기가 내부로 유입된다는 자연법칙을 이용하는 것이다. 제연설비를 사용하는 경우에도 그러한 자연의 법칙을 어겨서는 효과가 감소된다.

(2) 피난통로의 제연

제연은 기본적으로 연기가 피난 통로내에 들어오지 못하게 하거나 또는 들어와 있거나 들어오는 연기를 통로 밖으로 나가게 하는 것이다.

적당한 간격으로 연기의 확산을 저지하는 수직장애물(제연경계벽 : smoke curtain)을 설치하고 배출구는 통로내로 들어온 연기를 충분하게 배출하여 통로내에 연기가 차지 않게 하여야 한다. 또한 배출구를 설치하는 경우에도 한 개의 커다란 배출구를 설치하는 것보다 적은 배출구를 적당한 간격으로 나누어 설치하는 것이 바람직하다.

(3) 구획된 피난통로의 제연

구획된 피난통로의 경우 제연의 기본원칙은 연기가 들어오지 못하게 하는 것으로 주로 신선한 공기를 급기하여 통로내의 정압을 건축물의 다른 부분보다 높게 함으로써 연기가 흘러들어 오지 못하게 하거나, 흘러 들어왔다 하더라도 압력이 높기 때문에 다른 곳으로 흘러나가도록 가압하는 것이다.

3.5.2 제연방법

(1) 외벽제연

건축물의 규모가 적은 경우이거나 또는 내부의 구조가 구획이 되지 않아 단순한 경우에는 직접 외기에 면한 벽이나 천정에 개구부를 설치하고 그 개구부를 이용하여 제연하는 방법으로 지상 건축물인 경우에는 평상시의 채광이나 환기를 위해 설치한 창이 제연구가 되는 것이다. 물론, 내부구조가 단순한 경우라도 피난통로나 계단 등은 경우에 따라서 별도의 제연설비가 되어 있어야 한다.

여기에서 문제가 되는 것은 지상층인 경우에는 직접 외기에 면한 창이 있으므로 제연이 어느 정도 가능하다고 보겠지만 지하층인 경우에 직접 외기에 면한 창이 없으므로 특별히 제연설비를 설치하지 않을 바에야 화재시 제연은 건축법 규정에 의해 설치되는 환기풍이나 환기설비에 의존하는 수밖에 없다.

(2) 공기조화설비의 이용

화재시에 공기조화설비가 가동 중에 있거나 또는 공기조화설비를 이용하여 제연을 하는 경우 다음과 같은 사항에 주의하여야 한다.

1) 난방상태인 경우 건축물내 상층기류를 일으켜 상층으로의 연기확산은 저지되나 자연적인 제연 또한 저해된다.
2) 화재실에 급기가 계속되고 있으면 화재가 격렬해져 화재 확대 위험이 커지고 배기구가 화재실에 없는 경우 연기가 복도로 유출되어 피난에 장애가 된다.
3) 화재실에 배기구가 있고 화재 실온이 아주 높은 경우 배기닥트를 통한 화재 확대 위험이 있다.
4) 공기조화설비가 일부 재 순환 방식인 경우 오히려 건축물 전체에 연기를 확산시키는 결과가 된다.
5) 급기구가 천정쪽에 있고 배기구가 바닥쪽에 있으면 연기 이동이 오히려 흐트러져 인접 구획에 유출하여 피난이나 소화활동에 장애가 된다.

따라서 건축문화재의 경우 공기조화설비를 이용한 제연은 화재실의 급배기는 일절 중지하고 기타 거실, 통로 등은 급기만을 하며 피난이나 소화활동을 쉽게 하도록 하며 급기 역시 천정쪽이 아닌 바닥쪽으로 해야 한다.

또, 급기를 위한 공기나 흡입구는 지면 가까이 설치되어 있어야만 화재시 옥외에서 연기가 유입되지 않는다.

(3) 제연탑(Smoke Tower)

제연탑은 일종의 굴뚝으로 특별피난계단의 부속실이나 비상용 승강기의 승강장의 제연을 위해 설치되어 있는 경우가 대부분이다. 따라서, 제연탑의 제연원리는 연돌효과에 의한 것이다.

또한, 연기가 고온인 경우에는 부력에 의해 제연탑을 통해 제연이 원활하게 이루어지겠지만 연기의 온도가 그렇게 높지 않은 경우 제연탑에 이르는 동안 대기온도와 같게 되어 버리면 연돌효과를 기대할 수 없게 된다는 것이다.

(4) 피난통로의 가압

화재실로부터 문틈을 통해 복도로 연기가 새어나가는 것도 중성대의 원리에 의해 연기가 직접 외기로 유출되는 것과 같으며, 따라서 화재실에서 복도로, 복도에서 다시 인접실로, 인접실에서 외기로 연기가 유출되는 것도 중성대의 원리에 의해 설명될 수 있다.

그러므로 복도에 급기하여 가압함으로써 화재실의 중성대 위치를 높혀 화재실로부터 복도로 연기가 새어나오지 않게 하며 피난이나 소화활동이 원활하게 하는 방법이다.

따라서 이 방법의 효과를 높이기 위해서 화재실의 외기로 통하는 창문을 파괴하거나 개방하는 것도 간과할 수 없는 점이다.

CHAPTER 04

폭발이론

CHAPTER 04

폭발이론

폭발이란 잠재되어 있는 에너지가 일시에 외부로 유출되어 주위에 피해를 주는 현상으로 연소현상과 다른 점은 폭발은 반드시 급격한 압력상승을 동반하는데 비하여, 연소는 압력변화가 별로 일어나지 않는다는 것이다.

4.1 폭발의 정의

우리가 직면하고 있는 중대재해의 원인 중에는 화재와 폭발이 있으나, 폭발에 의한 재해 발생건수가 화재보다는 적지만 그 피해의 정도는 화재보다 큰 경우가 대부분이다. 경험에 의하면 폭발이 발생할 때 우선 커다란 폭발음이 들리고, 구조물이 파괴되고, 폭풍압이 발생하고, 고온의 폭발가스가 분출되며 화염과 검은 연기가 솟아오르고 구조물의 파편이 비산하는 것을 알 수 있다. 주위환경 조건에 따라 폭발만으로 끝나는 경우도 있지만 폭발에 이은 가연물이 연소되어 화재로 전이되는 경우도 있다. 폭발은 보통 연소와 동반되는 경우가 많기 때문에 연소공학 입장에서 폭발현상을 설명하는 것이 일반적이다. 폭발이 연소현상과 다른 점은 폭발은 반드시 급격한 압력상승을 동반하는데 비하여, 연소는 압력변화가 별로 일어나지 않는다는 것이다. 이는 연소속도의 차이에 기인한다. 일반적으로 압력의 급격한 상승을 초래하는 원인은 물리적인 것과 화학적인 것으로 나누어 생각할 수 있다.

폭발을 한마디로 정의한다는 것은 어려우나 몇 가지 정의를 살펴보면 다음과 같다.

1) 압력의 급격한 발생 또는 해방의 결과로서 심한 폭발음을 발생하며 파괴하기도 하고 팽창하기도 하는 현상
2) 화학변화에 동반하여 일어나는 압력의 급격한 상승현상
3) 기체의 발생을 동반하는 연소가 빠른 속도로 일어날 때의 현상
4) 폭음을 수반하는 연소 또는 파열 현상

5) 압력의 급격한 발생 또는 해방의 결과, 용기가 파괴되기도 하고 또는 기체가 급격하게 팽창되어 파괴작용을 수반하는 현상

4.2 폭발현상의 유형과 특징

폭발이란 잠재되어 있는 에너지가 일시에 외부로 유출되어 주위에 피해를 주는 현상으로 이 과정에서 작용하는 물질이 화학적 변화가 일어나면 화학적 폭발, 작용하는 물질이 화학적 변화가 없는 폭발을 물리적 폭발이라 한다.

즉, 화학적 폭발은 분해, 결합, 치환 등 화학반응을 수반하는 것으로 일시에 많은 에너지가 생성되어 폭발 효과가 나타나는 것이며 물리적 폭발은 잠재되어 있던 에너지가 일시에 외부로 분출하여 폭발 효과를 나타내는 것이다.

4.2.1. 화학적 폭발

발열반응에 의한 반응물질이 팽창, 비산하는 현상으로 자연 공기 중의 산소와 반응하여 폭발하는 것을 유산소폭발이라 하며 자기반응성물질이나 폭약 등과 같이 자연 중의 산소와 무관하게 폭발하는 것을 무산소폭발이라 한다. 이는 또한 공기 중의 산소와 결합하는 폭발은 공간에서 발생하므로 공간폭발이라고 말하며 기체가 공기 중의 산소와 혼합된 상태에서 점화되어 폭발적으로 연소하는 것을 가스폭발, 액체가 증발 또는 분무형태가 되어 공기와 혼합된 상태에서 폭발하는 것을 유증기 폭발, 가연성고체인 분진이 공기 중 부유한 상태에서 점화되어 폭발하는 것을 분진폭발이라 한다. 이러한 유산소폭발은 폭발의 중심이 공간이 되어 일어나므로 폭심이 존재하지 않지만 무산소폭발은 폭심(누두공)이 형성되므로 폭심의 존재여부로 화학적 폭발의 유형을 판단할 수 있다.

4.2.2. 물리적 폭발

물리적폭발은 물질이 화학적으로 변하지 않으며 잠재에너지를 일순간에 외부로 방출하는 압력 해방의 결과로 볼 수 있다. 이러한 물리적 폭발 유형은 그 특징으로부터 폭발적 파열과 폭발적 증발로 구분한다. 파열은 고압의 기상용기가 파열될 때 급격한 가스의 팽창이 폭발위력을 만드는 것이며, 폭발적 증발은 과열된 액체가 기체로 변화하는 물리적 변화속도가 급격히 일어나 나타나는 현상으로 열역학적 평형상태의 파괴를 말한다. 이 현상은 화학적 폭발과 달리 흡열반응이며, 대부분 압력을 지탱하는 용기내부에서 발생하며, 실제 유형은 5가지로 구분한다.

(1) 기체용기의 파열로 인한 폭발

산소, 질소, 수소 등 순수기체가 충전된 고압용기의 취약부분이 파열되면 내부에 있던 기체분자가 압력으로 파열부분을 통하여 분출하고, 반발력에 의하여 용기는 로켓과 같이 날아간다. 이 현상은 단순하게 압력이 파열된 부분을 통해 분출하게 되므로 용기의 파손부분이 확장되거나 용기가 여러 조각으로 파편화되지는 못한다. 분출하는 부분의 속도가 매우 빠르게 되고, 단열팽창하게 되어 주변온도는 낮아지게 된다.

(2) 고온, 고압 과열액체 용기의 폭발

실온 대기압에서 기체 상태인 물질을 고압으로 액화시켜 보관하거나 보일러의 물과 같이 고온에서 고압으로 액체상태를 유지하는 용기가 파열되면 열평형상태가 파괴되어 내부의 액상이 기상으로 변화하여 급격히 팽창 폭발효과를 나타내는 것으로 증기폭발이 있다. 즉, 증기폭발은 물질의 열적특성과 관련이 있는데, 물질 자체가 가지고 있는 엔탈피(내부에너지)가 자체 물질 일부를 급격히 기화시킬 수 있을 만큼의 에너지를 가지고 있는 경우에만 발생될 수 있다.

(3) 액화석유가스 용기 폭발

실온에서 가스 상태인 물질을 고압으로 액화시켜 저장하는 액화가스는 용기가 파열되는 경우 기화되어 증기폭발을 일으킬 수 있으나, 열전도율이 낮아 자신이 기화하는데 필요한 열을 주위에서 흡수하여야 하는데 기화열이 비열보다 훨씬 커서 자신이 냉각되어 기화하지 못하게 된다. 따라서 실온에서는 용기가 파열되어도 폭발하지는 못하지만 화재현장과 같은 고온 상태에서는 자신이 냉각되는 속도보다 빠르게 열을 흡수할 수 있어 증기폭발하게 되는 것으로, 화재현장에서 액화가스용기(부탄, 프로판)가 폭발하는 것은 1차 물리적폭발로 내부에 저장되어 있는 물질이 일순간에 기화되어 가스덩어리가 만들어지고, 가스덩어리는 공기와 접촉하는 경계면에서 연소하는 확산연소하면서 상승하여 불공을 만든다.

(4) 전선폭발

전기의 발열에너지에 의하여 도체가 일순간 기화하여 폭발위력을 발생하는 전선폭발은 폭발물질자체가 화학적으로 변화하는 것이 아니므로 물리저인 폭발이며, 전기의 합선에 의하여 발생하는 섬광단락은 전선폭발현상이라 할 수 있다. 유입변압기는 내부에서 전선폭발현상이 되면 발생되는 열에너지에 의하여 내부절연유가 증기폭발현상을 유발하게 된다.

(5) LNG 용기, 타이어, 고무풍선 폭발

자연 상태의 공기를 주입한 풍선, 타이어는 공기 중의 수분이 함께 들어가 안개와 같은 액상으로 존재하기 때문에 파열되는 순간 액상이 기화하여 만드는 역학적 에너지가 폭발효과를 나타내게 된다. 만일 순수한 기체만의 주입이라면 구멍난 부분을 통하여 기체가 유출되고 폭발현상은 나타나지 않을 것이다. LNG는 액상의 천연가스가 기화되면서 증기폭발현상을 일으켜 폭발위력을 배가 시킨다.

4.2.3 폭발의 구분

폭발은 정상연소에 비해 연소속도와 화염전파속도가 매우 빠른 비정상연소로서 충격파의 전파속도에 따라 폭연과 폭굉으로 구분한다.

폭연은 폭굉으로 전이 될 수 있으며, 압력파 또는 충격파가 미반응 매질속으로 음속보다 느리게 이동하는 경우이다. 충격파의 압력은 수기압 정도이고 반응 또는 화염면의 전파가 분자량이나 난류확산에 영향을 받으며, 에너지 방출속도가 물질전달속도에 제한을 받는다. 반면, 폭굉은 압력파 또는 충격파가 미반응 매질속으로 음속보다 빠르게 이동하는 경우로 압력상승은 폭연의 경우보다 10배 정도 또는 그 이상이다.

폭굉으로 유도되는 반응메카니즘은 심각한 정도의 초기압력이나 충격파를 생성하기 위해서는 아주 작은 부피 내에서 아주 짧은 시간에 에너지가 방출되어야 한다.

구분	설명	연소속도
1. 폭연 (Deflagration)	압력파(연소속도)가 미반응 물질 속으로 음속보다 느리게 이동하는 연소현상	0.1~10m/sec로 아음속 임
2. 폭굉 (Detonation)	압력파가 미반응 물질 속으로 전파하는 속도가 음속보다 빠른 것으로 충격파(압력파)가 화염의 전단을 보호하고 미연소혼합기를 예열하여 화염이 가속된다. 파면 선단에서 심한 파괴작용을 동반한다.	1,000~3,500m/sec로 초음속 임

4.3 폭발의 종류와 형식

대부분의 경우 폭발이 발생할 때의 원인 물질의 물리적 상태에 따라서 기상폭발과 응상폭발로 분류하고 있다. 여기서 응상이란 고상과 액상의 총칭이며 응상은 기상에 비하여 그 밀도가 102~103배이므로 응상폭발과 기상폭발은 큰 차이가 있다.

4.3.1 기상폭발

기상폭발에는 가스폭발, 분무폭발, 분진폭발, 가스의 분해폭발 등이 포함된다. 수소, 일산화탄소, 메탄, 프로판, 아세틸렌 등의 가연성 가스와 지연성 가스와의 혼합기체에서 발생하는 가스폭발은 기상폭발에 속한다. 공기 중에 분출된 가연성액체의 미세한 액적이 무상으로 되어 공기 중에 부유하고 있을 때에 발생하는 분무폭발이나, 미분탄, 소맥분, 플라스틱의 분말 같은 가연성의 고체가 미분말로 되어 공기 중에 현탁하여 있을 때 발생하는 분진폭발도 기상폭발의 일종이다. 가연성 가스가 발생하여 이 가연성 가스와 공기의 혼합기체가 폭발하는 것이므로 기상폭발로서 취급하고 있다.

(1) 가스폭발

예로부터 폭발사고의 주류라고 생각되어지고 있는 것으로 가연성가스와 지연성가스의 혼합기체가 존재할 때에 항상 폭발이 발생하는 것은 아니고 다음의 2가지 조건이 동시에 만족될 때에 발생하는 것이다.

제1의 조건은 조성조건이라고 불려지는 것으로 혼합기체 중의 가연성가스의 농도가 어느 농도 범위 내에 있는 것이 필요하다.

이 농도범위를 폭발범위라 부르고, 폭발범위 내의 혼합기체를 가연성 혼합기라고 한다. 가스폭발은 연소의 한 형태이므로 폭발범위, 폭발하한계, 폭발상한계를 각각 연소범위, 연소하한계, 연소상한계라 한다.

제2의 조건은 발화원의 존재로서 이것을 에너지 조건이라고 한다.

가연성 혼합기체는 그 상태로서는 폭발하지 않고 여기에 어떤 외부에너지가 주어지면 그 부분에서 연소반응이 개시되어 화염이 발생하고 미연소의 혼합기체중을 전파하며 간다.

1) 증기운 폭발(UVCE)

대기 중에 대량의 가연성가스가 유출하거나 대량의 가연성 액체가 유출하여 그것으로부터 발생하는 증기가 공기와 혼합해서 가연성 혼합기체를 형성하고 발화원에 의하여 발생하는 폭발을 “증기운 폭발” 이라고 부른다.

① 상온, 대기압에 액체이며 인화점이 상온보다 낮은 물질 (예 : 가솔린)

② 상온, 가압하에서 액화되어 있는 물질 (예 : 액화프로판, 액화부탄 등)

③ 그 물질은 비점 이상의 온도에 있지만 가압되어서 액화된 물질 (예 : 반응기 내의 벤젠, 헥산)

④ 대기압하에서 저온으로 하여 액화된 물질 (예 : LNG)

“a”의 경우 유출한 액체는 지면으로부터 열이 공급되면 액면에서 연속적으로 증기를 발생하여 주위에 확산한다.

“b”와 “c”의 경우는 고압하에서 기상과 액상의 평형상태에 있는 물질이 대기압하에 유출되는 경우이며 유출된 액체의 온도는 대기압의 비점까지 낮아진다. 이처럼 순간적으로 기화하는 현상을 flash라고 부른다.

"d"의 경우 LNG와 같은 아주 낮은 온도에 있는 저온 액화가스가 유출하면 지면 및 주위의 열에 의하여 급속한 비등을 일으킨다. 지면의 온도가 저하되면 증발속도는 저하되지만 단시간에 대량의 가연성 증기운이 생긴다.

2) 액화가스 탱크의 폭발(BLEVE 현상)

프로판 등의 액화가스의 고압가스 용기 등에 외부화재가 나면 용기가 가열되어 용기의 일부분이 파괴되고 또한 용기 내부압력강화가 일어나 액화가스가 일순간 기화되어 용기에 심한 압력을 가하게 되면 용기가 파열되며, 그 파편이 멀리까지 날아가고 내부의 액화가스는 증기운 폭발을 일으킨다. 즉 화재에 의하여 탱크 등이 가열되어 내부의 액체가 높은 증기압이 된다. 액체가 없는 탱크 상부는 화염으로 가열이 되어 연성파괴를 일으키고 커다란 파편이 된다. 탱크가 열려서 내부가 대기압이 되면 파열되어 있던 액화가스가 갑자기 끓어올라 이 팽창력으로 파편은 멀리 날아가게 된다. 또한 발생한 증기는 곧 발화하며 부력으로 상승해서 화구(Fire Ball)로 되는 경우가 많다. 이 현상을 Boiling Liquid Expanding Vapor Explosion 이라고 부른다.

이것은 액체가 비등하여, 증기가 팽창하면서 폭발을 일으키는 현상인데 줄여서 BLEVE라고 한다. Fire Ball은 액화가스의 탱크가 파열하면 flash 증발을 일으켜서, 가연성의 기액 혼합물이 대량 분출한다. 이것에 착화가 발생하면 지면에서 반구상의 화염이 되어 이것이 부력으로 상승하여 동시에 주변의 공기를 끌어들여 화염은 공 모양으로 되고 더욱 상승하여 "버섯형 화염"을 만든다.

사진 4.1 Fire Ball

BLEVE에 영향을 주는 인자는 다음과 같다

1) 저장된 물질의 종류와 형태
2) 저장용기의 재질
3) 내용물의 물질적 역학상태
4) 주위온도와 압력상태

3) 내용물의 인화성 및 독성여부

이러한 BLEVE현상의 발생은 저장탱크에 설치된 안전장치로만 압력상승을 낮출 수 없으므로 다음과 같은 예방대책이 필요하다.

1) 감압시스템에 의해 탱크로 들어오는 화열을 억제한다.
2) 저장탱크 외부 벽면에 단열조치를 한다.
3) 저장탱크를 지하에 설치한다.
4) 계속적인 화염발생의 방지 목적으로 저장탱크 내용물의 긴급이송에 대한 조치를 한다.
5) 저장탱크의 가연물 누출 시 가연물의 체류를 방지하기 위하여 자연물 유도구를 설치한다.

(2) 분무폭발

분무폭발은 고압의 유압설비의 일부가 파손되어 내부의 가연성 액체가 공기 중에 분출되어 이것이 미세한 액적이 되어 무상으로 되고 공기 중에 현탁하여 존재할 때에 어떤 원인으로 인해 착화에너지가 주어지면 발생하는 폭발을 분무폭발이라 한다.

압력유, 윤활유 등은 유기물로서 가연성이나 인화점이 상당히 높아 보통의 상태에서는 연소하기 어려우나 공기 중에 분무된 때에는 mist 폭발을 일으키는 경우가 있다.

(3) 분진폭발

분진폭발은 가연성 고체의 미분이 공기 중에 부유하고 있을 때에 착화원에 의해 에너지가 주어지면 폭발하는 현상으로 탄광에 있어서의 분진폭발이 그의 전형적이 예이다. 예를 들면 알루미늄, 마그네슘 등의 분말을 취급하는 건물과 배관 내에서도 발생한 사례가 있다.

분진폭발이 한번 발생하면 단위용적당의 발열량이 크기 때문에 역학적 파괴효과는 가스폭발 이상으로 되는 것도 있고, 분진폭발에서는 연소가 불완전하기 때문에 일산화탄소와 같은 유독물 발생이 많다. 공기 중에 분산현탁하여 있는 분진을 부유분진이라고 하며, 이 부유분진이 있는 장소에서는 표면에 분진이 퇴적하여 있는 것이 보통이며 이것을 퇴적분진이라고 한다. 이 퇴적분진을 오랫동안 그대로 방치하면 가끔 자연발열에 의한 훈소상태가 되기 쉽다. 이 상태에 있는 퇴적분진이 어떤 원인에 의해 그 중의 일부라도 공기 중으로 날아가면 일부에 착화되어 있는 분진운이 형성되어 여기서 분진폭발이 발생한다. 이 때에는 폭발에 의하여 방출되는 에너지 강도가 아주 크므로 상상을 초월하는 큰 피해를 주는 것이 보통이다.

1) 분진폭발의 특징

① 연소속도나 폭발압력은 가스폭발에 비교하여 작으나 연소시간이 길고, 발생에너지

가 크기 때문에 파괴력과 연소정도가 크다. 분진폭발 시 발생에너지는 최고치로서 비교한 경우, 가스폭발의 수배 정도이고 온도는 2000~3000℃ 정도까지 올라간다. 이것은 단위체적당의 탄화수소의 량이 많기 때문이다. 화염의 파급속도는 상온, 상압 하에서 초기에는 2~3m/sec 정도이다. 또한 폭발염에 의한 압력속도는 300m/sec 정도이며 화염온도가 상승함에 따라 압력의 파급속도도 상승한다. 이떻든 간에 화염의 파급속도보다 압력의 파급속도가 훨씬 빠르다.

② 폭발 시에 입자가 연소하면서 비산하므로 이것에 부딪치는 가연물은 국부적으로 심한 탄화를 일으키며, 특히 인체에 닿으면 심한 화상을 입는다.

③ 최초의 부분적인 폭발에 의해 폭풍이 주위의 분진을 날리게 하며 2차, 3차의 폭발로 파급됨에 따라 피해가 크게 된다.

④ 가스에 비하여 불완전 연소를 일으키기 쉬우므로 탄소가 타서 없어지지 않고, 연소 후에 가스 상에 일산화탄소가 다량으로 존재하는 경우가 있어 가스에 의한 중독의 위험이 있다.

2) 분진의 폭발성에 영향을 미치는 인자

① 분진의 화학적 성질과 조성

분진의 폭발성에 관한 인자로서 분진 자신의 화학적인 구조나 반응성은 대단히 중요한 의미를 가진다.

발열량이 큰 것일수록 폭발성이 크며, 다음 표에는 가연성 유기고체의 발열량이 큰 것일수록 폭발성이 크다. 표 4.1에 가연성 유기고체의 발열량을 개략적으로 나타내었다. 석탄분진과 그 밖의 분진에서 휘발성분(AM)의 대소가 폭발성에 큰 영향을 미치고, 분진 중의 회분함유량의 대소가 폭발성에 영향을 미친다.

표 4.1 물질별 발열량

물 질 명	발 열 량(kcal/kg)
탄화수소류	> 10,000
합성품(고분자)	3,000 ~ 11,000
석 탄	7,000 ~ 9,000
목 재	3,500 ~ 5,000

② 입도와 입도분포

분진폭발의 용이성은 분진의 입도나 입도분포에 크게 좌우된다.

입자표면에서 반응하기 때문에 표면적이 입체적에 비교하여 커지면 열의 발생속도가 방산속도를 상회하게 된다. 평균입자경이 작고 밀도가 작은 것일수록 비표면적은 크게 되고 표면에너지도 크게 된다.

③ 입자의 형상과 표면의 상태

평균입경이 동일한 분진이라도 형상이나 표면의 상태도 폭발성에 큰 영향을 미친다. 입자표면이 공기에 대하여 활성이 있는 경우 폭발성은 높게 되며, 산화피막을 바로 생성하는 금속분에 공통적인 것으로서 알루미늄 분말의 경우에도 stearic acid의 피복을 한다든지 지방을 함유하고 있는 편이 폭발하기 쉽다. 또한 석탄분진 등도 신선한 쪽이 위험성이 크기 때문에 마쇄와 분쇄라고 하는 작업공정에서 생기는 분진은 활성이 높고 위험성도 크다고 할 수 있다.

④ 수분

분진 속에 존재하는 수분은 폭발성에 영향을 준다. 즉, 분진의 부유성을 억제한다. 단, 소수성(疎水性)의 분진에 있어서는 부유성이 그다지 영향을 받지 않으나 수분의 증발로서 점화에 필요한 에너지가 감소한다는 것과 증발한 수증기가 불활성 가스의 역할을 하는 것 및 대전성을 감소시키는 효과가 있다.

반면에 마그네슘, 알루미늄 등은 물과 반응하여 수소를 발생하고 그로 인해 위험성을 더 높이는 것도 있다.

3) 분진폭발의 방지

분진은 집진공정에서 잘 포집하여 이것을 유효적절하게 활용해야 한다. 이 포집공정에서는 분진운 중의 분진의 함유량이 언젠가는 분진운의 폭발하한 농도 이상으로 될 수 있으므로 항상 하한계 이상의 농도가 되지 않도록 주의하여 관리하여야 한다.

분진폭발의 미연방지에 대한 조성 조건을 생각할 때는 분진이 존재하는 매체를 질소, 이산화탄소 등으로서 완전히 치환시키든가, 완전치환이 곤란한 경우에는 산소농도를 약 5%이하로 하는 방법 등이 있다.

(4) 분해폭발

분해폭발은 분해할 때에 발열하는 가스, 예를 들어 석유화학공업에서 다량으로 취급하는 에틸렌, 산화에틸렌이나 금속의 용접, 용단에 널리 이용되고 있는 아세틸렌 등이 어떤 조건하에서 분해하는 경우가 있고, 이때에는 상당히 큰 발열을 동반하기 때문에 분해에 의해 생성된 가스가 열팽창되고 이때 생기는 압력상승과 이 압력의 방출에 의해 폭발이 일어난다.

이 폭발에는 지연성 가스가 전혀 필요하지 않다. 폭발할 때에는 분해화염이라고 하는 특수한 화염의 발생과 그의 전파가 관찰되어지며, 이 상태는 가스폭발의 경우와 아주 유사하다. 그러나 분해 폭발은 가스폭발의 특수한 경우로 취급되고 있다.

4.3.2 응상폭발

용융금속이나 슬러그 같은 고온물질이 물 속에 투입되었을 경우 고온물질의 열이 저온의 물로 짧은 시간 내에 전달되어 물이 급격히 비등한다. 이러한 상변화(액상 → 기상)에 따른 액체의 폭발적인 비등현상을 증기폭발이라 한다.

비등하는 물질이 물인 경우 수증기폭발이라고 하며, 이 폭발은 부피팽창(100℃의 액체 물이 수증기로 바뀔 때 약 1650배 정도 증가)에 의한 물리적인 폭발로 화염을 동반하지 않기 때문에 일명 RPT(Rapid Phase Transition)라고 한다.

이러한 예는 저온액화가스(에 LNG)가 사고로 물 위에 누출될 경우 물에 의한 열전달로 급격한 비등이 일어 날 경우에도 발생한다. 이러한 폭발은 단순히 상변화에 의한 것으로 착화를 필요로 하지 않아 화염의 발생은 없으나 기화된 가스가 가연성인 경우에는 가스폭발로 전이될 위험성이 있다.

(1) 수증기 폭발

보일러의 관체가 어떤 사고에 의하여 일부분이라도 파손되면 대기압하에서의 비점이상으로 가열되어 평형상태에 있던 물이 순간적으로 대기압으로 분출되므로써 평형상태가 파괴되고 이 때에 발생하는 상의 변화도 폭발현상을 나타내는 경우가 있다. 이러한 현상을 수증기폭발이라 한다.

1) 고온 용융물질에 의한 수중기 폭발의 기구(mechanism)

앞에서 언급한 용융금속과 물과의 접촉에 의한 증기폭발이 발생하기 위해서는 증기의 급격한 생성이 필요하다. 그러기 위해서는 고온물질에서 저온물질로 급속한 열전달이 되어야 한다. 이를 간단히 알아보면 양 액간의 전열속도를Q(J/s), 양 액간의 온도차를 $\Delta T(^\circ K)$, 양 액간의 접촉면적을 A(m^2), 열전달을 $h[W/(m^2 \circ K)]$로 하면 다음 식으로 나타낼 수 있다.

$$Q = hA\Delta T$$

Q를 증대시키기 위해서는 h, A, ΔT가 크지 않으면 안 된다. 그러나 ΔT가 너무 크면 막비등으로 되어 h가 극도로 작게 된다. 또한 h를 비등 곡선의 q의 극대치로 하여도 수 ms내의 폭발을 발생시키는 데에는 너무 작다. 즉 접촉면적의 증대가 필요하며 그렇게 되기 위해서는 양액이 미세화되어 혼합되는 조건이 필요하며 용융금속의 수증기 폭발에서 금속이 미립화된 경우에 발생되기 쉽다는 것이 밝혀졌다.

2) 용융염의 수증기폭발 발생기구

회수보일러에서 용융염의 조성은 주성분이 Na_2CO_3로, 여기에 소량의 Na_2S, Na_2SO_4, NaOH, NaCl 등이 함유되어 있다. 약 900℃로 가열한 용융염을 수조 중에 낙하시켜 실험을 행하여 다음과 같은 결론을 小木은 얻었다.

① 제1형 : 용기의 바닥에 가라앉아 폭발하지 않는 것
② 제2형 : 물 속에서 폭발을 반복하여 경우에 따라서는 큰 폭발을 일으키는 것
③ 제3형 : 용기의 바닥에 가라앉은 후에 작은 폭발을 반복하여 경우에 따라서는 큰 폭발을 유발 시키는 것
④ 제4형 : 접촉 직후에 폭발하는 것

용융염과 물이 접촉하였을 때 이 중에서 어떤 형태를 나타낼 것인가 하는 것은 이들의 조성에 큰 영향을 받는다.
예를 들면 탄산나트륨의 단순 용융염은 제1형으로 되고, 탄산나트륨에 10~20%의 염화나트륨이 가해진 용융염은 제2 또는 제3의 형으로 되며, 탄산나트륨에 20%이상의 염화나트륨을 가한 용융염에서는 제4형으로 되었다. 탄산나트륨에 염화나트륨을 가하면 그의 용융염의 표면장력은 크게 감소되는데, 표면장력이 큰 것은 제1모형이 되고 작은 것은 제4형으로 되며 중간의 것은 제2,3형이 된다. 이는 표면장력이 큰 용융염은 물과 접촉했을 때의 충격으로는 미세화 되지 않는다. 표면장력이 작은 용융염은 낙하하여 물과 접촉했을 때의 충격에 의해 용이하게 미세화되고 증기폭발을 일으키게 된다. 이 것이 제4형이다. 이 형의 폭발은 물의 표면 가까이에서 일어나므로 폭발이 물 속이나 또는 용기의 바닥에서 일어나는 제2, 제3형에 비하면 배출수량이 적다.

3) 수증기폭발의 예방대책

일반적으로 증기폭발은 착화원도 가연물도 필요하지 않은 상변화에 기인하는 폭발이므로 그의 예방대책은 가스폭발의 경우와는 완전히 다르다. 일반적으로 위험성이 작다고 생각되는 물이 어떤 조건에 의해서 폭발수라고 하는 위험물로 변하는 것이 이 재해의 특징이다. 즉, 수증기폭발의 예방대책의 기본은 물과 고열물과의 직접적인 접촉의 기회를 주지 않는 것이다. 주요한 예방대책을 들면 다음과 같다.

① 로내로의 물의 침입방지

고온의 로내에 물이 들어갈 기회를 주지 않는 것이 중요하다. 로내에 투입하는 재료가 수분을 함유한 경우라든가 전극의 냉각수가 로내에 들어가는 경우에 발생할 수 있다. 또한 벽이 마르지 않은 상태에서 용융작업을 한다든지 화재시 소화수가 로내에 들어가는 경우에도 증기폭발을 일으키는 경우가 있으므로 주의해야 한다.

② 작업바닥의 건조

고온 작업을 행하는 작업바닥은 건조가 필수적이다. 또한 작업장이 습한 환경에 있다든지 외부로부터 물이 침입하는 구조는 피해야 한다. 특히 고온작업의 장소는 물에 젖어있는 편이 안전하다는 잘못된 생각을 하여서는 안된다.

③ 고온 폐기물의 처리

고온의 폐기물은 건조한 장소에서 충분한 냉각을 한 후에 폐기해야 한다.

④ 주수분쇄설비의 안전설계

고온물에 주수하여 급냉에 의한 분쇄하는 경우에는 특별한 배려가 필요하다. 고온의 슬러그나 용융염 등에 물을 뿌려 급냉하여 분쇄하는 경우에는 물을 사용함으로써 수증기 폭발 우려가 있으므로 물속에 고온물을 투입해서는 안되며 고온물이 밖으로 흘러나오지 않도록 물을 뿌려주는 설비가 필요하고 또한 주수에 대한 배수처리가 잘되도록 하며 물이 정체되어 있도록 해서는 안된다.

(2) 증기폭발

저온 액화가스가 사고로 인해 물위에 분출되었을 때에는 조건에 따라서는 급격한 기화에 동반하는 비등현상을 나타내는 것으로 액상에서 기상으로의 급격한 상변화에 의한 폭발현상에 수증기폭발을 포함시켜 증기폭발이라고 부른다.

저온 액화가스를 물위에 유출시켰을 경우 양자의 온도차가 어느 조건내에 있으면 저온 액화가스의 격심한 비등이 발생하여 커다란 소리와 함께 수증기를 뿜어 올리고 가스폭발과 비슷한 현상을 일으킨다. 이 현상은 1970년에 미광산국의 Burgness에 의해 "수상 유출 LNG의 위험성"이라는 보고서를 통해 처음으로 알려졌다.

4.4 폭발방지 대책

일반적으로 폭발을 방지하기 위해서는 가연성물질의 불연화 또는 제거, 조연성물질의 혼입차단, 불활성가스의 봉입, 발화원인 제거 또는 억제 등의 대책이 필요하다.

4.4.1 혼합가스의 생성방지(물질조건에 대한 대책)

혼합가스의 폭발범위 외의 농도 상태유지를 위해 공기 중의 누설·누출을 방지하며, 밀폐용기 내에 공기의 혼합방지, 공기의 주입에 의해 환기를 하여 폭발하한계 이하로 희석시켜야 한다.

4.4.2 전기설비의 방폭구조(점화원 대책)

전기 방폭이란 위험분위기 생성 및 저장, 취급장소에 설치하는 전기설비에서 발생하는 점화원인인 전기 불꽃을 제거함으로써 화재·폭발이 발생되지 않도록 하는 대책을 말한다.

(1) 내압 방폭구조

용기 내부에 가연성 가스의 폭발이 일어날 경우 폭발을 견딜 수 있고 내부에서 폭발하더라도 용기의 틈으로 화염이 외부의 가연성 가스에 전파되어 착화 될 우려가 없도록 전폐구조로 한다.

(2) 유입 방폭구조

전기불꽃을 발생할 수 있는 부분 등을 절연유 속에 잠기게 하여 외부에 존재하는 가연성 가스에 점화될 우려가 없도록 하는 구조이다.

(3) 압력 방폭구조

점화원이 될 수 있는 전기설비의 용기안에 보호기체를 봉입시켜 가연성 가스의 침입을 방지하는 구조이다.

(4) 안전증 방폭구조

정상적인 상태에서 전기기기의 전기불꽃, 아크 등의 점화원이 발생할 염려가 있는 위험한 부분에 안전도를 증가시켜 이들의 발생을 방지하는 구조이다.

(5) 본질안전 방폭구조

전기설비가 정상상태 및 이상상태에서 발생하는 전기불꽃 아크 등에 의해 가연성가스에 점화할 염려가 없게 한 방폭구조로서 점화시험으로 성능이 확인된 구조를 말한다.

CHAPTER 05

화재의 소화원리 및 방법

CHAPTER 05

화재의 소화원리 및 방법

가연물질이 공기중의 산소 또는 산화제 등과 접촉하여 발생하는 연소현상을 중단시키는 원리가 소화이다. 이것은 연소의 3요소 또는 4요소 중 일부 또는 전부를 제거 또는 억제함으로써 이루어진다.

5.1 소화의 정의

소화란 가연물질이 산화반응에 의해 열과 빛을 내는 연소현상을 제거 또는 억제하여 연소현상을 중단시키는 것이다. 즉, 화재를 발화온도 이하로 감소하거나 산소의 공급을 차단시켜서 산소농도를 희석시키거나, 가연물질을 화재현장으로부터 제거하거나, 연소의 연쇄반응을 차단 억제시키는 것을 말한다.

화재는 인간에게 불안감과 공포감을 주며 심지어 인명과 재산상의 손실을 가져다주는 것이므로 소화는 이러한 연소의 연쇄 반응을 제어하는 것이 주목적이다

5.2 소화원리

화재를 소화하는 방법에는 화학 및 물리적 원리를 이용한 냉각, 질식, 제거, 부촉매작용 및 가연물의 농도를 희석시켜 소화하는 방법이 있다

5.2.1 냉각소화

가연물에 물 등을 뿌려 가연성물질을 발화점이하로 냉각시키는 것으로 냉각효과를 나타내는 것은 물, 강화액, CO_2, 할로겐, 포 등이 있다.

5.2.2 질식소화

산소양을 차단하거나 15% 이하로 감소시켜 소화하는 것으로 담요, 이불, 젖은 가마니 등을 덮어 소화하는 방법과 거품(포), 분말, 할로겐, CO_2로 연소물을 덮는 경우가 있다. 산소의 희석에 의한 소화로서 가연물이 연소하는데 필요한 산소량을 조절하여 소화하는 방법이다.

5.2.3 제거소화

가연물을 격리, 파괴, 소멸, 감량, 변질, 희석시키는 등의 방법으로 다음과 같은 것이 있다.

1) 산불화재시 주위 산림을 벌채하는 것.
2) 화학반응기 가스 화재시 원료 공급관의 밸브를 잠그는 것
3) 촛불을 입으로 불어 점화원과의 접촉을 격리시키는 것
4) 유전화재에 질소폭탄을 투하 유전을 파괴하는 것.
5) 유류탱크화재시 탱크밑으로 기름을 빼내는 방법 등

가연물질을 다른 위치로 이동시킴으로서 연소를 방지하거나 제거하여 연소를 중단시키는 소화방법으로 가장 좋은 방법이 될 수도 있고 가장 원시적인 방법이라 할수 있다.

5.2.4 부촉매소화

연쇄반응의 속도를 빠르게 하는 정촉매를 억제 시키는 것으로 화학적 소화방법이 있다. 대표적으로 할로겐 화합물과 분말소화약제 및 무상의 강화액 소화약제가 있다.

부촉매 효과는 가연물질을 구성하는 원소 중에 수소는 공기중의 산소와 결합하여 연소한다. 이 연소과정에서 활성화된 OH기와 산소원자를 생성한다. 생성된 OH기는 가연물질의 수소분자와 결합하여 H_2O를 생성하며 활성화된 수소원자를 발생시킨다.

일반적인 연쇄반응을 억제 차단시키는 화학소화제는 동시에 냉각에 의한 소화 및 산소의 희석에 의한 소화 등의 작용을 한다.

5.2.5 유화소화

유류화재시 포소화약제를 방사하는 경우나 물보다 비중이 큰 중유 등의 화재시 무상주수할 경우 유표면에 형성된 유화층은 물과 유류의 중간성질을 가지며 물과 기름의 엷은 막으로서 산소를 차단시키는 소화효과를 말한다.

5.2.6 희석소화

알코올과 같은 수용성액체는 물에 잘 녹아 가연물의 연소농도 이하로 알코올과 물을 희석하여 소화시키는 작용을 말한다.

5.2.7 피복소화

이산화탄소 등은 공기보다 1.52배 무겁기 때문에 피복효과로서 소화한다는 의미를 말한다.

액체 또는 고체 소화제를 이용하여 가연물을 냉각시키거나 비열이 큰 냉각제로 냉각하거나 기화열을 이용하여 인하점 및 발화점 이하로 낮추어 소화하는 방법이다.

5.3 소화약제의 종류 및 소화원리

5.3.1 물 소화약제에 의한 소화

물은 가격이 싸서 경제적이며 쉽게 구할 수 있어 가장 널리 사용되고 있는 소화약제이다. 연소중인 발열체에 주수하게 되면 수온의 상승에 의해 기화되면서 잠열을 빼앗아 간다. 이때 잠열(기화잠열)은 539kcal/kg정도이다

물을 증발 가열시키면 약 1,700배 정도로 부피가 팽창하여 산소농도의 희석, 즉, 질식효과도 기대 된다. 또한 물에 계면활성제를 첨가하게 되면 침투력을 증진시키며 인산염이나 알칼리 금속의 탄산염 등을 첨가하면 방염효과를 얻을 수 있다.

물의 입자크기가 작게되면 표면적이 증가해서 열을 흡수하여 기화가 용이하게 되므로 입경이 작을수록 냉각효과가 뛰어나다.

주수방법에는 봉상, 적상, 무상의 3종류로 나누어 보는데 이런 주수법에 따라 소화특성에 차이가 있다. 물방울의 입자크기는 봉상보다 적상이 적상보다 무상이 작다.

(1) 봉상주수

막대모양의 물줄기로 주수하는 법

예) 옥내소화전설비

(2) 적상주수

방울모양의 형상으로 주수하는 법

예) 스프링클러설비

(3) 무상주수

안개와 같이 분무상으로 소화하는 법
예) 물분무소화설비

(4) 소화효과

냉각, 질식, 유화, 희석소화

(5) 적응화재

일반화재 등

5.3.2 포 소화약제(거품 소화약제)에 의한 소화

발포기구에 따라 화학포와 기계포(공기포)로 나누며, 화학포는 외통제로 A제인 중조와 내통제로 B제인 황산알미늄을 이용한 주로 전도식이다. 기계포는 단백포, 수성막포, 알코올포 등이 있으며, 특히, 수성막포는 단백질보다 효과가 훨씬 뛰어나 비행기 격납고 등에 사용된다. 또한 기계포는 포의 팽창비가 커서 유류화재에 적합하다. 그러나, 포는 약 90% 이상이 물이므로 전기화재에는 절대 사용할 수 없다.

(1) 소화효과

질식, 냉각 등

(2) 적용화재

유류화재, 일반화재
공기포 소화약제에는 단백포 소화약제, 합성계면 활성 제포 소화약제, 수성막 포소화약제, 불화단백포 소화약제, 내알코올포 소화약제 등이 있다.

5.3.3 이산화탄소 소화약제에 의한 소화

이산화탄소는 가격이 저렴하며 액화하기 용이하며, CO_2는 더 이상 산소와 반응하지 않는 가스이기 때문에 심부화재 소화약제로 사용되고, 설비가 고압이며 방사시 동상우려가 있으며 소음이 크다. 이산탄소는 압력조건에 따라 기체, 액체, 고체의 상으로 존재하는데 임계온도는 31.35℃이다.

(1) 소화효과

질식, 냉각, 피복 등

(2) 적응화재

전기화재, 유류화재 등

이산화탄소는 무색, 무취의 기체로서 독성이 없으며 공기보다 비중이 1.52배 무겁다. 이런 성질의 이산화탄소는 소화 후에 흔적이 없으며 오손, 부식, 손상의 우려가 없다. 화재시 기체로 방사되므로 구석구석까지 잘 침투하므로 소화효과 좋으며 자체 압력으로도 소화가 가능하므로 가압할 필요가 없다.

이산화탄소 소화약제의 소화작용은 기화 팽창률이 월등이 커서 1kg의 액화 이산화탄소는 15℃에서 대기중에 방출되면 534L의 가스체로 된다. 이때의 기화열을 이용한 냉각작용과 이산화탄소를 공기중에 방사하여 혼합시킴으로서 대기중의 산소농도 21%를 15% 이하로 농도 저하를 이용한 질식작용이 있다. 그리고 비중이 공기보다 약 1.52배정도 무겁기 때문에 가연물질 및 화염 자체를 덮어버리는 피복작용이 있다.

5.3.4 할로겐화합물 소화약제에 의한 소화

할로겐화합물은 할로겐화탄화수소로 증발성액체라고도 하며 수입에 의존하고 있다.

할로겐화합물은 1301, 2402, 1211, 1040 등 여러 종류가 있는데 이는 탄소(C), 불소(F), 염소(Cl), 취소(Br)의 순서대로 원자수를 나타내는 숫자로서 명명되고 있다.

(1) 1301

독성이 거의 없어 지하층, 무창층에도 사용되며 소화효과가 가장 크다.

(2) 2402

1040(CCl_4)보다는 독성은 약하나 비교적 독성이 강하며 비중이 가장 무겁다.

(3) 1211

증기압이 낮아 휴대용 소화기로도 사용된다.

(4) 1040

포스겐이라는 독가스가 발생되므로 독성이 가장 크다. 따라서 지금은 사용하지 않는 소화약제이다.

(5) 소화효과

억제 및 냉각, 질식 등

(6) 적응화재

전기(통신실) 화재, 유류화재 등

(7) 오존층 파괴지수

1301 < 2402 < 1211

할로겐화합물 소화약제의 종류는 다양한데 가연물질의 연소시 발생되는 열과 반응하여 생성되는 열분해 가스의 독성 때문에 인체에 많은 피해를 끼치므로 열분해 생성가스의 독성이 약한 할론 1301과 할론 1211이 많이 사용된다.

주로 차고 주차장 전기실 및 특수가연물을 저장 취급하는 소방대상물에 설치되며 일반금속에 대하여 부식성이 적고 휘발성이 크며 소화 후 대상물에 대하여 부식, 손상, 오염의 우려가 없다. 그리고 보관 저장시 변질, 분해 등이 없어 장기보존이 가능하며 할론 1301과 할론 1211 소화약제는 이산화탄소 소화약제보다 소화성능이 약 3배 정도 뛰어나다. 즉, 소화에 필요한 약제의 양(농도)가 1/3 정도이면 충분히 소화가 가능하다는 것이다.

5.3.5 분말 소화약제에 의한 소화

분말 소화약제는 제 1, 2, 3, 4종 분말로 나누어지며 고체의 미분말로 제조되어 질소나 이산화탄소에 의한 압력으로 방출된다.

분말약제를 연소물 표면에 뿌려주면 연소물의 열을 이용하여 열분해반응을 일으켜 생성된 물질(CO_2, H_2O, HPO_3)에 의한 소화방법으로 표면화재에 속소성 있다.

표 5.1 분말소화약제 종류

종 별	소화약제	약제의 착색	열분해 반응식
제1종 분말	중탄산나트륨($NaHCO_3$)	백색	$2NaHCO_3 \rightarrow Na_2CO_3 + CO_2 + H_2O$
제2종 분말	중탄산칼륨($KHCO_3$)	담자색(보라)	$2KHCO_3 \rightarrow K_2CO_3 + CO_2 + H_2O$
제3종 분말	인산암모늄($NH_4H_2PO_4$)	담홍색(분홍)	$NH_4H_2PO_4 \rightarrow HPO_3 + NH_3 + H_2O$
제4종 분말	중탄산칼륨+요소 $KHCO_3 + (NH_2)_2CO$	회색	$2KHCO_3 + (NH_2)_2CO \rightarrow K_2CO + 2NH_3 + 2CO_2$

여기서 분말은 너무 커도, 너무 미세해도 안 되며, 적당한 입도는 20~25μm이다. 또한 3종분말은 차고 주차장에 적합하며, 1.2종에 비해 소화효과가 크며 메탄인산(HPO_3)에 의한 방진작용으로 가장 널리 사용된다.

(1) 소화효과

질식, 억제 및 열분해 흡열반응에 의한 냉각소화

(2) 적응화재

유류, 전기화재(3종은 일반, 유류, 전기화재)

일반적으로 탄화수소계의 소화에 효과적인데 이것은 알칼리금속염인 나트륨염(Na^{+})과 칼륨염(K^{+})에 의한 부촉매 효과를 말한다.

목재화재에도 효과가 있는데 이것은 암모늄염이 열분해하여 산(HPO_3)으로 발생되어 방진효과가 있다.

이런 분말 소화약제에는 열분해시 기화열에 의한 냉각작용과 열분해시 발생한 불연성가스에 의한 질식작용 등의 소화효과를 가지고 있다.

이런 분말 소화약제의 소화효과는 분말의 입경에 관계가 있다

분말의 입자크기가 작을수록 비표면적이 커지므로 연쇄반응 억제 차단효과가 커지는 경향이 있다. 분말 약제가 최적의 소화효과를 나타내는 입자크기는 20~25μm 정도일 때이다.

5.3.6 강화액 소화약제에 의한 소화

물에 탄산칼륨을 첨가 겨울철에도 얼지 않도록 하여 소화하며 한냉지역에 적합함.

(1) 소화효과

냉각, 질식, 억제 등

(2) 적응화재

유류화재 등, 무상강화액은 변전실에 적합하다.

강화액 소화약제는 물의 소화성능을 증대시키기 위해 물에 연소억제작용이 있는 알칼리금속염의 탄산칼륨과 인산암모늄 등을 첨가한 수용액이다. 강화액의 응고점이 −20℃ 이하로 되어 있으므로 기온의 변화에 의한 소화효과의 저하가 없다는 것과 한랭지나 겨울철에 사용할 수 있는 약제이다.

5.3.7 산알칼리 소화약제에 의한 소화

산알칼리 소화약제는 포말소화기와 비슷하여 전도식과 파병식이 있다.

$$2NaHCO_3 + H_2SO_4 \rightarrow Na_2SO_4 + 2CO_2 + 2H_2O$$

(1) 전도식

외통제는 알칼리 수용액과 내통제는 산(황산)이 들어있어 용기를 뒤집으면 혼합 발생된 CO_2압력에 의해 방사된다.

(2) 파병식

외통제는 탄산수소칼륨을 충전, 내통제는 황산이 들어있어 화재시 황산병을 파괴하여 생성된 CO_2 자체압력으로 방사된다.

(3) 소화효과

질식 등

(4) 적응화재

일반화재, 유류화재(무상주수 시), 전기화재

산알칼리 소화약제는 산과 알칼리의 화학반응을 이용한 소화약제로 반응 시 발생된 이산화탄소를 방사 압력원으로 하여 방사한다.

반응 후 발생된 황산나트륨은 물의 소화효력을 향상시키기 위해 사용된다. 산알칼리 소화약제는 물을 가장 쉽게 얻을 수 있는 약제로 주수방법에 따라 소화성능에 차이가 있는데 봉상주수일 경우에는 연소시 발생되는 열에 의해 수증기를 배출하면서 연소중인 고체 가연물을 냉각시켜 소화하며 일반화재에 적용된다.

무상주수했을 경우에는 냉각효과 뿐 아니라 대기중의 산소농도 희석 및 감소에 의한 질식효과를 가지게 되므로 일반화재, 유류화재, 전기화재에 적응 소화시킨다.

5.3.8 간이 소화제에 의한 소화

(1) 마른모래

반드시 건조된 모래이어야 하며 가연물이 함유되어 있지 않아야 한다. 건조사는 연소중인 가연물에 뿌렸을 경우 대기중의 공기 공급을 차단시키는 질식작용으로 일반(A급), 유류(B급), 전기(C급), 금속(D급) 화재에 적응한다. 보통 건조사는 만능 소화제라고 불리어지고 있다.

(2) 팽창질석 및 팽창진주암

질석을 고온(1,000~1,400℃)에서 팽창시킨 것으로 비중이 아주 적으며 금속알루미늄과 알킬기의 화합물로서 발화점이 낮은 알킬알루미늄 화재에 아주 적합하다.

(3) 중조톱밥

중조와 건조한 톱밥을 혼합한 것으로 중조의 열분해 생성물에 의한 소화작용으로 인화성 액체의 화재에 적합한 소화제이다.

(4) 소화탄(소이탄)

소화액인 중조($NaHCO_3$), 탄산암모니아[$(NH_4)_2CO_3$]을 유리용기에 봉인한 투척용소화제이다.

5.4 소화약제에 따른 적응화재

물 소화약제는 주수방법에 따라 소화작용 및 적응화재 종류에 차이가 있다. 봉상 및 적상 주수시 가연물에 대한 충돌력에 의한 파괴작용과 수분력에 의한 심부로 침투하는 것에 의한 냉각효과로서 발열량이 큰 고체 가연물의 화재인 일반 화재에 대한 효과가 크다.

반면, 무상주수시에는 일반(A급)화재 뿐만 아니라 물을 증발 가열시켜 약 1700배 정도로 부피가 팽창하여 산소농도를 희석시키는 질식효과와 기름의 표면에 불연성 유화층을 형성하여 기름의 연소를 상실시키는 유화효과에 의해 유류(B급)화재에 적응되며 전기적인 절연성이 양호하여 감전의 우려가 없어 변압기 충전부와 0.7m 이상의 일정한 간격을 확보 하면 전기(C급)화재에도 이용이 가능하다.

포 소화약제는 물로 인하여 화재를 확대시킨다든가 소화력이 적거나 소화가 불가능할 경우에 사용되는데 연소표면을 포(거품)로 덮어 대기중의 산소공급을 차단하는 질식효과와 포에 함유되어 있는 물의 기화열을 이용한 냉각작용으로 일반(A급)화재와 유류(B급)화재에 적응한다.

이산화탄소 소화약제는 액체로 저장되었다가 기체로 대기중에 방출되면서 발생된 기화열에 의한 냉각작용과 밀폐된 공간에 방출되면서 21%의 산소농도를 15% 이하로 농도를 희석 감소시켜 연소불능상태로 만들어 버리는 질식효과, 그리고 비중이 공기보다 약 1.5배 무거우므로 가연물을 덮어버리는 피복효과가 있다. 그리고 이산화탄소는 전기적으로 절연성이 우수하기 때문에 밀폐된 옥내의 유류(B급)화재와 전기(C급)화재에 적응성이 높다. 할로겐화합물 소화약제는 냉각작용과 질식작용 외에도 주된 소화효과로는 연쇄반응 억제 차단 효과인 부촉매 효과가 있으며 전기적으로 절연성이 우수하여 유류(B급)화재, 전기(C급)화재에 적응이 높다.

분말 소화약제는 열분해 반응시 이산화탄소(CO_2)와 수증기(H_2O)의 발생으로 열을 흡수함에 의한 냉각효과와 산소공급의 차단에 의한 질식효과가 있다.

나트륨염(Na^+)과 칼륨염(K^+), 암모늄염(NH_4^+)의 금속이온에 의한 연쇄반응을 억제 차단시키는 부촉매 효과 등이 있다. 이러한 소화작용으로 보면 다른 소화약제와 마찬가지로 유류(B급)화재, 전기(C급)화재에 적합하나 제3종 분말 소화약제는 일반(A급) 화재에도 적응성이 높다.

5.5 소방대상물에 대한 소화

물 소화약제를 주수방법에 따라 분류하면 봉상, 적상, 무상으로 볼 수 있는데 주수법에 따라 소화효과의 차이가 나며 따라서 적응되는 소방대상물에도 차이가 나타난다.

봉상 및 적상주수는 냉각효과를 나타내며 특수가연물을 저장 취급하는 공장 또는 창고(락크식 창고를 포함한다), 근린생활시설, 판매시설 또는 복합건축물로서 슈퍼마켓, 도매시장, 백화점, 소매시장 등이며 아파트, 지하층을 제외한 층수가 11층 이상인 건축물 또는 지하가 등에 적합하다.

반면, 무상주수는 냉각 및 유화질식효과에 의해 유류화재에 대해서도 소화의 목적을 달성할 수 있으므로 주로 주차장이나 특수가연물을 저장 취급하는 장소, 적당한 이격거리를 유지한 전기시설물 등에 적당하다. 냉각 및 질식소화 효과에 의해 소화목적을 달성하는 포 소화약제의 적응 소방 대상물은 비행기 격납고, 차고 주차장, 자동차 수리공장, 특수가연물, 석유류 저장탱크의 저장고 등이다. 이산화탄소 소화약제는 냉각, 질식효과 및 피복작용에 의해 소화목적을 달성하는데 적합한 소방대상물로는 유압기기를 제외한 전기설비 케이블실, 고무류, 면화류, 모피창고, 석탄창고, 집진설비 및 서고, 목재가공품창고, 전자제품창고, 박물관, 체적 $55m^3$ 미만의 전기설비 등의 심부화재 대상물과 가연성액체나 가연성가스를 취급하는 표면화재 대상물에 적합하다.

분말 소화약제는 냉각 및 질식 효과와 부촉매 효과에 의해 소화를 하는 약제로 이산화탄소나 할로겐화합물 소화약제와 같이 물에 의한 소화방법으로는 적당하지 않는 대상물의 소화를 목적으로 하는 것으로 단지, 차고, 주차장에는 제3종 분말 소화약제에 의해 소화가 가능하다.

CHAPTER 06

건축물 화재의 특징

CHAPTER 06

건축물 화재의 특징

가옥이나 빌딩의 구조는 밀폐화되어 있어서 화재발생시에는 산화연소에 의하여 전파되나 산소의 공급이 불충분하게 되면 과열원에 의한 환원연소가 되어 가연성 유해가스가 다량 발생하여 사람을 질식사시키게 된다.

건축물은 고층화, 대규모화의 경향일 뿐 아니라 공업화학의 발전에 따라서 건축물에 사용되고 있는 건축재료나 내장재료 및 기타물품은 합성 고분자재료를 소재로 한 합성섬유 또는 플라스틱을 주체로 하는 공업제품인 가연성 물질이 다량 사용되고 있는데 이러한 가연성 물질에 일단 착화되면 급격하게 연소되며, 또한, 가연성 물질의 열분해에 의하여 많은 연기가 발생하여 계단이나 통기구를 통하여 건축물 전체에 확산된다. 이때 연기로 인하여 초기 피난이 곤란할 뿐 아니라 구조활동이나 소화작업이 한층 곤란하게 되어 많은 희생자가 나오게 된다. 또한 건축물 화재의 연소는 내장재 물품으로부터 벽, 천정으로 내장재료에 착화되고, 연기의 확산과 마찬가지로 계단, 통기구 등을 통하여 윗층으로 계속 번져가는 경향이 많다.

일반적으로 유기재료의 경우에 난연처리를 하게 되면 탄화가 촉진되거나 공기와의 접촉이 차단되어 화염의 전파를 늦추는 효과가 나타나기 때문에 발화초기에는 효과가 큰 것이다.

가옥이나 빌딩의 구조는 밀폐화되어 있어서 화재발생시에는 산화연소에 의하여 전파되나 산소의 공급이 불충분하게 되면 과열원에 의한 환원연소가 되어 유기물, 난연처리제 등의 분해에 의한 가연성 유해가스가 다량 발생하여 사람을 질식사 시키게 된다.

6.1 건축물 내부 화재의 성상

건축물 화재는 건축물의 구조형식과 용도, 그리고 그 내부상태에 따라 연소 성상이 크게 달라진다.

내화구조물의 화재에 있어서 옥내의 화재진행과정은 화원의 확대에서 Flash- Over에 이르는 화재성장기와 본격적인 화재가 되는 화재최성기 또는 가연물이 타 없어지는 화재감쇠기의 3단계로 나누어진다.

화재성상은 많은 요인에 의하여 달라지나 대체적으로 다음과 같은 변화요인이 있다.

1) 화원의 위치와 그 크기
2) 실내에 있는 가연물의 배치
3) 실 내부의 가연물량과 그 성질(가연성)
4) 실의 개구부와 그 위치 및 크기
5) 실의 넓이와 그 모양
6) 화재시의 기상(온도, 습도, 기류의 방향과 속도)

건축물 화재에 있어 재실자 대부분의 사망 사고는 연기와 유독가스에 의해 야기된다. 부력에 의해 상승하는 뜨거운 가스와 가열된 천정 및 벽표면은 에너지를 방의 아래쪽에 있는 아직 발화되지 않은 물질에 복사시킨다.

연소물과 천장과의 거리가 가까우면 가까울수록 천정은 더 많은 열을 복사시키는 효과를 내게 된다. 가연성 재료로 된 천장이나 내장재는 화재의 규모와 확산에 중요한 영향을 미친다.

가연물이 연소되면 공기중의 산소는 당연히 감소한다. 15% 이하가 되면 불꽃은 소멸 하지만 경우에 따라 산소가 적더라도 꺼지지 않는 것도 있다.

화재의 위험이 많은 건물은 보편적으로 백화점, 호텔, 병원, 복합용도의 빌딩, 지하상가, 고층빌딩이 된다.

이러한 대상물들의 화재성상을 보면 다음과 같다.

1) 백화점은 그 용도상으로 볼 때 각종 가연물이 건물내부에 꽉 차 있으므로 사무실 빌딩의 약 2.5배에서 4.5배에 이르게 된다. 따라서 화재가 발생하게 되면 연소시간이 길어지게 마련이다.
   또한, 백화점은 여러 계층의 고객이 출입하게 되므로 자동적으로 화재발생의 요인이 많아지게 된다. 더욱이 백화점은 창이 적으므로 화재시의 배연과 피난 등 위험성이 매우 높은 건물이라 하겠다.
2) 호텔이나 병원은 숙박객의 객실과 환자병실의 취침시설과 각종 기능이 복합된 건물이므로 화재발생요인이 큰 건물이다. 특히 입원환자의 부자유스런 행동과 객실의 사생활 확보 등에 관련한 방화관리와 화재시의 피난 등은 건물 기능면에서도 많은 문제를

안고 있으므로 화재의 위험이 큰건물이라 하겠다.

3) 지하상가는 여러 종류의 점포가 집합되어 있으므로 이를 총합하면 백화점과 같은 내용을 가지게 된다. 따라서 화재발생의 위험은 물론 화재시의 피난과 배연에 있어서는 지상건물보다 더욱 큰 위험을 가지게 된다.

4) 고층건물의 화재는 그 건물의 용도에 따라 화재발생의 요인과 화재성상은 다르나 저층건물에 비하여 화재의 연소속도가 빠르며 화재시의 피난과 소화작업이 어려우므로 고층이 될수록 연도의 역할이 크게 나타나 화재시의 위험성은 더욱 높아진다.

6.2 건물 내장재의 연소 기구(mechanism)

건물내의 가연물의 종류는 매우 다양하나 이들의 재료는 대부분 고분자 물질을 중심으로 한 유기물질이다. 내장재로 사용되는 고분자에는 종이, 직물류, 목재와 같은 천연고분자와 화학섬유, 성형품, 발포제 등과 같은 합성고분자가 있다. 따라서 건축물의 실내화재를 이해하기 위해서는 이들 고분자물질의 연소기구를 알아야 한다. 고분자물질의 연소기구는 연소형태에 따라 일반화된 연소와 훈소의 두 가지로 나누어 생각 할 수 있다.

(1) 일반화된 연소기구

고분자 물질의 일반화된 연소기구는 다음과 같다.

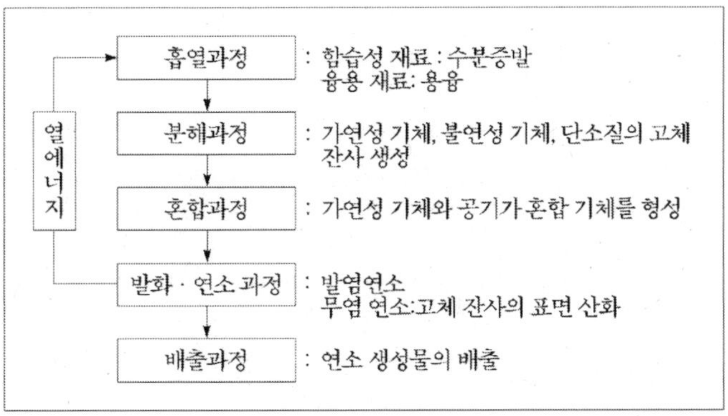

표 6.1 고분자 물질의 연소과정

① 흡열과정과 분해과정 : 고분자 물질은 가열되면 함수성 물질은 수분이 증발되고, 용융되는 것은 융해와 같은 흡열과정을 거쳐서 열분해(pyrolysis)를 일으킨다.

② 혼합과정 : 고분자 물질은 열분해에 의해 가연성, 불연성의 기체 생성물과 고체 잔사

가 생성되는데, 이 가운데 가연성가스는 공기와 혼합되어 가연성 혼합기를 형성한다.

③ 발화・연소과정 : 가연성 혼합기에 무엇인가의 발화원이 가해지면 착화하여 불꽃연소를 하게되며, 또한 고체 잔사도 공기와 접촉하면 표면에서 연소가 진행되어 무염연소(glow)를 일으킨다.

④ 배출과정 : 이어서 연소생성물인 연기, 열, 불꽃 등이 계외로 배출된다.

⑤ 귀환열 : 발화・연소과정에서 생성된 열의 일부는 미연소 가연물의 가열에 사용되어 하나의 연소 사이클을 형성하게 된다.

이것이 고분자 물질을 주체로 한 유기재료의 일반적인 연소과정이다.

(2) 훈소 연소 기구

열분해에 의하여 생성된 가연성 기체가 바람에 의하여 그 농도가 현저히 희석되거나, 공간이 밀폐되어 산소의 공급이 충분하지 못한 경우에는 가연성 혼합기체가 형성되지 못하기 때문에 발화는 일어나지 않고 다량의 연기만 발생하게 된다. 이러한 연소형태를 그을음 연소 또는 훈소(smoldering)이라 한다.

그을음 연소과정은 위의 표에서 분해과정 후 가연성혼합기체가 잘 형성되지 못하고 냉각되어 계외로 직접 배출된다. 훈소시 생성된 분해 생성물은 화염의 상태를 거치지 않고 직접 계외로 배출되기 때문에 분자량이 큰 물질이나 독성이 강한 물질이 생성될 가능성이 많다. 이와 같이 분해생성물이 화염을 형성하지 못하고 외부로 배출되는 경우에 처음에는 기상이었던 비점이 낮은 성분은 나중에 점차 냉각되어 액상으로 변하게 된다. 따라서 훈소시 발생한 연기는 액체 미립자 성분이 많으며 이는 불꽃연소 시 발생하는 그을음과 같은 고체미립자의 연기와는 그 성질이 다르다.

6.3 건축물 화재 시 실내 공간에서의 연소

6.3.1 실내화재의 전개과정

건물 내의 한 곳에서 일어난 화재의 전개과정을 생각해 보면 초기, 성장기, 최성기, 종기로 구분된다.

(1) 초기

실내에서의 화재발생 및 그 직후까지의 과정으로 건물안의 한 방에서 화재가 일어났을 경우 어느 화원에 의해 가연성 물질에 조건이 맞아 불이 붙으면 연소가 확대되어 가는 과정이다.

(2) 성장기

화재가 심화되고 실내가 화염에 휩싸일 때까지의 과정으로 화세가 강하게 되어 다른 가연물(가구 등)에 불이 옮겨 붙거나 벽이나 천장 등이 타기 시작하여 화재가 확대됨에 따라 연소에 의해 발생하는 연기를 포함하는 상승기류는 그 규모가 증대되고 고온의 기체가 천장 아래에 머물게 되는 과정이다.

(3) 최성기

실내가 화염으로 휩싸이는 동안의 과정으로 천장 밑의 고온 기체층으로부터 복사열이 나오며 그 열에 의해 아직 불길이 도달하지 않은 바닥이나 벽 등이 고온으로 상승하고 그 온도가 어떤 값에 이르면 바닥 및 벽 등을 따라서 급속한 연소확대가 일어나 실전체가 화염으로 휩싸이는 상태가 되는 과정이다.

(4) 종기

실내의 가연성 물질이 모두 타서 화세가 약화되어 진화할 때까지의 과정이다.

불은 대류에 의해 급속히 상승하여 천정을 따라 주위 사방으로 확산된다. 연소 시에는 가스와 열 및 연기가 발생하게 되는데 밀폐된 공간에서는 뜨거운 가스는 상승하여 버섯 모양으로 실내 전체로 확산된다. 예를 들면 실내에 있는 쓰레기통에 불이 난 경우에 있어 불기둥의 상부 온도는 대략 648℃에서 982℃ 정도이다. 이 경우 실내의 온도는 소폭 상승할 뿐이나 신속하게 연소가스를 제거하지 못해서 실내에 있는 생존자의 구조가 불가능한 경우가 적지 않았다.

화재 시 연기는 유기물질의 경우에 있어서 완전연소하면 대체로 연기가 발생하지 않지만, 불완전연소하면 연기를 발생하게 된다. 연소물의 연기 방출은 동일한 연소물이라도 화재강도가 다르면 방출되는 연기의 상태(화학적 성분과 양)가 다를 수 있다. 이에 따라 피난유도 표지 등을 식별하는데 치명적인 지장을 초래한다.

이러한 연소생성물에서 나오는 잠재적인 독성 위험을 고려하여 이에 노출되는 것을 최소로 하여야 한다. 유독가스방출은 비닐계 수지의 경우 발화 3분 후 HCl의 농도가 위험농도에 도달하였으며, 낮은 농도에서 재채기, 질식 및 시력장애를 일으켰으며 점점 높아질수록 호흡기 장애를 유발시켜 질식사를 초래한다.

특히 알코올 섭취기능과 심장 및 순환기 계통에 결함이 있는 사람은 이러한 유독가스의 피해를 상대적으로 훨씬 크게 입을 수 있다.

경험적 통계에 의하면 화재진행 초기 단계에서 바닥 마감재는 화재확산의 매개체 역할을 하지 않는다. 일부 화재에서는 통로의 바닥 마감재가 화재확산에 영향을 주는 것으로 보고

된 바 있으며 피난시에는 유독가스를 발생하여 큰 장애를 초래하며 실내화재 시 천장과 바닥면의 온도변화는 화재발생 10분 후에도 310℃의 차이를 보이기도 한다.

6.3.2 통기량과 연소량에 따른 화재(Ventilation and Fuel Controlled Fires)성상

건물이나 밀폐된 지역에서의 연소율을 결정하는 주요 인자는 연료량과 통기량이다. 그러나 건물내의 연료량은 각 실마다 다르고 또한 기간에 따라 변화될 수 있는 것이다.

(1) 통기량이 적은 경우(Ventilation Controlled : 환기지배화재)

연료량이 많고 통기량이 적은 경우에는(특히, 지하실이나 극장 및 각 지역에 소규모로 창문이 고정되어 밀폐되어 있는 건물) 연소량이 통기량의 통제를 받기 때문에 연소율이나 연소시간이 연장될 수 있으며, 이러한 경우 창문 등 개구부가 트여서 외부의 대기상태에 노출되면 화재가 확대되어 연소율이 증가한다.

(2) 연료량이 적은 경우(Fuel controlled : 연료지배화재)

연료량이 적고 통기량이 충분할 경우, 특히, 큰 개방형 창문이 설치되어 있는 건물에서, 불은 연료의 표면상에서 제한적으로 연소가 이루어지게 된다. 이러한 경우의 화재는 그 연소시간이 짧고 외부에서 찬 공기가 유입되어 방안의 온도는 높지 않다. 그러나 천정이 낮은 고층건물에서는 불꽃이 외벽의 개구부를 통하여 각 층으로 확산될 수 있다. 천정이 높은 경우에는 불꽃이 실내를 벗어나지 못한다.

1) 대류는 공기의 운동(Heat pump)에 의해 열이 이동되는 것이다. 화재시 가열된 공기는 팽창, 상승하여 문이나 환기닥트의 댐퍼 등에 압력을 가하여 개구부나 각종 틈새를 통해 빠져나간다.
2) 전도는 열이 물체를 통하여 직접 이동되는 것이다. 화재시 가열된 공기는 강철 빔이나 금속도관, 전선 및 덕트 등 기타 열을 잘 전도시키는 물질을 통해 이동될 수 있다. 그러나 목재나 유리섬유 및 기타 이와 유사한 물질은 불량도체이다.
3) 복사는 전자파(electromagnetic waves)에 의해 열이 이동되는 것이다. 화재시 가열된 물체의 표면은 열을 복사시켜 매우 먼 거리에 있는 가연성 물질을 발화시킨다. 복사열 에너지는 복사체가 가열되면 될 수록 급속히 증가한다. 즉 복사에너지는 복사체의 절대온도의 4제곱에 비례한다.

6.3.3 실내화재 시 현상

1) 발화온도는 어떤 물질이 공기중에서 자연 연소되기 위하여 필요한 최저온도이며, 연소

물의 방사열은 측정하는 단위이다. 발화온도는 습기를 증발시키기 위한 에너지가 필요하기 때문에 습도 및 발화형태, 열에의 노출시간 및 기타 요인들에 따라 달라지는 것이므로 발화온도가 절대적으로 정확한 것은 아니지만 화재실의 온도가 583℃ 이상에 도달하면 모든 건축물이 쉽게 발화될 수 있다는 사실을 단적으로 나타내고 있는 사례가 있다.

2) 화재 시의 열 방출량은 건물의 자재와 내장재의 성질과 량에 따라 다르다. 자재의 열 방출량이 클수록 화재성장속도는 그만큼 빠르다. 화학적 성분이 동일한 내장재에 있어 열방출량을 결정하는 요소는 표면적, 구조, 위치, 화재에 노출상태 등에 기인하고 있다. 연소열에 의하여 공기가 과도하게 가열되었을 경우 건물의 재실자들은 채 몇 분도 그곳에 남아 있을 수 없다. 화재시 공기온도의 상승에 따른 인간의 반응상태를 보면 불길의 3m 전방의 공기온도는 149℃ 정도로써 이 경우 5분도 견딜 수 없으며 177℃ 공기 온도에는 30초이내에 치명적인 화상을 입는다.

3) 건물의 거주자가 피난 대피로를 잘 알고 있으며 피난구와 피난 지역이 방화상 안전하게 되어 있을 경우에는 각 단계에 적합한 소방활동을 취할 수 있어 진화에 큰 도움을 줄 수 있다. 화염확산율(속도)에 따라 피난의 가능성이 달라지므로 화재를 조기에 탐지하여 피난 대피에 충분한 시간은 확보토록 하고, 소방대가 소방활동을 초기에 적절히 취할 수 있도록 지원하는 것이 중요하다.

4) 화재초기는 목조화재와 동일한 내부 가연물에 착화하여 가연성 가스를 발산하고 연소를 시작, 백색연기, 수증기를 맹렬하게 분출하여 실내를 유동한다. 화재가 중기에 접어들면서 연기도 흑색으로 변하고 연소에 필요한 산소량이 부족하기 때문에 불완전 연소가스가 화점에 충만하여 시야를 가리게 된다.

그 후 창 · 유리가 파손되면서 개구부로부터 검은 연기를 분출하기 시작하고 지붕 틈이나 창으로부터 화염이 나온다. 최성기에는 화재에 있는 방 또는 구획내는 완전히 화염에 휩싸이고 모든 개구부에서 불꽃과 연기가 분출하여 천장의 콘크리트가 파손되어 떨어져 나가면서 계단, 에스컬레이터 등 기타 공기 유동의 좋은 곳으로 화염이 확대되면서 입체화재로 진전된다.

5) 실내가 연소중인 때는 높은 곳에 위치한 물건이나 천장 등의 구조물이 전도하는 경우가 있으므로 주의하고, 건물 내부에 가연재료가 많기 때문에 연소속도가 빠르고 연기들에 의한 인명 위험도 크다. 또한 조적조 구조의 중층인 건물은 연소시 상부가 바깥 측으로 도괴하는 경향이 있고, 자체 하중에 의해 2층 이상이 단번에 붕괴되는 경우도 있다.

화세가 강열한 때는 일반적으로 직사주수를 하고 개구부가 적은 건물에는 분무주수가 효과적이며 최성기가 되면 화세는 강력해 창, 통풍구, 기타 개구부 등을 통해 상층, 하층으로 연소확대 되어 입체적으로 연소하는 것이 특징이므로 그전에 적절한 조치를 취하도록 한다. 화재가 최성기가 달하면 콘크리트의 외벽 등이 폭열을 일으키므로 소방대원의 안전에 주의 하여야 한다.

6.4 건축물 종류에 따른 화재 특성

오늘날 건설되고 있는 고층건물의 대부분은 내화건축물로 되어 있다. 고층내화 건물에서의 화재는 건축물내의 일부 구획에서 발생한 화재에 의한 연기가 출화점으로부터 상당히 먼 구획에 있는 사람들에게까지 직접적인 타격을 주는 경우가 많다. 출화점에서 멀리 떨어져 있는 사람이 연기를 재빨리 감지하지 못한다면 피난 행동에 곤란을 받게된다. 최근의 고층 내화건물에서 화재시에 발생한 인명피해의 원인을 보면 주로 연기에 의한 질식 및 중독 또는 산소부족에 의한 경우가 많다.

고층건물의 화재시에 나타나는 문제로서 우선 구조작업에 있어서 소방차의 공중사다리가 미치지 못하는 고층건물이 많다는 것이다. 또한 화재시 헬리콥터의 접근도 어려우며 엘리베이터는 더구나 사용할 수가 없다. 한편, 내화구조체는 고열이 되어 내화력을 저하시키는 동시에 창의 유리파편 등의 낙하에 따른 위험성도 수반된다. 새시(sash)로 고정한 창은 개방할 수 없어 더욱 문제가 되며 연소에 의한 유독연기는 거주자는 물론 소방대원에게 조차도 상당한 위험을 준다.

고층건물에서의 화재로 인한 피해를 최소화하기 위한 가장 좋은 방법은 두말할 나위없이 화재의 발생을 억제하는 것이 되겠지만 화재의 진행과정 등을 엄밀히 분석하여 이에 따르는 제안 사항에 대해 적절히 대처해 나갈 필요가 있다.

일반적으로 건물에서의 화재진행과정을 그림으로 나타내면 그림 6.2와 같다.

6.4.1 목조건축물의 화재

목조건축물의 화재시 플래쉬오버 도달시간(F · O · T) 및 최성기에 도달하는 시간이 내화건축물 화재보다 빠르게 나타난다. 목재의 구성성분은 산소, 수분, 탄소와 소량의 질소로 되어 있으며, 건조한 목재는 셀룰로오스가 주성분이며 그 외에 무기물, 수분, 리그닌 등이 포함되어 있다.

목재는 열전도도가 낮고 단열효과가 높다. 예를 들면 철은 약 350배, 알루미늄은 약1000배 정도 목재에 비해 열전도도가 높다. 이러한 성질 때문에 목재구조의 건물이 경량철골구조의 건물보다 화재시 더 오래 견딜 수 있다는 것이다.

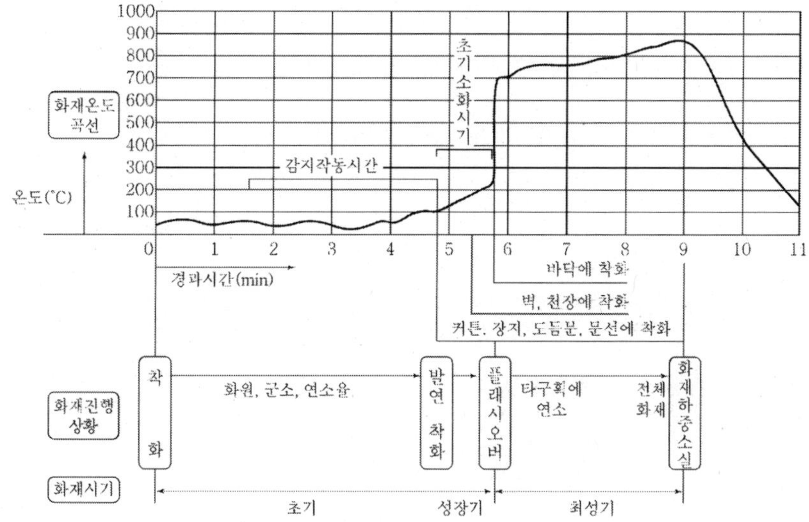

그림 6.1 건축물 화재의 진행과정

목재에 함유되어 있는 수분의 량은 착화 및 연소속도에 많은 영향을 준다.

보통 높은 온도에서 장시간 접촉해도 착화하기 어려운 목재의 수분 함유향은 약 15%이상이다.

목재의 열분해 단계 및 화재상황을 살펴보기로 하자.

1) 목재가 약 200℃의 온도로 가열되면 수증기, 이산화탄소(CO_2), 초산, 개미산 등의 가연성 가스가 발생한다.
2) 목재가 약 200~280℃의 온도로 가열되면 1차적으로 흡열반응이 일어나고 본격적으로 이산화탄소(CO_2)가 발생하기 시작한다.
3) 목재가 약 280~500℃의 온도로 가열되면 발열반응이 일어나며, 탄화물들의 2차반응이 일어나기 시작한다.
4) 목재가 약 500℃의 온도로 가열되면 촉매 활동이 현저하며 목탄이 생성되기 시작한다.

(1) 목재의 연소

목재의 연소는 목재의 수분함량에 따라 상이하며, 다음과 같은 단계에 의해 연소가 진행된다.

1) 약 100~160℃에서 목재가 가열되기 시작한다. 이때 목재는 갈색이다.
2) 약 220~260℃에서 수분이 증발되기 시작하면서 갈색에서 흑갈색으로 변화한다.
3) 약 300~350℃에서 목재의 분해가 급격히 일어나면서 수소, 일산화탄소, 탄화수소 등

이 생성된다.

4) 약 420~470℃에서 탄화종료 및 발화가 일어난다.

보통 목재의 인화점은 240~270℃ 정도이다. 다음 표7.1은 목재의 인화점과 발화점을 나타낸 것이다.

표 6.2 목재의 인화점 및 발화점

목재의 종류	인화점(℃)	발화점(℃)	목재의 종류	인화점(℃)	발화점(℃)
소나무	253	435	느티나무	263	426
계수나무	270	455	자작나무	263	–
삼목	240	–	밤나무	260~272	462
오동나무	269	435	삼나무	264~270	–
나한백	259	–	낙엽송	271	–

(2) 목재 건축물 화재 진행

목재 건축물 화재의 진행은 다음과 같은 과정에서 의한다.

화재원인 → 무염착화 → 발염착화 → 발 화 → 최 성 기 → 연소낙하 → 진 화

그림 6.2 목재 건축물의 화재진행 과정

여기에서, 화재원인에서 발화까지를 화재의 전기, 발화에서 진화까지를 화재의 후기라 한다. 화재의 진행과정을 설명하면 다음과 같다.

1) 화재의 원인에서 무염착화

이 단계는 화재의 원인들의 종류와 발생장소에 따라 차이가 있으며, 자연발화의 경우에는 오랜시간을 요한다. 여기에서 무염착화란 가연물질이 연소할 경우 재로 덮인 숯불 모양으로 불꽃없이 착화하는 현상으로 바람 및 공기가 주어질 때 언제든지 불꽃이 발하는 단계를 말한다.

2) 무염착화에서 발염착화

화재발생장소, 가연물의 종류, 바람의 상태와 연소속도, 연소시간, 연소방향 등은 화재진행을 좌우한다.

여기서, 발염착화란 무염상태의 가연물질에 바람 및 공기 등을 불여넣어 주면 불꽃이 발하여 착화(발화)하는 현상이다.

3) 발염착화에서 발화

이 단계는 착화가 발생한 위치와 가옥의 구조에 따라 달라진다. 여기서, 발화란 가옥의 실내 가연물의 일부가 발화한 상태가 아니라 천장에까지 불이 번져 가옥 전체에 불기가 도는 시기를 말한다.

4) 발화에서 최성기

이 단계에서는 화재의 진행은 빨라지게 된다. 연기의 색이 백색에서 흑색으로 변하며, 개구부가 파괴되어 공기가 공급되면서 급격한 연소가 이루어져 연기가 개구부로 분출하게 된다.

이 시기를 플래쉬오버(Flash-Over)라 하는데 이때의 실내 온도는 약 800~900℃정도가 된다. 그러므로 목재 건축물 화재시에는 발화에서 최성기로 넘어가는 이 단계에서 보통 플래쉬오버(Flash-Over)현상이 발생된다. 이후 최성기로 넘어가면 화염 및 검은 연기, 강한 불꽃 및 불티를 유동시키는 복사열이 발생하는데 이때 실내 최고 온도는 약 1300℃ 정도가 된다.

5) 최성기에서 연소낙하

최성기를 넘어서면 화세가 급격히 약해져 지붕이나 벽이 무너지고 기둥 등이 허물어져 내리는 시기이다. 보통 화재의 전기(화재원인~발화)는 여러 상황에 따라 시간적으로 일정하지 않은 반면 후기(발화~진화)는 시간적으로 일정한 경로로 진행된다. 시간경과는 건축물의 상황에 따라 조금의 차이는 일반적으로 다음과 같다. 풍속이 거의 없을 때(0~3m/sec) 발화에서 최성기까지의 소요시간은 4~14분, 최성기에서 연소낙하까지의 소요시간은 6~19분, 발화에서 연소낙하까지 소요시간은 13~14분 정도이다.

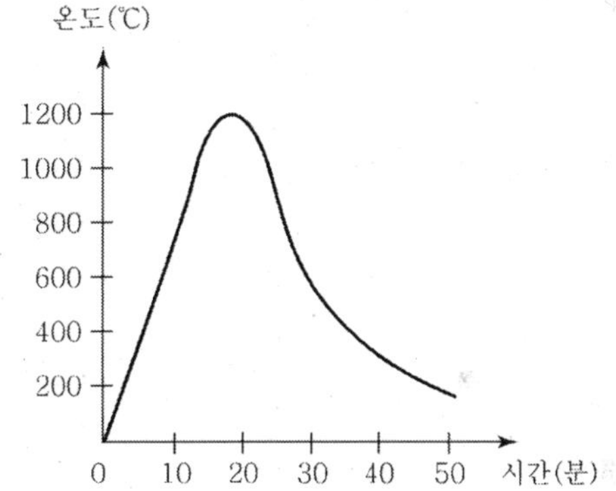

그림 6.3 목조 건축물의 화재온도-시간표준곡선

목재 건축물의 화재 특징은 고온 단기형으로 화재시 짧은 시간에 최고 온도까지 상승이 가능하다

출화에는 옥내출화와 옥외출화로 구분되는데 다음과 같다.

- 옥내출화
  ① 가옥구조시 천장면에 발염착화한 때
  ② 불연 천정인 경우 실내의 그 뒷면 판에 발염착화한 때
  ③ 천정속, 벽속 등에서 발염 착화한 때

• 옥외출화

① 가옥의 벽, 지붕, 추녀 밑에 발염착화 한 때.

② 창, 출입구 등에 발염착화한 때

(3) 목조 건축물의 화재원인

목조 건축물뿐만 아니라 고층건물에서 화재확대원인은 비화, 복사열, 접염(화염의 접촉) 등이 있다.

1) 비화

화재로 인해 불꽃 등이 먼 거리 까지 날아가 발화하는 현상으로 바람이 강하고 온도가 낮은 조건에서 비화에 의한 연소가 잘 일어난다.

일반적으로 화점으로부터 풍화방향이 10°~25° 범위에서 가장 위험하며 800m 전후의 비화범위에서 잘 발생된다.

2) 접염

화염에 직접 접촉하였을 때 다른 화재를 유발시키게 된다.

3) 복사열

화염에서 발생한 복사열은 온도가 높을수록, 화염의 크기가 클수록 복사열의 전파되는 거리가 길어진다. 복사열에 의해 인화점까지 가열될 수 있으며 지속시간이 길면 거리가 100m 까지 전달된다.

표 6.3 목재의 상태에서 따른 연소상태

연소상태 / 목재의 상태	빠르다	느리다
두께 및 굵기	얇고 가는 것	두껍고 굵은 것
형상	각이 진 것	둥근 것
표면	거친 것	매끈한 것
내화성 및 방화성	없는 것	있는 것
건조정도(수분함량)	수분이 적은 것	수분이 많은 것
페인트	칠한 것	칠하지 않은 것
색	검은색	흰색

6.4.2 내화건축물의 화재

내화건축물은 주요구조부가 가연성이 아니기 때문에 목재에 비해 연소속도가 완만하며 산소가 감소하며 연소속도가 지연되기도 한다. 보통 화재진행시간이 목조 건축물은 30~40분인데 비해 내화건축물은 2~3시간 정도이다.

이것은 조건에 따라 그 이상 지연되기도 한다.

내화건축물 화재시 실내 최고온도는 약 1000℃ 정도 되며, 화재 진행과정은 다음과 같다.

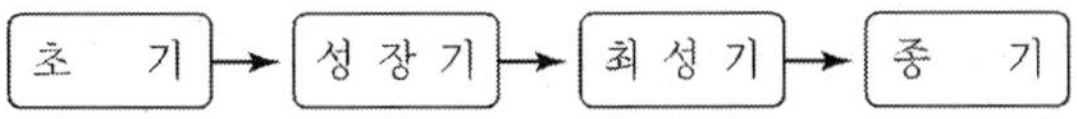

그림 6.4 내화 건축물의 화재 진행과정

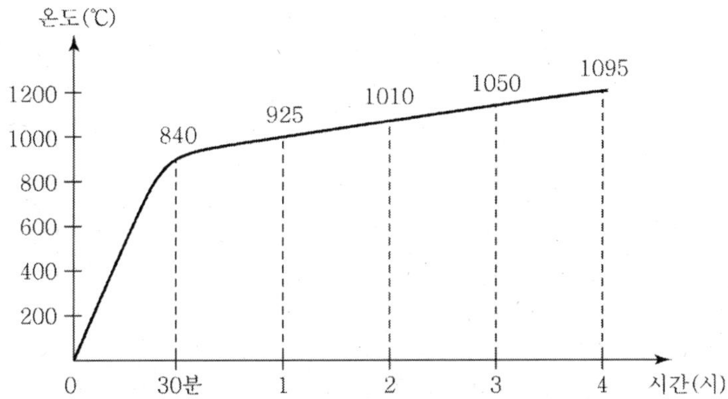

그림 6.5 내화 건축물의 화재온도-시간표준곡선

목조 건축물은 고온단기형의 화재 특성이라면 내화건축물은 저온장기형의 화재 특성을 나타낸다.

최고온도가 목조 건축물에 비해 낮지만 고온유지 시간이 길다.

1) 초기

목조 건축물에 비해 기밀성이 뛰어나기 때문에 초기에는 연소가 완만하며, 산소량이 감소되어 연소가 약해지며 불완전연소도 일어난다. 이 경우 소화를 위하여 창이나 문 등을 개방시키면 갑작스럽게 공기가 유입되어 급격한 연소를 초래시키는 경우가 있다.

2) 성장기

실내온도의 상승으로 인한 공기의 열팽창 등으로 개구부가 파괴되어 개구부를 통해 검은 연기 및 화염 등이 분출하게 되며, 실내 전체가 한 순간에 화염으로 휩싸이는 현상이 발생된다. 일반적 실내화재에서는 플래쉬오버(Flash Over)현상이 발생되는데 내화 건축물 화재시에는 성장기에서 최성기로 넘어가는 단계에서 발생된다.

참고적으로 플래쉬오버(Flash Over) 발생시간은 개구부 크기, 내장재, 화원의 크기에 따라 차이가 발생되는데 내장재에 따른 플래쉬오버 발생시간은 (F·O·T)을 보면 가연성 재료는 3~4분, 난연성 재료는 5~6분, 준불연 재료는 7~8분 정도 소요된다.

3) 최성기

실내온도가 약 1000℃로 최고 온도에 달하며 화세가 가장 왕성한 시기이다. 이시기는 목조 건축물보다 장시간 계속되며, 천장 등 구조물 재료(콘크리트, 회반죽, 장식물 등)가 무너져 내리는 현상이 발생된다.

4) 종기

화세가 약해지고 연기의 양도 줄어드는 시기로 이때의 실내온도는 높지만 서서히 낮아진다.

6.5 건축 재료별 화재 성상

6.5.1 직물(섬유)류의 화재

섬유는 대부분 가연성으로 화학적 성분의 조성과 착색, 염색 등 마감처리에 따라서 연소상태에 영향을 많이 받는다.

섬유는 산소(O), 수소(H), 탄소(C) 등으로 구성되어 있으며 약간의 점화에너지에 의해 인화될 수 있다.

(1) 천연섬유

천연섬유의 직물에는 식물성섬유와 동물성섬유로 구분할 수 있다.

1) 식물성 섬유(면)의 주성분은 90%이상이 연소성이 좋은 셀룰로오스로 구성되어 있다. 식물성 섬유(면)의 착화온도(발화온도)는 약 400℃로 연소 시에는 목재와 같이 이산화탄소(CO_2), 일산화탄소(CO), 물(H_2O) 등이 생성된다.

2) 동물성 섬유(모)는 주성분이 단백질로 착화온도(발화온도)는 약 600℃정도이다. 동물성 섬유는 발화하더라도 연속적으로 확대해 가는 정도로 연소하지는 않는다. 보통 연소생성물로는 시안화수소(HCN)가 많다.

식물성 섬유(면)와 동물성 섬유(모)의 연소상태를 비교해 보면, 식물성 섬유(면)는 동물성 섬유(모)보다 착화 및 연소시키기가 쉽고 연소속도가 빠르다(면의 착화온도[400℃]가 모의 착화온도[600℃]보다 낮기 때문이다). 반면 동물성 섬유(모)는 식물성 섬유(면)에 비해 소화시키기가 쉽다.

(2) 합성섬유

합성섬유는 사용된 원료에 따라 연소성상이 다르다. 이것은 일부가 면의 연소상태, 일부는 플라스틱 수지의 연소상태를 보여 준다는 것이다. 합성섬유의 화재 위험성을 분류하면 다음과 같다.

1) 아세테이트

용융하면서 연소하는 성질이 있으며 착화온도는 약 475℃이다.

2) 나일론

용융하면서 연소할 수 있으며, 용융점은 160~260℃정도이며, 착화온도는 425℃이상이다.

3) 비스코스

면과 비슷한 연소현상을 가진다.

4) 폴리에스텔

용융하면서 연소할 수 있으며, 용융점은 256~292℃, 착화온도는 425℃이상이다.

5) 아크릴

용융하면서 연소하며, 235~330℃에서 녹으며 착화온도는 560℃이다.

6) 올레핀

용융하면서 연소를 하나 연소속도가 느리다. 착화온도는 약 570℃이다.

7) 고무

연소하면서 용융하면 검은 그을음이 발생된다.

8) 스판덱스

연소하면서 용융한다. 용융점은 230~260℃ 착화온도는 415℃이다.

9) 페놀수지

열 경화 수지이므로 용융 없이 연소한다.

6.5.2 플라스틱 화재

(1) 플라스틱의 개요

플라스틱은 열가소성 플라스틱과 열경화성 플라스틱으로 대별된다.

열가소성 플라스틱은 가열, 용융해서 목표로 하는 형상, 치수의 금형에 유동상태로 밀어 넣은 후 냉각해서 제품을 만들고 한번 성형한 것을 분쇄해서 다시 가열 용융할 수 있는 성질을 것이며, 열 경화성 플라스틱은 한번 성형한 것은 다시 가열 용융할 수 없는 성질의 것이다.

탄소의 사슬로 형성된 유기화합물 중에서 가장 간단한 탄화수소는 탄소수가 한 개인 메탄(CH_4)으로 상온의 대기압하에서 기체이다. 탄소수가 증가하면 액체가 되고 비점도 높아지는데 탄소수가 C_5~C_{15}는 기름상태의 액체, C_{18}에 이르면 왁스상태의 고체가 된다.

표 6.4 플라스틱의 분류

열가소성 플라스틱	폴리에틸렌, 폴리스티렌, 폴리프로필렌, 아크릴로니트릴스티렌, 폴리염화비닐, 폴리염화비닐쓰덴, 폴리아미드, 폴리아세트
열경화성 플라스틱	페놀수지, 우레아수지, 멜라민수지, 에폭시수지, 불포화폴리에스테르수지, 디아릴프탈레이트 수지

(2) 플라스틱의 연소과정

적재되어 있는 플라스틱의 실질적인 5단계의 연소과정은 다음과 같다.

1) 1단계 : 초기연소

점화원이 될 수 있는 것은 대단히 많다. 그러나 모든 경우 플라스틱 자체는 점화원이 아니다. 이 단계에서는 다음 사항이 관계가 있다.

① 분해온도

② 점화의 용이성

③ 노출 정도

④ 플라스틱의 크기

2) 2단계 : 연소 증강

초기연소 단계에서 축적된 열은 플라스틱의 온도를 대류, 복사, 전도의 방법으로 전달하여 상승시킨다. 어느 정도까지의 화재확대는 이 단계에서 일어나는데 이 단계에서 고려되어야 할 사항은 다음과 같다.

① 인화 용이성
② 표면 가연성
③ 열 확산
④ 연기 발생
⑤ 플리스틱의 양
⑥ 연소가스

3) 3단계 : Flash-Over

Flash-Over는 동일 공간내의 모든 가연물이 동시에 발화점에 도달하는 점이다. 따라서 이점에서 모든 가연물은 일시에 화염에 휩싸이는데 다음의 사항과 관련이 있다.

① 발화 용이성
② 표면의 인화성
③ 노출 정도
④ 플라스틱의 양

4) 4단계 : 최성기

동일 공간내의 모든 가연물은 이 단계에서 연소하고 극도의 피해가 발생한다.

화재가 이점에 도달하면 소화뿐만 아니라 억제도 힘들어진다. 가장 중요한 것은 총 방출열량이고 다음과 관련이 있다.

① 플라스틱의 양
② 방출 열량
③ 연기 생성
④ 연소가스

5) 5단계 : 화재 확산

최성기에서 발생한 열량은 인접한 가연물을 연소시키면서 화재가 확산된다.

이 단계에서는 다음 사항이 중요하다.

① 구획의 내화성
② 가연물의 양
③ 방출열량
④ 연기생성
⑤ 연소가스

(3) 플라스틱 화재의 위험성

플라스틱 화재는 상황에 따라 가연물인 플라스틱의 종류도 다르고 양도 다르며 노출 정도도 다르므로 위험성 역시 이에 따라 달라진다.

표 6.5 플라스틱의 연소 생성물

플라스틱	생성가스
모든 플라스틱	CO, CO_2
질소함유 플라스틱(폴리우레탄, 나일론 등)	HCN, NO, NO_2, NH_3
황함유 플라스틱	SO_2, COS, CS_2
PVC, PTFE 할로겐 계등의 연소억제제 함유 플라스틱	HCL, HF, HBr
폴리올레핀, 대부분의 유기 고분자	알칸, 알켄
폴리스틸렌, PVC, 폴리에스터	벤젠
페놀수지	페놀, 알데히드
폴리아세틸	포름알데히드

인간을 위협하는 플라스틱 화재의 결과는 일반화재와 공통된 것도 있고 독특한 위험성도 있을 수 있는데, 산소 결핍, 화염, 열, 유독성 연소생성물, 연기, 건물붕괴 등으로 요약할 수 있다.

플라스틱은 탄소 함유 고분자이므로 연소 생성물은 이산화탄소(CO_2)와 일산화탄소(CO)를 함유하게 된다.

CHAPTER 07

건축물의 방화계획

CHAPTER 07

건축물의 방화계획

건축물의 화재시 연소확대 경로를 차단하여 피해를 최소로 하기 위한 방법으로 화재를 한정시키는 방화구획은 그 효과가 매우 크다.

7.1 건축물 및 안전관리

7.1.1 용어 정의

(1) 바닥면적

건축물의 각층 수평투영면적

(2) 연면적

하나의 건축물 각층 바닥면적의 합계

(3) 무창층

아래의 유효한 개구부 면적이 그 층의 바닥면적의 1/30 이하가 되는 층

1) 개구부의 크기가 지름 50cm 이상의 원이 내접 할 수 있을 것
2) 그 층의 바닥면으로부터 개구부 밑부분까지의 높이가 1.2m 이내 일 것
3) 도로 또는 차량의 진입이 가능한 공지에 면할 것
4) 내부 또는 외부에서 쉽게 파괴 또는 개방이 가능할 것

(4) 피난층

직접지상으로 통하는 출입구가 있는 층

(5) 주요구조부

바닥, 지붕틀, 내력벽, 주계단, 보, 기둥

(6) 내화구조

연와조, 석조, 철근콘크리트조 기타 대통령령으로 정한 것

(7) 불연재료

(보통)콘크리트, 석재, 벽돌, 기와, 철강, 알루미늄, 유리, 모르타르, 회 등)

(8) 난연재료

석면스레이트, 난연합판 등

(9) 방화구조

화재에 대한 내력이 없더라도 건축물 인접부분의 연소차단 목적의 구조

(10) 방화구획

화재시 타지역으로 확대되지 않도록 내화성능을 가진 바닥, 벽 등을 가르는 것.

(11) 방화벽

화재시 연소 확대을 막고 피해를 줄이기 위해 주로 목조건축물에 설치하는 벽

(12) 방화문

연소차단목적으로 방화구획 선상 또는 방화벽 개구부나 화재구역내에서 사용하는 문

(13) 직통계단

한 곳에서 연속된 계단을 말하며 피난계단과 특별계단으로 구분함.

(14) 피난계단

직통계단에 주로 방화 및 제연설비에 대한 기준을 보강한 것.

(15) 특별피난계단

피난계단에 계단부속실, 노대 등을 설치한 피난에 더 유효한 계단

(16) 거실

거주, 집무, 작업, 오락, 기타 이와 유사한 목적을 위해 사용되는 실.

7.2 건축물 방화구조에 필요한 기준

화재에 대한 내력은 없더라도 화재 시 건축물의 인접부분으로의 연소를 차단할 수 있는 정도의 구조로 화재 후 재사용이 불가능하며 내화구조보다는 방화성능이 떨어지는 구조를 말한다.

7.2.1 건축물의 방화구획

건축물 안에서 화재가 발생하면 건물내부에 수용되어 있는 각종 가연성 물질의 연소로 인하여 많은 유독성 연기와 화염을 발생시키면서 전 건물로 화재가 확산되는데 그 경로를 살펴보면 건물 내외의 온도와 압력 차이로 인하여 각층 수직 개구부인 계단, 엘리베이터실, 설비 샤프트, 턱트 등을 통하여 급속하게 전 층으로 연소가 확대된다. 따라서 건축물의 화재시 연소확대 경로를 차단하여 피해를 최소로 하기 위한 방법으로 방화구획은 그 효과가 매우 크다.

따라서 방화구획은 건축계획시부터 기초적으로 다루어야 할 중요한 사항이다. 방화구획 종류를 대별하면 면적별, 용도별, 수직 개구부 등에 대한 3가지로 구분할 수 있으며 생활이 다양하고 복잡해지므로 다음 사항을 고려하여 설계해야 된다.

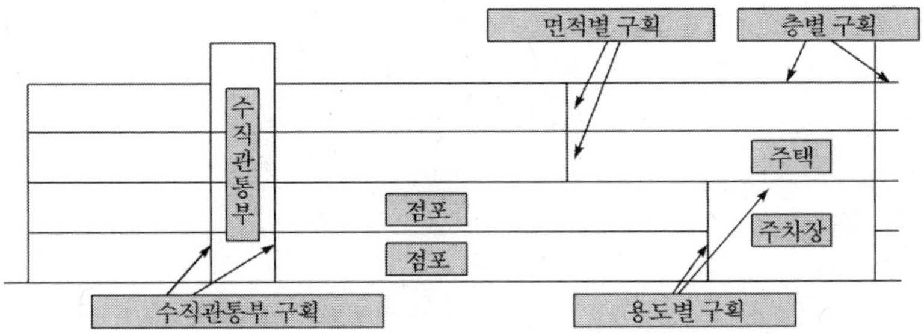

그림 7.1 방화구획의 구성 예

- 구조, 용도 및 입주자의 생활 특징을 파악한다.
- 구획의 규모는 내부 가연물의 양 내장재와의 관계를 고려한다.
- 유지관리에 중점을 두어 비상시에 대비할 수 있도록 한다.

• 피난 계획상 유효하게 설계한다.
• 설비 배관이나 수직 교통로 등에 의한 방화구획의 관통부를 고려한다.

화재로 인한 온도 발열량 및 화염과 연기의 확산 속도는 가연물의 종류, 양, 실의 규모 및 개구부의 조건에 따라 다르지만, 바닥, 천정, 벽 등을 구성하고 있는 방화구획의 각 부위에 대하여 필요한 내화성능을 감안하여 일정 시간 견딜 수 있는 재료를 사용해야 한다.

(1) 방화구획의 기준

주요구조부가 내화구조 또는 불연재료로 된 건축물로써 연면적이 1000m^2를 넘는 것은 다음 기준에 의하여 내화구조로 된 바닥 벽 및 갑종방화문으로 구획하여야 한다.

1) 10층 이하의 층은 바닥면적이 1000m^2 이내마다 구획할 것
2) 3층 이상의 층과 지하층은 층마다 구획할 것
3) 11층 이상의 층은 바닥면적 200m^2(스프링클러 기타 이와 유사한 자동식 소화설비를 설치한 경우에는 600m^2) 이내마다 구획할 것. 다만, 벽 및 반자의 실내에 접하는 부분의 마감을 불연재료로 한 경우에는 바닥면적 500m^2(스프링클러 기타 이와 유사한 자동식 소화설비를 설치한 경우에는 1500m^2)이내마다 구획하여야 한다.

(2) 방화구획 부분의 설비구조

1) 갑종방화문은 언제나 닫힌 상태를 유지하거나 화재로 인한 연기, 온도, 불꽃 등을 가장 신속하게 감지하여 자동적으로 닫히는 구조로 할 것
2) 자동방화셔터는 피난상 유효한 갑종방화문으로부터 3m 이내에 설치하며 셔터는 전동 및 수동에 의하여 개폐할 수 있는 장치와 열감지기 및 연기감지기 등을 갖추고 화재발생 시 열 또는 연기에 의하여 자동 폐쇄되는 장치이다.
3) 외벽과 바닥 사이에 틈이 생긴 때나 급수관 · 배전관 그 밖의 관이 방화구획으로 되어 있는 부분을 관통하는 경우 그로 인하여 방화구획에 틈이 생긴 때에는 그 틈을 다음 각 목의 어느 하나에 해당하는 것으로 메울 것
   가. 「산업표준화법」에 따른 한국산업규격에서 내화충전성능을 인정한 구조로 된 것.
   나. 한국건설기술연구원장이 국토교통부장관이 정하여 고시하는 기준에 따라 내화충전성능을 인정한 구조로 된 것
4) 환기 · 난방 또는 냉방시설의 풍도가 방화구획을 관통하는 경우에는 그 관통부분 또는 이에 근접한 부분에 다음 각목의 기준에 적합한 댐퍼를 설치할 것. 다만, 반도체공장 건축물로서 방화구획을 관통하는 풍도의 주위에 스프링클러헤드를 설치하는 경우에는 그러하지 아니하다.

가. 철재로서 철판의 두께가 1.5밀리미터 이상일 것
나. 화재가 발생한 경우에는 연기의 발생 또는 온도의 상승에 의하여 자동적으로 닫힐 것
다. 닫힌 경우에는 방화에 지장이 있는 틈이 생기지 아니할 것
라. 「산업표준화법」에 의한 한국산업규격상의 방화댐퍼의 방연시험방법에 적합할 것

(3) 방화구획의 특례

다음 각 호의 어느 하나에 해당하는 건축물의 부분에는 제1항을 적용하지 아니하거나 그 사용에 지장이 없는 범위에서 제1항을 완화하여 적용할 수 있다.

1. 문화 및 집회시설(동・식물원은 제외한다), 종교시설, 운동시설 또는 장례식장의 용도로 쓰는 거실로서 시선 및 활동공간의 확보를 위하여 불가피한 부분
2. 물품의 제조・가공・보관 및 운반 등에 필요한 고정식 대형기기 설비의 설치를 위하여 불가피한 부분. 다만, 지하층인 경우에는 지하층의 외벽 한쪽 면(지하층의 바닥면에서 지상층 바닥 아래면까지의 외벽 면적 중 4분의 1 이상이 되는 면을 말한다) 전체가 건물 밖으로 개방되어 보행과 자동차의 진입・출입이 가능한 경우에 한정한다.
3. 계단실부분・복도 또는 승강기의 승강로 부분(해당 승강기의 승강을 위한 승강로비 부분을 포함한다)으로서 그 건축물의 다른 부분과 방화구획으로 구획된 부분
4. 건축물의 최상층 또는 피난층으로서 대규모 회의장・강당・스카이라운지・로비 또는 피난안전구역 등의 용도로 쓰는 부분으로서 그 용도로 사용하기 위하여 불가피한 부분
5. 복층형 공동주택의 세대별 층간 바닥 부분
6. 주요구조부가 내화구조 또는 불연재료로 된 주차장
7. 단독주택, 동물 및 식물 관련 시설 또는 교정 및 군사시설 중 군사시설(집회, 체육, 창고 등의 용도로 사용되는 시설만 해당한다)로 쓰는 건축물

7.2.2 건축물의 내화 구조

(1) 건축물의 내화를 위한 구조제한

다음에 해당하는 건축물의 주요 구조부는 이를 내화구조로 하여야 한다.

1) 관람집회시설, 종교시설, 유흥음식점 및 용도에 쓰이는 건축물로서 관람석 또는 집회실의 바닥면적의 합계가 200m^2(옥외관람석의 경우에는 1000m^2) 이상인 건축물.
2) 체육관, 운동장, 위락시설(유흥음식점을 제외한다), 전시시설, 운수시설(다중이용하는 시설에 한한다), 관광휴게실(이용하는 시설에 한한다), 생활권 수련시설, 판매시설, 방송, 통신시설, 화장장, 창고시설 및 자동차관련시설의 용도에 쓰이는 건축물로

서 그 용도에 사용하는 바닥 면적의 합계가 500m^2 이상인 건축물.

3) 공장의 용도에 쓰이는 건축물로서 그 용도에 사용하는 바닥 면적의 합계가 2000m^2 이상인 건축물

4) 건축물 2층이 숙박시설, 유스호스텔, 의료시설, 아동시설, 노인시설, 근린생활시설(의료의 용도에 쓰이는 시설에 한한다), 다중주택, 공동주택, 기숙사 및 오피스텔의 용도에 쓰이는 건축물로서 그 용도에 사용하는 바닥 면적의 합계가 400m^2 이상인 건축물.

(2) 내화구조의 기준

내화구조는 철근 콘크리트조, 연화조, 기타 이와 유사한 구조로서 주요구조부에 따라 다음 표 8.1의 기준에 적합하여야 한다.

표 7.1 내화구조의 기준

구조부분		내화구조기준
벽	모든 벽	•철근콘크리트조 또는 철골콘크리트조로 두께가 10cm 이상인 것. •골구를 철골조로 하고 그 양면을 두께 4cm 이상의 철망모르터(그 바름 바탕을 불연재료로 하지 아니한 것을 제외한다. 이하 이 표에서 같다) 또는 두께 5cm 이상의 콘크리트 블록·벽돌 또는 석재로 덮은 것 •철재로 보강된 콘크리트 블록조, 벽돌조 또는 석조로서 철재에 덮은 두께가 5cm 이상인 것 •벽돌조에서 두께가 19cm이상인 것 •고온·고압증기 양생된 콘크리트패널 또는 경량기포 콘크리트 블록조로서 두께가 10cm이상인 것
	외벽 중 비내력벽	•철근콘크리트조 또는 철골철근콘크리트조로서 두께가 7cm이상인 것. •골구를 철골조로 하고 그 양면을 두께 3cm 이상의 철망모르터 또는 두께가 4cm 이상의 콘크리트 블록·벽돌 또는 석재로 덮을 것 •무근콘크리트조 · 콘크리트블록조 · 벽돌조 또는 석조로서 두께가 7cm 이상인 것 •철재로 보강된 콘크리트블록조 · 벽돌조 또는 석조로서 철재에 덮은 콘크리트 블록 등의 두께가 4cm 이상인 것
지붕		•철근콘크리트조 또는 철골철근콘크리트조 •철재로 보강된 콘크리트블록조·벽돌조 또는 석조 •철재로 보강된 유리블록 또는 망입유리로 된 것
계단		•철근콘크리트조 또는 철골철근콘크리트조 •무근콘크리트조·콘크리트블록조 · 벽돌조 또는 석조 •철재로 보강된 콘크리트블록조 · 벽돌조 또는 석조 •철골조
기둥 (작은 지름이 25cm 이상 이어야 함)		•철골을 두께 5cm 이상의 콘크리트로 덮은 것 •철근콘크리트조 또는 철골철근콘크리트조 •철골을 두께 6cm(경량골재를 사용한 경우에는 5cm)이상의 철망 모르터 또는 두께 7cm이상의 콘크리트 블록·벽돌 또는 석재로 덮은 것

표 7.1 내화구조의 기준(계속)

구조부분	내화구조기준
바닥	•철근콘크리트조 또는 철골철근콘크리트조로서 두께가 10cm 이상인 것 •철재로 보강된 콘크리트블록조·벽돌조 또는 석조로서 철재에 덮은 콘크리트 등의 두께가 5cm 이상인 것. •철재의 양면을 두께 5cm 이상의 철망모르터 또는 콘크리트로 덮은 것.
보	•철근콘크리트조 또는 철골철근콘크리트조 •철골을 두께 6cm(경량골재를 사용한 경우에는 5cm)이상의 철망모르터 또는 두께 5cm이상의 콘크리트로 덮은 것. •철골조의 지붕틀(바닥으로부터 그 아랫부분까지의 높이가 4m이상인 것에 한한다)로서 그 바로 아래에 반자가 없거나 불연재료로 된 반자가 있는 것.

7.2.3 건축물의 화재하중

화재하중이란 일정 구역내에서 있는 예상최대 가연물질의 양을 뜻하며 동일개념으로 화재지속시간이라 규정하기도 한다.

실용상의 편의를 도모하기 위하여 발열양의 표시를 무게 단위로 환산하여 실용단계에 적합토록함이 좋으므로 구하고자 하는 가연물과 동일한 발열량의 일반 가연물인 목재의 발열량으로 환산하여 가연물량을 구획에서의 단위면적당으로 나타낸 것을 화재하중이라 한다.

표 7.2 각종재료의 단위 발열량

재료	발열량(Mcal/kg)	재료	발열량(Mcal/kg)
소재	4.5	벤젠	10.5
종이	4.0	석유	10.5
연질보드	4.0	합성수지	
경질보드	54.5	염화비닐	4.1
WOOL섬유	5.0	페놀	6.7
리노리움	4.0~5.0	폴리에스텔	7.5
아스팔트	9.5	폴리아미드	8.0
고무	9.0	폴리스틸렌	9.5
휘발유	10.0	폴리에틸렌	10.4

$$q_o = \frac{\sum(G_i \times H_i)}{H_o \times A} = \frac{\sum Q_i}{H_o \times A} = \frac{\Sigma Q_i}{4500(kcal/kg) \times A}$$

여기서, q_o : 화재하중(kg/m^2)

G_i : 가연물하중(kg)

H_i : 가연물의 단위발열량(kcal/kg)

H_o : 목재의 단위발열량(kcal/kg)=(4,500kcal/kg)

A : 화재구획의 바닥면적(m^2)

$\sum Q_i$: 화재구획내 가연물의 전체발열량(kcal)

(1) 화재하중의 추정

건축물의 내화설계는 이 건물에서 발생할 수 있는 화재의 최대규모를 추정하여 이를 대상으로 설계하여야 할 것이다.

실내의 화재온도는 창면적, 창높이, 실내총면적, 벽, 천정의 일정수 등에 지배되며 화재지속시간은 가연물량, 창면적, 창높이 등에 의하여 결정된다. 건물내의 내화설계에는 화재온도, 화재지속시간을 추정하여 이를 표준화재온도 곡선상의 시간을 구하고 이를 설계화재하중으로 하는 일반 건축에서는 안정성을 고려하여 가연물량 50kg/m^2인 경우 1.0~1.5시간, 100kg/m^2인 경우를 1.5~3.0시간, 200kg/m^2인 경우에는 3~4시간 정도로 하는 것이 일반적이다.

실내의 가연물량에 대한 일본의 한 조사 보고에 의하면 주택, 아파트에서는 30~60kg/m^2, 사무실에서는 20~110kg/m^2, 점포에서는 100~200kg/m^2, 창고에서는 200~1000kg/m^2으로 되어 있다.

(2) 화재하중에 대한 내화성능의 결정

내화설계 당초에 상정한 규모의 화재가 발생되었을 경우 건물이 안전하게 유지할수 있도록 각 부재의 요구 내화성능을 결정할 필요가 있다.

기둥과 같이 주요한 부재는 상정한 규모의 화재로서 지장이 있어서는 안 될 것이다. 보는 기둥과 같이 건물 구조체로서 그 중요도가 높으므로 어떠한 변형이나 기둥에 악영향을 주지 않도록 고려되어야 한다. 바닥은 위층의 연소를 방지하게 하는 중요한 부재이므로 변형은 직접건물의 피해를 크게 하는 부재이다.

이상과 같이 내화설계의 기본에 의한 내화성능은 상정한 화재규모에 대하여 각 부재 가 안전하다는 보증이 되며 소규모 화재 후의 재사용을 위한 보수가 가능하다 하겠다.

7.2.4 건축물의 방화구조

방화구조는 화재초기에 다른 부분의 연소확대를 방지할 수 있는 정도의 간단한 구조로서 다음의 기준에 적합한 것을 말한다.

1) 철망모르타르로서 그 바름두께가 2센티미터 이상인 것

2) 석고판위에 시멘트모르타르 또는 회반죽을 바른 것으로서 그 두께의 합계가 2.5센티미터 이상인 것
3) 시멘트모르타르위에 타일을 붙인 것으로서 그 두께의 합계가 2.5센티미터 이상인 것
4) 심벽에 흙으로 맞벽치기한 것
5) 「산업표준화법」에 따른 한국산업표준이 정하는 바에 따라 시험한 결과 방화 2급 이상에 해당하는 것

7.2.5 방화벽

(1) 방화벽의 설치 및 구조기준

방화벽은 화재시 연소의 확산을 막고 피해를 줄이기 위해 대규모 건축물 또는 목조 건축물에 설치한 벽으로서 그 설치기준과 구조는 다음 표 7.3과 같다.

표 7.3 방화벽 설치기준

대상건축물 조건	구획단위	방화벽의 구조
주요 구조부가 내화구조 또는 불연재료가 아닌 연면적 $1000m^2$ 이상인 건축물	연면적 $1000m^2$ 미만마다 구획	•내화구조로서 홀로 설 수 있는 구조로 할 것 •방화벽 양쪽 끝과 위쪽끝을 건축물의 외벽면 및 지붕면으로부터 0.5m이상 튀어나오게 할 것 •방화벽에 설치하는 출입문의 너비 및 높이는 각각 2.5m이하로 하고 이에 갑종방화문을 설치할 것

(2) 연면적 $1000m^2$ 이상인 목조 건축물 외벽 및 처마 밑의 연소할 우려가 있는 부분을 방화구조로 하되 그 지붕은 불연 재료로 하여야 한다.

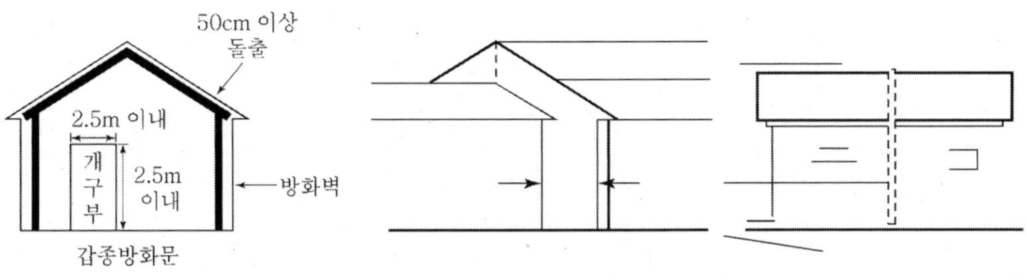

그림 7.2 방화벽의 설치

(3) 방화벽 설치 제외 대상 건축물

단독주택, 공관, 축사, 식물관련시설, 교정시설, 군사시설 등의 용도에 쓰이는 건축물 또는 내부설비의 구조상 방화 구획할 수 없는 창고 시설인 경우에는 방화벽을 설치하지 않을

수 있다.

7.2.6 방화문의 종류 및 구조

1) 방화문은 갑종 방화문 및 을종 방화문으로 구분하되,
2) 갑종방화문 및 을종방화문은 국토교통부장관이 정하여 고시하는 시험기준에 따라 시험한 결과 각각 비차열 1시간 이상 및 비차열 30분 이상의 성능이 확보되어야 한다.

7.2.7 건축물의 경계벽 및 간막이벽

다음의 각 건축물의 경계벽과 간막이벽은 방화상 지장이 없도록 표 7.4와 같이 구획하여야 하며, 국토교통부령이 정하는 기준에 의하여 소리를 차단하는데 장애가 되는 부분이 없도록 설치하여야 한다.

표 7.4 경계벽 및 간막이벽 설치기준

대상건축물	구획되는 부분의 벽	벽의 구조 및 설치방법
공동주택	각 세대간의 경계벽 (발코니 부분은 제외)	내화구조로 하고 이를 지붕 밑 또는 바로 윗층의 바닥판까지 닿게 하여야 한다.
학교의 교실 의료시설의 병실 숙박시설의 객실 기숙사의 침실	각 거실간의 간막이벽	

그림 7.3에서 B의 방에 화재가 발생하였을 경우 A의 방으로는 반자 속이 공간으로 되어 있어서 쉽게 불이 옮겨 붙거나 연기의 확산으로 큰 피해를 초래할 것이다. 그러나 C의 방으로는 반자 속 바로 윗층 바닥판까지 닿게 막은 벽으로 인하여 재해를 방지할 수 있다.

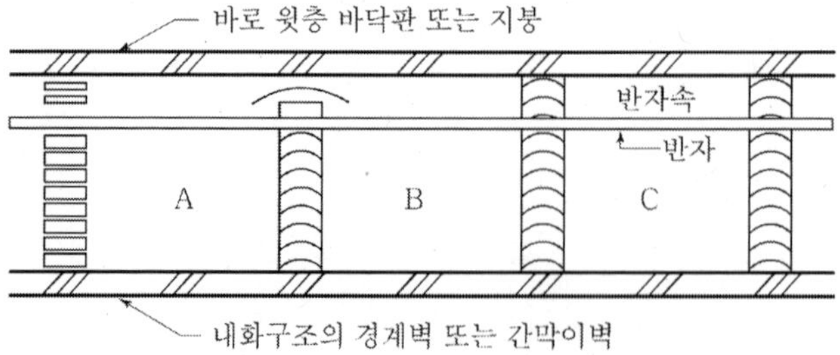

그림 7.3 경계벽 및 간막이벽 구획

경계벽 및 간막이 벽의 구조는 아래와 같다.

1) 철근콘크리트조 · 철골철근콘크리트조로서 두께가 10cm 이상인 것
2) 무근콘크리트조 또는 석조로서 두께가 10cm(시멘트모르타르 · 회반죽 또는 석고플라스터의 바름두께를 포함한다)이상인 것
3) 콘크리트블록조 또는 벽돌조로서 두께가 19cm 이상인 것
4) 제1호 내지 제3호의 것외에 국토교통부장관이 정하여 고시하는 기준에 따라 국토교통부장관이 지정하는 자 또는 한국건설기술연구원장이 실시하는 품질시험에서 그 성능이 확인된 것
5) 한국건설기술연구원장이 제27조제1항에 따라 정한 인정기준에 따라 인정하는 것

7.2.8 방화댐퍼

현대 건축물에는 건축재료나 수용물품을 화학 제품이 다량 사용됨으로써 일반 화재가 발생하면 많은 화재에서 경험한 바와 같이 화재 그 자체보다는 독성가스로 인한 사망자가 많이 발생하고 있는 것은 주지하고 있는 사실이다.

건축물 내부에서의 연소확대방지라고 하면, 우선 방화문이나 방화셧터 등이 연상되지만 이들과는 달리 방화댐퍼는 설정된 방화구획의 벽을 덕트가 관통할 경우에 천정속의 턱트와 연결 설치하여 화재 발생시 연돌효과(Stack Effect)에 의해 다른 방화구획으로 급속하게 확산되는 화염이나 연기의 흐름을 자동적으로 차단시키는 기구이다. 따라서 방화구획 관통부에는 화염이나 연기를 차단할 수 있는 성능이 있어야 하며 방화구획부와 덕트 등 관통부와의 사이에도 동등 이상의 성능을 건축법에서 요구하고 있다.

(1) 건축물의 피난 · 방화구조 등의 기준에 관한 규칙

환기 · 난방 또는 냉방시설의 풍도가 방화구획을 관통하는 경우에는 그 관통부분 또는 이에 근접한 부분에 다음 각목의 기준에 적합한 댐퍼를 설치할 것. 다만, 반도체공장건축물로서 방화구획을 관통하는 풍도의 주위에 스프링클러헤드를 설치하는 경우에는 그러하지 아니하다.

가. 철재로서 철판의 두께가 1.5밀리미터 이상일 것
나. 화재가 발생한 경우에는 연기의 발생 또는 온도의 상승에 의하여 자동적으로 닫힐 것
다. 닫힌 경우에는 방화에 지장이 있는 틈이 생기지 아니할 것
라. 「산업표준화법」에 의한 한국산업규격상의 방화댐퍼의 방연시험방법에 적합할 것

(2) 외벽과 바닥 사이에 틈이 생긴 때나 급수관 · 배전관 그 밖의 관이 방화구획으로 되어 있는 부분을 관통하는 경우 그로 인하여 방화구획에 틈이 생긴 때에는 그 틈을 다음

각 목의 어느 하나에 해당하는 것으로 메울 것

가. 「산업표준화법」에 따른 한국산업규격에서 내화충전성능을 인정한 구조로 된 것

나. 한국건설기술연구원장이 국토교통부장관이 정하여 고시하는 기준에 따라 내화충전성능을 인정한 구조로 된 것

7.3 건축물의 방화 및 방재계획

7.3.1 건축물의 방화계획

방재계획에 있어서 우선 고려해야할 사항은 안전성에 대응으로써 검토하여야 할 기본사항은 건축물의 공간적인 대응과 설비적인 대응이라 할 수 있다.

(1) 공간적인 대응

공간적 대응이란 간단하게 설명하자면 화재 등 각종 위해 요소로부터 불특정 다수인을 재해 공간에서 조기에 쉽게 피난시키고 동시에 화재진압에 필요한 사항이다. 좀더 구체적으로 공간적 대응이란 대항성, 회피성, 도피성의 3가지 기능을 가져야한다.

1) 대항성

건축물의 내화성능, 방화구획 성능, 방배연 성능, 화재방어 대응성(소방대 활동성), 초기 소화대응력 등 화재에 대항하여 저항하는 성능을 뜻한다.

2) 회피성

내장재의 제한, 용도별구획, 방화훈련, 불조심, 불연화 및 내연화 등 출화, 확대 등을 감소시키고자 하는 예방적 조치 또는 상황 등 사전 예방활동에 관계되는 사항이 라 할 수 있다.

3) 도피성

확보된 안전한 건축공간을 도피는 물론 화재장소로부터 피난층으로 원활하게 피난할 수 있는 공간의 활용성이 있어야 한다.

① 방재 계획 기본 방침

② 피난

⑤ 건축물의 규모, 위치, 용도

(2) 설비적 대응

설비적 대응이라고 하는 것은 어디까지나 화재공간에서 화재가 발생할 경우 감지 및 경보 피난 활동에서 요구되는 각종 소화활동에 필요한 설비, 중앙 방재실 등의 지원설비는 물론 화재를 진압하는 소화기에서부터 자동소화설비에 이르기까지의 모든 진압 소화설비를 의미한다. 이것은 건축의 안전, 방재를 위해서는 공간적 대응과 함께 가장 중요한 문제이다.

여기서, 설비적 대응은 앞의 대항성 중에서는 방연성능에 관계되는 제연설비와 방화구획 성능에 해당되는 방화문, 방화셔터 등이 있으며, 초기소화 대응력으로는 자동소화설비, 자동화재탐지설비, 특수소화설비 등에 의해 행하여진다.

즉, 설비적인 대응의 또 한가지 중요한 요소는 방재센터에서 종합적으로 각종 방재정보를 정확하게 검출하여 그것을 전송하고 판단 처리하는 등의 기능을 반드시 확보하는 것이다.

7.3.2 건축물의 방재(防災)

건축물의 기능은 일반적인 기능과 방재기능으로 대별 할 수 있다. 오늘날처럼 더욱 생동감 있는 활동이 요구되고 있는 근무자의 지적 창조성 및 활동을 지원할 수 있는 모든 편의시설의 확보와 도시, 농촌, 휴양소 등 어떠한 장소에 설치하느냐에 따라서 요구되는 일반기능은 매우 다양한 차이가 있을 것이다.

방재기능은 앞에서 언급한 공간적 대응과 설비적 대응을 포함하여 건물에 내재하는 여러 가지의 위험요소를 재해의 각 단계에서 설정을 참작하여 각각의 적절한 대응책을 수립하는 것으로써 화재예방에서 시작하여 출화 후의 소화에 이르기까지 종합화재방어대책에 관련되는 기능을 말한다.

(1) 방재기능을 고려한 건축물의 방재계획

1) 부지선정 및 배치계획

건축물들의 이격거리가 적당해야 하며 안전한 소화활동 및 구호활동을 위해서는 주변의 부지 내에 통로나 충분한 광장이 있어야 한다.

2) 평면계획

화재에 의한 피해를 작은 범위로 한정하기 위한 것으로 방화구획을 작게 하며 우선적으로 화재발생을 다른 구역으로 이동하는 것을 방지하는 것이다. 이러한 것을 위해서는 화재차단 성능을 지닌 방화벽, 방화문 등을 방화구획의 경계부분에 설치해야 하며 구획내에서 화재를 멈추게 하여 피해를 줄이는 것이다.

그러므로 방연구획과 제연계획이 포함되며 화재시 소방활동상 소방대의 진입, 통로, 피난을 위한 명확한 2방향 이상의 피난 동선을 확보해야 한다. 이를 위한 통로는 화재시 화염으로부터 완전히 차단시킬 수 있는 부분이 있어야 하며, 2방향 이상의 피난통로에 의해 일부 통로의 차단에 대처할 수 있도록 하여야 한다.

3) 단면 계획

상하층의 재해 전파를 제어하는 것으로 화염이 다른 층으로 이동하지 못하도록 구획하는 것이다. 일반적으로 건축물의 철근콘크리트 스라브에 의해 층간 구획을 하지만 계단 엘리베이터 설비배관이나 닥트 배선 등의 관통에 의해 발생되는 공간에 대해 적정한 배려와 보완을 필요로 하게 된다.

화재시 상하층간의 배관 및 장치 등의 관통으로 발생되는 공간이 연기 및 유독가스가 이동하게 되는 주통로가 되는데 가능한 내화재로 공간부분을 메꾸어 주는 것이 당연하다.

상하층을 관통하는 계단은 평면계획에서 수립된 명확한 2방향의 피난 원칙을 단면계획에 적용시켜 피난시 원활하게 피난층에 도달할 수 있도록 복수로 선택할 수 있도록 계획을 수립해야 한다. 그러나 건축물의 상하층간의 화염 유동을 완전히 차단시킨다는 것은 불가능하며, 이 불가능한 부분에 최대한으로 설비 계획을 배려하여 반드시 보완하여야 한다.

4) 입면계획

입면계획에 있어서 벽과 개구부가 가장 큰 요소가 되지만 단지 조형상의 구조물로서의 기능뿐만 아니라 다른 건축물 방재계획과 마찬가지로 화재예방, 소화, 구출, 피난, 연소방지 등의 계획을 수립하여야 한다.

화재 예방차원으로 이웃 건물과 접해 있는 개구부에 방화셔터, 방화문 등을 설치하며 층간 연소 방지는 내화의 벽으로 층간을 구획한다. 외부에서 건축물 내에 진입하기 위한 진입구를 마련하여 소화 및 구출활동을 원활하게 하며 발코니나 옥외계단을 설치하여 피난에 원활성을 고려할 수 있다.

(2) 방재설계의 주요항목

설계를 진행하는데 건물의 용도, 규모 및 그 밖의 조건에 따라 상이하지만 주요 설계항목을 보면 다음과 같다.

1) 주변지역조사를 하는데 지구, 지역, 공공소방시설, 도로 및 교통상황, 주변광장, 공원, 녹지, 수원 그리고 주변 불연화의 정도를 파악하여 이에 대처토록 방안을 강구해야 한다.
2) 건물 내에 관한 조건 설정으로서 규모, 용도, 수용인원과 그 밀도, 화재하중, 내장재, 불연화정도 등을 감안해야 한다.

3) 건물 규모와 용도에 따라서 규제를 받는 여러 가지 법규에 대해서 조사하는데 있어서 건축법규, 소방력 기준, 방화규정, 건축물의 구조기준, 전기관계법규, 가스관계법규, 석유관계법규 등 관련된 기타의 것을 검토해야 한다.
4) 부지내 조건을 설정하는데 건물배치, 공지보유, 도로확보 등을 감안해야 한다.

기본설계단계에서는 전체적인 윤곽을 잡아가면서 평면계획, 단면계획, 입면계획 등을 수립하여 검토확인하고, 상세설계시에는 세부적인 사항으로 방재센터 위치, 소방대 진입, 통로, 명확한 2방향 이상의 피난동선 확보, 계단, 피난통로, 발코니, 안전구획의 배치 및 면적, 배연방식, 방화구획, 방연구획, 구조계획(가구방식, 가정방식), 공조설비계획(공조방식, 기계실위치, Zoning), 전기설비계획[교통운송계획(ELV 등), 간선], 위생설비계획(급배수계획, 기계실위치), 비상전화 및 기타 배선계통, 비상전원, 비상등, 비상콘센트, 소방대전용 엘리베이터, 배선 및 운전・운행방식, 코아의 위치, 내외장재 마감, 집기비품의 배치, 천장형태, 피난통로 출입구・계단의 구조・크기・갯수・탈출구, 피난기구 배치, 방화벽, 내화피복재의 선택, 덕트공간, 샤프트 칫수, 집수조 등 기타 주요장소에 대하여 세부적으로 설계토록 한다.

(3) 방재를 위한 각 부분의 내화성능 기준

화재로 인한 온도 발열량 및 화염과 연기의 확산속도는 가연물의 종류, 양, 실의 규모 및 개구부의 조건에 따라 다르지만 바닥, 천정, 벽 등을 구성하고 있는 방화구획의 각 부분에 필요한 내화성능을 감안하여 일정시간 견딜 수 있는 재료를 사용해야 한다.

1) 바닥, 벽을 건식 공법으로 계획한 경우에는 내화성능에 대한 인증을 받은 재료 및 공법이어야 한다. Deck Plate로 내력을 지탱하는 바닥의 경우에는 그 밑 부분을 내화재료로 피복하고 바닥과 기둥, 보 및 외벽과의 접합부분에 틈새가 생기지 않도록 하여야 한다.
2) 방화문 및 방화, 방연 샷더 등을 방화구획선상에 설치하는 경우에는 용도와 설치하는 구획의 종류와 피난통로의 확보 여부에 따라서 개폐 방식과 구조가 규정지어진다. 방화문의 용도는 내화 및 차연성능의 취약점이 생기지 않도록 유의해야 한다. 방화샷더에 대해서는 누연성이 크므로 고시에 따른 설치와 유지관리가 의무화되어 있다. 이들은 연기감지기 및 열감지기와 연동됨은 물론 전동식의 경우 개・폐・지의 3가지 개폐상태를 제어할 수 있는 3점 접점조작이 자유로이 이루어져야 한다.
3) Spandrel을 설치하는 경우에는 이를 적극적으로 활용하여 이것에 의한 층간 방화구획을 확실하게 하여 바닥 천장이 화재실로부터 그 상층의 내부로 불길이나 연기가 전파되는 것을 저지하는 역할을 할 수 있도록 설치되어야 하며 화재실의 창을 통하여 상층부의 창을 파괴하고 내부로 확대되는 것을 방지하기 위해서 벽체를 설치토록 한다. 외

장이 Curtain Wall일 경우 슬라브 바닥판과의 쉬트 접합부에 대한 방·내화처리가 매우 중요하다.

4) 방화구획 선상을 관통하는 모든 덕트에는 방화댐퍼를 설치하고 관통부 처리는 기밀하게 내화재료로 고시 기준에 적합하게 처리할 필요가 있다.

5) 제연설비는 재실자가 대피함은 물론 소방대가 피난구조활동을 용이하게 하기 위해서 반드시 필요한 설비이다. 자연배기의 경우 천장으로부터 90cm 이내의 부분에 바닥면적의 1/50 이상으로 유효하게 설치하여야 한다.

   기계배연의 경우 배연구 위치는 천정으로부터 하방 80cm이내의 벽면에 수평거리 30cm 이내에 설치토록 한다. 천정고가 3m를 초과하는 경우 바닥으로 부터의 2.1m 이상으로 천장고의 1/2보다 높은 곳이 좋다. 이들은 수동 개폐방식이 가능하고 작동상태가 확인 가능해야 한다.

   건물내에 수용하고 있는 가연소물을 2가지로 대별하며 첫째로 벽, 천정, 칸막이 등의 바탕재료 및 내장재와 건구, 벽부 가구 등의 고정 가연물이 있고, 다음으로 서류, 의류, 기타 동산의 적재 가연물이다

   화재로 인한 피해의 규모를 줄이기 위해서는

   ① 건물 구조재 및 수용물의 불연화율을 높여야 한다.

   ② 불연화가 불가능한 서류, 의류 등의 가연물은 불연성의 밀폐용기 등에 수납토록 한다.

   화재로 인한 건축물의 피해정도는 가연물의 양, 연소속도 및 가연물질 배치상태에 따라 영향을 받는다.

7.3.3 화재예방 및 피해방지

(1) 화재의 예방

고층건물에서는 화재예방을 조직적으로 수행하기 위해서 소방안전관리체제가 편성되어야 한다. 또한 내부의 용도에 따라 가연물과 화기사용을 제한하는 등 화재발생의 확률을 줄이기 위한 제반대책이 강구되어야 한다.

또한, 화재시에는 이에 대한 신속한 감지와 그 대책이 필요하다. 고층건물은 일반적으로 층수가 높을 뿐 아니라 그 연면적이 크다는 것이 특징이다. 따라서, 고층건물에서는 건물 전체에 화재감지기를 설치하여 집중적인 감시가 가능한 시스템을 채용하여야 한다. 그 감시의 중심이 되는 것이 방재 center이다.

(2) 초기확대방지

가연물이나 화기의 규제는 화재 발생의 가능성이나 출화시의 위험성을 감소시킬 수는 있겠지만 이것을 완전히 없앨 수는 없다. 이와 같은 문제에 대해서 각종 대책이 고려되고 있다.

우선, 건물에 사용되고 있는 내장재의 불연화 대책을 들 수 있다. 옥내의 수납물이 연소되더라도 벽이나 천장이 연소되지 않는 구조로 되어 있으며 화재의 초기확대를 대폭적으로 억제할 수 있을 것이다 내장재는 Interior design의 중요한 요소가 되며 새로운 각종 불연성의 재료가 계속해서 개발되고 있다.

내장재의 불연화는 화재대책으로서는 수동적인 자세라고 할 수 있으며, 이와 반대로 화재에 대해서 적극적, 능동적으로 억제하려는 것이 초기소화인데 이를 위한 도구에는 소화기, 옥내소화전, 스프링클러설비 등이 있다.

고층건물에서도 이와 같은 대책은 원칙적으로 같으며 보다 더 안전을 기하기 위해 자동식 소화설비를 설치하는 것이 보통이다.

(3) 연소확대방지

건물에서 일단 화재가 발생한 경우에는 그 성장을 한정된 범위로 억제하여 건물내 다른 곳에 확대되지 않도록 하기 위하여 내화성능을 가진 벽이나 바닥 등으로 수직, 수평공간을 구획해야 할 필요가 있으며 또한 방연구획을 병행한다.

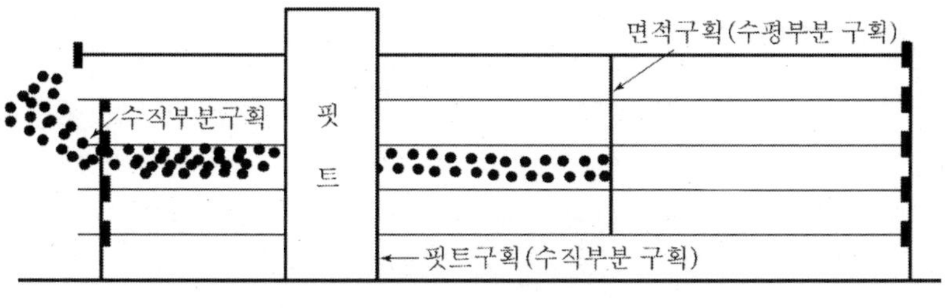

그림 7.4 방화구획의 구성

1) 수평구획

일정한 면적마다 방화구획을 함으로써 화재 규모를 가능한 한 작은 범위로 줄이고 피해를 최소한으로 한다.

특히, 고층부에 해당되는 층은 인명피해의 위험이 많으므로 법규상으로 그 기준을 더욱 강화하고 있다.

방화구획에 설치하는 방화문은 벽 및 바닥에 비하여 내화성능이 낮으므로 제작사용 및 유지관리상 많은 주의가 필요하고 자동개폐 및 수시개폐가 용이하도록 하며 방화문을 폐쇄하였을 때 연기가 새어 나오지 않도록 해야 한다.

2) 수직구획

계단, 에스컬레이터, 엘리베이터 샤프트 등 건물을 층으로 관통하는 부분은 화염이나 연기의 전파속도가 매우 크므로 다른 부분과 구획을 하여 화재가 다른 층으로 번지는 것을 방지하여야 하며, 특히, 계단은 화재시 가장 중요한 피난로가 되도록 하여야 한다.

화재부분으로부터 발생한 고온의 화기가 외벽을 따라 상승하여 상층부에 연소되는 경우가 있으므로 이의 방지를 위해서는 외벽의 개구부에 내화구조의 차양, 발코니 등을 설치하는 것이 바람직하다.

3) 용도 구획

복합건축물에서 화재 위험을 많이 내포하고 있는 공간을 그 밖의 공간과 구획하여 화재시 피해를 줄이기 위한 것이다. 용도상 일정한 면적구획을 할 수 없는 경우는 불연재료를 반드시 사용하고 충분한 피난대책을 세워야 한다.

(4) 화재발생의 저지

1) 내장재의 불연화

건물내부에서 출화한 불이 급속도로 확대되는 것은 벽, 천장 등의 가연성 내장재의 연소에서 비롯된다는 것은 주지의 사실이다.

화재의 초기진화를 위해서는 먼저 벽, 천장 등을 철저히 불연화할 것이며 같은 불연재료일지라도 보온성이 높은 내장재인 경우에는 열을 흡수하기 어려우므로 많은 열이 실내에 남게 된다. 따라서, 실내온도를 높이며 화재를 급속하게 진전시키는 경향이 있다.

그러므로 보온성이 뛰어난 마감재를 사용할 때는 될 수 있는 대로 가연물량을 줄이는 것이 바람직하다. 특히, 고층건물 및 대규모 건물에서 의장상 부득이 부드러운 내장이 요구되는 공간은 소규모로 구획하여 준불연재를 주로 쓰거나 방염처리를 하는 것이 효과적이다.

2) 가연물의 제한과 수납

내장에 불연재료를 사용하여도 실내에 가연성 수납물일 때에도 화재발생의 위험이 커지게 된다. 가구 수나 집기는 될 수 있은 대로 불연성 재료로 된 것을 둘 것이며 실내에는 가연물질의 수납물이 노출되지 않도록 하는 방법도 화재 발생의 예방책이라 하겠다.

7.4 건축물의 피난계획

7.4.1 인간의 본능적 피난행동

피난계획은 인간의 본능을 고려하여 혼란을 최소한으로 방지하기 위하여 수립되어야 한다. 피난계획을 위하여 인간의 본능적 피난행동은 다음과 같은 것들이 있다.

(1) 귀소본능

피난시 인간은 평소에 사용하는 문, 길, 통로를 사용한다든가, 자신이 왔었던 길로 되돌아 가려는 경향이 있다.

(2) 퇴피본능

화재 초기에는 주변상황의 확인을 위하여 서로서로 모이지만 화세의 급격한 확대로 각자의 공포감이 증가되며 발화지점의 반대방향으로 이동한다. 즉 반사적으로 위험으로부터 멀리하려는 경향이 있다.

(3) 지광본능

화재시 발생되는 연기와 정전 등으로 가시거리가 짧아져 시야가 흐려진다. 이때 인간은 어두운 곳에서 개구부, 조명부 등의 밝은 불빛을 따라 행동하는 경향이 있다.

(4) 추종본능

화재가 발생하면 판단력의 약화로 한 사람의 지도자에 의해 최초로 행동을 함으로서 전체가 이끌려지는 습성이다. 때로는 인명피해가 확대되는 경우가 있다.

화재현장에 불특정 다수의 사람들이 집합해 군집을 이루는데 이 집단은 강력한 패닉상태에 빠지기 쉬우며, 공격적인 집단으로 변화되기가 쉽다. 이러한 군집(군중)을 심리적인 면에서 보면 다음과 같은 특징이 있다.

1) 각자에게 공통적인 관심이 있어서 모인다.
2) 집단은 우연적으로 발생한다.
3) 집단의 각 개인에게는 임무가 없는 집단이다.
4) 감정적인 분위기의 집단이다.
5) 암시에 걸리기 쉬운 집단이다.
6) 각 개인에게 접근성이 있다.

(5) 좌회본능

대부분의 사람은 오른 손, 오른 발 잡이로 오른 쪽이 더 발달하여 회전 시에는 시계반대 방향으로 회전하고, 좌측통행을 하는 본능이 있다. 따라서 피난로는 이를 고려하여 좌회전 하는 형태의 배치가 바람직 하다.

7.4.2 피난시설의 계획

(1) 피난 방법과 시설계획

1) 각실(거실) - 출구 - 복도 - 계단 ─┬ 피난층 - 출구 - 지상
　　　　　　　　　　　　　　　　　　└ 옥상층 - 구조 - 지상

연기나 불로 인하여 한 피난로가 차단되더라도 다른 방향으로 피난할 수 있도록 2방향 이상의 피난로를 계획하여야 하고 피난인들의 집중으로 인한 Panic현상이 일어나지 않도록 상호 반대방향으로의 대칭인 형태로 위치하는 것이 이상적이다(그림 7.5 참조).

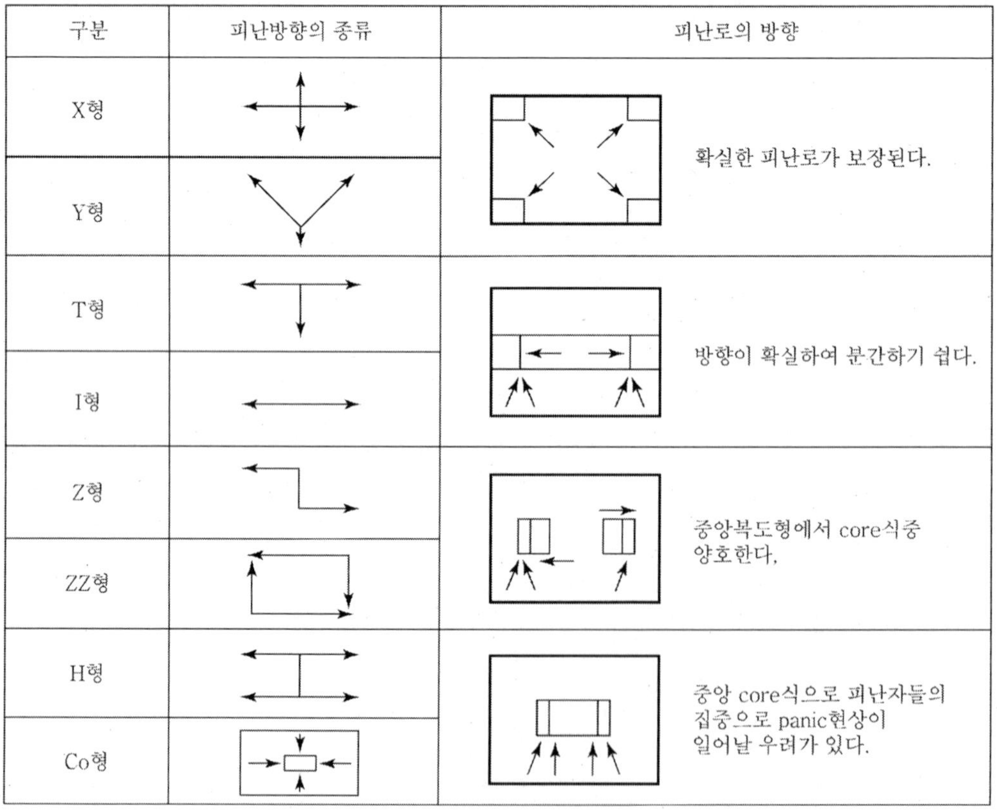

그림 7.5 피난방향 및 피난로의 유형

2) 각실 – 창 · 발코니 – 구조 – 지상

상황이 급박하여 피날할 시간적 여유가 없을 때의 경우이므로 구조의 손길이 미칠때까지 피난인들의 생명보호를 위하여 피난 발코니, 피난로대 등을 설치하는 것이 이상적이다.

이상과 같은 피난경로가 충분히 확보되기 위해서는 피난 행동에 따른 피난시설을 계획하여야 하며 그 일반적 원칙은 다음과 같다.

① 피난 경로는 간단명료해야 한다.

② 두 방향의 피난동선을 항상 확보하여야 한다.

③ 피난의 수단은 원시적 방법에 의하는 것을 원칙으로 한다.

④ 피난설비는 고정적인 시설에 의해야만 하고 가구식의 기구나 장치 등은 피난이 늦어진 소수의 사람들에 대한 극히 예외적인 보조 수단으로 생각해야 한다.

⑤ 피난대책은 Fool-proof 와 Fail-safe의 원칙을 중시해야한다.

⑥ 피난경로에 따라서 일정한 구획을 한정하여 피난 zone을 설정하고 최종적으로 안전성을 높이는 것이 합리적이다.

⑦ 피난로에는 정전시에도 피난방향을 명백히 할 수 있는 표시를 한다.

⑧ 피난구는 항시 사용 할 수 있도록 하고 관리상의 이유로 자물쇠를 채워두는 것은 큰 위험을 초래하므로 피해야 한다.

이상과 같이 피난계획의 일반원칙은 fool proof 원칙과 fail safe원칙을 준수해야 한다는 것이 피난계획 및 소방정신의 대원칙인데 이를 설명하면 아래와 같다.

① fool proof 원칙 : 저지능 상태에서도 식별이 가능하도록 문자보다는 간단한 그림이나 색채를 이용하는 방법으로 앞의 ①, ③ 원칙을 말한다.

② fail safe 원칙 : 한 가지가 고장이 나더라도 다른 수단을 이용할 수 있도록 고려하는 대책으로 위의 ②원칙이 이에 해당한다.

(2) 수평방향의 피난시설계획

화재시 안전한 피난을 위한 1차적인 대피단계는 각실에서 계단실까지의 수평방향으로의 이동이며, 따라서 수평방향의 이동에 있어서 가장 중요한 것은 복도라고 할 수 있다.

1) 피난복도의 폭은 피난인원이 빠른 시간내에 계단 등의 안전한 피난처로 갈 수 있도록 하는 것이 좋다.

2) 피난복도의 천정은 복도에 연기가 차는 것을 막기 위하여 가능한 높게 하고 천정에는 불연재를 사용한다.

3) 피난복도에는 자동판매기, 휴지통 등의 피난에 방해가 되는 시설물을 설치하지 않아야 한다.

4) 피난복도에는 피난방향 및 계단위치를 알 수 있는 표식을 한다. 또한 N.F.P.A의 Life Safety Code에서는 막다른 복도에 대한 규정을 하고 있으며 고층사무소 건축물에서 막다른 복도의 길이는 50feet(약 15m)이하로 하도록 정하고 있다.

그림 7.6에서는 건축계획시 일반적으로 나타날 수 있는 막다른 복도의 예를 나타낸 것으로서 막다른 복도에 접한 각실에서는 대피자의 경우 각실에서 A지점까지 도달해야 비로소 피난경로의 선택이 가능하게 하고 B실에서 화재가 발생하여 복도에까지 번졌을 경우 막다른 복도에 면한 타실의 재실자 등은 피난의 방법이 없게 되어 치명적인 경우가 된다.

또한, C의 막다른 복도의 경우는 Elevator Hall로서 건축물내의 주요 동선의 일부분이지만 화재시는 역시 위험한 막다른 복도로 규정되기 때문에 이에 관한 충분한 고려가 필요하게 된다.

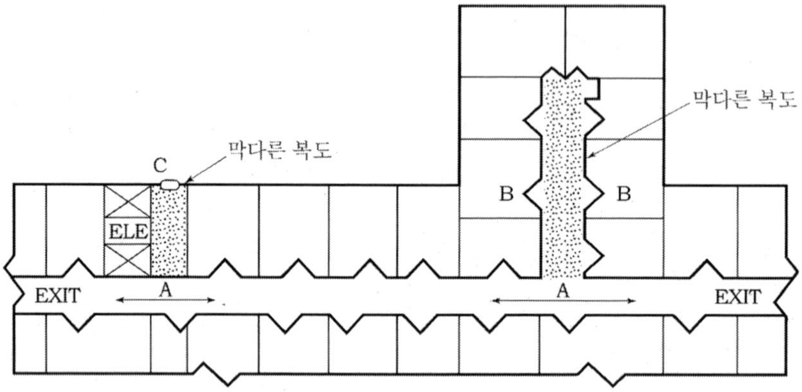

그림 7.6 막다른 복도의 예

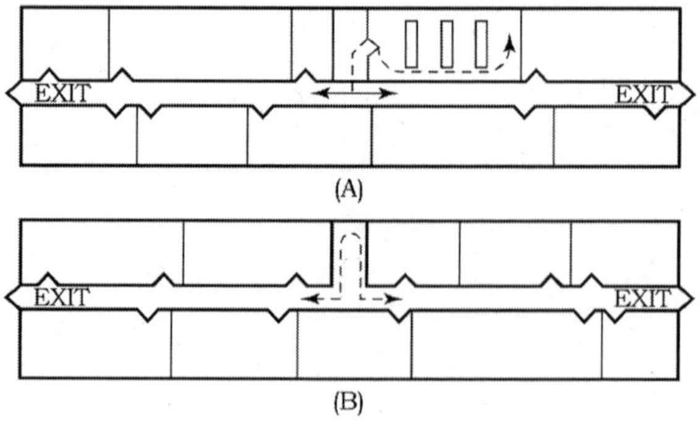

그림 7.7 막다른 복도에서의 출입구 위치

그러나 현재 우리나라 건축법규에서는 막다른 복도에 관하여 규정하고 있지 않으므로 현존하는 건축물에서 많이 보여진다. 이는 건축계획 당시부터 철저히 고려해야 하는 사항이다. 그림 7.7은 막다른 복도와 이에 면한 실과의 관계를 나타낸 것으로 B와 같이 막다른 복도에 면한 실이라도 가능한 한 출입구는 막다른 복도에 면하지 않도록 계획하는 것이 인명보호를 위한 피난시설 계획인 것이다.

(3) 수직방향의 피난시설계획

고층건물에서 일상적인 수직동선은 Elevator이고 계단은 보조수단으로써 한 두층간의 보행 시에만 사용되지만 피난 계획 시에는 엘리베이터의 사용이 불가능하므로 계단이 주된 수직적인 피난시설이다.

수직방향의 피난 시설로서 주된 계단의 피난 시설계획에 관한 일반적인 고려사항은 다음과 같다.

1) 피난자들이 피난 시 연기가 침입하지 않도록 계단실에는 화재실보다 높은 일정한 압력을 가하는 것이 좋다.
2) 계단실에 유입되는 연기를 배출할 수 있는 배연 설비를 한다.
3) 피난층을 지나쳐 지하실로 내려가지 않도록 지하실과의 경계는 확실한 방지책을 실시한다.
4) 피난계단은 직접 옥상층으로 피난이 가능하도록 옥상층까지 연결시킨다.
5) 계단실의 내장은 불연재료로 하고, 특히, 손잡이 등에는 가연재를 쓰지 않도록 한다.
6) 계단실은 2시간 이상의 내화성능을 가진 방화구획을 한다.
7) 계단실에서 한 사람이 넘어지면 연쇄반응이 일어나 많은 사람이 다칠 경우가 있으므로 바닥면의 미끄럼 방지를 위한 조치와 난간 등을 설치한다.

또한 N.F.P.A의 Life Safety Code에 의하면 계단의 양쪽 벽면에 설치하는 난간은 그림 7.8에서 보는 바와 같이 계단참까지 12in(약 30cm) 이상 연결시키도록 하며 사용에 편리하도록 벽과는 최소한 $1\frac{1}{2}$in(약 4cm)이상 떨어져 설치하도록 규정하고 있다.

그리고 그림 7.9에서 보는바와 같이 계단참에서의 회전반경을 계단폭과 같도록 규정하고 있으며, 출입문이 열리는 방향이 피난의 방향으로 열려야 하므로 계단실내로 열릴 경우 출입구의 개폐공간을 제외한 폭 B는 계단참 회전반경 A의 1/2이상으로 할 것을 규정하고 있다.

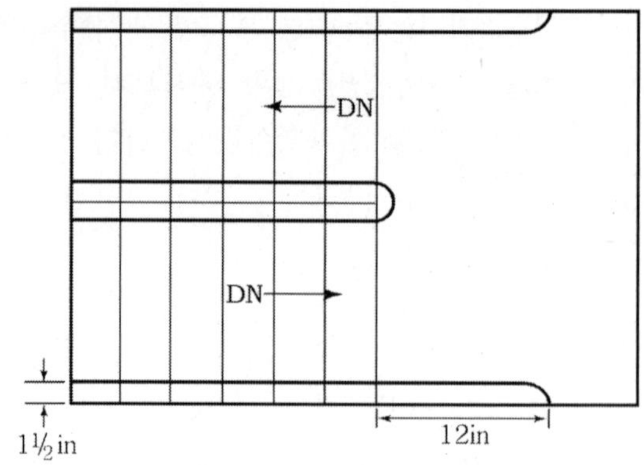

그림 7.8 난간의 설치방법

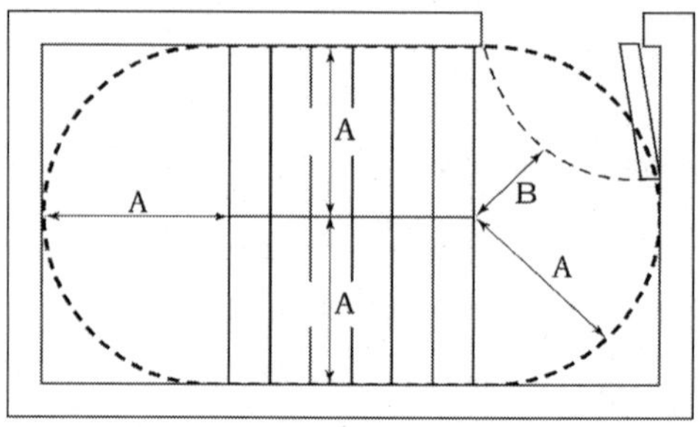

그림 7.9 계단폭과 계단참의 폭

그림 7.10은 계단실내로 통하는 출입구가 계단실의 방향을 열릴 경우 이상적인 피난을 위한 계단실의 형태를 나타내 주고 있다

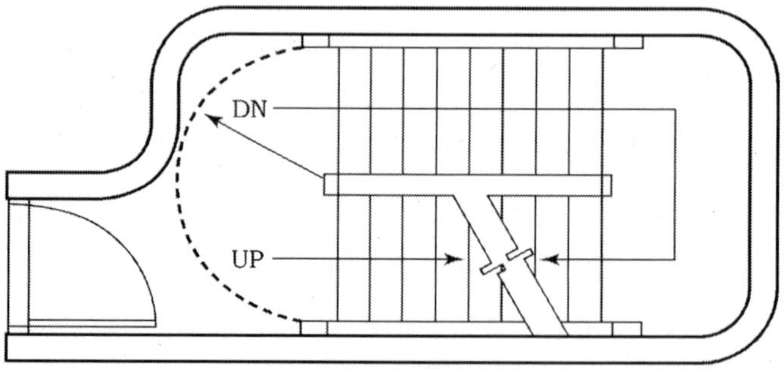

그림 7.10 계단실의 예

화재가 발생할 경우 피난 경로로서는 복도-계단-전실-계단을 거쳐 안전한 지상으로 탈출시키는 통로가 일반적이다. 각각 구획의 방화벽이나 방연벽으로 구획되어 있고 차례차례 피난해 가면 안전도는 높게 된다. 다음의 구획으로 이동하는 곳에는 시간이 걸리는 이유 때문에 구획이 많은 만큼 안전도는 충분히 확보해 두어야 한다.

그림 7.11에서 표시된 구획의 경우 복도는 1차 안전구획, 계단전실이 2차 안전구획, 계단이 3차 안전구획이 된다. 안전구획 사이의 벽은 기밀성이 높은 벽으로 하고 출입문은 방화문으로 한다.

즉, 일반적인 피난경로는 다음과 같이 한다.

거실 → 복도 (제1차 안전구획) → 부속실(제2차 안전구획) → 계단 (제3차 안전구획) → 중간피난층 → 지상

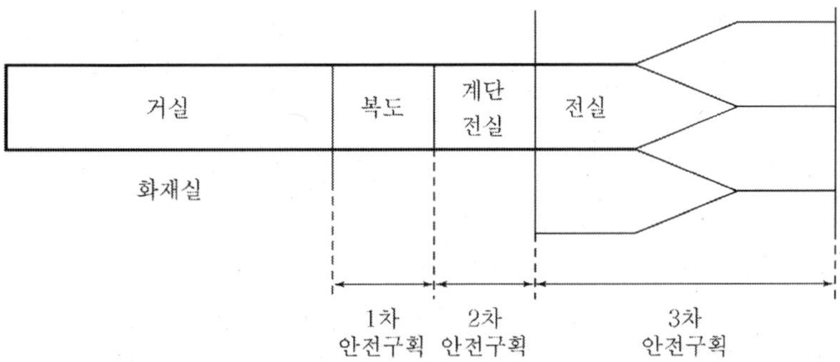

그림 7.11 연기에 관계되는 안전구획의 개념

7.4.3 직통계단의 설치기준

피난층 이외의 층에 있어 피난층 또는 지상에 통하는 계단으로 어떤 층에서라도 실내를 통하지 않고 계단실만을 통하여 상, 하층을 연결되는 계단을 말한다.

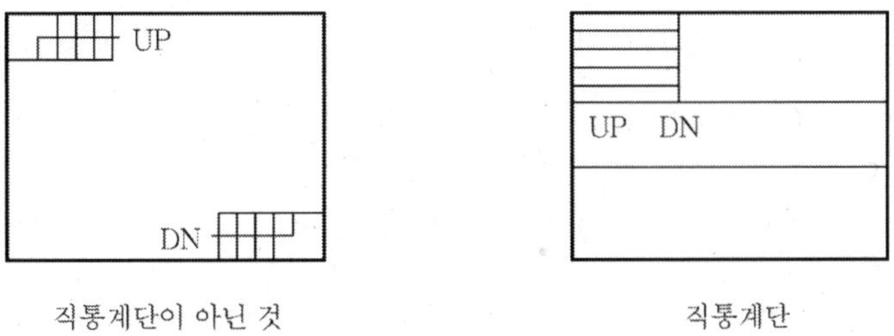

그림 7.12 계단의 종류

이러한 직통계단의 설치기준은 다음과 같다.

1) 건축물의 피난층(직접지상으로 통하는 출입구가 있는 층을 말한다. 이하 같다)외의 층에서는 피난층 또는 지상으로 통하는 직통계단(경사로를 포함한다. 이하 같다)을 거실의 각 부분으로부터 계단(거실로부터 가장 가까운 거리에 있는 계단을 말한다)에 이르는 보행거리가 30m 이하가 되도록 설치하여야 한다. 다만, 주요 구조부가 내화구조 또는 불연재료로 된 건축물에 있어서는 그 보행거리가 50m(층수가 16층 이상인 공동주택의 경우에는 40m)이하가 되도록 설치할 수 있다.

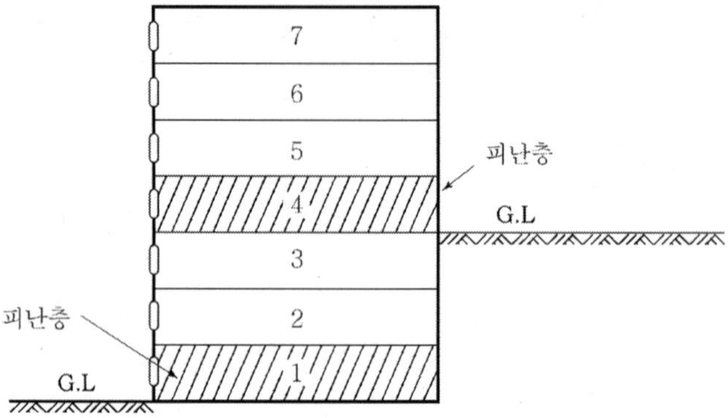

그림 7.13 피난층

※ 피난층 : 직접 지상으로 통하는 출입구가 있는 층을 말한다. 보통의 경우 지상 1층이 피난층이 되겠으나 지형 등에 따라 그림 8.12와 같이 하나의 건축물에도 몇 개의 피난층이 있을 수 있다.

2) 건축물의 피난층 외의 다음 각호의 1에 해당하는 경우에는 그 층으로부터 피난층 또는 지상으로 통하는 직통계단을 2개소 이상 설치하여야 한다. 이 경우에 각 직통계단의 출입구는 서로 10m 이상 떨어지도록 설치하여야 한다.
   ① 관람집회시설, 종교집회장, 유흥음식점 및 장례식장의 용도에 쓰이는 층으로서 그 층의 관람석 또는 집회실의 바닥면적의 합계가 200m^2 이상인 것
   ② 판매시설, 숙박시설, 의료시설, 아동시설 및 노인시설의 용도에 쓰이는 3층 이상의 층으로서 그 층의 당해 용도에 쓰이는 거실의 바닥면적의 합계가 200m^2 이상인 것
   ③ 공동주택, 기숙사 및 오피스텔의 용도에 쓰이는 층으로서 그 층의 당해 용도에 쓰이는 거실의 바닥 면적의 합계가 300m^2 이상인 것
   ④ ①내지 ③에 해당하지 아니하는 3층 이상의 층으로서 그 층의 거실의 바닥면적의 합계가 400m^2 이상인 것
   ⑤ 지상층으로서 그 층의 거실의 바닥 면적의 합계가 200m^2 이상인 것

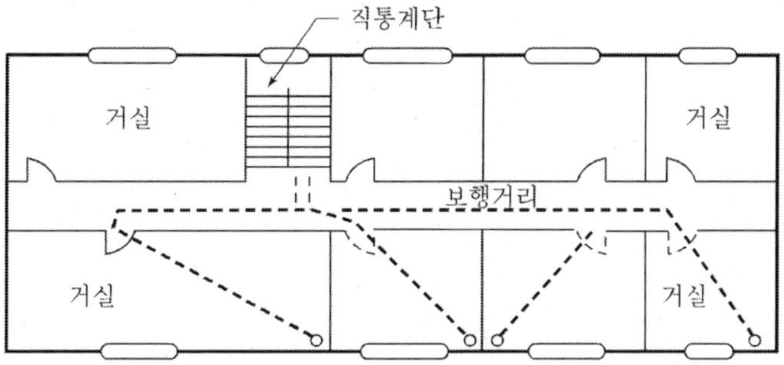

그림 7.14 보행거리

※ 보행거리 : 거실의 각 부분으로부터 피난층으로 통하는 직통계단의 하나에 이르는 통과거리로서 실제로 보행하게 되는 최단거리를 말한다.

7.4.4 피난계단의 설치기준

1) 건축물의 5층 이상 또는 지하 2층 이하의 층으로 부터 피난층 또는 지상으로 통하는 직통계단(5층 이상의 층으로부터 피난층 또는 지상으로 통하는 직통계단과 직접연결된 지하 1층의 계단을 포함한다.)은 피난 계단 또는 특별피난계단으로 설치하여야 한다. 다만, 주요구조부가 내화구조 또는 불연재료로 된 건축물로서 5층 이상의 층의 바닥 면적의 합계가 200m^2 이하이거나 그 이상이라도 매 200m^2 이내마다 방화구획이 되어 있은 경우가 그러하지 아니하다.
2) 건축물(갓복도식 공동주택을 제외한다)의 11층(공동주택의 경우에는 16층)이상 또는 지하 3층 이하의 층(바닥면적이 400m^{2}미만인 층을 제외한다)으로부터 피난층 또는 지상으로 통하는 직통계단은 1)의 규정에 불구하고 특별피난계단으로 설치하여야 한다.
3) 1)의 경우에 판매시설의 용도에 쓰이는 층으로부터의 직통계단은 그 중 1개소 이상을 특별피난계단으로 설치하여야 한다.
4) 건축물의 5층 이상의 층으로서 운동시설, 위락시설, 전시시설, 운수시설, 관광휴게시설, 생활권 청소년시설 및 판매시설의 용도에 쓰이는 층에는 직통계단 외에 그 층의 당해 용도에 쓰이는 바닥면적의 합계가 2000m^{2}를 넘는 경우에는 그 넘는 매 2000m^2 이내마다 1개소 피난계단 또는 특별피난계단을 설치하여야 한다.

7.4.5 옥외피난계단의 설치기준

건축물의 3층 이상의 층(피난층을.제외한다)으로서 다음에 해당하는 경우에는 직통계단 외에 그 층으로부터 지상으로 통하는 옥외피난계단을 따로 설치하여야 한다.

1) 공연, 무도장 등의 용도에 쓰이는 바닥면적의 합계가 300m^2 이상인 공연장 및 유흥주점
2) 집회의 용도에 쓰이는 바닥면적의 합계가 1000m^2 이상인 집회장

7.4.6 피난계단의 구조

(1) 건축물 안에 설치하는 피난계단의 구조

건축물안에 설치하는 피난계단의 구조 등은 다음 기준에 의한다.

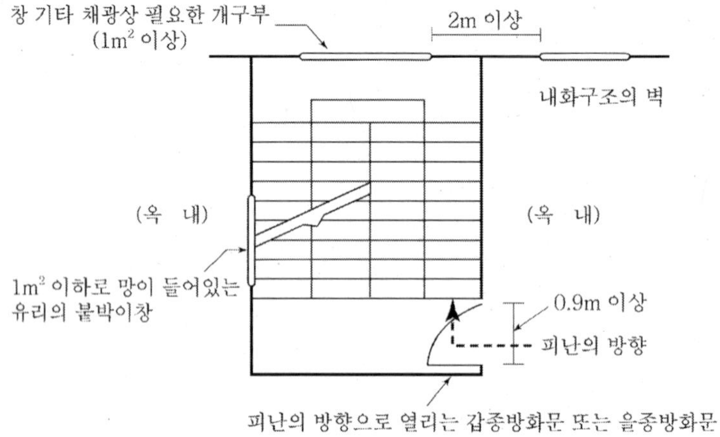

그림 7.15 옥내피난계단의 구조

1) 계단실은 창문 출입구 기타 개구부(이하 "창문 등"이라 한다)를 제외하고는 당해 건축물의 다른 부분과 내화구조의 벽으로 구획할 것
2) 계단실의 벽 및 반자의 실내에 접하는 부분의 마감은 불연재료로 할 것
3) 계단실에는 채광이 될 수 있는 창문 등이 있거나 예비전원에 의한 조명설비를 할 것
4) 계단실의 바깥쪽에 접하는 창문 등은 당해 건축물의 다른 부분에 설치하는 창문 등으로부터 2m 이상의 거리에 설치할 것
5) 계단실의 옥내에 접하는 창문 등은 망이 들어 있는 붙박이장으로서 그 면적을 각각 1m^2 이하로 할 것
6) 옥내로부터 계단실로 통하는 출입구의 유효너비는 0.9미터 이상으로 하고 그 출입구에는 피난의 방향을 열 수 있는 것으로 언제나 닫힌 상태를 유지하거나 화재시 연기의 발생 또는 온도의 상승에 의하여 자동적으로 닫히는 구조인 갑종방화문 또는 을종방화문을 설치할 것
7) 계단은 내화구조로 하고 피난층 또는 지상까지 직접 연결되도록 하되 돌음 계단을 하

여서는 아니된다.

(2) 건축물의 바깥쪽에 설치하는 피난계단의 구조

1) 계단은 그 계단을 통하는 출입구 외의 창문 등(망이 들어있는 유리의 붙박이창으로서 그 면적이 각각 $1m^2$ 이하인 것을 제외한다)으로부터 2m 이상의 거리를 두고 설치할 것
2) 옥내로부터 계단을 통하는 출입구에는 갑종방화문 또는 을종방화문으로 설치할 것
3) 계단의 유효너비는 0.9m 이상을 할 것
4) 계단은 내화구조로 하고 지상까지 직접 연결되도록 하되 돌음 계단을 하여서는 아니된다.

7.4.7 특별피난계단 구조

1) 건축물의 내부와 계단실은 노대를 통하여 연결하거나 외부를 향하여 열 수 있는 면적 $1m^2$ 이상인 창문(바닥으로부터 1m 이상의 높이에 설치한 것에 한한다) 또는 국토해양부령이 정하는 제연설비가 있는 부속실을 통하여 연결할 것
2) 계단실・노대 및 부속실은 창문 등을 제외하고는 내화구조의 벽을 각각 구획할 것
3) 계단실 부속실의 벽 및 반자로서 실내에 접하는 부분의 마감은 불연재료로 할 것
4) 계단실 및 부속실에는 채광이 될 수 있는 창문 등이 있거나 예비전원에 의한 조명 설비를 할 것

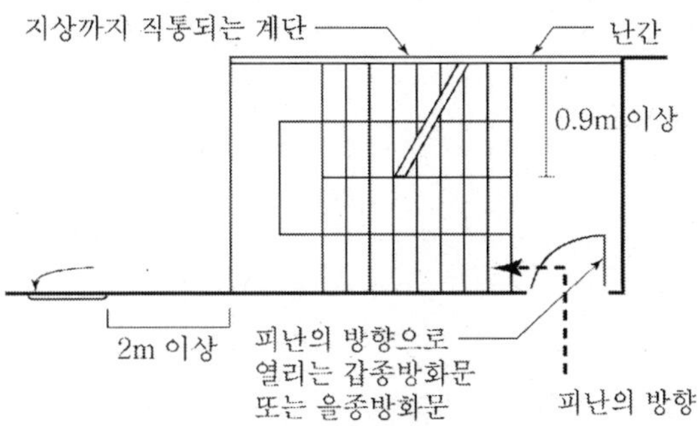

그림 7.16 옥외피난계단의 구조

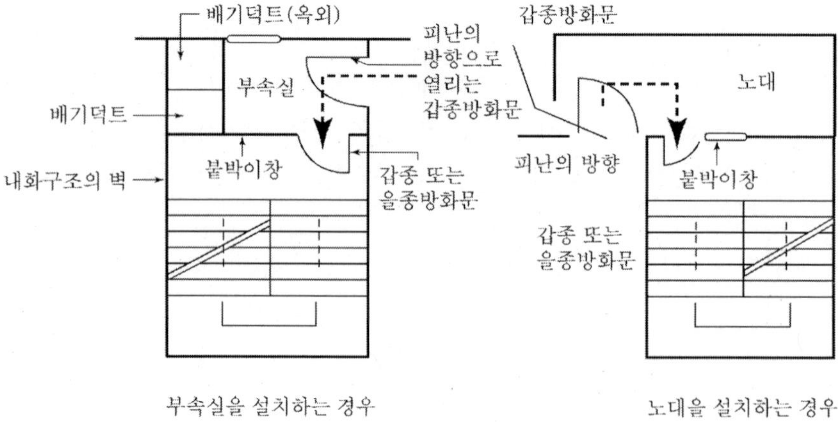

그림 7.17 특별피난계단의 구조

5) 계단실 노대 또는 부속실에 설치하는 건축물의 바깥쪽에 접하는 창문 등은 계단실 노대 또는 부속실외의 당해 건축물의 다른 부분에 설치하는 창문 등으로부터 2m 이상의 거리를 두고 설치할 것

6) 계단실에는 노대 또는 부속실에 접하는 부분 이에는 건축물의 안쪽에 접하는 창문 등을 설치하지 아니할 것

7) 계단실의 노대 또는 부속실에 접하는 창문 등(출입구를 제외한다)은 망이 들어 있는 유리의 붙박이창으로서 그 면적을 각각 $1m^2$ 이하로 할 것

8) 노대 및 부속실에는 계단실외의 건축물의 내부와 접하는 창문 등(출입구를 제외한다)을 설치하지 아니할 것

9) 건축물의 안쪽으로부터 노대 또는 부속실로 통하는 출입구에는 갑종방화문을 설치하고 노대 또는 부속실로부터 계단실로 통하는 출입구에는 갑종방화문 또는 을종방화문을 설치할 것

10) 계단은 내화구조로 하되 피난층 또는 지상층까지 직접 연결되도록 하고 돌음 계단을 하여서는 아니된다.

11) 출입구의 유효너비는 0.9m 이상으로 할 것

7.4.8 피난안전구역

1. 초고층 및 지하연계 복합건축물 재난관리에 관한 특별법에 따른 설치대상

아래에 해당하는 대상물은 건축물의 30층 마다 피난안전구역을 설치하여야 한다.

1) "초고층 건축물"이란 층수가 50층 이상 또는 높이가 200미터 이상인 건축물을 말한다(「건축법」 제84조에 따른 높이 및 층수를 말한다. 이하 같다).

2) "지하연계 복합건축물"이란 다음 각 목의 요건을 모두 갖춘 것을 말한다.

가. 층수가 11층 이상이거나 1일 수용인원이 5천명 이상인 건축물로서 지하부분이 지하역사 또는 지하도상가와 연결된 건축물

나. 건축물 안에 「건축법」 제2조제2항제5호에 따른 문화 및 집회시설, 같은 항 제7호에 따른 판매시설, 같은 항 제8호에 따른 운수시설, 같은 항 제14호에 따른 업무시설, 같은 항 제15호에 따른 숙박시설, 같은 항 제16호에 따른 위락(慰樂)시설 중 유원시설업(遊園施設業)의 시설 또는 대통령령으로 정하는 용도의 시설이 하나 이상 있는 건축물

2. 설치기준

(1) 영 제34조제3항 및 제4항에 따라 설치하는 피난안전구역(이하 "피난안전구역"이라 한다)은 해당 건축물의 1개층을 대피공간으로 하며, 대피에 장애가 되지 아니하는 범위에서 기계실, 보일러실, 전기실 등 건축설비를 설치하기 위한 공간과 같은 층에 설치할 수 있다. 이 경우 피난안전구역은 건축설비가 설치되는 공간과 내화구조로 구획하여야 한다.

(2) 피난안전구역에 연결되는 특별피난계단은 피난안전구역을 거쳐서 상·하층으로 갈 수 있는 구조로 설치하여야 한다.

(3) 피난안전구역의 구조 및 설비는 다음 각 호의 기준에 적합하여야 한다.

1) 피난안전구역의 바로 아래층 및 윗층은 「건축물의 설비기준 등에 관한 규칙」 제21조제1항제1호에 적합한 단열재를 설치할 것. 이 경우 아래층은 최상층에 있는 거실의 반자 또는 지붕 기준을 준용하고, 윗층은 최하층에 있는 거실의 바닥 기준을 준용할 것

2) 피난안전구역의 내부마감재료는 불연재료로 설치할 것

3) 건축물의 내부에서 피난안전구역으로 통하는 계단은 특별피난계단의 구조로 설치할 것

4) 비상용 승강기는 피난안전구역에서 승하차 할 수 있는 구조로 설치할 것

5) 피난안전구역에는 식수공급을 위한 급수전을 1개소 이상 설치하고 예비전원에 의한 조명설비를 설치할 것

6) 관리사무소 또는 방재센터 등과 긴급연락이 가능한 경보 및 통신시설을 설치할 것

7) 다음에서 정하는 기준에 따라 산정한 면적 이상일 것

(피난안전구역 위층의 재실자 수×0.5)×0.28m^2

• 출입구를 제외한 부분은 건축물의 다른 부분과 내화구조의 바닥 및 벽으로 구획
• 벤치형 좌석을 사용하는 공간 : 좌석길이/45.5cm
• 고정좌석을 사용하는 공간 : 휠체어 공간 수 + 고정좌석 수
• 용도에 따른 사용 형태별 재실자 밀도는 다음 표와 같다.

사용형태	밀 도
지하층이 하나의 용도로 사용되는 경우	피난안전구역 면적(A) = (수용인원×0.1)×0.28m^2
지하층이 둘이상의 용도로 사용되는 경우	• 피난안전구역 면적(A) = (사용형태별 수용인원×0.1)×0.28m^2 • 수용인원 = 사용형태별 면적(m^2)×거주밀도(명/m^2) 단, 업무·주거용도 수용인원 = 용도면적(m^2)×거주밀도(명/m^2)

8) 피난안전구역의 높이는 2.1미터 이상일 것

9) 「건축물의 설비기준 등에 관한 규칙」 제14조에 따른 배연설비를 설치할 것

10) 그 밖에 소방방재청장이 정하는 소방 등 재난관리를 위한 설비를 갖출 것

7.4.9 비상용 승강기

1. 비상용승강기를 설치 대상물

높이 31m이상 건축물

2. 비상용승강기를 설치하지 아니할 수 있는 건축물

1) 높이 31미터를 넘는 각층을 거실외의 용도로 쓰는 건축물

2) 높이 31미터를 넘는 각층의 바닥면적의 합계가 500제곱미터 이하인 건축물

3) 높이 31미터를 넘는 층수가 4개층 이하로서 당해 각층의 바닥면적의 합계 200제곱미터(벽 및 반자가 실내에 접하는 부분의 마감을 불연재료로 한 경우에는 500제곱미터)이내마다 방화구획으로 구획한 건축물

3. 비상용승강기의 승강장 및 승강로의 구조

비상용승강기의 승강장 및 승강로의 구조는 다음 각 호의 기준에 적합하여야 한다.

1) 비상용승강기 승강장의 구조

가. 승강장의 창문·출입구 기타 개구부를 제외한 부분은 당해 건축물의 다른 부분과 내화구조의 바닥 및 벽으로 구획할 것. 다만, 공동주택의 경우에는 승강장과 특별피난계단(「건축물의 피난·방화구조 등의 기준에 관한 규칙」 제9조의 규정에 의한 특별피난계단을 말한다. 이하 같다)의 부속실과의 겸용부분을 특별피난계단의 계단실과 별도로 구획하는 때에는 승강장을 특별피난계단의 부속실과 겸

용할 수 있다.

나. 승강장은 각층의 내부와 연결될 수 있도록 하되, 그 출입구(승강로의 출입구를 제외한다)에는 갑종방화문을 설치할 것. 다만, 피난층에는 갑종방화문을 설치하지 아니할 수 있다.

다. 노대 또는 외부를 향하여 열 수 있는 창문이나 제14조제2항의 규정에 의한 배연설비를 설치할 것

라. 벽 및 반자가 실내에 접하는 부분의 마감재료(마감을 위한 바탕을 포함한다)는 불연재료로 할 것

마. 채광이 되는 창문이 있거나 예비전원에 의한 조명설비를 할 것

바. 승강장의 바닥면적은 비상용승강기 1대에 대하여 6제곱미터 이상으로 할 것. 다만, 옥외에 승강장을 설치하는 경우에는 그러하지 아니하다.

사. 피난층이 있는 승강장의 출입구(승강장이 없는 경우에는 승강로의 출입구)로부터 도로 또는 공지(공원 · 광장 기타 이와 유사한 것으로서 피난 및 소화를 위한 당해 대지에의 출입에 지장이 없는 것을 말한다)에 이르는 거리가 30미터 이하일 것

아. 승강장 출입구 부근의 잘 보이는 곳에 당해 승강기가 비상용승강기임을 알 수 있는 표지를 할 것

3) 비상용승강기의 승강로의 구조

가. 승강로는 당해 건축물의 다른 부분과 내화구조로 구획할 것

나. 각층으로부터 피난층까지 이르는 승강로를 단일구조로 연결하여 설치할 것

7.4.10 피난용 승강기

1. 설치대상

1) 30층 이상 고층건축물에는 승용승강기 중 1대 이상 피난용승강기 설치

2) 준 초고층 건축물 중 공동주택은 제외

2. 피난용승강기의 설치 및 구조

1) 고층건축물에는 법에 따라 건축물에 설치하는 승용승강기 중 1대 이상을 피난용승강기의 설치기준에 적합하게 설치하여야 한다. 다만, 준초고층 건축물 중 공동주택은 제외한다.

2) 제1항에 따라 고층건축물에 설치하는 피난용승강기의 구조는 「승강기시설 안전관리법」으로 정하는 바에 따른다.

3. 피난용승강기의 설치기준

법에 따른 피난용승강기의 구조와 설비는 다음 각 호의 기준에 적합하여야 한다.

1) 피난용승강기 승강장의 구조

가. 승강장의 출입구를 제외한 부분은 해당 건축물의 다른 부분과 내화구조의 바닥 및 벽으로 구획할 것

나. 승강장은 각 층의 내부와 연결될 수 있도록 하되, 그 출입구에는 갑종방화문을 설치할 것. 이 경우 방화문은 언제나 닫힌 상태를 유지할 수 있는 구조이어야 한다.

다. 실내에 접하는 부분(바닥 및 반자 등 실내에 면한 모든 부분을 말한다)의 마감(마감을 위한 바탕을 포함한다)은 불연재료로 할 것

라. 예비전원으로 작동하는 조명설비를 설치할 것

마. 승강장의 바닥면적은 피난용승강기 1대에 대하여 6제곱미터 이상으로 할 것

바. 승강장의 출입구 부근에는 피난용승강기임을 알리는 표지를 설치할 것

사. 승강장의 바닥은 100분의 1 이상의 기울기로 설치하고 배수용 트렌치를 설치할 것

아. 「건축물의 설비기준 등에 관한 규칙」 제14조에 따른 배연설비를 설치할 것

자. 「소방시설 설치유지 및 안전관리에 관한 법률 시행령」 제15조에 따른 소화활동설비(제연설비만 해당한다)를 설치할 것

2) 피난용승강기 승강로의 구조

가. 승강로는 해당 건축물의 다른 부분과 내화구조로 구획할 것

나. 각 층으로부터 피난층까지 이르는 승강로를 단일구조로 연결하여 설치할 것

다. 승강로 상부에 「건축물의 설비기준 등에 관한 규칙」 제14조에 따른 배연설비를 설치할 것

3) 피난용승강기 기계실의 구조

가. 출입구를 제외한 부분은 해당 건축물의 다른 부분과 내화구조의 바닥 및 벽으로 구획할 것

나. 출입구에는 갑종방화문을 설치할 것

4) 피난용승강기 전용 예비전원

가. 정전시 피난용승강기, 기계실, 승강장 및 폐쇄회로 텔레비전 등의 설비를 작동할 수 있는 별도의 예비전원 설비를 설치할 것

나. 가목에 따른 예비전원은 초고층 건축물의 경우에는 2시간 이상, 준초고층 건축물의 경우에는 1시간 이상 작동이 가능한 용량일 것

다. 상용전원과 예비전원의 공급을 자동 또는 수동으로 전환이 가능한 설비를 갖출 것

라. 전선관 및 배선은 고온에 견딜 수 있는 내열성 자재를 사용하고, 방수조치를 할 것

CHAPTER 08

건축물의 소방안전관리

CHAPTER 08

건축물의 소방안전관리

소방시설 설치 · 유지 및 안전관리에 관한 법률에 따르면 특정소방대상물의 관계인은 그 특정소방대상물에 대하여 소방안전관리업무를 수행하기 위하여 일정자격요건을 갖춘 자를 안전행정부령으로 정하는 바에 따라 소방안전관리자로 선임하도록 하고 있다. 이는 화재의 예방과 소방시설의 설치 · 유지관리에 대한 중요성을 나타내고 있는 것이다.

8.1 소화설비의 유지관리 및 정비

8.1.1 소화기

(1) 개 요

"소화기"란 소화약제를 압력에 따라 방사하는 기구로서 사람이 수동으로 조작하여 소화하는 다음 각 목의 것을 말한다.

가. "소형소화기"란 능력단위가 1단위 이상이고 대형소화기의 능력단위 미만인 소화기를 말한다.

나. "대형소화기"란 화재 시 사람이 운반할 수 있도록 운반대와 바퀴가 설치되어 있고 능력단위가 A급 10단위 이상, B급 20단위 이상인 소화기를 말한다.

(2) 공통사항

1) 화재의 종류와 적응

화재와 종류를 대별하면 고체가 연소되는 것 즉, 종이, 석탄, 고무, 목재가공품 등의 화재와 가연성 액체같이 액체 그 자체가 연소되는 것이 아니라 기화되어서 연소되는 것, 예를 들면 휘발유, 경유, 크레오소오트유, 기계유 등의 화재로 나누어지며, 앞의 것을 A급화재(일반화재)라 하고 뒤의 것을 B급화재(유류화재)라고 한다.

일반화재의 소화에 적합한 소화기의 용기에는 백색의 둥근 표지가 붙여지고, 유류화재의 소화에 적합한 소화기의 용기에는 황색의 둥근 표기로 각각 화재에 적응하는 소화기라는 것을 표시하고 있다.

또한, C급화재(전기화재)라는 것은 화재의 종류가 아니라 전기설비 등의 화재소화에 있어 감전의 염려가 없다는 것이며 청색의 둥근 표지가 붙어 있다.

2) 방사 성능

소화기는 정상적인 조작방법으로 방사할 때 그 성능이 다음 각 호에 적합하여야 한다.

1. 방사조작완료 즉시 소화약제를 유효하게 방사할 수 있어야 한다.
2. 소화기의 방사시간은 (20 ± 2)℃온도에서 최소 8초 이상이어야 하고, 사용상한온도, (20 ± 2)℃의 온도, 사용하한온도에서 각각 설계 값의 ± 30% 이내 이어야 한다.
3. 방사거리가 소화에 지장 없을 만큼 길어야 한다.
4. 충전된 소화약제의 용량 또는 중량의 90% 이상이 방사되어야 한다.

3) 안전장치

① 소화기는 안전장치를 설치하여야 한다. 다만, 수동펌프에 의하여 작동하는 물소화기 또는 거꾸로 세우는 동작만으로 작동되는 소화기는 그러하지 아니한다.

② 안전장치의 구조는 다음 각 호의 어느 하나에 적합하여야 한다.

1. 소화기의 작동조작 도중에 자동적으로 풀리는 구조이어야 하며, 평상시에 잘못 작동되지 아니하도록 하는 장치가 있어야 한다.
2. 하나의 동작으로 쉽게 풀리는 것이어야 하며 푸는데 지장이 없는 봉인을 하여야 한다.

③ 안전장치는 스테인레스강 또는 합성수지 등 내식성재질로 제조되어야 하며 풀어낸 안전장치가 분실되지 않도록 소화기와의 연결장치를 설치하여야 한다.

4) 사용온도 범위

① 소화기는 그 종류에 따라 다음의 온도범위에서 사용할 경우 소화 및 방사의 기능을 유효하게 발휘할 수 있는 것이어야 한다.

1. 강화액소화기 : −20℃ 이상 40℃ 이하
2. 분말소화기 : −20℃ 이상 40℃ 이하
3. 그 밖의 소화기 : 0℃ 이상 40℃ 이하

② 제1항의 규정에 불구하고 사용온도의 범위를 확대하고자 할 경우에는 10 ℃ 단위로 하여야 한다.

위 규정에 의한 사용온도의 범위를 확대하고자 할 때에는 10℃단위로 하여야 한다.

5) 소화능력 단위

① A급화재용소화기 또는 B급화재용 소화기는 별표2 또는 별표3에 따라 측정하는 경우 능력단위의 수치가 1이상이어야 한다.

② 대형소화기의 능력단위의 수치는 A급화재에 사용하는 소화기는 10단위이상, B급화재에 사용하는 소화기는 20단위이상이어야 한다.

③ C급화재용 소화기는 제1항의 규정 및 별표4의 전기전도성시험에 적합하여야 하며 능력단위는 지정하지 아니한다.

6) 표시 및 표지

① 소화기의 본체용기에는 다음 사항을 보기 쉬운 부위에 잘 지워지지 아니하도록 표시하여야 한다. 다만, 제13호는 포장 또는 취급설명서에 표시할 수 있다.

1. 종별 및 형식
2. 형식승인번호
3. 제조년월 및 제조번호
4. 제조업체명 또는 상호, 수입업체명(수입품에 한함)
5. 사용온도범위
6. 소화능력단위
7. 충전된 소화약제의 주성분 및 중(용)량
8. 소화기가압용가스용기의 가스종류 및 가스량(가압식소화기에 한함)
9. 총중량
10. 취급상의 주의사항
    가. 유류화재 또는 전기화재에 사용하여서는 아니 되는 소화기는 그 내용
    나. 기타 주의사항
11. 적응화재별 표시사항은 일반화재용 소화기의 경우 "A(보통화재용)", 유류화재용 소화기의 경우에는 "B(유류화재용)", 전기화재용 소화기의 경우 "C(전기화재용)"으로 표시하여야 한다.
12. 사용방법
13. 품질보증에 관한 사항(보증기간, 보증내용, A/S방법, 자체검사필 등)
14. 다음 각 호의 부품에 대한 원산지
    가. 용기
    나. 밸브
    다. 호스
    라. 소화약제 주 원료

② 자동차용소화기에는 제1항의 표시상단의 "자동차겸용"이라는 표시를 하여야 한다.

③ 할로겐화물소화기는 제1항의 표시 외에 다음의 주의사항을 표시하여야 한다.

주 의

1. 밀폐된 좁은 실내에는 사용을 삼가 하십시오.
2. 바람을 등져서 방사하고 사용 후는 즉시 환기 하십시오.
3. 발생되는 가스는 유독하므로 호흡을 삼가 하십시오.

---

④ 가압식소화기에는 제1항의 표시 외에 다음의 주의사항을 표시하여야 한다.

이 소화기는 조작시 용기전체가 급속히 가압되므로 아래와 같은 소화기는 사용하지 마십시오.

1. 녹, 부식, 변형이 심한 것
2. 뚜껑이 완전히 조여져 있지 않은 것
3. 폐기된 것

---

7) 소화기의 칠

소화기의 표면에는 녹슬지 아니하도록 칠하여야 한다. 다만. 내식성 재료로 된 소화기는 그러하지 아니하다.

8) 소화약제의 공통적 성질

소화약제는 현저한 독성이나 부식성이 있어서는 아니되며, 또한 열과 접촉하였을 때 현저한 독성이나 부식성의 가스를 발생하기 아니하는 것이어야 한다. 수용액의 소화약제 및 액상의 소화약제는 결정의 석출용액의 분리, 부유물 또는 침전물 또는 발생 기타의 이상이 생기지 아니하는 것이어야 한다.

(3) 종 류

1) 물 소화기

물소화기는 수동 펌프를 설치한 펌프식, 압축공기를 주입해서 이 압력에 의해 물을 방출하는 축압식, 별도로 이산화탄소 등의 가압용 봄베 등을 설치하여 그 가스압력으로 물을 방출하는 가압식 등이 있다.

소화 약제로서 물은 불순물이 없는 깨끗한 물이 가장 적당하다.

물이 소화약제로서 적합한 이유는 탁월한 냉각작용 때문이다.

특히, 기화잠열(539kcal/kg)이 다른 물질에 비해 매우 높기 때문에 다른 물질에 비해 냉각효과가 뛰어나다. 그러므로 A급(일반화재)에 적응되며 입자를 무상으로 방사할 경우에는 C급(전기화재)에도 적응성을 가진다.

특히, 물을 B급(유류화재)에 사용하게 되면, 화재면(연소면)확대의 우려가 발생되므로 사용을 금하는 것이 좋다.

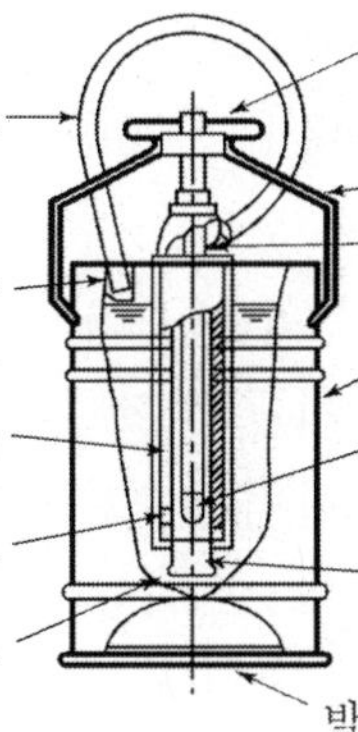

그림 8.1 물 소화기

물소화기는 기온이 0℃이하의 장소에 설치할 때는 부동결제(염화칼슘[$CaCl_2$], 또는 식염[NaCl])를 넣어 두던가 보온을 유지해야 한다.

2) 산알칼리 소화기

산알칼리 소화기는 물소화기의 일종으로 산과 알칼리의 반응에 의해서 생기는 이산화탄소의 가스압을 이용하여 물을 방출한다.

용기속의 탄산수소나트륨의 수용액과 용기내 황산을 봉입한 앰플을 갖고 있다. 누름쇠에 충격을 가함으로써 황산앰플이 파괴되어 황산과 탄산수소나트륨이 아래식과 같이 산알칼리 반응을 일으켜서 발생하는 이산화탄소의 압력 약 5kg/cm2에 의해서 노즐의 끝에서 소화약제를 방사한다.

$$2NaHCO_3 + H_2SO_4 \rightarrow NA_2SO_4 + 2CO_2 + 2H_2O$$

산알칼리 소화액제는 양질의 무기산 또는 이와 공류의 염이어야 하며, 알칼리는 물에 잘 용해되는 양질의 알칼리염류이어야 한다. 적응화재로는 A급화재에 적합하며 무상일 경우 C급화재에도 가능하다.

3) 강화액 소화기

소화기에 충전하는 강화액소화약제는 다음 각 호에 적합한 수용액이어야 한다.

1. 알카리 금속염류의 수용액인 경우에는 알카리성 반응을 나타내어야 한다.
2. 소화기를 정상적인 상태에서 작동한 경우 방사되는 강화액은 응고점이 −20 ℃ 이

하이어야 한다.

3. 강화액소화약제에 적응대상 금속재료를 (38±2)℃에 21일 동안 놓아두었을 때 금속재료의 중량손실이 각각 1일에 3mg/20cm^2 이하이어야 한다.
4. 강화액소화약제의 침전량은 (20±2)℃온도의 강화액소화약제를 원심분리용 시험관에 넣고 상대원심력을 분당 회전수 600~700으로 원심 분리하여 생기는 침전물이 0.1 Vol% 이하이어야 한다.
5. 강화액소화약제를 (65±2)℃ 온도로 216시간 유지한 후 실온으로 환원하고, 다시 (−18±2)℃ 온도로 24시간 유지한 후 실온으로 환원시키는 시험을 하고 변질후 침전량은 제4호의 규정에 의한 방법으로 측정한 경우 0.2 vol% 이하이어야 한다.
6. 강화액소화약제의 표면장력은 33mN/m 이하이어야 하며 설계값의 −3.0mN/m 이상 1.5mN/m 이하의 범위이내 이어야 한다.
7. 비중은 KS M 0004(화학제품의 비중 측정방법)의 비중부액계 또는 비중병을 사용하여 (20±2)℃에서 측정하였을 때 설계값의 ±0.02이내이어야 한다.
8. 수소이온농도는 KS M 0011(수용액의 pH측정방법)에 따라 측정하였을 때 설계값 ±0.4이내이어야 한다.

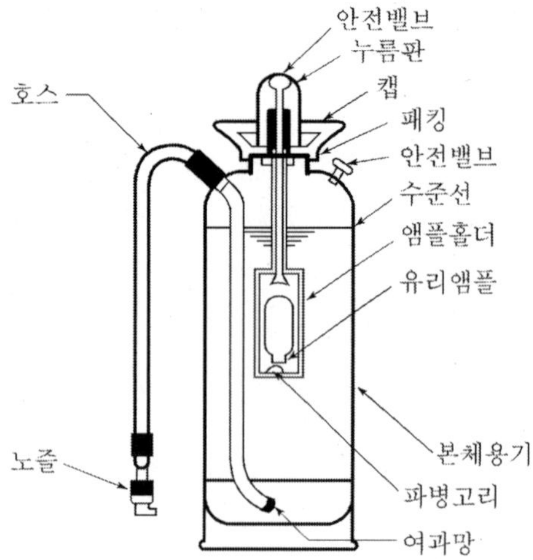

그림 8.2 산알칼리 소화기

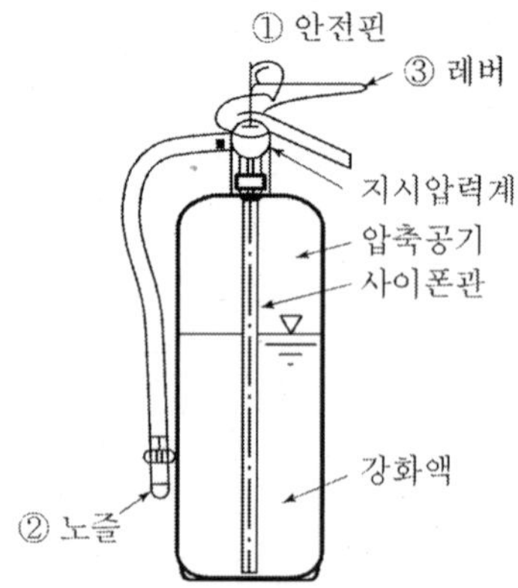

그림 8.3 강화액 소화기

4) 포 소화기

소화기에 충전하는 침윤수용액(물의 침투능력, 분산능력 및 유화능력 등을 증대하기 위하여 침윤제와 혼합한 약제를 말한다) 소화약제는 다음 각 호에 적합하여야 한다.

1. 침윤수용액의 표면장력은 33 mN/m미만이어야 한다.

2. 용액의 분리시험

가. 침윤수용액은 0 ℃에서 50 ℃의 온도범위에서 분리되어서는 아니 된다.

나. 가목에서 규정한 시험을 하는 경우 침전현상(시험기간 중에 발생한 것도 포함한다. 흐려지는 현상등 이와 유사한 현상 등은 분리현상으로 본다.

3. 금속부식시험

가. 침윤수용액 및 증류수에 가로 125mm, 세로 25mm, 두께 1.6mm의 구리, 황동 및 청동 시험편을 각각 상온에서 30일간 침지하였을 경우 부식에 의한 중량손실을 측정한 후 다음 식에 의하여 부식율(cm/년)을 계산한다.

$$\text{부식율(cm/년)} = \frac{719.4 \times \text{중량손실(g)}}{12 \times \text{금속의 밀도(g/ml)} \times \text{넓이}(\text{cm}^2) \times \text{노출시간(h)}}$$

나. 침윤수용액의 부식율이 증류수에 의한 부식율보다 50 %초과하여서는 아니 되며 점식이 발생한 경우에는 점식의 깊이가 시험편 두께의 5분의 1을 초과하여서는 아니 된다.

4. 침윤수용액은 부패하거나 변질 등이 발생하여서는 아니 된다.

⑥ 소화기에 충전하는 포소화약제는 다음 각 호에 적합하여야 한다.

1. 소화약제는 액체상태로서 방부처리를 하여야 한다. 다만, 부패 · 변질 등의 염려가 없는 것은 그러하지 아니하다.

2. 소화기로부터 방사되는 거품은 내화성을 지속할 수 있어야 한다.

3. (20±2)℃ 온도의 소화약제를 충전한 소화기를 작동하여 방사되는 거품의 용량은 소화약제 용량의 5배 이상이어야 하며, 방사종료 후 1분간 거품으로부터 환원되는 수용액이 방사전 수용액의 25% 이하이어야 한다.

4. 수용액의 침전량은 (20±2)℃의 수용액을 원심분리용 시험관에 넣고 상대원심력을 분당 회전수 (600~700)으로 원심 분리하여 생기는 침전물이 0.1vol% 이하이어야 한다.

5. 변질 시험후의 침전량은 제4호의 규정에 의한 방법으로 측정한 경우 0.2vol% 이하이어야 한다.〈개정 2013. 7. 25〉

6. 비중은 KS M 0004(화학제품의 비중 측정방법)에 따라 (20±0.5)℃에서 측정하였을 때 설계값의 ±0.02이어야 한다.

7. 점도는 KS M 2014(석유제품 동점도 및 점도시험방법)에 따라 (20±1)℃에서 측정하였을 때 설계값의 ±30%이어야 한다.

8. 수소이온농도는 KS M 0011(수용액의 pH측정방법)에 따라 (20± 0.5) ℃에서 측정하였을 때 설계값의 ±0.4이어야 한다.
9. 포소화약제에 강철, 알루미늄의 금속재료를 (38± 2)℃에 21일 동안 놓아두었을 때 금속재료의 중량손실이 각각 1일에 $3mg/20cm^2$ 이하이어야 한다.
10. 합성계면활성제 및 수성막포의 표면장력은 33mN/m 이하이어야 하며 설계값의 −3.0mN/m부터 +1.5mN/m까지의 범위이어야 한다.
11. 응고점이 사용하한온도 이하이어야 한다.
12. 수성막포는 거품을 유면에 덮은 후 6회의 수성막시험을 하였을 때 순간적으로 착화하는 것은 무방하지만 계속해서 연소하여서는 아니된다.

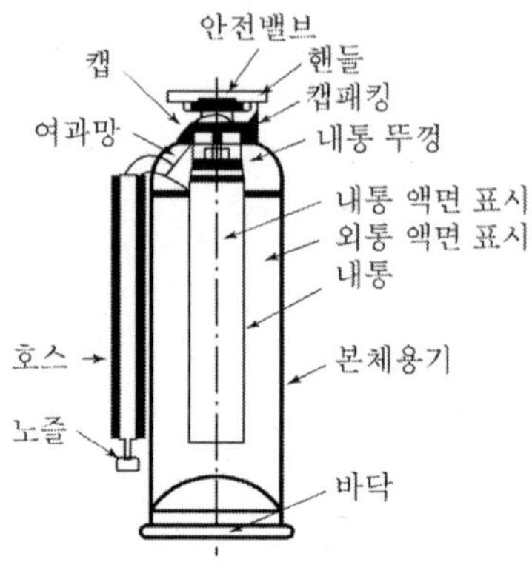

그림 8.4 포 소화기

5) 할로겐화합물 소화기

소화기에 충전하는 할로겐화합물등 가스계소화약제는 다음 각 호에 적합하여야 한다.

1. 브로모클로로디플루오로메탄(이하 "할론 1211"이라 한다), 디클로로트리플루오로에탄(이하 "HCFC-123"이라 한다), 도데카플루오로-2-메틸 펜탄-3-원(이하 "FK-5-1-12"라 한다), 헥사플루오로프로판(이하 "HFC-236fa"라 한다)등의 소화약제의 순도는 99.0mol% 이상이어야 한다.
2. 브로모트리플루오로메탄(이하 "할론1301"이라 한다)의 소화약제의 순도는 99.6 mol% 이상이어야 한다.
3. 하론1211과 할론1301을 혼합하는 경우는 불순물이 1.5mol% 이하이어야 한다.
4. HCFC BLEND B는 HCFC-123, 테트라플루오로메탄(이하 "FC-1-4"라 한다) 및 아르곤으로 구성되어야 하며 그 혼합 조성비는 다음과 같다.

   가. HCFC-123는 93.0wt% 이상

나. FC-1-4는 4.0wt% 이하

다. 아르곤은 3.0wt% 이하

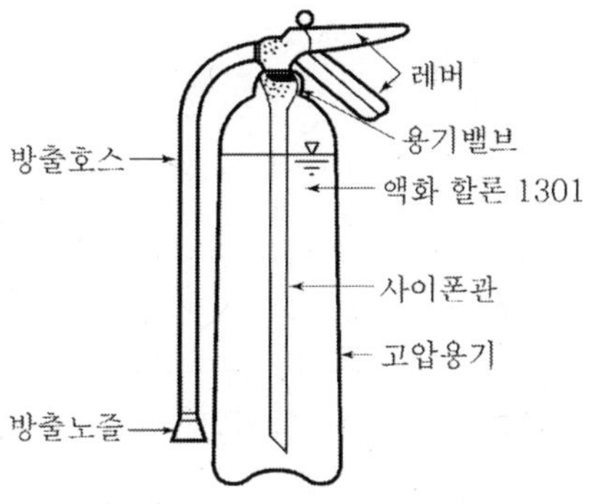

그림 8.5 할론 1301소화기

6) 이산화탄소 소화기

이산화탄소소화기에 충전하는 이산화탄소는 순도가 99.5% 이상인 것이어야 한다.

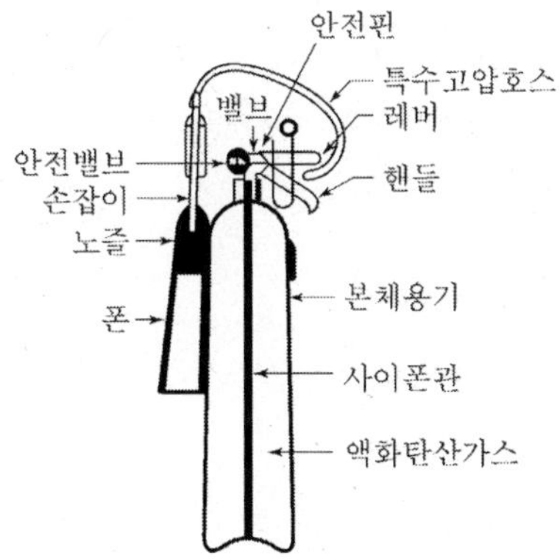

그림 8.6 이산화탄소 소화기

소화작용은 방사할 때 가화잠열에 의하여 드라이아이스 모양이 되므로 그 냉각효과와 이산화탄소 가스에 의한 질식작용에 의하여 B급(유류) 화재 및 C급(전기)화재에 적응된다.

7) 분말 소화기

소화기에 충전하는 분말소화약제는 방습가공을 한 나트륨 및 칼륨의 중탄산염 기타의 염류 또는 인산염류 · 황산염류 그 밖의 방염성을 가진 염류 (이하 "인산염류 등"이라

한다.)로서 다음 각 호에 적합하여야 한다.〈개정 2012.2.9〉

1. 분말의 미세한 정도는 KS A 5101-1(시험용체-1부: 금속망체)의 표준체에 통과시켰을 경우 그 잔량이 다음과 같아야 한다.

표준체의 크기	BC용 분말(잔량 wt%)		ABC용 분말(잔량 wt%)	
	최소	최대	최소	최대
425	0	0.5	0	0
150	0	1	0	10
75	5	30	12	25
45	×	×	12	25
받침판	70	95	50	70

2. 분말의 성분비는 다음에 적합한 것이어야 한다.
   가. 주성분이 중탄산나트륨인 소화약제는 중탄산나트륨($NaHCO_3$)이 90wt% 이상이어야 한다.
   나. 주성분이 중탄산칼륨인 소화약제는 중탄산칼륨($KHCO_3$)이 92wt% 이상이어야 한다.
   다. 주성분이 인산염류등인 소화약제는 제1인산암모늄($NH_4H_2PO_4$)등 함량이 최소 75wt% 이상이어야 하며 설계값의 ±5%이어야 한다.
3. 상대습도가 50% 이하인 대기 중에서 시료를 칭량하여 농도 95% 내지 98%의 농황산을 건조제로 사용한 데시게이터 내에 18℃ 내지 24℃의 온도로 24시간 놓아둔 후 칭량하여 아래 수식으로 계산한 수분함유율이 0.2wt% 이하이어야 한다.〈개정 2012.2.9.〉

$$M = \frac{100(W_2 - W_1)}{W_1}$$

M : 수분함유율(%)
W_1 : 원시료의 무게(g)
W_2 : 24시간 건조 후의 시료의 무게(g)

4. 온도가 (30±2)℃이고 상대습도가 60%인 항온항습조등에 48시간 놓아둔 후 칭량하고, 다시 온도가 (30±2)℃이고 상대습도가 80%인 항온항습조등에 48시간 놓아둔 후 칭량하여 아래의 수식으로 계산한 흡습율이 중탄산나트륨이 주성분인 것은 0.2wt%, 중탄산칼륨이 주성분인 것은 2wt%, 인산염류 등이 주성분인 것은 1.5wt% 이하이어야 한다.

$$M = \frac{100(W_2 - W_1)}{W_1}$$

M : 흡수율(%)

W_1 : 온도 (32±2)℃, 상대습도 60% 항온항습도등에 48시간 놓아둔 후의 시료의 중량(g)

W_2 : 온도 (32±2)℃, 상대습도 80% 항온항습도등에 48시간 정치한 후의 시료의 중량(g)

5. 겉보기비중은 0.820g/mL 이상이어야 한다.
6. 분말을 수면에 고르게 살포한 경우에 1시간 이내에 침강하지 아니하여야 한다.
7. 칼륨의 중탄산염이 주성분인 소화약제는 담회색으로 인산염 등이 주성분인 소화약제는 담홍색 또는 황색으로 착색하여야 하며 이를 혼합하지 아니하여야 한다.
8. 분말상태의 소화약제는 굳거나 덩어리지거나 변질 등 그 밖의 이상이 생기지 아니하여야 하며 페네트로메타(Penetrometer)시험기로 시험한 경우 15mm 이상 침투되어야 한다.

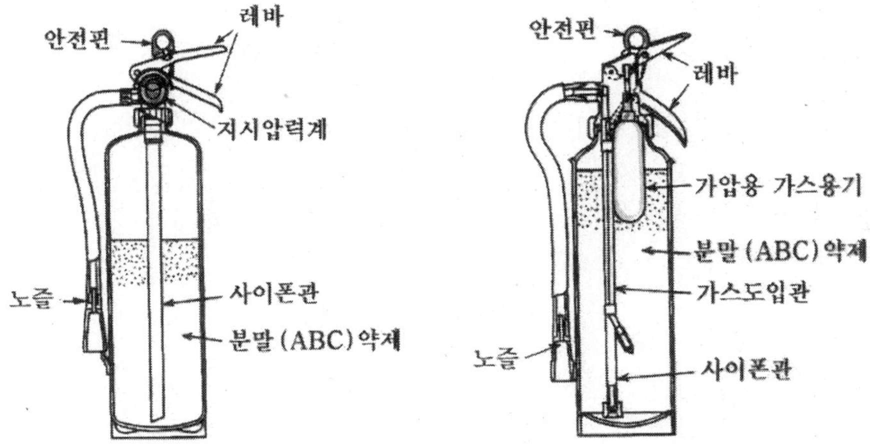

(a) 축압식 (b) 가압식

그림 8.7 분말 소화기의 구조

(4) 설치 및 유지관리

1) 소화기의 설치

① 소화기구는 다음 각 호의 기준에 따라 설치하여야 한다.

1. 특정소방대상물의 설치장소에 따라 별표 1에 적합한 종류의 것으로 할 것
2. 특정소방대상물에 따라 소화기구의 능력단위는 별표 3의 기준에 따를 것
3. 제2호에 따른 능력단위 외에 별표 4에 따라 부속용도별로 사용되는 부분에 대하여는 소화기구를 추가하여 설치할 것
4. 소화기는 다음 각 목의 기준에 따라 설치할 것
   가. 각층마다 설치하되, 특정소방대상물의 각 부분으로부터 1개의 소화기까지의 보행거리가 소형소화기의 경우에는 20m 이내, 대형소화기의 경우에는 30m 이내가 되도록 배치할 것. 다만, 가연성물질이 없는 작업장의 경우에는 작업장의 실정에 맞게 보행거리를 완화하여 배치할 수 있으며, 지하구의 경우에는 화재발생의 우려가 있거나 사람의 접근이 쉬운 장소에 한하여 설치할 수 있다.
   나. 특정소방대상물의 각층이 2 이상의 거실로 구획된 경우에는 가목의 규정에 따라 각 층마다 설치하는 것 외에 바닥면적이 33㎡ 이상으로 구획된 각 거실(아파트의 경우에는 각 세대를 말한다)에도 배치할 것
5. 능력단위가 2단위 이상이 되도록 소화기를 설치하여야 할 특정소방대상물 또는 그 부분에 있어서는 간이소화용구의 능력단위가 전체 능력단위의 2분의 1을 초과하지 아니하게 할 것 다만, 노유자시설의 경우에는 그렇지 않다.
6. 소화기구(자동소화장치를 제외한다)는 거주자 등이 손쉽게 사용할 수 있는 장소에 바닥으로부터 높이 1.5m 이하의 곳에 비치하고, 소화기에 있어서는 "소화기", 투척용소화용구에 있어서는 "투척용소화용구", 마른모래에 있어서는 "소화용모래", 팽창질석 및 팽창진주암에 있어서는 "소화질석"이라고 표시한 표지를 보기 쉬운 곳에 부착할 것

2) 소화기의 사용방법

소화기는 적응화재에만 사용하여야 하며 성능에 따라서 불에 가까이 접근하여 사용하여야 한다. 소화작업은 바람이 등지고 바람이 부는 위쪽에서 바람이 불어가는 아래쪽으로 향해 소화기를 양옆으로 비를 쓸 듯이 골고루 방사하여야 한다.

소화기는 화재초기에만 효과가 있고 화재가 확대된 후에는 효과가 없으며 대형소화설비의 대용은 될 수 없는 구조 및 성능 취급법을 알고 있지 않으면 효과가 없으며 만능 소화기는 없다.

8.1.2 옥내소화전설비

옥내화전의 소화능력은 소화기와 같이 화재초기에 그 효과가 크다. 그러나 화제가 발생하였을 경우, 그 기능을 유효하게 발휘하여 초기에 소화하기 위해서는 평상시 철저한 보수관리, 훈련 등으로 화재를 발견한 사람이 유효하게 사용할 수 있도록 조치하여야 한다.

이 같은 일상의 일을 게을리 하면 막상 불이 났을 때 사용조차 못하는 경우가 많기 때문이다.

(1) 설치대상

1) 연면적 3000m^2 이상이거나 지하층・무창층 또는 층수가 4층 이상인 것 중 바닥면적이 600m^2 이상인 층이 있는 것은 모든 층
2) ①에 해당하지 아니하는 근린생활시설・판매시설・운수시설, 숙박시설・노유자시설・의료시설・업무시설・위락시설, 공장・창고시설・항공기 및 자동차관련시설, 교정 및 군사시설 중 국방・군사시설, 방송통신시설, 발전시설, 장례식장 또는 복합건축물로서 연면적 1500m^2 이상이거나 지하층・무창층 또는 층수가 4층 이상인 층 중 바닥이 300m^2 이상인 층이 있는 것은 모든 층.
3) 지하가 중 터널로서 길이가 1,000m 이상인 터널
4) 건축물의 옥상에 설치된 차고 또는 주차장으로서 차고 또는 주차의 용도로 사용되는 면적이 200m^2 이상인 것
5) ① 및 ②에 해당하지 않는 공장 또는 창고시설로서 소방기본법시행령 별표2에서 정하는 수량의 750배 이상의 특수가연물을 저장・취급하는 것.

(2) 구성

옥내소화전 설비는 그림 9.8과 같이 수원, 가압송수장치, 배관, 소화전으로 구성된다. 평상시 배관에는 고압수조에 연결된 물이 충수되어 있고, 화재시엔 소화전함에 수납되어 있는 기동스위치를 누른 후 호스를 연장하여 방수한다. 다만, 기동용 수압개폐장치를 설치할 경우에는 소화전밸브를 열면 자동으로 압력배출에 의하여 가압장치가 작동되면서 계속 방수가 되는 구조로 되어 있다.

(3) 기능

기준 방수압력은 노즐선단에서 0.17MPa 이상이어야 하나, 압력이 너무 높으면 조작이 곤란하고 배관 등에 무리가 가므로 0.7MPa이하로 규정되어 있다. 방수량은 옥내소화전 1개당 130L/min 이상이고, 비상전원은 당해 옥내소화전 설비를 20(40, 60)분간 계속하여 작동할

수 있도록 규정하고 있다. 소화전함은 건물 층마다 그 층의 각 부분에서 수평거리 25m 내에 포함할 수 있게 규정되어 있으나 실제적으로 장애물 등에 의해 포함되지 않는 부분이 없도록 하는 것이 좋을 것이다.

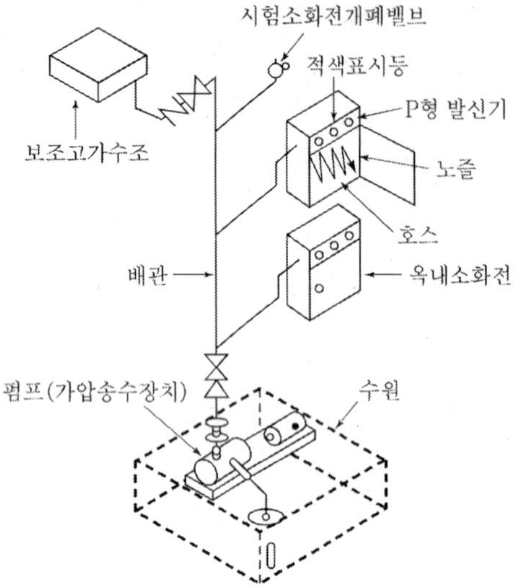

그림 8.8 옥내소화전 계통도

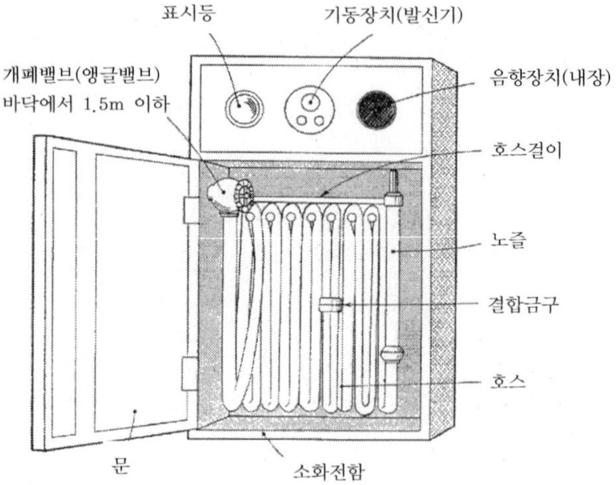

그림 8.9 옥내소화전함

8.1.3 스프링클러설비

스프링클러설비는 스프링클러 헤드가 붙어 있는 천정면 아래에서 화재가 발생했을 경우, 자동적으로 감열, 작동하여 화재를 초기에 소화하는 것을 목적으로 하고 있다. 스프링클러의 역사는 오래 되었으며, 1673년 영국의 존·그린이 자동소화장치를 발명하여 특허를 받은 기록이 있고, 그 후 1978년 미국의 헤인리 파마리에 의해 오늘날 사용되고 있는 것과 흡사한 것이 고안되어 실용화되었다.

우리나라의 경우, 스프링클러설비가 처음 설치된 것은 해방전 경성방직에 설치했었다는 비공인 기록이 남아 있다.

(1) 구성

스프링클러설비는 그림 8.10과 같이 수원, 제어밸브(유수검지장치), 가압송수장치, 자동경보장치, 배관, 스프링클러헤드, 송수구, 비상전원 설비 등으로 구성되어 있다.

일반적인 방식은 항시 배관을 충수시킨 습식이다. 천정면에 부착된 스프링클러헤드가 고온기류에 따라 헤드의 벌브가 파열되면 헤드가 개방되어 물을 뿜어 소화시키는 설비로서 배관 내에 있던 물이 방사된다. 이 물을 유수검지장치가 감지하여 발화장소를 전기신호에 의해 표시하고 경보를 발하며, 또 압력챔버내의 압력이 내려가 이것을 압력스위치로 검지하여 이 신호를 펌프제어반에 보내어 펌프가 기동하게 된다(압력챔버방식).

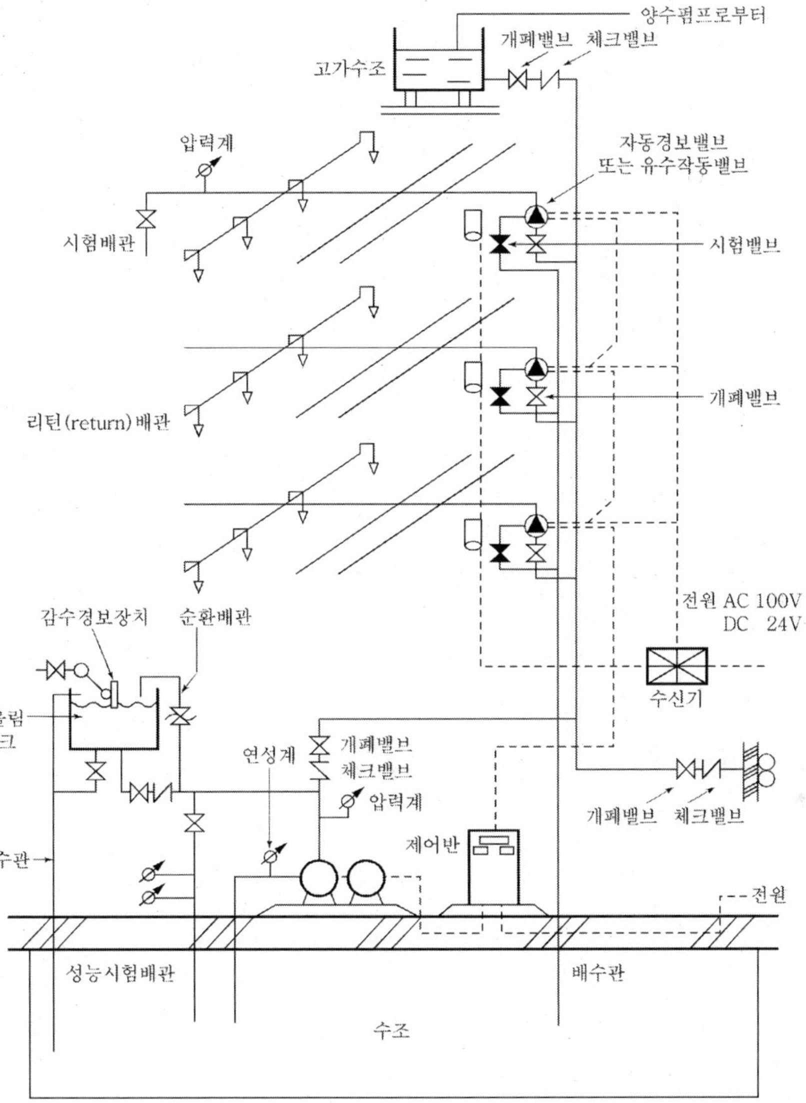

그림 8.10 스프링클러설비 계통도

(2) 기 능

1개의 스프링클러헤드에서는 매분 80L 이상, 압력 0.1MPa이상 1.2MPa 이하로 물이 방수되며, 방수가 20(40,60)분간 계속될 수 있도록 수원의 양도 규정되어 있다. 헤드의 배치 간격은 대상물에 따라 다르지만 일반적으로 헤드를 중심으로 하여 반경 2.3m내로 방호물이 포함되도록 배치한다. 헤드근처에서 살수를 막는 물체가 있으면 유효하게 감열, 살수가 안 되므로 이러한 살수장애가 없도록 하여야 한다. 일반적으로 스프링클러설비의초기 소화효과는 적어도 90%, 87% 이상으로 보고 있으며 더욱이 1~2개의 스프링클러헤드의 방사로써 거의 소화되고 있으므로 자동소화설비로서의 매우 우수한 성능을 가지고 있다 하겠다.

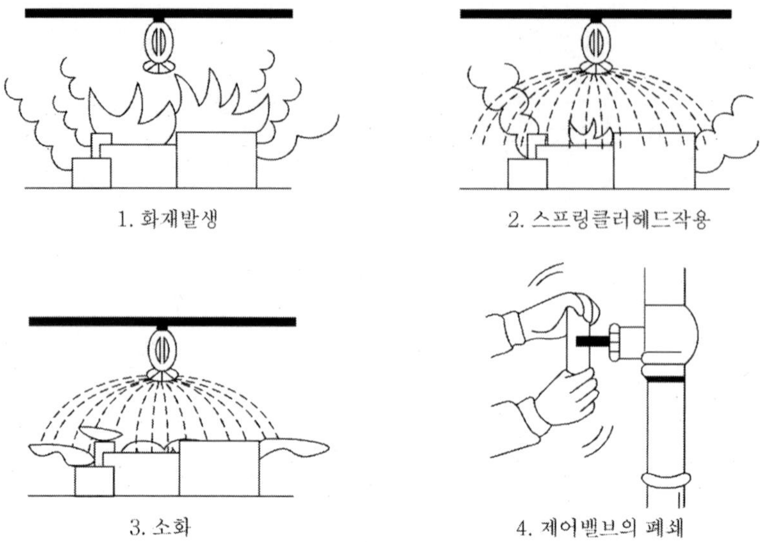

그림 8.11 스프링클러설비 작동

8.1.4 이산화탄소(CO_2) 소화설비

(1) 설치대상

이산화탄소 소화설비는 다음 표와 같이 일정규모 이상의 주차장이나 통신기기실, 발전실, 변전실에 할로겐화합물 소화설비, 분말 소화설비와 함께 선택적으로 설치를 의무화하고 있다.

※ 물분무 등 소화설비를 설치하여야 할 소방대상물은 다음과 같다(다만, 가스시설 또는 지하구는 제외한다.).

1) 항공기 및 자동차 관련 시설 중 항공기 격납고
2) 주차용 건축물로서 연면적 800m^2 이상인 것
3) 건축물 내부에 설치된 차고 또는 주차장으로서 주차의 용도로 사용되는 부분의 바닥면적이 합계가 200m^2이상인 것
4) 기계식주차장치를 이용하여 20대 이상의 차량을 주차할 수 있는 것

5) 전기실・발전기・변전실(가연성 절연유를 사용하지 아니하는 변압기・전류차단기 등의 전기기기와 가연성 피복을 사용하지 아니한 진선 및 케이블만을 설치한 전기실・반전실 및 변전실을 제외한다.)・축전지실・통신기기실 또는 전산실로서 바닥면적이 $300m^2$ 이상인 것. 다만, 내화구조로 된 공정제어실내에 설치된 주조정실로서 양압시설이 설치되고 전기기기에 200V이하인 전압이 사용되며 종업원이 24시간 상주하는 것을 제외한다.

(2) 구 성

할로겐화합물 소화설비와 구조적으로 거의 같으며 그 계통도는 그림 8.12와 같다. 또 한 그 기능은 질식효과를 이용한 것으로 일정한 체적의 구획 내에 이산화탄소를 방출하여 산소 농도를 저하시킴으로써 질식소화하는 설비이다.

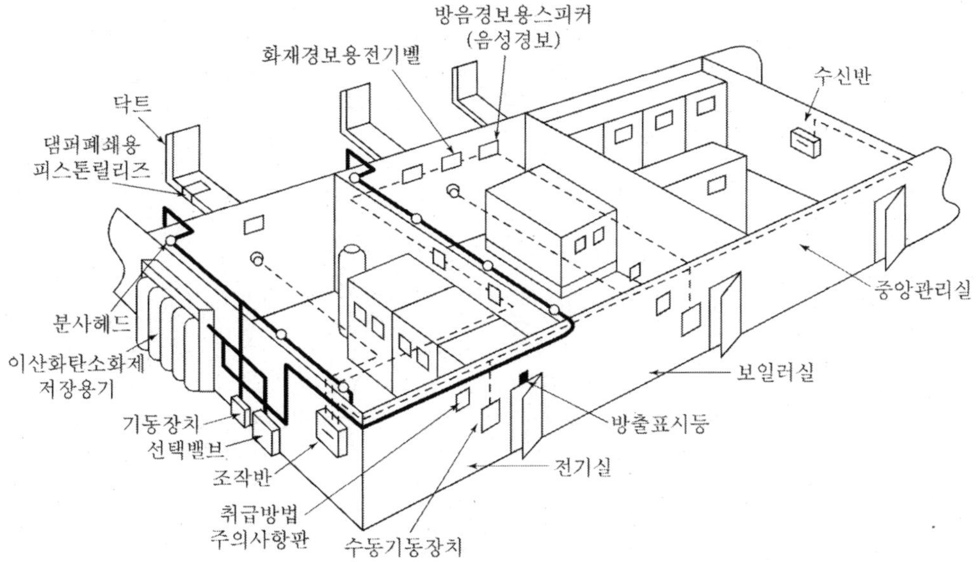

그림 8.12 CO_2소화설비의 계통도

(3) 사용상의 주의

이산화탄소의 농도가 짙은 곳에 사람이 있을 경우, 치명적인 위험성이 있으므로 이산화탄소의 방출시 실내에 사람이 없도록 해야 하며 소화 후에도 발화장소내의 가스를 충분히 배출하지 않은 상태에서의 출입은 삼가야 한다.

8.1.5 할로겐화합물소화설비

(1) 설치대상

CO_2소화설비와 같다

(2) 구성

할로겐화합물소화설비는 전역방출방식, 국소방출방식, 이동식(호스릴) 등 세가지 방식이 있으나 일반적으로 방호구역에 방출하는 전역방출방식이 사용되고 있다. 전역방출식은 아래 그림과 같이 소화약제 저장용기, 배관, 분사헤드, 기동장치, 음향장치, 비상전원 등으로 구성된다.

원칙적으로 기동방식은 수동에 의해 직접기동되는 방식이지만 야간에 사람이 없게 될 경우, 방호구역내에 설치된 감지기에 의해 자동적으로 기동되도록 설치 운영하고 있다.

일반적으로 기동스위치가 부착되어 있는 수동조작함의 문을 열면 사이렌이 울리고 테이프에 녹음되어 있던 음성으로 "불이다! 할론가스를 방출합니다…"라고 가스방출을 알리지만 기동스위치를 누르기 전에 화재 장소에 사람이 없는 것을 확인하는 것이 좋다.

기동스위치를 누른 후 가스가 나오는 것이 아니고 미리 타이머로 셋팅된 지연시간(20초 이상) 후에 가스가 방출되는데 이때 가스의 일부가 피스톤릴리져로 보내어져 방호구획을 관통하고 있는 공조닥트 잼퍼를 작동시켜 폐쇄시킨다. 가스압으로 압력스위치가 움직여 발화장소 출입구의 표시 등("할론가스 방출 중")이 점등되도록 되어 있다.

(3) 기 능

할로겐화합물소화설비의 소화약제는 할론 1211, 할론, 1301, 할론 2402의 종류가 주로 쓰인다.

할론이라고 부르는 이름은 상품명이며 소화약제로서는 할론1301(CF_3Br)이 일반적이다.

이산화탄소와 비교하여 소화에 필요한 농도가 낮고, 약제량은 1/2~1/4정도이다.

또, 스프링클러설비나 포 소화설비와는 달리 화재 후 수손 등의 피해가 없으므로 전산실 등의 물을 피하는 장소에 적합하다. 그러나 열분해에 의해 강한 독성가스를 내는 등 독성의 문제가 있으며 오늘날에는 대기권의 오존층을 파괴하는 환경문제도 크게 대두되어 최근에는 청정소화설비와 미분무소화설비로 대체되고 있다.

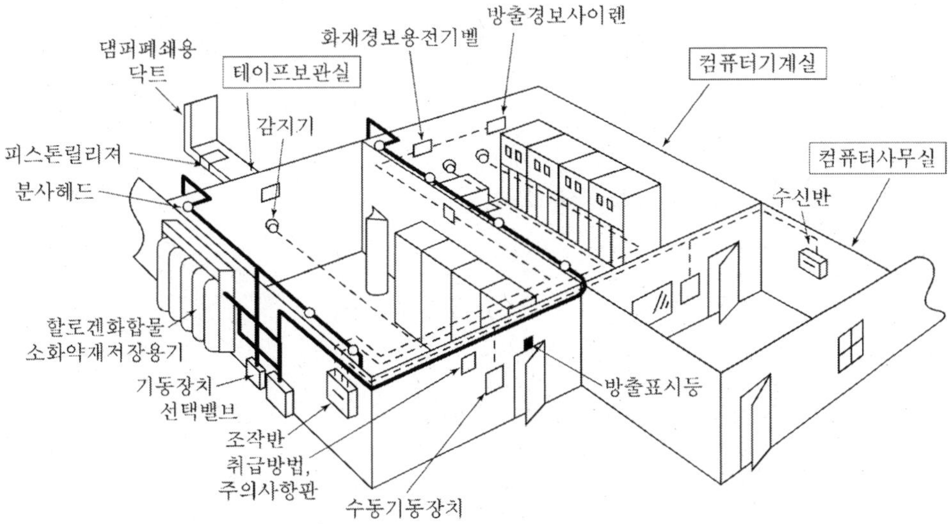

그림 8.13 할로겐화합물 소화설비의 계통도

(4) 사용상의 주의

할론가스를 방출할 때, 우선 발화장소에 사람이 없다는 것을 확인할 것, 그리고 할론은 열분해에 의해 강한 독성가스가 생기고, 특히 800~1,000℃의 열에 의해 열분해 되므로 발화장소의 온도가 높아지지 않은 초기단계에서 사용할 것.

할론가스로 소화 후 바로 발화장소에 출입하는 것은 매우 위험하므로 가스를 충분히 배출한 후 출입할 필요가 있다.

또한, 비화재시 기동스위치를 작동시켰거나 방출시내에 사람이 있는 것이 확인된 경우 기동스위치 작동 후 지연시간(20~60초) 이내라면 즉시 복구 스위치를 눌러 할론약제의 방출을 중단시킬 수가 있으므로 그 취급방법을 미리 숙지해 둘 필요가 있다.

8.1.6 그 밖에 소화설비

(1) 포소화설비

포소화설비는 포 소화약제를 물에 혼합하여 많은 양의 포를 형성하여 연소물을 덮어 산소 공급원의 차단으로 소화하는 설비이다.

(2) 물분무소화설비

물분무소화설비는 화재시 분무헤드에서 물을 무상으로 방사케하여 소화하는 설비로서 그 구성은 수원, 제어밸브, 가압송수장치, 일제개방밸브, 배관, 물분무헤드, 감지장치, 연결송수구, 배수설비 등으로 되어 있으며 작동원리가 스프링클러설비와 거의 같다.

(3) 옥외소화전설비

옥외소화전은 건물의 1층 및 2층 부분의 화재를 소화하기 위하여 건물의 외부에 설치된 설비로서 그 주요부는 옥내소화전과 거의 동일하다.

8.2 경보설비

8.2.1 자동화재탐지설비

자동화재탐지설비는 화재시 열 또는 연기, 불꽃 등을 감지기에 의해 감지하여 자동적으로 경보를 발하게 함으로써 화재를 조기에 발견하여 조기통보, 초기피난, 초기소화를 가능케 하기 위해 설계된 경보설비이다.

(1) 설치대상

자동화재탐지설비를 설치하여야 할 소방대상물은 다음과 같다.

1) 근린생활시설(일반목욕장을 제외한다)·의료시설·숙박시설·위락시설·장례식장 및 복합건축물로서 연면적 600m^2 이상인 것.
2) 공동주택, 근린생활시설 중 목욕장, 문화 및 집회시설, 종교시설, 판매시설 · 운소시설, 운동시설, 업무시설. 공장, 창고시설, 위험물저장 및 처리시설 등으로서 연면적 1,000m2이상인 것.
3) 교육연구시설·수련시설, 동물 및 식물 관련시설 또는 묘지관련시설로서 연면적 2,000m^2 이상인 것.
4) 지하구
5) 지하가 중 터널로서 길이가 1000m이상인 것.
6) 노유자 생활시설
7) 위에 해당하지 않는 노유자시설로서 연면적 400m^2 이상인 노유자시설 및 숙박시설이 있는 수련시설로서 수용인원 100명 이상인 것
8) 2)에 해당하지 아니하는 공장 및 창고시설로서 소방법 시행령 별표 4에서 정하는 수량의 500배 이상의 특수가연물을 저장·취급하는 것.

(2) 구성

자동화재탐지설비는 수신기, 배선, 감지기, 발신기 등으로 구성된다. 감지기에는 열감지기와 연감지기가 있으며, 연감지기는 연기를 감지함으로써 작동하고, 열감지기는 열에 의하여 감지기의 바이메탈이나 다이아후램이 움직여서 작동된다. 감지기의 작동에 따라 수신기의 표시등이 화재층의 경계구역을 표시하고 주경종과 지구경종을 올리게 된다.

1) 수신기

감지기 또는 발신기로부터 발하여진 신호를 직접 또는 중계기를 거쳐 수신하여 화재의 발생을 당해 건물 관계자에게 램프표시 및 음향장치로 알려주는 것으로서 다음과 같이 분류된다.

① P형 수신기 : 일반적으로 대부분 이것을 상용하는데 각 회로별 경계구역을 표시하는 지구표시등이 설치되어 있는 것으로 성능에 따라 1급과 2급으로 나눈다.

- P형 1급 : 화재표시동작, 감지기 배선도통시험, 사용 및 비상전원간의 전원의 절환 등이 가능하여 회로수에 제한이 없다.
- P형 2급 : P형 1급의 구조와 거의 같으나 회선수는 5회선 이하이다.

② R형 수신기 : 고유의 신호를 수신하는 것으로서 숫자 등의 기록장치에 의해 표시되며 회선수가 매우 많은 동일구내의 다수동이나 초고층빌딩 등에 사용하면 좋다.

③ M형 수신기 : P형과 R형은 당해 건물의 관계자에게 화재의 발생을 알려주는 것이지만 M형은 M형 발신기로부터 발하여지는 신호를 수신하여 화재의 발생을 소방관서에 통보 하는 것으로 다수의 경계구역을 1개의 표시회로로 표시하게 되어 있고, 수신기의 설치 위치는 항시 화재표시를 감시해야 하기 때문에 항시 근무자가 있는 방재실이 좋지만, 방재실이 없는 경우는 수위실 등에 설치해야 한다.
근무체제에 따라 일정시각 후에 사람이 이동하여 그 장소에 없을 경우에는 당직실 등에 부수신기를 설치하여 중계기가 있는데 이것을 주로 R형 수신기에 사용되고 있다.

2) 발신기

발신기는 화재발견자가 수동으로 누름스위치를 눌러 수신기에 신호를 보내는 것으로서 P형, M형이 있다.

① P형 발신기 : 1급과 2급으로 구분

- P형 1급 : P형 1급 수신기에 접속하여 수신기와 전화연락이 가능
- P형 2급 : P형 2급 수신기에 접속하여 사용

② M형 발신기 : 수신기 고유의 신호를 M형 수신기에 발신

자동화재탐지설비에는 통상 발신기를 설치하고 있는 것이 상례이다.

표시등은 발신기의 상부에 적색등으로 설치하고 음향장치는 수신기의 작동에 의하여 자동연동해서 울리는 것으로 수신기 부근에 설치하는 주음향장치와 지구음향장치로 분류된다.

발신기, 표시등 및 음향장치는 비상경보설비와 동일하다.

3) 감지기

감지기는 화재에 의해 발생하는 열 또는 연기를 감지하여 화재의 발생을 수신기에 통보하는 것으로 감지구역마다 그 천정의 높이 및 용도에 적응하는 종류의 감지기를 선택하여 설치하며 그 종류는 표 8.1과 같다.

차동식스포트(Spot)형과 보상식스포트형은 다시 1종과 2종으로 구분하고 정온식스포트형 또는 감지 선형의 특종, 1종, 2종으로 나누며 차동식분포형과 연감지기는 1종, 2종, 3종으로 구분된다.

차동식감지기는 온도가 일정한 상승률이상이 되는 경우에, 정온식은 일정온도가 되는 경우에 연감지기는 연기가 일정농도 이상이 되는 경우에 작동된다.

표 8.1 감지기의 종류

- 감지기
  - 열감지기
    - 차동식
      - 분포형
        - 공기관식
        - 열전대식
        - 열반도체식
      - 스포트형 - 공기식
    - 정온식
      - 감지선형 - 가용절연물식
      - 스포트형 - 바이메탈식, 열반도체식
    - 보상식 - 스포트형 - 공기, 금속팽창병용식
  - 연기감지기
    - 이온화식
      - 비축적형
      - 축적형
    - 광전식
      - 비축적형
      - 축적형

① 감지기의 설치면적

가지기의 설치는 표 8.2에 의한 면적에 준한다.

표 8.2 감지기 종류별 설치면적(감지구역)

부착면 높이 / 방화대상물 또는 그 부분의 구조 / 감지의 종류					4m 미만 내화	4m 미만 기타	4m 이상 8m 미만 내화	4m 이상 8m 미만 기타	8m 이상 15m 미만 내화	8m 이상 15m 미만 기타	15m 이상 20m 미만
열식	차동식 보상식	분포형	공기관식		1. 공기관은 감지구역마다 20m 이상 설치 2. 공기관 상호거리 : 6m(내화 9m) 3. 검출부 하나에 접속하는 공기관의 길이 : 100m 이하						
			열전대식		1. 열전대부는 감지구역 18m2(내화 $22m^2$)마다 설치 2. 검출부 하나에 접속하는 열전대부 : 20개 이하						
			열반도체식	1종	65	40	65	40	50	30	–
				2종	36	20	35	23	36	23	–
		스포트형	1종		90	50	45	30	–	–	–
			2종		70	40	35	25	–	–	–
	정온식	스포트형	1종		90	50	45	30	–	–	–
			2종		70	40	35	25	–	–	–
			특종		70	40	35	25	–	–	–
			1종		60	30	30	15	–	–	–
			2종		20	15	–	–	–	–	–
		감지선형	1종		감지구역마다 부탁면의 각부분으로 수평거리가 → 3m(내화 4m) 이하, 1m(내화 3m) 이하						
			2종								
연기식	이온화식		1종		150				75		
			2종		150				75		
	광전식		3종		50						

② 감지기의 경계구역

경계구역이란 자동화재탐지설비의 1회로가 화재의 발생을 유효하게 감지할 수 있는 구역을 말하며 그 원칙과 예외는 표 8.3과 같다

표 8.3 경계구역 설정의 원칙

원 칙	예 외
소방대상물 2이상의 층에 미치지 않도록 할 것.	2개의 층에 미치는 경계구역면적이 $500m^2$ 이하의 경우
1개의 경계구역적은 $600m^2$ 이하일 것	소방대상물의 주된 출입문에서 그 내부를 투시할 수 있는 경우에 있어서는 그 면적을 $1,000m^2$이하로 할 수 있다.
1번의 길이는 50m 이하일 것. 계단, 경사로, 엘리베이터권상기실, 린넨슈트, 파이프닥트 기타 이와 유사한 부분은 별도의 경계구역을 설정할 것. ① 지하층과 지상층 구분 ② 지상층은 45m 마다	하나의 건축물에 수평거리 50m 이내의 범위 안에서 2이상의 계단, 경사로 등이 있는 경우는 하나의 경계구역으로 할 수 있다.

8.2.2 비상경보설비

비상경보설비는 화재의 발생 또는 상황을 소방대상물 내의 관계인에게 경보음 또는 음향으로 통보하여 초기소화활동 및 피난유도 등을 원활하게 하기 위한 목적으로 설치하는 설비로서 그 종류는

- 비상벨 또는 자동식 사이렌
- 방송설비로 구분된다.

(1) 비상벨, 자동식 사이렌

1) 구 성

기동장치, 조작장치, 음향장치 등으로 구성된다.

2) 기동장치

① 각층마다 그 층의 각 부분으로부터 하나의 기동장치까지 보행거리가 50m 이하가 되도록 할 것.

② 바닥으로부터 높이 0.8m 이상 1.5m 이하의 위치에 설치하고, 그 상부에 적색표시등을 달 것.

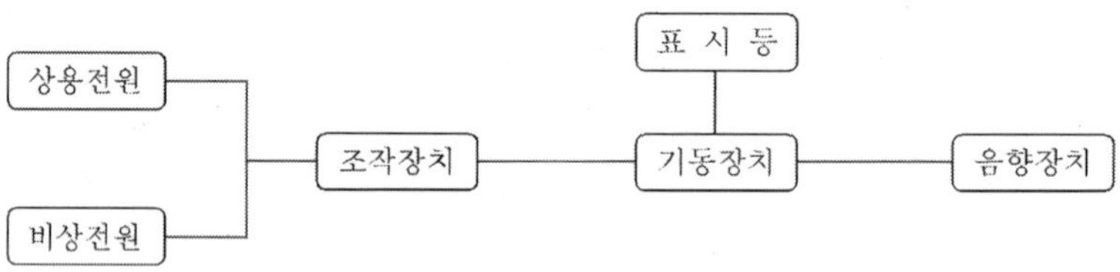

그림 8.14 비상벨, 자동식 사이렌의 구성

③ 화재시 즉시 설비조작부를 작동시킬 수 있는 비상전화를 상기 1, 2에 준하여 설치한 비상전화로 기동장치를 갈음할 수 있다.

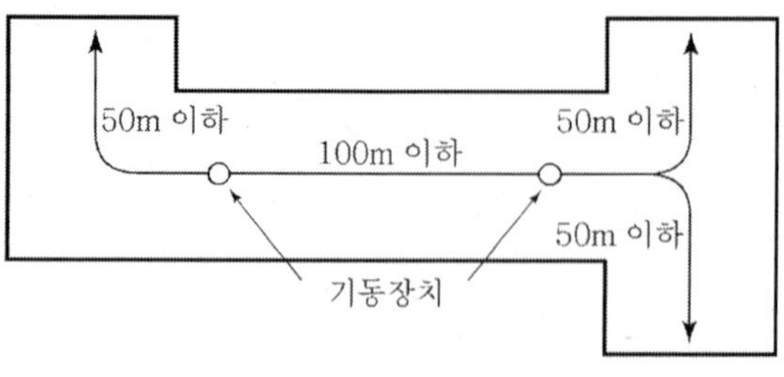

그림 8.15 기동장치의 설치방법

3) 음향 장치

① 음향은 90dB 이상으로 할 것.
② 각층마다 그 층의 각 부분으로부터 하나의 음향장치까지의 수평거리가 25m 이하가 되도록 할 것.
③ 5층 이상으로 연면적 3,000m^2 이상의 소방대상물은 발화층 및 직상층에 경보를 발하도록 할 것(발화층이 1층인 경우에는 지하층을, 지하층인 경우에는 기타의 지하층을 포함)

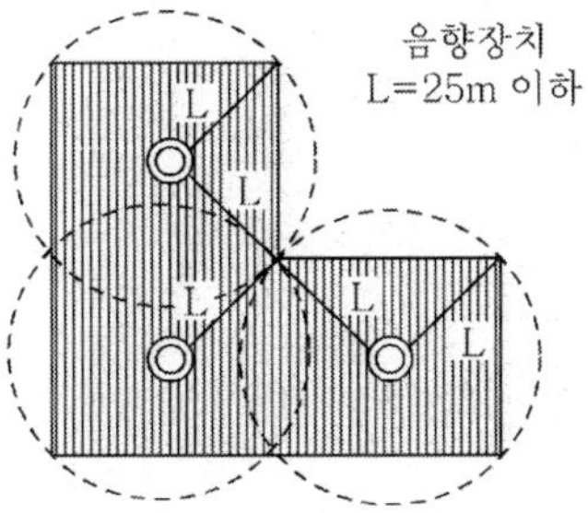

그림 8.16 음향장치의 설치방법

(2) 방송 설비

1) 구 성

기동장치, 비상전화, 스피커, 증폭기 및 조작장치 등으로 구성된다.

2) 스피커

① 각 층마다 그 층의 각 부분으로부터 하나의 스피커까지의 수평거리가 25m 이하가 되도록 할 것.
② 음성입력은 3와트(실내 1와트)이상일 것.
③ 증폭기 및 조작부는 수위실 등 항시 사람이 있는 장소로서 점검이 편리한 방화상 유효한 위치에 설치할 것.
④ 음성조정기를 설치하는 경우의 배선은 3선식 배선을 할 것.
⑤ 기동장치
  - 누름버튼식
  - 비상전화 조작방식
  - 자동화재탐지설비 연동식
⑥ 발화층 및 그 직상층에 대하여 경보를 발할 수 있도록 할 것.
  (발화층이 1층인 경우에는 기타의 지하층을 포함)

8.2.3 자동화재속보설비

자동화재속보설비는 자동으로 화재의 발생을 관할소방서에 통보하는 설비로서 자동화재탐지설비와 연동으로 작동하여 소방서에 전달되는 것으로 하고 누름스위치는 바닥으로부터 0.8m 이상 1.5m 이상에 설치해야 한다.

8.2.4 가스화재탐지설비

가스화재탐지설비는 가스시설이 되어 있는 소방대상물에 설치하여 가스의 누출현상이 나타나면 자동적으로 경보를 발함으로써 가스로 인한 화재 및 인명피해를 미연에 방지할수 있는 설비로서 구조에 따른 종류는

- 단독형 : 누설되는 가스의 탐지부가 수신부와 함께 1개의 상자내에 수납되어 일체로 되어 있는 구조
- 분리형 : 탐지부와 수신부가 분리되어 있고 이들을 조합하는 구조로 된 것.

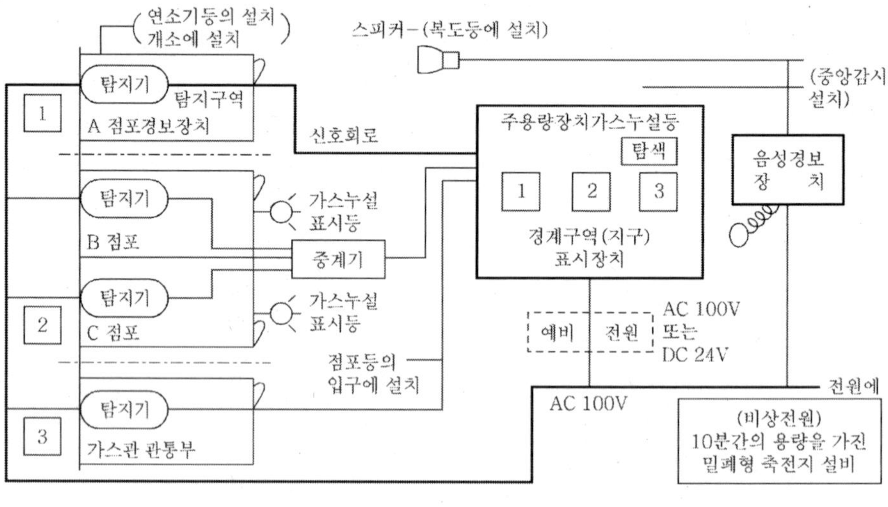

그림 8.17 가스화재탐지설비의 계통도(분리형)

(1) 수신부 등

탐지부에서 발하여진 가스누설신호를 직접 또는 중계부를 통하여 수신하고 이를 관계자에게 통보하여 주는 것으로서 수신기 등으로 구성되어 있으며 수신기는 G형, GP형(P형과 G형의 기능을 겸한 것) 및 GR형(G형과 R형의 기능을 겸한 것) 등이 있으며, 수신기에는 가스누설표시, 회로도통시험의 기능을 갖추고 전면에 전압계 및 가스농도계를 구비한 것을 설

치하여야 하며, 예비전원은 밀폐형 축전지로서 그 용량은 2회선을 10분간 유효하게 작동시킬 수 있는 것이어야 하며 음향장치는 음향장치의 중심으로부터 1m 떨어진 지점에서 90dB(단독형은 70dB) 이상의 성능을 가진 것으로 해야 한다. 그리고 탐지부는 가스누설을 탐지하여 중계기 또는 수신부에 가스누설의 신호를 발신하는 것. 또한 가스누설을 탐지하여 이를 음향으로 경보함과 동시에 중계기 또는 수심부에 신호를 보내는 것을 말하며, 가스누설시 가스누설 신호를 수신부에 수신 후, 가스누설을 표시하기까지의 소요시간은 60초 이내이어야 하다.

(2) 설치 위치

가스화재탐지기는 누설가스를 탐지하고 쉽고 점검이 용이한 장소에 다음의 기준에 의하여 설치하여야 한다.

1) 탐지대상가스의 공기비중이 1보다 작은 경우

① 연소기로부터 수평거리 8m 이내의 위치에 설치할 것, 다만 천정면 0.6m 이상 돌출한 보 등에 의하여 구획되어 있는 경우에는 연소기측 또는 관통부측에 설치할 것.
② 연소기를 사용하는 실의 천정면 등의 부근에 흡기구가 있는 경우에는 당해 연소기와의 사이 천정면 등이 0.6m 이상 돌출한 보 등에 의해서 구획되지 않는 급기구중 연소기로부터 가장 가까운 것의 부근에 설치할 것.
③ 탐지기의 하단은 천정면의 하방 0.3m 이내의 위치에 설치할 것.

2) 탐지대상가스의 공기비중이 1보다 클 경우

① 연소기 또는 관통부로부터 수평거리 4m 이내의 위치에 설치할 것.
② 탐지기의 상단은 바닥면의 사방 0.3m 이내의 위치에 설치할 것.
그러나 가스화재탐지기를 설치하여도 가스누설시 정상적인 작동을 기대할 수 없는 다음의 장소에서는 설치하지 않아야 한다.
- 출입구 부근 등 외부의 기류가 빈번하게 유통하는 곳
- 환기를 위한 흡기로부터 1.5m 이내의 장소
- 가스 연소기의 폐가스에 접촉하기 쉬운 장소
- 기타 가스누설을 유효하게 탐지할 수 없는 장소

8.2.5 누전경보기

누전경보기는 600V 이하의 저압전로의 지락전류를 검출하여 당해 소방대상물의 관계자에게 경보를 발함으로서 전기로 인한 누전화재를 미연에 방지 할 수 있는 설비로서 변류기

와 수신기 및 음향장치 등으로 구성되어 있으며 이 설비는 누설전류를 검출하는 변류기, 검출된 누설전류를 증폭하는 수신기 및 경보를 발하는 음향장치 또는 차단기구의 성능에 따라 1급, 2급으로 구분하며 경계전로의 정격전류가 60V 이하인 경우에 한하여 설치하는 것을 2급, 기타의 것을 1급이라고 한다.

라스몰탈 구조의 건물에 주로 설치하여 가연성가스, 증기 또는 화약류를 제조하는 장소에 설치하는 경우는 차단기구가 있는 것으로 하고 적당한 방호조치를 강구하든가 변류기만 당해 장소에 설치해 불꽃발생의 위험이 있는 검출부는 안전한 장소에 설치해야 하다.

8.3 제 연

8.3.1 제연의 개요

(1) 제연의 목적

제연이란 연기의 침입을 방지하여 연기를 외부로 배출시키거나 제어하여 소방대상물 내의 사람이 안전한 장소로 피난 또는 소화활동자의 소화활동을 원활히 할 수 있도록 보조하는 설비이다

(2) 연기제어의 기본방법

1) 배기
연기를 화재실 밖으로 배출시키는 것,

2) 차단
방화문, 방화셔터, 방연수직벽, 방화댐퍼 등으로 연기유입을 막는 것

3) 희석
다량의 신선한 공기를 유입시켜 위험수준 이하로 섞는 것

(3) 연기의 유동

1) 연기의 유동은 건물내외의 온도차에 영향을 받는다.
2) 공기보다 고온이기 때문에 기류를 교반하지 않는다면 천장면의 하면을 따라 이동한다.
3) 수직공간에서 확산속도가 빠르고 그 흐름에 따라 화재직상층부터 차례로 충만해 간다.

8.3.2 연기제어설비의 종류

연기제어의 목적을 위해서는 방연 및 제연을 통한 여러 가지 수단이 고려된다.

실제로 이용되는 연기제어방식은 여러 가지가 있으나 그중 대표적인 방식으로는 ① 밀폐방연방식, ② 자연제연방식, ③ 기계제연방식 등이 있다. 밀폐제연방식과 자연제연방식은 동력을 사용하지 아니하고 다만 건물 구조적으로 방연벽 및 방염문, 급기구 및 제연구를 통한 자연력을 이용하여 연기를 제어하는 설비이며, 기계제연방식은 기계력을 이용하여 송풍 및 제연함으로써 연기를 제어하는 방식이다.

(1) 밀폐방연방식

밀폐도가 높은 벽이나 문으로 화재실을 밀폐하여 연기의 유출 및 신선한 공기의 유입을 억제하여 화재실 이외의 부분으로 연기가 누출되지 않도록 하는 방식이다. 공동주택이나 호텔 등 구획을 작게 할 수 있는 건물에 적합하다.

(2) 자연제연방식

화재에 의해서 발생한 열기류의 부력 또는 외부의 바람의 흡출효과를 이용하여 실의 상부에 설치된 창 또는 전용의 제연구를 통하여 연기를 옥외로 배출하고 지하부의 급기구를 통하여 급기함으로써 연기를 제어받는 방식이다.

(3) 기계제연방식

1) 장치의 설비 방법에 따른 구분

① 동력급기 및 동력제연방식
화재실에서는 기계제연을 행하는 동시에 복도나 계단실을 통해서 기계력에 의한 급기를 하는 방식이다. 급기량을 제연량보다 많게 하여 화재실의 내압을 부압으로 유지하고 화재실로부터의 누연을 방지한다. 이 방식은 주요 피난로 확보에 유효하나 기계장치가 복잡하다는 문제가 있으며 풍량의 밸런스에도 유의하여야 한다.

② 동력급기 및 자연제연방식
복도, 계단전실, 계단실 등 피난통로로서 중요한 부분에 신선한 공기를 송풍기로 급기하고, 그 부분의 압력을 화재실보다 상대적으로 높여서 연기의 침입을 방지 하는 방식으로서 가압 방연방식 또는 가압 차연방식이라고 부르기도 한다. 이 방식은 과잉 급기되면 화재를 조장할 우려가 있고 공기의 도피구가 확보되어 있지 않은 상태에서 가압하면 화재실의 화세를 조장하고 열기가 복도로 역류하여 위험한 상태가 되므로 이점 유의하여야 한다.

③ 자연급기 및 동력제연방식

화재로 인해서 발생한 연기를 화재실의 상부로부터 재연기에 의해 흡입하여 옥외로 배출하고 화재실과 인접한 실의 외벽을 통하여 자연 급기하는 방식이다. 이 방식은 화재초기에 화재실의 압력을 낮추고 연기를 다른 구역으로 누출시키지 않는 점에서 우수한 방식이다.

그러나 화재가 성장하여 연기의 양이 많아지면 흡입을 다 할 수 없는 우려가 있고 연기의 온도가 상승하면 기기의 내열성에 한계가 있다는 점에 유의할 필요가 있다.

2) 설비체계에 따른 구분

① 국소제연방식

국소제연방식은 각실마다 팬(Fan)을 설치하여 재연을 행하는 것이고 종닥트(duct) 설치장소가 확보 불가능한 경우나, 기설치된 건물에 응용하는 경우에 이방식을 채용하기도 하며 일반적으로 비용이 많이 들고 동시에 제연기의 산재로 유지관리가 힘들기 때문에 그다지 많이 사용되지 않는다.

② 중앙제연방식

중앙제연방식은 건물을 여러 개의 구획으로 구분하고 각 구역마다 제연기를 설치한 닥트(duct) 흡입으로 각실의 제연을 행하는 것이며 현재 일반적으로 많이 사용하고 있다. 이 방식으로 제연을 하는 경우에는 건물 전체를 어떠한 계통으로 나누는가에 의해 설비비와 제연효과에 큰 영향을 미치기 때문에 계통을 나누는 데 충분한 검토를 하여야 한다. 검토내용은 안전구획, 피난통로계획, 바닥면적 및 건물높이에 의한 수직구획 계획이다.

8.3.3 제연설비 설치의 실제

(1) 제연구역 설정의 기본계획

1) 안전구획의 계획

피난은 일반적으로 거실(화재실) → 복도 → (계단 전실) → 계단 → 옥외의 경로를 잡는 것이 일반적이고 연기도 거의 이와 같은 순서로 흘러가며 위험성이 점차 증가한다고 생각할 수 있다. 피난 완료 전에 계단으로 연기가 침입 하였을 때에는 화재층보다 상층의 사람들은 피난이 불가능하게 되어 대참사의 원인이 된다. 그러므로 화재실에서 옥외까지를 이순서로 구획하고 화재실로부터 직접 계단 등이 연결되지 않도록 하는 것이 안전하다. 즉, 복도를 제1차 안전구역으로 하면 계단전실은 제2차 안전 구역이고 계단은 제3차 안전구역이 된다. 이러한 구획의 경계부분에서 방화차연을 행하며 또 구획의 차원이 높을수록 안전성은 증가하게 된다.

2) 피난통로의 구획

피난통로는 고차 안전구획으로 연기가 유출하지 않도록 한다. 이를 위하여는 각 구획마다 제연구를 설치하는 것은 물론이고 제연기의 계통도 전부 동일한 팬으로 하는 것이 아니고 2~3계통으로 분할해 두는 것이 좋다. 피난상 중요한 통로는 확실한 제연을 할 필요가 있고 다른 일반적인 제연구획과 계통을 나누는 것이 바람직하다.

3) 바닥면적에 의한 계획

바닥면적이 대단히 넓고 평면적으로 제연계획을 광범위하게 취급하는 경우에는 계통을 몇 구역으로 구분하여 닥트를 여러 곳에 분산하고 횡닥트는 될 수 있으면 짧게 설치하는 것이 제연효과도 좋고 경제적인 경우가 많다.

4) 건물높이에 의한 계획

초고층빌딩과 같은 높은 건물에 있어서 제연용 닥트를 한 계통으로 하면 중량이 작용하여 팬이 과중량에 의하여 영향을 받을 위험성이 있기 때문에 상과 하를 계통으로 나누는 것이 바람직하다. 또 상층의 연기를 하층으로 끌어내리는 닥트방식은 좋지 않다.

(2) 제연방식

현재의 소방관계 법규에서는 화재발생이 예상되는 제연구역(예상제연구역)에 대하여는 화재 시 제연배출과 동시에 공기유입이 될 수 있도록 하며 배출구역이 거실인 경우에는 통로에 동시에 공기가 유입되도록 설치해야 하고 통로와 인접하고 있는 거실이 통로외의 기타 부분과 벽으로 구획되어 바닥면적 $50m^2$ 미만인 경우에는 통로에서의 배출만으로 갈음할 수 있도록 하고 있다. 그리고 통로의 마감이 난연재 이상으로 간주하지 아니할 수 있다고 규정하고 있으므로 규정상으로는 자연 제연방식이나 기계제연방식 그 어느 것을 채택해도 무방하다 하겠다. 따라서 제연설비를 설치하는 건물의 규모와 구조를 고려하여 제연방식을 채택하도록 하여야 할 것이다.

(3) 제연구역의 설정

하나의 제연구역은 각 층별로 설치하되 $1,000m^2$ 미만일지라도 피난로 확보라는 면에서 각각 개별의 제연구역으로 설정하여야 한다. 제연구역 설정시에는 면적별로는 직경 40m(부득이한 경우는 60m)의 원내에 들어갈 수 있는 부분마다 통로의 경우에는 보행중 심선의 길이 40m(부득이한 경우 60m) 이내마다 각각 하나의 제연구역으로 설정하여야 한다. 제연구역이 2개층에 걸치는 것은 원칙적으로 인정되지 않으나 실제적으로 제연구역을 시행할 때에는 건물 구조상 불가피한 경우가 있다. 1층과 2층 사이의 층간 구획이 되어 있지 아니하는 경우에는 그림 8.18과 같이 제연구역을 3개로 구획할 수밖에 없을 것이다.

건축법에서는 소방관련법규와는 별도로 비상용승강기의 승강장과 특별피난계단의 전실에 제연설비를 설치하도록 규정하고 있으므로 제연구역 설정 시 이를 고려하여야 할 것이다.

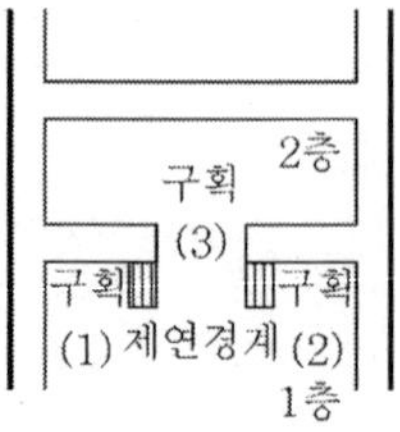

그림 8.18 1층과 2층의 가운데 부분이 통하여 층간구획이 안되었을 때의 제연구획방법, 제연구역을 (1), (2), (3) 세구획으로 나누었다.

(4) 제연구역의 구획방법

제연구역은 보・제연경계벽 및 벽으로 구획하며 벽으로 구획할 때에는 고정된 벽 이외에 가동벽, 자동방화셔터, 방화문 등으로 구획해도 좋다. 벽으로 제연구역을 구획하는 것이 완전 하나 화재실에서의 연기가 실내의 상부에서 머무는 것이 보통이므로 천정으로부터 수직사방으로 어느 정도의 경계를 설치하며 연기의 이동을 막을 수 있다. 연기의 이동을 막기 위하여 제연구역경계에 설치하는 것을 제연경계라 한다. 제연경계는 그림 8.19와 같이 천정으로부터 수직하단까지의 폭이 0.6m 이상이어야 하며 수직거리(제연경계의 하단에서 당해 실의 바닥까지의 거리)는 불가피한 경우를 제외하고 2m 이내로 설치하여야 한다.

벽이나 제연경계로 구획한 제연구역을 예상제연구역이라고 하는데 제연을 할 때는 예상제연구역별로 배출구를 설치하고 제연을 하지만 필요에 따라서는 하나의 배출구를 이용하여 2개 이상의 예상제연구역의 연기를 동시에 배출할 수도 있으며, 이때 이것을 공동예상제연구역이라 한다. 그러나 거실과 통로는 공동계상 제연구역으로 할 수 없다. 제연구획은 내화재 또는 화재시 쉽게 변형되거나 파괴되지 아니하는 구조로 하여야 한다. 또한 제연경계가 자동화재감지기 등에 연동되어 자동으로 설치되는 경우 장애물에 의하여 작동에 장애를 받지 아니하도록 하여야 하며, 지나치게 급속히 하강하면 실내에 있던 사람들을 다치게 하는 경우도 있으므로 이점을 유의해야 할 것이다.

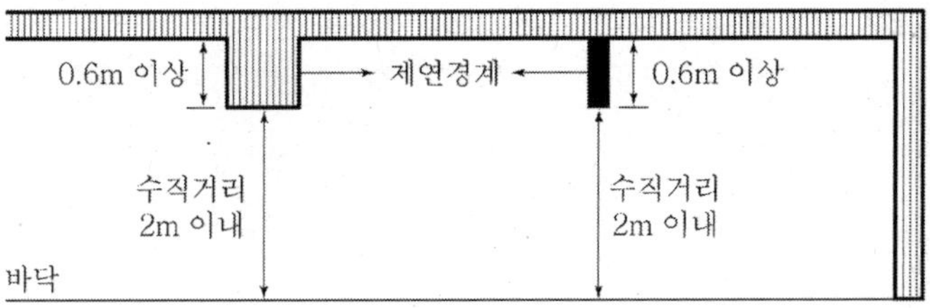

그림 8.19 제연경계

(5) 배출구의 설치위치

1) 바다면적이 $400m^2$ 미만인 예상제연구역의 배출구의 설치위치

① 예상제연구역이 벽으로 구획된 경우에는 천장 떠는 반자와 바닥 사이의 중간 윗부분에 설치하여야 하는데 가능한 한 천장이나 반자 등 위부분에 설치하는 것이 효과적이다.

② 예상제연구역의 어느 한 부분이 제연경계벽이 설치되어 있는 경우에는 제연경계의 가장 낮은 부분보다 배출구의 하단이 높게 위치하도록 설치한다.

2) 통로배출인 경우와 바닥면적이 $400m^2$ 이상인 예상제연구역의 배출구의 위치

① 예상제연구역이 벽으로 구획되어 있는 경우에는 천장, 반자 또는 이에 가까운 벽에 설치하며 벽에 설치하였을 경우에는 배출구의 하단에서 바닥까지의 거리가 2m 이상이어야 한다.

② 예상제연구역중 어느 한 부분이 제연경계벽으로 되어 있을 경우 배출구의 하단은 제연경계벽의 하단보다 높은 위치를 벽이나 천장 또는 반자에 설치한다.

3) 예상제연구역의 각 부분으로부터 하나의 배출구까지의 거리는 10m 이내가 되도록 한다.

(6) 배출량

1) 통로 이외의 부분이 벽으로 구획된 바닥면적 $400m^2$ 미만의 거실인 예상제연구역의 배출량

① 바닥면적 $1m^2$ 당 $1m^3/min$로 하되, 예상 제연구역당 배출량은 최저 $5000m^3/hr$로 하며, 예상제연구역이 다른 거실의 피난경유실인 경우에는 기준량의 1.5배로 한다.

② 통로배출방식인 경우의 배출량은 표 8.4와 같다.

표 8.4 통로배출방식에서의 방출량

통로 길이	수직거리	배출량	비고
40m 이하	2m 이하	1시간당 25000m^3	벽으로 구획된 경우를포함한다.
	2m 초과 2.5m 이하	1시간당 30000m^3	
	2.5m 초과 3m 이하	1시간당 35000m^3	
	3m 초과	1시간당 45000m^3	
40m 초과 60m 이하	2m 이하	1시간당 30000m^3	벽으로 구획된 경우를 포함한다.
	2m 초과 2.5m 이하	1시간당 35000m^3	
	2.5m 초과 3m 이하	1시간당 40000m^3	
	3m 초과	1시간당 45000m^3	

2) **통로 이외의 부분이 벽으로 구획된 바닥면적 400m^2 이상의 거실인 예상 제연구역의 배출량**

① 예상제연구역이 직경 40m인 원의 범위 내에 있을 경우와 보행중심선의 길이 40m 이내인 통로일 때에는 배출량을 표 8.5와 같이 한다.

② 예상제연구역이 직경 40m인 원의 범위를 초과할 경우와 보행중심선의 길이 40m 이상인 통로일 때에는 배출량을 45,000cm^3/hr 이상으로 하되 제연구역이 제연경계로 구획된 경우는 배출량은 표 8.6과 같다.

3) **공동예상제연구역에서의 배출량**

① 공동예상제연구역내의 예상제연구역이 벽으로 구획된 경우에는 각 예상제연구역 배출량의 합 이상으로 한다.

② 공동예상제연구역내의 예상제연구역이 출입구 부분외의 부분이 일부라도 제연경계로 구획된 경우의 배출량은 각 예상제연구역의 배출량중 최대의 것으로 한다. 이때 공동예상 제연구역이 거실일 때에는 바닥면적이 1000m^2 이하이고 직경 40m 원내에 들어가야 하며 통로인 때에는 보행중심선의 길이가 40m 이하이어야 한다.

표 8.5

수직거리	배출량
2m 이하	1시간당 4000m^3 이상
2m 초과 2.5m 이하	1시간당 4500m^3 이상
2.5m 초과 3m 이하	1시간당 5000m^3 이상
3m 초과	1시간당 6000m^3 이상

표 8.6

수직거리	배출량
2m 이하	1시간당 4500m^3 이상
2m 초과 2.5m 이하	1시간당 5000m^3 이상
2.5m 초과 3m 이하	1시간당 5500m^3 이상
3m 초과	1시간당 6000m^3 이상

(7) 배출기

배출기로서 일반적으로 사용하는 소풍기는 다익행, 리미트 로드형, 터보형, 축류형이 있다. 배출기와 배출풍도의 접속부에 사용하는 캔버스는 내열성이 있는 것으로 하여야 한다.

(8) 배출풍도

1) 배출풍도는 아연도금 강판 또는 이와 동등이상의 내식성, 내열성이 있는 것으로 하며 내열성 단열재로 단열처리를 하고 강판의 두께는 배출풍도의 크기에 따라 표 9.7의 기준이상으로 한다.
2) 배출풍도내의 풍속
   배출기의 흡입측풍도안의 풍속은 15m/sec 이하로 하고 배출측 풍속은 20m/sec 이하로 한다.

표 8.7

풍도단면의 기변 또는 직경의 크기	450mm이하	450mm초과 750mm이하	750mm초과 1500mm이하	1500mm초과 2250mm이하	2250mm초과
강판두께	0.5mm이상	0.6mm이상	0.8mm이상	1.0mm이상	1.2mm이상

(9) 공기유입 방식 및 유입구

1) 공기유입방식
   예상제연구역에 대한 공기유입은 유입풍도를 경유한 강제유입 또는 자연유입방식 으로 하거나 인접한 제연구역 또는 통로에 유입되는 모든 공기(가압공기 포함)가 당해구역으로 유입되는 방식으로 한다.

2) 유입구의 설치방법
   ① 통로 이외의 부분이 벽으로 구획된 바닥면적 400m^2 미만의 거실인 예상제연구역과 공동예상제연구역내의 각구역이 벽으로 구획되어 있을 때에는 바닥외의 장소에 설치하고 공기유입구와 배출구간의 직선거리는 5m 이상으로 한다.

② 통로 이외의 부분이 벽으로 구획된 바닥면적 $400m^2$ 이상의 거실인 예상제연구역에 대하여는 바닥으로부터 1.5m 이하의 높이에 설치하고 주변 2m 이내에는 가연물이 없도록 한다.

③ 위의 ②, ③에 해당하지 아니하는 예상제연구역(제연경계로 구획된 예상제연구역에 인접하는 구역의 유입공기가 당해 예상제연구역으로 유입되게 한 경우는 제외), 즉 통로가 예상제연구역인 경우 등에 대한 유입구는 벽에 설치할 때에는 바닥으로부터 1.5m 이하의 부분으로 주변 2m 이내에 가연물이 없는 곳에 설치하고 벽 이외의 장소에 설치할 때는 유입구의 상단이 청정 또는 반자와 바닥사이의 중간 아랫부분보다 그리고 제연경계 하단보다 낮게 설치한다.

④ 공동예상제연구역 안에 설치된 각 예상제연구역의 일부 또는 전부가 제연경계로 구획된 경우에는 공동예상제연구역내에 적어도 1개소의 유입구를 설치하되 설치방법은 상기 ③과 같다.

⑤ 인접한 제연구역 또는 통로에 유입되는 공기를 당해 예상제연구역의 공기유입으로 하는 경우 유입구가 제연경계하단보다 높다면 인접제연구역 또는 통로 화재시 그 유입구는 자동폐쇄되어야 하며 유입풍도가 당해 제연구역을 지나는 부분에 자동폐쇄 댐퍼를 설치하여야 한다.

⑥ 예상제연구역에 공기가 유입되는 순간의 풍속은 5m/sec 이하로 하고 유입구의 구조는 유입공기를 하향 60° 이내로 분출할 수 있도록 한다.

⑦ 공기유입구의 크기는 예상제연구역의 분당배출량 $1m^3$에 대하여 $35cm^2$로 하며 유입배출량은 배출량 이상으로 한다.

3) 유입풍도

유입풍도 안의 풍속은 20m/sec 이하로 하며 옥외에 면한 배출구 또는 유입구는 비 또는 눈 등이 들어가지 아니하도록 하며 유입구의 위치는 배출된 연기가 순환유입되지 않도록 해야 한다.

(10) 제연설비의 전원

제연설비에는 상용전원에 이상이 있을 때를 대비하여 비상전원전용 수전설비, 자가발전설비 또는 축전지설비에 의한 비상전원을 설치하여야 한다. 비상전원은 정전 등 상용전원에 이상이 있을 때 20(40, 60)분 이상 제연설비를 작동할 수 있는 용량이어야 하며, 자동 전환되는 구조이어야 한다. 화재 시에는 전원으로서의 기능을 상실하지 아니하도록 여러 가지 사항을 유의하여 설치하여야 한다.

8.4 소방안전관리 대책

소방안전관리는 화재의 발생을 예방하고 화재에 의한 인명 및 재산피해를 최소로 하기 위한 국민의 화재예방활동 체제이다.

일반적으로 화재는 평소 부주의에 의해 발생하고 있으나 화재발생을 예방하거나 발생된 화재를 신속히 제압하여 피해를 감소하기 위해서는 특별한 조치가 마련되어야 할 것 이다.

8.4.1 소방안전관리자의 업무

특정소방대상물(소방안전관리대상물은 제외한다)의 관계인과 소방안전관리대상물의 소방안전관리자의 업무는 다음 각 호와 같다. 다만, 제1호・제2호 및 제4호의 업무는 소방안전관리대상물의 경우에만 해당한다.

1. 대통령령으로 정하는 사항이 포함된 소방계획서의 작성
2. 자위소방대(自衛消防隊)의 조직
3. 제10조에 따른 피난시설, 방화구획 및 방화시설의 유지・관리
4. 제22조에 따른 소방훈련 및 교육
5. 소방시설이나 그 밖의 소방 관련 시설의 유지・관리
6. 화기(火氣) 취급의 감독
7. 그 밖에 소방안전관리에 필요한 업무

8.4.2 소방안전관리의 내용

시행령 제24조(소방안전관리대상물의 소방계획서 작성 등)

① 법 제20조제6항제1호에 따른 소방계획서에는 다음 각 호의 사항이 포함되어야 한다.

1. 소방안전관리대상물의 위치 · 구조 · 연면적 · 용도 및 수용인원 등 일반 현황
2. 소방안전관리대상물에 설치한 소방시설 · 방화시설(防火施設), 전기시설 · 가스시설 및 위험물시설의 현황
3. 화재 예방을 위한 자체점검계획 및 진압대책
4. 소방시설 · 피난시설 및 방화시설의 점검 · 정비계획
5. 피난층 및 피난시설의 위치와 피난경로의 설정, 장애인 및 노약자의 피난계획 등을 포함한 피난계획
6. 방화구획, 제연구획, 건축물의 내부 마감재료(불연재료 · 준불연재료 또는 난연재료로 사용된 것을 말한다) 및 방염물품의 사용현황과 그 밖의 방화구조 및 설비의 유

지 · 관리계획

7. 법 제22조에 따른 소방훈련 및 교육에 관한 계획
8. 법 제22조를 적용받는 특정소방대상물의 근무자 및 거주자의 자위소방대 조직과 대원의 임무(장애인 및 노약자의 피난 보조 임무를 포함한다)에 관한 사항
9. 증축 · 개축 · 재축 · 이전 · 대수선 중인 특정소방대상물의 공사장 소방안전관리에 관한 사항
10. 공동 및 분임 소방안전관리에 관한 사항
11. 소화와 연소 방지에 관한 사항
12. 위험물의 저장 · 취급에 관한 사항(「위험물 안전관리법」 제17조에 따라 예방규정을 정하는 제조소등은 제외한다)
13. 그 밖에 소방안전관리를 위하여 소방본부장 또는 소방서장이 소방안전관리대상물의 위치 · 구조 · 설비 또는 관리 상황 등을 고려하여 소방안전관리에 필요하여 요청하는 사항

② 소방본부장 또는 소방서장은 제1항에 따른 특정소방대상물의 소방계획의 작성 및 실시에 관하여 지도 · 감독한다.

8.4.3 소방안전관리 대상물

소방시설 설치 유지 및 안전관리에 관한 법률에서는 소방안전관리자를 두어야 할 특정소방대상물은 특급, 1급, 2급 소방안전관리대상물로 구분하고 있다.

1) 소방안전관리자를 두어야 하는 특정소방대상물(시행령 제22조)

① 법 제20조제2항에 따라 소방안전관리자를 선임하여야 하는 특정소방대상물은 다음 각 호의 어느 하나에 해당하는 특정소방대상물로 한다. 다만, 「공공기관의 소방안전관리에 관한 규정」을 적용받는 특정소방대상물은 제외한다.

1. 별표 2의 특정소방대상물 중 다음 각 목의 어느 하나에 해당하는 것으로서 아파트, 동 · 식물원, 철강 등 불연성 물품을 저장 · 취급하는 창고, 위험물 저장 및 처리 시설 중 위험물 제조소등(「위험물 안전관리법」 제2조제1항제6호에 따른 제조소등을 말한다. 이하 같다), 지하구를 제외한 것(이하 "특급 소방안전관리대상물"이라 한다)
   가. 30층 이상(지하층을 포함한다)이거나 지상으로부터 높이가 120미터 이상인 특정소방대상물
   나. 가목에 해당하지 아니하는 특정소방대상물로서 연면적이 20만제곱미터 이상인 특정소방대상물

2. 별표 2의 특정소방대상물 중 제1호에 따른 특정소방대상물을 제외한 다음 각 목의 어느 하나에 해당하는 것으로서 아파트, 동·식물원, 철강 등 불연성 물품을 저장·취급하는 창고, 위험물 저장 및 처리 시설 중 위험물 제조소등, 지하구를 제외한 것(이하 "1급 소방안전관리대상물"이라 한다)
   가. 연면적 1만5천제곱미터 이상인 것
   나. 가목에 해당하지 아니하는 특정소방대상물로서 층수가 11층 이상인 것
   다. 가연성 가스를 1천톤 이상 저장·취급하는 시설
3. 별표 2의 특정소방대상물 중 제1호 및 제2호에 따른 특정소방대상물을 제외한 다음 각 목의 어느 하나에 해당하는 것(이하 "2급 소방안전관리대상물"이라 한다)
   가. 별표 5에 따라 스프링클러설비, 간이스프링클러설비 또는 물분무등소화설비[호스릴(Hose Reel) 방식만을 설치한 경우는 제외한다]를 설치하는 특정소방대상물
   나. 가목에 해당하지 아니하는 특정소방대상물로서 별표 5에 따라 옥내소화전설비 또는 자동화재탐지설비를 설치하는 특정소방대상물
   다. 가스 제조설비를 갖추고 도시가스사업의 허가를 받아야 하는 시설 또는 가연성 가스를 100톤 이상 1천톤 미만 저장·취급하는 시설
   라. 지하구
   마. 「주택법 시행령」 제48조 각 호의 어느 하나에 해당하는 공동주택
   바. 「문화재보호법」 제23조에 따라 보물 또는 국보로 지정된 목조건축물

② 제1항에도 불구하고 건축물대장의 건축물현황도에 표시된 대지경계선 안의 지역 또는 인접한 2개 이상의 대지에 제1항에 따라 소방안전관리자를 두어야 하는 특정소방대상물이 둘 이상 있고, 그 관리에 관한 권원(權原)을 가진 자가 동일인인 경우에는 이를 하나의 특정소방대상물로 보되, 그 특정소방대상물이 제1항제1호부터 제3호까지의 규정 중 둘 이상에 해당하는 경우에는 그 중에서 급수가 높은 특정소방대상물로 본다.

2) 공동 소방안전관리자 선임대상 특정소방대상물(제25조)

법 제21조제3호에서 "대통령령으로 정하는 특정소방대상물"이란 다음 각 호의 어느 하나에 해당하는 특정소방대상물을 말한다.

1. 별표 2에 따른 복합건축물로서 연면적이 5천제곱미터 이상인 것 또는 층수가 5층 이상인 것
2. 별표 2에 따른 판매시설 중 도매시장 및 소매시장
3. 제22조제1항에 따른 특정소방대상물 중 소방본부장 또는 소방서장이 지정하는 것

   [전문개정 2012.9.14]

8.4.4 소방안전관리자 선임

소방안전관리자의 업무는 고도의 화재 및 소방에 관한 지식을 요하기 때문에 소방안전관리자로 선임되기 위해서는 일정한 자격이 필요하다.

1) 소방안전관리자의 선임대상자(시행령 제23조)

① 특급 소방안전관리대상물의 관계인은 다음 각 호의 어느 하나에 해당하는 사람 중에서 소방안전관리자를 선임하여야 한다.

1. 소방기술사 또는 소방시설관리사의 자격이 있는 사람
2. 소방설비기사의 자격을 취득한 후 5년 이상 1급 소방안전관리대상물의 소방안전관리자로 근무한 실무경력이 있는 사람
3. 소방설비산업기사의 자격을 취득한 후 7년 이상 1급 소방안전관리대상물의 소방안전관리자로 근무한 실무경력이 있는 사람
4. 소방공무원으로 20년 이상 근무한 경력이 있는 사람
5. 5년(소방설비기사의 경우 2년, 소방설비산업기사의 경우 3년) 이상 1급 소방안전관리대상물의 소방안전관리자로 근무한 실무경력이 있고, 소방방재청장이 정하여 실시하는 특급 소방안전관리대상물의 소방안전관리에 관한 시험에 합격한 사람
6. 법 제41조제1항제3호 및 이 영 제38조에 따라 특급 소방안전관리대상물의 소방안전관리에 대한 강습교육을 수료하고 소방방재청장이 실시하는 특급 소방안전관리대상물의 소방안전관리에 관한 시험에 합격한 사람

② 1급 소방안전관리대상물의 관계인은 다음 각 호의 어느 하나에 해당하는 사람 중에서 소방안전관리자를 선임하여야 한다. 다만, 제4호부터 제6호까지에 해당하는 사람은 안전관리자로 선임된 해당 소방안전관리대상물의 소방안전관리자로만 선임할 수 있다. 〈개정 2013.1.9〉

1. 소방설비기사 또는 소방설비산업기사의 자격이 있는 사람
2. 산업안전기사 또는 산업안전산업기사의 자격을 취득한 후 2년 이상 2급 소방안전관리대상물의 소방안전관리자로 근무한 실무경력이 있는 사람
3. 소방공무원으로 7년 이상 근무한 경력이 있는 사람
4. 위험물기능장 · 위험물산업기사 또는 위험물기능사 자격을 가진 사람으로서 「위험물안전관리법」 제15조제1항에 따라 위험물안전관리자로 선임된 사람
5. 「고압가스 안전관리법」 제15조제1항, 「액화석유가스의 안전관리 및 사업법」 제16조제1항 또는 「도시가스사업법」 제29조제1항에 따라 안전관리자로 선임된 사람
6. 「전기사업법」 제73조제1항 및 제2항에 따라 전기안전관리자로 선임된 사람

7. 다음 각 목의 어느 하나에 해당하는 사람으로서 소방방재청장이 실시하는 1급 소방안전관리대상물의 소방안전관리에 관한 시험에 합격한 사람
   가. 「고등교육법」 제2조제1호부터 제6호까지의 어느 하나에 해당하는 학교(이하 "대학"이라 한다)에서 소방안전관리학과를 전공하고 졸업한 사람으로서 2년 이상 2급 소방안전관리대상물의 소방안전관리자로 근무한 실무경력이 있는 사람
   나. 대학에서 소방안전 관련 교과목(소방방재청장이 정하여 고시하는 교과목을 말한다. 이하 같다)을 12학점 이상 이수하고 졸업하거나 소방안전 관련 학과(소방방재청장이 정하여 고시하는 학과를 말한다. 이하 같다)를 전공하고 졸업한 사람으로서 3년 이상 2급 소방안전관리대상물의 소방안전관리자로 근무한 실무경력이 있는 사람
   다. 소방행정학(소방학, 소방방재학을 포함한다) 또는 소방안전공학(소방방재공학, 안전공학을 포함한다) 분야에서 석사학위 이상을 취득한 사람
   라. 가목 및 나목에 해당하는 경우 외에 5년 이상 2급 소방안전관리대상물의 소방안전관리자로 근무한 실무경력이 있는 사람
   마. 법 제41조제1항제3호 및 이 영 제38조에 따라 1급 소방안전관리대상물의 소방안전관리에 대한 강습교육을 수료한 사람
8. 제1항에 따라 특급 소방안전관리대상물의 소방안전관리자 자격이 인정되는 사람

③ 2급 소방안전관리대상물의 관계인은 다음 각 호의 어느 하나에 해당하는 사람 중에서 소방안전관리자를 선임하여야 한다. 다만, 제3호에 해당하는 사람은 보안관리자 또는 보안감독자로 선임된 해당 소방안전관리대상물의 소방안전관리자로만 선임할 수 있다. 〈개정 2013.1.9〉

1. 건축사 · 산업안전기사 · 산업안전산업기사 · 건축기사 · 건축산업기사 · 일반기계기사 · 전기기능장 · 전기기사 · 전기산업기사 · 전기공사기사 또는 전기공사산업기사 자격을 가진 사람
2. 위험물기능장 · 위험물산업기사 또는 위험물기능사 자격을 가진 사람
3. 광산보안기사 또는 광산보안산업기사 자격을 가진 사람으로서 「광산보안법」 제13조에 따라 광산보안관리직원(보안관리자 또는 보안감독자만 해당한다)으로 선임된 사람
4. 소방공무원으로 3년 이상 근무한 경력이 있는 사람
5. 다음 각 목의 어느 하나에 해당하는 사람으로서 소방방재청장이 실시하는 2급 소방안전관리대상물의 소방안전관리에 관한 시험에 합격한 사람
   가. 대학에서 소방안전관리학과를 전공하고 졸업한 사람

나. 대학에서 소방안전 관련 교과목을 6학점 이상 이수하고 졸업하거나 소방안전 관련 학과를 전공하고 졸업한 사람
다. 소방본부 또는 소방서에서 1년 이상 화재진압 또는 그 보조 업무에 종사한 경력이 있는 사람
라. 의용소방대원으로 3년 이상 근무한 경력이 있는 사람
마. 군부대(주한 외국군부대를 포함한다) 및 의무소방대의 소방대원으로 1년 이상 근무한 경력이 있는 사람
바. 「위험물 안전관리법」 제19조에 따른 자체소방대의 소방대원으로 3년 이상 근무한 경력이 있는 사람
사. 「대통령 등의 경호에 관한 법률」에 따른 경호공무원 또는 별정직공무원으로서 2년 이상 안전검측 업무에 종사한 경력이 있는 사람
아. 경찰공무원으로 3년 이상 근무한 경력이 있는 사람
자. 법 제41조제1항제3호 및 이 영 제38조에 따라 2급 소방안전관리대상물의 소방안전관리에 대한 강습교육을 수료한 사람

6. 제1항 및 제2항에 따라 특급 또는 1급 소방안전관리대상물의 소방안전관리자 자격이 인정되는 사람

④ 제1항제5호 · 제6호, 제2항제7호 및 제3항제5호에 따른 강습교육의 시간 · 기간 · 교과목 및 소방안전관리에 관한 시험 등에 관하여 필요한 사항은 안전행정부령으로 정한다. 〈개정 2013.3.23〉

⑤ 법 제21조 각 호 외의 부분에서 "대통령령으로 정하는 자"란 제3항 각 호의 어느 하나에 해당하는 사람을 말한다.

[전문개정 2012.9.14]

8.5. 안전(화재예방활동)의 3대 요소

1) 기술
2) 교육홍보
3) 법규의 시행

8.6 소방의 3대요소

1) 인력
2) 정비
3) 소화약제

CHAPTER 09

위험물의 화재 및 소화

CHAPTER 09

위험물의 화재 및 소화

위험물은 일반적으로 화재발생시 소화가 곤란하다. 이 때문에 사람이나 물건에 대한 손해가 크고 피해가 증대하게 된다.

9.1 위험물 화재의 위험성

위험물이란 어떤 형태이든 간에 그 물질이 잠재적 위험성을 갖고 있는 물질을 말하는데 일반적으로 발화 · 연소성물질, 부식성 물질, 유해성 물질로 구분할 수 있다. 소방법의 위험물안전관리법에서의 위험물은 위의 분류 중 인화, 발화성 성질을 가져 화재나 폭발의 위험성이 큰 물질을 그 물리적 · 화학적 성질이 유사한 것들로 분류하여 일정 수량 이상을 제조 · 저장 · 취급할 경우 시설 및 그 취급 시 일정요건을 만족하도록 강제함으로써 안전을 확보하고자 하는 것이다. 즉, 소방법상의 정의를 종합해보면 위험물이란 화학적으로 구조나 결합력이 불안정하여 인화성, 발화성, 폭발성, 유독성, 인체유해성 등 직간접적인 위험요소를 내포하고 있는 물질로서 인명과 재산 및 환경에 피해를 주는 물질로 특별한 대책을 필요로 하는 물질이다 할 수 있다.

9.1.1 위험물의 위험성

(1) 출화위험

1) 자연발화

특별히 별도의 가열이 없어도 내부 반응열의 축적에 의해 온도가 상승하고 발화점에 달하여 연소한다.

① 공기 중에서 산화하여 자연발화 한다.

② 수분과 반응하여 자연발화 한다.

③ 혼합하여 발열하고 자연 발화하거나 발화시킨다.
④ 분해하여 발열하고 자연발화 한다.

2) 인화

위험물은 인화성이 강한 것이 많다.
① 저온에서 인화한다.
② 작은 화원에도 인화한다.
③ 먼 거리에서도 인화한다.
④ 수분과 반응하여 인화성 가스를 발생한다.
⑤ 혼합, 접촉에 의해 발화하고 또는 발화시킨다.

(2) 연소확대 위험

위험물 화재는 발화 직후 확대할 위험성이 크다.

1) 이연성

① 발화에너지가 적어도 연소가 용이하다.
② 연소열이 크다.
③ 연소속도가 빠르다(높다).
④ 연소온도가 높다.
⑤ 연소점이 낮고 연소가 계속되기 쉽다.
⑥ 낮은 농도의 산소하에서도 연소한다.
⑦ 질식성 가스(CO_2, NO_2 등) 중에서도 연소한다.

2) 속연성

① 가연성 가스의 생성
② 미분자, 미세한 방울의 생성
③ 고농도 산소의 방출
④ 분자내 연소가 일어난다.
⑤ 혼합, 접촉에 의해 발화하고 발화시킨다.

(3) 소화곤란위험

위험물은 일반적으로 화재발생시 소화가 곤란하다. 이 때문에 사람이나 물건에 대한 손해가 크고 피해가 증대하게 된다.

1) 물에 대한 위험

일반화재에 대한 가장 유효한 소화방법은 주수소화이다. 그러나 위험물 화재에 있어서는 물에 의하여 오히려 위험이 증대하는 것이 있다.

① 발열하고 고온이 나온다.

② 발화한다.

③ 폭발한다.

④ 가연성 가스를 발생한다.

⑤ 유독 또는 유해한 물질을 생성한다.

⑥ 부식성이 강한 강산, 강알칼리가 된다.

⑦ 산화력이 강한 수용액이 된다.

⑧ 주수에 의해 비산, 부유하고 화면(火面)을 확대한다.

2) 고온 위험

산소와의 친화력이 큰 물질은 격렬히 연소하고 고온을 낸다.

따라서, 고온에 의해 열상, 화상, 용융이 일어난다.

3) 연소계속 위험성

위험물은 일반화재보다도 악조건하에서 연소를 계속하고 조건에 따라 확대한다.

① 저농도 산소중의 연소

② 수분중의 연소

4) 유독 또는 유해한 물질생성

① 자신이 유독한 위험물질

② 연소생성물이 유독한 위험물질

③ 소화용수 기타 소화제 등과 반응하여 유독한 물질을 생성하는 위험물질.

5) 연기의 발생

목재 등에 비해 대량의 연기를 화재시에 발생하는 위험물이 있다.

이 연기에 의해 피난행동이 부자연스럽고, 소화 활동상 대책이 필요하다.

6) 폭발성

폭발성 위험물은 특히 위험하다. 폭발에 직접 대응하는 소화방법은 없다.

폭발에 의해 원인에 피해를 주며, 소화기재는 비산하여 파괴되고 소화작업도 지극히 곤란하게 된다.

(4) 손상위험

위험물은 일반화재와 동일한 위험성외에 각별한 화재위험이 있다.
따라서 소화활동을 저해하고 소방력을 저하시켜 피해가 확대되게 된다.

1) 대인위험

사람에 대한 위험한 작용으로 위험물 자신이 위험성을 가진 것. 연소나 소화시 생성물이 위험성인 것이 있다.

① 부식위험
② 중독위험
③ 질식위험
④ 화상위험
⑤ 외상위험

여기서, 화상에 관하여 살펴보면 다음과 같다.
열 또는 불에 의한 화상은 그 정도에 따라 통상적으로 1도, 2도, 3도로 분류된다.

① 1도 화상 : 최외각의 피부가 손상되어 그 부위가 빨간 색깔을 띄고 심한 통증을 느끼는 상태로서 2도 및 3도 화상보다 중증은 아니다.
② 2도 화상 : 보다 깊숙이 피하 까지 손상을 입어 그 부위가 분홍색을 띄고 분비물이 피하에 모여 물집이 생기는 증상이다.
③ 3도 화상 : 피하의 지방질에까지 열이 깊숙이 침투된 것으로서 가장 중화상에 속하며, 말초신경까지 손상을 입어 그 기능이 죽은 상태여서, 1도나 2도 화상에 비해 통증은 거의 느끼지 못하는 증세이다.
2도 및 3도 화상을 입으면 인체의 재생능력만으로는 피부가 원상으로 회복되기는 어렵다.

2) 대물위험

물체에 대한 위험한 작용으로 물질의 파괴. 변형. 변질을 일으킨다. 열량이 높은 경우는 발화한다. 의류·장신구 등에는 상품가치를 상실하게 된다.

① 가열위험
② 부식위험
③ 파손위험

9.1.2 위험물의 자연발화

(1) 정 의

자연발화라 함은 물질이 공기중에서 발화온도 보다 낮은 온도에서 스스로 발열하여 그 열이 장기간 축적, 발화점에 도달하여 연소에 이르는 현상으로 자연발화를 일으키는 원인으로는 물질의 산화열. 분해열. 흡착열. 미생물(발효열). 중합열 등이 있다.

일반적으로 황린은 발화점이 아주 낮기 때문에 발화하는 것으로 엄밀한 의미로는 자연발화라고 할 수 없으나 황린, 환원철, 알킬알루미늄 등과 같이 공기에 접촉되면 즉시 발화하는 것도 넓은 의미에서 자연발화의 범위로 간주하는 것이 타당하다.

(2) 자연발화의 조건

1) 열전도율이 작은 것

보온효과가 좋게 되기 위해서는 열이 축적되기 쉬운 분말상, 섬유상의 물질이 공기를 많이 포함하기 때문에 단열적이 되며 열전도율이 작은 쪽이 좋다.

2) 발열량이 커야 한다.

발열량이 클수록 열의 축적이 잘 이루어진다.

3) 주위의 온도가 높아야 한다.

온도가 높으면 반응속도가 빠르기 때문에 열의 발생이 증가하여 이런 경우 반응속도는 온도 상승에 따라 현저하게 증가한다.

4) 표면적이 넓어야 한다.

반응계에 고체 또는 액체가 들어 있는 경우의 반응속도는 표면적에 비례하므로 표면적이 클수록 자연발화하기 쉽고 분말이나 액체가 포나 종이 등에 부착되어 있는 상태가 자연발화하기 쉽다.

(3) 자연발화의 형태 및 물질

1) 산화열 축적에 의한 발화

건성유(아마인유, 해바라기유, 들기름, 등유) 및 반건성유(채종유, 면실유, 대두유)가 적셔진 다공성 가연물과 석탄, 기름걸레, 원면, 고무조각, 금속분, 황철관, 테레핀유 등과 같이 산화반응에 의한 발열을 축적하여 자연발화 하는 것.

2) 분해열 축적에 의한 발화

니트로 셀룰로오스(질화면), 셀룰로이드, 니트로글리세린, 산화에틸렌, 유기과산화물류 등과 같이 자연분해시 발생하는 분해열에 의해 자연발화 하는 것.

3) 흡착열 축적에 의한 발화

활성탄, 유성탄, 목탄분말, 가연성물질 + 촉매 등과 같이 물질이 주위의 기체를 흡착할 때 생기는 흡착열에 의해 자연발화 하는 것.

4) 미생물(발효열)에 의한 발화

퇴비, 먼지 등과 같이 미생물의 활동으로 발열·축적하여 자연발화 하는 것.

5) 중합열에 의한 발화

시안화수소, 산화에틸렌 등과 같이 중합반응에 의해 자연발화 하는 것

(4) 자연발화에 영향을 주는 인자

1) 열의 축적 : 열 축적이 용이할수록 자연발화하기 쉽다.
2) 열의 전도율 : 열전도율이 작을수록 자연발화하기 쉽다.
3) 퇴적방법 : 열 축적이 용이하게 가연물이 적재되어 있으면 자연발화하기 쉽다.
4) 공기의 유통 : 공기의 유통이 안 될수록 열축적이 용이하여 자연발화하기 쉽다.
5) 발열량 : 발열량이 큰 물질일 경우 자연발화하기 쉽다.
6) 수분 : 수분은 촉매작용을 할 수 있다.

(5) 자연발화 방지법

1) 통풍을 잘시켜 퇴적 및 수납시 열이 축적되지 않도록 한다.

자연발화는 물질의 자연발열속도와 열의 확산속도간의 평형이 깨져 열이 축적되어 생기는 것이기 때문에 통풍, 환기, 저장방법 등을 고려하여 열의 축적을 방지하여야 한다.

2) 습도가 높은 곳을 피한다.

습도, 수분 등은 물질에 따라 촉매적 효과작용을 하므로 습도가 높은 곳에는 저장하지 않아야 한다.

3) 저장실의 온도는 낮춘다.

반응속도가 온도에 크게 좌우되는 이상 반응계의 처음온도가 중요한 문제가 되므로 반응물질이 놓여진 주위온도를 낮게 하여야 한다.

(6) 준 자연발화

가연물이 공기 또는 물과 접촉 반응하여 급격히 발열 발화하는 현상으로 자연 발화와의 차이점은 연소반응속도가 급격하고, 특히, 공기중에서 또는 물과 접촉하였을 때만 발생된다.

1) **황린(P_4)** : 백린이라고도 하며, 공기중에서 발화하며 피부와 접촉되면 화상을 입는다.
2) **금속칼륨(K), 금속나트륨(Na)** : 물 또는 습기와 접촉하면 급격히 발화한다.
3) **알킬알루미늄** : 공기 또는 물과 반응하여 발화하며 피부와 접촉하면 화상을 입는다.

9.1.3 위험물의 혼합·혼촉발화

(1) 혼촉발화의 정의

혼촉발화란 2가지 이상의 물질을 혼합 또는 혼촉하여 발화하는 것으로 위험한 상태가 되는 것을 말한다.

혼촉발화의 현상을 분류하면 다음과 같다.

1) 혼촉에 의해 반응이 생겨 발열, 발화, 폭발에 이른다.
2) 일정시간 경과 후 급격한 반응에 의해 발열, 발화, 폭발에 이른다.
3) 폭발성 물질을 생성한다.
4) 혼촉에 의해 발열 · 발화하지만 본 물질보다 발화하기 쉬운 혼합물을 형성한다.

(2) 혼합·혼촉 위험물질

위험물별 특성에서 혼합 · 혼촉 위험을 분류하면 다음과 같다.

1) **산화성 물질과 환원성 물질**

   강한 산화성(제1류, 제6류 위험물)을 가진 물질과 환원성(제2류 위험물)을 가진 물질의 경우가 많다.

2) **산화성 염류와 강산의 혼촉**

   $MClO_2$, $MClO_3$, $MClO_4$, $HMnO_4$ 등 진한 황산과 접촉하면 각각 불안정한 화합물 즉, $HClO_2$, $HClO_3$, $HClO_4$, $HMnO_4$ 등은 무수물을 생성하여 강한 산화성이 생기고 주위에 가연물이 존재하면 이것을 착화시켜 자연분해를 일으켜 폭발하게 된다.

3) **불안정한 물질을 만드는 물질의 혼합 · 혼촉**

   불안정한 물질을 만드는 물질이 서로 접촉하여 화합반응을 일으켜 조건에 따라서는 극히 불안정한 물질을 생성하는 경우가 있다.

이것은 가열, 충격, 마찰에 의해 심하게 폭발한다.

- 암모니아 + 염소산칼륨 → 질산암모늄
- 히드라진 + 아염소산나트륨 → 질화나트륨
- 아세트알데히드 + 산소 → 과초산(유기과산화물)
- 암모니아 + 할로겐원소 → 할로겐화질소
- 히드라진 + 아질산염류 → 질화수소산

(3) 혼합·혼촉 발화 방지방법

1) 산화제와 환원제, 가연물 등은 동일 실내에 저장하지 않아야 한다.
2) 강산과 강염기류는 동일 실내에서 저장, 취급하지 않아야 한다.
3) 제5류 위험물(유기과산물, 질산에스테르류, 셀룰로이드류, 폭발성물질)은 분해매촉진 물질과 동일 장소에 저장 · 취급하지 않아야 한다.
4) 인화성 액체 또는 가연성 가스가 존재하는 장소에는 화기사용을 금지하여야 한다.
5) 혼합 · 혼촉 발화의 가능성이 있는 물품들에 대해서는 동일장소에 저장하지 않아야 한다.

혼합 · 혼촉 발화는 그 이상의 물질 등이 외부의 점화원이 없어도 혼합 · 혼촉시 발생한 반응열에 의해 발화가 일어나므로 평소 혼촉발화의 가능성이 위험이 있는 물질의 저장 및 취급과정에서부터 안정확보를 위한 노력이 필요하다.

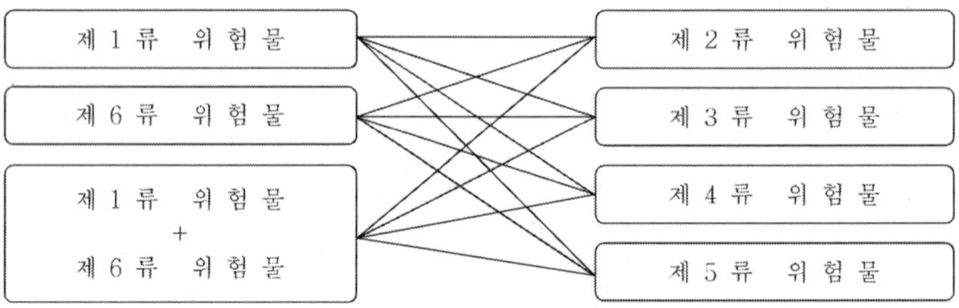

그림 9.1 혼합·혼촉 방지 대상물질
(위험물안전관리법 시행규칙 제50조, 별표19, 부표2 참조)

9.1.4 물과의 반응 위험성

물은 가장 적절한 소화약제이다. 그러나 화학적으로 연소하고 있는 몇 가지 금속 등과 직접 작용하여 더욱 중대한 문제를 일으킨다. 또한 급격한 화학적 활성으로 공기와 접촉하여 자연발화를 일으키기도 하며, 물이 목탄의 화재에 상당히 늦은 속도로 들어가면 화학반응을 일으켜 수소가 발생되어 재발화가 되게 된다.

예를 들면 진한 황산을 넣은 용기의 내용물이 습기를 품은 공기와 접촉하면 그 결과 넘쳐 나오게 된다. 통상 물이 어떤 물질과 작용하여 화학반응을 일으킬 때 주수를 하면 가연성 가스를 발생하거나 유독성 물질을 만들어 중대한 재해를 초래하기도 한다.

또한, 가수분해로 금속을 부식시키고 피막의 조직을 파괴시키기도 한다. 그 예로서 클로로술폰산(HSO_3Cl)은 가수분해되어 염산(HCl)과 황산(H_2SO_4)을 만들어 낸다. 우리나라 위험물안전관리법령에서는 제3류 위험물의 제조소 등에 있어서는 "물기엄금"을 표시하고 제6류 위험물의 경우는 "물기주의"의 표시를 하도록 되어 있다.

9.2 위험물의 종류 및 성상

일반적으로 위험물이란 현재의 생활환경 속에서 다수 존재하고 있으며 예를 들면 고압가스, 화약, 석유류, 유독물, 방사성물질 등을 들 수 있다.

위험물안전관리법에서 규정하는 위험물이란, 대통령령이 정하는 인화성, 발화성 물품을 말하며 그 성질에 따라 6가지로 구분하고 있다.

즉, 위험물 중에서 물리적 · 화학적 성질. 화재의 위험성 등 서로 비슷한 물질들을 묶어 제1류에서 제6류까지 류별로 구분한다.

9.2.1 제1류 위험물(산화성 고체)

(1) 특성(위험물 안전관리법 시행령 제2조, 제3조, 별표1)

1) 개 요

① 성질

산화성고체

② 품명

염소산염류, 아염소산염류, 과염소산염류, 무기과산화물, 브롬산염류, 질산염류, 요오드산염류, 과망간산염류, 중크롬산 염류의 9가지 계열

③ 취급

강산화제이므로 가연물과 접촉을 피하고 질산염류 등은 조해성이 있어 습기에 주의

④ 소화

무기과산화물 중 알칼리금속의 과산화물은 질식소화, 그 이외 제1류 위험물은 물로서 주수하여 진화

2) 종 류

품 명	지정수량
아염소산염류	50kg
염소산염류	50kg
과염소산염류	50kg
무기과산화물류	50kg
브롬산염류	300kg
질산염류	300kg
요오드산염류	300kg
과망간산염류	1,000kg
중크롬산염류	1,000kg

3) 소방법령상 제한

"산화성 고체"라 함은 액체(1기압 및 섭씨 20℃에서 액상인 것 또는 섭씨 20℃ 이상 40℃ 이하의 사이에서 액상 되는 것을 말한다. 이와 같다)또는, 기체(1기압 및 섭씨 20℃에서 기체상태인 것을 말한다. 이하 같다) 이외의 것으로서 산화성 또는 충격에 대한 민감성이 안전행정부령이 정하여 고시하는 기준 이상의 것을 말한다.

4) 일반적인 성질

① 대표적 성질은 산화성 고체로 모든 품목이 산소를 함유한 강력한 산화제이며 분해하여 산소를 방출한다.

② 자신은 불연성 물질로서 환원성 물질 또는 가연성 물질에 대하여 강한 산화성을 가진다. 즉, 다른 가연물의 연소를 돕는 지연성 물질이다.

③ 모두 무기화합물이며 대부분 무색 결정이거나 백색분말 상태의 고체이다.

④ 기체상태의 산소분자의 체적에 비할 때 약 1/1000의 체적이지만 분해 시 산소의 체적이 훨씬 증가한다.

⑤ 방출된 산소원자는 분해 직후 산화력이 특히 강하다.

⑥ 가열, 충격, 마찰, 타격 등 약간의 기계적 에너지에 의해 분해반응이 개시되며 그

반응은 연쇄적으로 확대 진행하는 한편, 다른 화학물질(정촉매)과의 접촉에 의해서도 분해가 촉진되기도 한다.

$2KClO_3 \rightarrow 2KCl + 3O_2 \uparrow$

⑦ 물에 대한 비중은 1보다 크며 물에 녹는 것이 많다. 조해성이 있는 것도 있으며 수용액상태에서도 산화성이 있다.

⑧ 가열하여 용융된 진한 용액은 가연성 물질과 접촉시 혼촉발화 위험이 있다.

⑨ 무기과산화물류는 물과 반응하여 산소를 발생하고 발열한다.

$2Na_2O_2 + 2H_2O \rightarrow 4NaOH + O_2 \uparrow$ + 열

5) 위험성

① 산화성

산소를 방출하고 지연성이 강하다. 가열하거나 제6류 위험물과 혼합하면 산화성이 증대된다. 즉, 가연성 물질과 산화성 고체가 혼합 시 연소에 미치는 현상은

(가) 강한 산화작용으로 화염온도의 상승, 연소속도 빨라짐.
화염 길이 증가 → 연소확대 위험 증가

(나) 착화온도가 낮아지며

(다) 가스, 가연성 증기의 경우 공기 혼합 시 보다 연소범위가 확대되고

(라) 최소점화에너지가 감소되며

(마) 폭발위험이 증가하고

(바) 가연성 유기화합물과 혼합시 연소위험이 현저히 증가한다.

② 폭발 위험성

단독으로 분해 폭발하는 물질(예 : NH_4NO_3, NH_4ClO_3)도 있지만 가열·충격·정촉매·이물질 등과의 접촉으로 분해가 개시되어 가연물과 접촉·혼합에 의해 심하게 연소하거나 경우에 따라서는 폭발한다. 상온에서 소량의 가연성 물질과 혼합하면 발열이 없던 물질도 대량으로 존재시 축열하여 발화할 가능성이 높다.

③ 손상 위험성

(가) 유독성 : 염소산염류, 질산염류, 중크롬산염류, 중금속염류 등

(나) 부식성 : 과산화칼륨, 과산화나트륨 등의 무기과산화물

④ 특수 위험성

무기과산화물은 물과 반응하여 발열하고 산소를 방출하므로 제 3류 위험물과 유사한 금수성 물질이며, 삼산화크롬은 물과 반응하여 강산이 되며 심하게 발열한다.

염산과의 혼촉에 의해 발열하고 황린과 접촉하면 폭발한다. KCN, NaCN과 혼합접촉에 의해 폭발하며 이때 유독성 가스가 발생한다.

6) 예방대책

① 가열하거나 직사광선 및 화기를 피한다
② 충격, 마찰, 타격 등 기계적 에너지를 차단한다.
③ 용기의 가열, 파손, 전도를 방지하고 취급 중 내용물의 누출을 방지한다.
④ 공기나 물과의 접촉을 피한다(특히 무기과산화물)
⑤ 환원제, 산화되기 쉬운 물질. 제2류~5류 위험물과의 접촉 및 혼합을 금한다.
⑥ 분해촉진 물질, 재해발생 위험물질, 이물질과의 접촉을 피한다.
⑦ 강산류와 절대 접촉을 금지한다.
⑧ 조해성 물질은 방습하고 용기를 밀전한다.
⑨ 저장시 통풍이 잘 되는 냉암소에 저장한다.
⑩ 알칼리금속 과산화물 - 물기엄금

7) 소화대책

① 산소의 분해방지를 위해 온도를 낮추고 주변 가연물의 소화에 주력한다. 무기과산화물류를 제외하고는 다량의 물을 사용하는 것이 유효하다.
② 무기과산화물은 물과 반응하여 산소와 열을 발생하므로 마른모래(건조사) 등을 사용한 질식소화가 유효하다.
※ 삼산화크롬은 물과 반응하여 열을 발생시킨다.
③ 가연물과 혼합 연소시 폭발위험이 있으므로 안전확보에 유의한다.
④ 진화 후 생기는 소화잔수(消化殘水)는 산화성이 있으므로 여기서 오염 건조된 가연물은 연소성이 증가할 위험성이 있다.
⑤ 소화작업 시 공기호흡기, 보안경 및 방수복 등 보호장구를 착용한다.

(2) 개별특성

1) 염소산염류[지정수량 50kg]

염소산[$HClO_3$]의 수소를 금속 또는 양이온(또는 원자단)으로 치환된 형태의 화합물을 염소산염이라 하며, 이들 염의 총칭을 염소산염류라 한다. 여기는 보통 염소산나트륨($NaClO_3$), 염소산칼륨($KClO_3$), 염소산암모늄(NH_4ClO_3), 염소산바륨($Ba(ClO_3)_2$), 염소산아연($ZnClO_3$), 염소산은($AgClO_3$) 기타 구리, 수은염 등이 있다.

① 염소산칼륨($KClO_3$)

(가) 일반적인 성질

염소산칼리, 염산칼리라고도 하며, 무색의 단사정계 판상결정 또는, 백색분말, 온수 · 글리세린에 잘 녹고 냉수 및 알코올에는 녹기 힘들다.

(나) 저장 및 취급방법

다른 물질이 섞이지 않도록 하고 위험물이 새어나오지 않도록 하며, 가열, 충격, 마찰 및 분해를 촉진시키는 약품류와의 접촉을 피한다.

열원이나 산화되기 쉬운 물질로부터 멀리하고 환기가 잘 되는 찬 곳에 저장하여야 하며, 용기는 밀전하여야 한다.

(다) 소화방법

주수에 의한 냉각소화가 좋다.

② 염소산나트륨($NaClO_3$)

(가) 일반적인 성질

무색, 무취의 입방정계 주상결정이며, 알코올, 에테르, 물에 잘 녹는다. 조해성이 크므로 섬유, 먼지, 나무조각에 침투되기 쉽고 방습에 유의할 것, 또 철도 부식시키므로 철제용기에 저장할 수 없다.

(나) 저장 및 취급방법

조해성이 크고 습기를 흡수하는 성질이 강하므로 그 장소의 습도에 주의하고 용기의 밀봉 등에 특히 주의를 요한다.

(다) 소화방법

주수에 의한 냉각소화가 좋다.

2) 과염소산염류[지정수량 50kg]

과염소산($HClO_4$)의 수소를 금속 또는 양이온으로 치환한 형태의 화합물을 과염소산염이라 하며, 이 염들의 총칭을 과염소산염류라 한다. 이들 염에는 칼륨(K), 나트륨(Na), 암모늄(NH_4), 바륨(Ba), 마그네슘(Mg), 리튬(Li), 루비듐(Rb)염 등이 있다. 가열, 충격에 의해 분해되며 인, 황, 숯가루 등 가연물과 혼합하고 있을 때 조그만 자극으로 연소 내지 폭발한다. 강산화제에 속한다.

① 과염소산칼륨($KClO_4$)

(가) 일반적인 성질

무색, 무취의 사방정계 결정이며, 물에 녹기 힘들며, 알코올, 에테르는 불용이다. 인, 유황, 탄소, 유기물 등이 섞여 있을 때 가열, 충격, 마찰에 의하여 폭발한다.

(나) 저장 및 취급방법

염소산칼륨($KClO_3$)에 준한다.

(다) 소화방법

주수에 의한 냉각소화가 좋다.

② 과염소산나트륨($NaClO_4$)

(가) 일반적인 성질

무색, 무취인 조해되기 쉬운 물질이며, 물에 잘 녹는다.

에틸알코올, 아세톤에 가용, 에테르에 불용하여, 유기물, 가연물과 혼합되었을 때 마찰, 충격, 또는 가열하면 폭발한다.

(나) 저장 및 취급방법

염소산칼륨에 준한다.

(다) 소화방법

주수에 의한 냉각소화가 좋다.

3) 무기과산화물[지정수량 50kg]

과산화수소(H_2O_2)의 수소(H)가 금속 또는 유기물로 치환된 화합물을 말하며, 크게 분류하면 다음 표와 같다.

<table>
<tr><td rowspan="3">과산화물</td><td rowspan="2">무기과산화물</td><td>알칼리금속의 과산화물(제3류 위험물)</td></tr>
<tr><td>알칼리금속 이외의 과산화물(제3류 위험물)</td></tr>
<tr><td colspan="2">유기과산화물(제5류 위험물)</td></tr>
</table>

일반적으로 과산화물은 불안정하며, 가열 또는 산화되기 쉬운 물질과 접촉되거나 하면 분해해서 산소를 발생한다. 무기과산화물은 그 자체가 연소하지 않지만 유기물과 접촉시는 분해하고 산소를 방출하거나 또 알칼리금속의 산화물은 물과 심하게 반응하며 분해하고 산소를 발생시키는 것이 있다.

종류는 과산화마그네슘, 과산화칼슘, 과산화바륨 등이 있다.

① 과산화마그네슘(MgO_2)

(가) 일반적인 성질

백색분말이며 물에 녹지 않는다. 습기 또는 물의 존재하에서 산소를 발생하며 환원제와 섞였을 때 가열 또는 마찰에 의해서 폭발한다.

(나) 저장 및 취급방법

물과 반응하는 성질이 있으므로 용기는 밀봉, 밀전할 것.

산류와 멀리하고 가열, 충격을 피할 것.

(다) 소화방법

마른모래에 의해 소화할 것.

② 과산화칼슘(CaO_2)

(가) 일반적인 성질

무정형 백색분말로 물에는 녹기 힘들고 에탄올(에틸알코올), 에테르에 녹지 않으나 산에 녹아서 과산화수소가 생긴다.

(나) 저장 및 취급방법

과산화나트륨에 준한다.

(다) 소화방법

주수소화 할 것.

4) 아염소산염류[지정수량 50kg]

아염소산($HClO_2$)의 수소가 금속 또는 금속성기로 치환된 형태의 염을 아염소산염이라 하며, 이 염의 총칭을 아염소산염류라 한다.

Na, K, Ca, Pb염 등이 있으나 보통 쓰이는 것은 Na염이다.

아염소산염류는 일반적으로 황색 또는 적색 고체이고 Ag, Pb, Hg염 이외는 어느 것이나 물에 녹는다. 가열, 충격에 의해서 폭발한다.

5) 브롬산염류[지정수량 100kg]

브롬산($HBrO_3$)의 수소가 금속 또는 금속성기로 치환된 형태의 화합물을 브롬산염이라 하며, 이들 염의 총칭을 브롬산염류라 한다.

제 1류 위험물의 염소산염류의 염소가 브롬으로 바뀐 형태의 것이다. 보통 쓰이는 것에는 K, Na, Ba, Zn, Mg염이 있다. 대부분 백색 또는 무색의 결정이고, 물에 녹기 쉬운 것이 많다.

성질은 염소산류와 비슷하며, 가열할 때 분해하여 산소를 방출한다.

6) 요오드산염류[지정수량 300kg]

요오드산(HIO_3)의 수소가 금속 또는 다른 원자단으로 치환된 형태의 화합물을 요오드산이라 하며, 이 염의 총칭을 요오드산염류라 한다. 보통 쓰이는 염에는 아연염이 있고 기타 K, Na, Ca, Ag, Ba, Mg염 등이 있다.

대부분 결정성 고체이고, 알칼리금속염은 물에 녹고 중금속염은 잘 녹지 않는다.
염소산염류, 브롬산염류보다 안정하지만 산화력은 강하고 탄소, 유기물과 섞어서 가열하면 폭발한다.

7) 질산염류[지정수량 300kg]

질산(HNO_3)의 수소를 금속 또는 다른 양이온으로 치환한 화합물을 질산염이라 하며, 이들 염의 총칭을 질산염류라 한다. 중요한 염에는 칼륨(K), 나트륨(Na), 암모늄(NH_4), 칼슘(Ca), 바륨(Ba), 은(Ag)염이 있다.

강산화제이지만 염소산염류보다 안정하다. 일반적으로 조해성이며 물에 잘 녹는다. 또 폭약의 원료로 쓰이는 것이 많다.

① 질산칼륨(KNO_3)

(가) 일반적인 성질

무색 또는 백색 결정 또는 분말로서 물, 글리세린에는 잘 녹고, 알코올에는 잘 녹지 않으며 흡습성이 아니다. 가열하면 분해하여 산소를 방출하고 아질산 칼륨(KNO_3)을 생성한다.

질산칼륨과 숯가루, 유황가루가 혼합된 것이 흑색화약인 것과 같이 이류에 속하는 그 외에 가연성 분말, 유기물과의 접촉 및 혼합은 위험하다. 즉, 강산화제인 것이다.

(나) 저장 및 취급방법

저장시는 유기물과의 접촉을 피하고 건조한 장소에 저장한다. 가연물, 산류로부터 멀리하고 가열, 마찰, 충격을 피한다.

(다) 소화방법

주수소화에 의할 것.

② 질산나트륨($NaNO_3$)

(가) 일반적인 성질

무색, 무취 투명한 결정 또는 백색분말로서 물, 글리세린에 잘 녹는다. 무수알코올에는 난용이고 조해성이 있다. 가열하면 380℃에서 분해되어 산소를 방출하고 아질산나트륨($NaNO_2$)이 된다.

강산화제이며, 수용액은 중성반응을 나타낸다.

(나) 저장 및 취급방법

질산칼륨에 준한다.

(다) 소화방법

주수소화에 의할 것.

③ 질산암모늄(NH_4NO_3)

(가) 일반적인 성질

무색, 무취의 결정으로서 알코올, 알칼리에 잘 녹는다. 조해성이 강하고 물에 녹을 때에는 흡열반응을 나타낸다.

유기물이 섞이거나 가열, 충격 등에 의해서 폭발하는 수도 있다. 또 발생하는 가스의 양도 많다. 단독으로 급격한 가열, 충격으로 분해, 폭발하는 수가 있다. 주로 화학원료, 폭약 등의 제조에 쓰인다.

(나) 저장 및 취급방법

질산칼륨에 준한다.

(다) 소화방법

주수소화에 의한다.

8) **과망간산염류[지정수량 1000kg]**

과망간산($HMnO_4$)의 수소를 금속 또는 양이온으로 치환한 화합물을 과망간산염이라하며 이들 염의 총칭을 과망간산염이라 한다. 여기에는 칼륨(K), 나트륨(Na), 칼슘(Ca), 암모늄(NH_4)염 등이 있다.

① 과망간산칼륨($KMnO_4$)

(가) 일반적인 성질

흑자색의 결정이며 단맛이 있다. 메탄올이나 아세톤에 녹으며 알코올에 의하여 분해한다. 그리고 물에 녹아서 진한 보라색을 나타내며 강한 산화력과 살균력이 있다.

강산화제이며 유기물(알코올, 에테르, 글리세린 등)과 접촉시키거나 황산 및 가연성가스를 접촉시키면 폭발한다.

(나) 저장 및 취급방법

산, 가연물, 유기물로부터 멀리하여 저장해야 하며, 가열, 충격, 마찰을 피할 것.

(다) 소화방법

주수소화 또는 마른모래(건조사)로 피복하여 소화한다.

② 과망간산나트륨($NaMnO_4 \cdot 3H_2O$)

적자색 결정이며 물에 대단히 잘 녹으며, 조해성이 강하다.

저장 및 취급방법, 소화방법은 과망간산칼륨에 준한다.

③ 과망간산칼슘($Ca(MnO_4)_2 \cdot 4H_2O$)

비중이 2.4이며, 자색결정으로 수용성이다. 저장 및 취급방법, 소화방법은 과망간산칼륨에 준한다.

9) 중크롬산염류

중크롬산($H_2Cr_2O_7$)의 수소원자를 금속 또는 금속성기로 치환한 화합물을 중크롬산염이라 하고, 이염의 총칭을 중크롬산염류라 한다.

대부분이 황적색 또는 적색계통의 결정이고, 거의가 수용성이다.

종류에는 중크롬산나트륨, 중크롬산칼륨, 중크롬산아연, 중크롬산제일철, 중크롬산제이철, 중크롬산납 등이 있다.

가열에 의하여 분해하며, 산소를 방출한다. 가연물과 혼합된 것은 가열에 의하여 폭발한다.

9.2.2 제2류 위험물(가연성 고체)

(1) 특 성

1) 개 요

① 성질 : 가연성고체

② 품명 : 철분, 인화성고체, 마그네슘, 적린, 황화린, 금속분류, 유황의 7계열.

③ 취급 : 강환원제이므로 산화제와 접촉을 피하며 화기에 주의 한다.

④ 소화 : 금속분류는 금수성으로서 마른모래 등 그 외는 주수에 의한 냉각소화

2) 종 류

품 명	지정수량
황화린	100kg
적 린	100kg
유 황	100kg
철 분	500kg
마그네슘	500kg
금속분류	500kg
인화성고체	1000kg

3) 법령상 제한

① “철분”이라 함은 53um 표준체를 통과하는 것이 50wt% 이상인 것을 위험물로 한다.

② 마그네슘 또는 마그네슘을 함유한 것 중 2mm의 체를 통과하지 아니하는 덩어리는 비위험물로 한다.

③ "금속분"이라 함은 알칼리금속, 알칼리토금속(이상 3류), 철 및 마그네슘 이외의 금속분을 말하며, 구리, 니켈분과 150um의 체를 통과하는 것이 50wt% 미만인 것은 위험물에서 제외한다.

④ "유황"은 순도가 60wt% 미만인 것은 비위험물로 하고 이 경우 순도측정에 있어서 불순물은 활석 등 불연성 물질과 수분에 한한다.

⑤ "인화성 고체"라 함은 고형알코올과 인화점이 섭씨 40℃ 미만인 고체인 것을 말한다.

4) 일반적인 성질

① 대표적 성질은 가연성 고체(Combustible Solid)로서 비교적 낮은 온도에서 착화하기 쉬운 이연성 · 속연성 물질이다.

② 비중은 1보다 크고 물에 녹지 않으며 산소를 함유하지 않기 때문에 강력한 환원성 물질이고 모두 무기화합물이다.

③ 산소와 결합이 용이하여 산화되기 쉽고 저농도의 산소에서도 결합한다.

④ 연소시 연소열이 크고 연소온도가 높다.

⑤ 모두 가연성 물질로 무기과산화물류와 혼합한 것은 소량 수분에 의해 발화한다.

⑥ 금속은 양성원소이므로 산소와의 결합력이 크고 이온화 경향이 큰 금속일수록 산화되기 쉽다.

5) 위험성

① 가연성

(가) 비교적 다른 가연물에 비해 착화온도가 낮아 저온에서 발화가 용이하며 연소속도가 빠르고 연소시 다량의 빛과 열을 발생한다.

(나) 금속분은 산, 할로겐원소, 황화수소와 접촉하면 발열, 발화하며 습기와 접촉하면 자연발화 위험이 있다.

② 폭발위험

(가) 산화제(제1류, 제6류)와 혼합한 것은 가열, 충격, 마찰에 의해 발화 폭발위험이 있으며, 연소중인 금속분에 물을 가하면 수소가스가 발생하여 2차적인 폭발위험이 있다.

(나) S, Fe, Mg분 및 금속분은 밀폐된 공간내에서 부유할 때 점화원 또는 충격, 마찰 등에 의해 분진폭발을 일으켜 대형화재로 확대되어 파괴력도 커진다.

③ 소화곤란위험

연소시 발생한 대류열, 복사열과 다량의 유독성 연소생성물 때문에 소화가 곤란하며, 금속분 화재시 물에 의해 냉각소화하면 수소가스가 발생되어 폭발위험이 있고, 연소현장 부근의 산소가 부족하여 질식위험이 있다.

④ 특수위험

(가) 일반적으로 금속은 산화하기 쉬우나 큰 덩어리로 되어 있거나 보통의 금속물(알루미늄 새시 등)의 경우 화재위험은 적다.

(나) 금속분이 미세한 가루 또는 박 모양일 경우 산화 표면적의 증가로 공기와 혼합 및 열전도가 적어 열의 축적이 쉽기 때문에 연소를 일으키기 쉬워진다.

6) 예방대책

① 가열하거나 화기를 피하며 불티, 불꽃, 고온체와의 접촉을 피한다.

② 산화제(제1류, 제6류)와의 혼합, 혼촉을 피한다.

③ 철분, 마그네슘, 금속분류는 물, 습기, 산과의 접촉을 피하여 저장한다.

④ 저장용기는 밀봉하고 용기의 파손과 누출에 주의한다.

⑤ 통풍이 잘 되는 냉암소에 보관, 저장한다.

7) 소화대책

① 금속분, 철분, 마그네슘, 황화린은 건조사나 건조분말 등으로 질식소화하며 적린과 유황은 물에 의한 냉각소화가 적당하다.

② 금속분, 철분, 마그네슘의 연소시 주수하면 급격한 수증기 압력이나 분해에 의해 발생된 수소에 의한 폭발위험과 연소중인 금속의 비산으로 화재면적을 확대시킬 수 있다.

③ 연소 시 발생하는 유독성 가스의 흡입 방지를 위해 공기호흡기를 착용한다.

(2) 개별특성

1) 황화린

황화린에는 삼황화인(P_4S_3), 오황화인(P_2S_5), 칠황화인(P_4S_7)으로 나눈다.

① 일반적인 성질

삼황화인(P_4S_3)은 황색결정으로 물, 염산, 황산에 녹지 않으나 질산, 알칼리, 이황화탄소에 녹는다.

오황화인(P_2O_5)은 담황색 결정으로 조해성이 있다. 수분을 흡수하면 분해가 되며 이황화탄소에 잘 녹는다.

칠황화인(P_2S_7)은 담황색 결정이며 조해성이 있다. 수분을 흡수하면 분해가 되며, 이황화탄소에 약간 녹지만, 냉수에서는 서서히, 더운물에서는 급히 작용하여 분해한다. 물에 녹아서 분해된 것은 황화수소가스(H_2S)를 발생한다. 이러한 황화인의 독은 적지만 미입자를 흡수하였을 때에는 기관 및 눈의 점막을 자극한다. 공기중에서 약 100℃에서 발화한다. 때에 따라서는 자연발화성도 있다.

② 저장 및 취급방법

소량 일 때는 유리병을 사용하지만 양이 많을 때는 양철통에다 놓고 나무상자에 넣는다. 자연발화성이므로 과산화물로부터 멀리하고, 습기, 가열, 충격, 및 산화제, 금속분 등을 피하고 통풍이 잘되는 찬 곳에 저장한다.

③ 소화방법

주수에 의한 냉각소화를 하지만 때에 따라서는 질식소화도 효과가 있다.

2) 적린(P_4)

① 일반적인 성질

암적색의 무취의 분말로 물, 가연성 알칼리, 이황화탄소, 에테르, 암모니아에 녹지 않는다. 독성이 없으며 상온에서 할로겐과 반응하지 않는다. 3류 위험물인 황린에 비하면 대단히 안정하다. 공기중에 방치해도 자연발화하지 않으나 산화제와 함께 있으면 낮은 온도에서도 발화하므로 주의하여야 한다.

② 저장 및 취급방법

산화제, 특히 염소산염류와의 혼합을 절대 금할 것.

인화성물질, 발화성물질 및 폭발성물질과 멀리하고 찬 곳에 저장한다. 화기는 절대 가까이 해서는 안 된다.

③ 소화방법

황린에 준한다.

3) 유황(S_8)

① 일반적인 성질

유황은 물에 녹지 않으나 알코올에는 극히 작게 녹고 이황화탄소에는 잘 녹는다. 또한 알칼리에는 녹지만 산에는 녹지 않는다.

유황은 공기중에서 탈 때 푸른 불꽃을 내며, 이산화황을 발생한다.

$$S + O_2 \rightarrow SO_2$$

또, 유황은 전기의 부도체이며 마찰에 의해서 대전한다.

가열, 충격, 마찰에 의해서 착화폭발을 일으키며, 유황가루가 공기중에 부유할 때 분진폭발의 위험성이 있다.

② 저장 및 취급방법

가열하지 않도록 하고 산화제와 멀리해서 저장한다. 화기취급에 주의하여야 하며, 분말이 비산하고 있는 곳에는 분진폭발의 위험을 방지하여야 한다. 또한 정전기의 축적을 방지하여야 한다.

③ 소화방법

산화제와의 혼합에 의한 화재시에는 다량의 물에 의한 냉각소화를 하지만 유황 단독의 화재 시에는 물에 의한 냉각소화 외에 질식소화 효과도 있다. 또한 연소시 이산화황(SO_2)이 발생하므로 호흡기관에 주의하여야 한다.

4) 마그네슘(Mg)

① 일반적인 성질

은백색의 광택이 나는 가벼운 금속으로 열전도율, 전기전도율 등은 알루미늄보다 낮다. 알칼리금속에는 침식하지 않지만 산이나 염류에는 침식한다. 물과 작용하여 수소를 발생시키며 연소되기 쉽다.

공기중의 습기와 서서히 반응하여 발열하며, 자연발화할 수도 있고 산화제와의 혼합물은 타격이나 충격 등에 의해서 착화하여 매우 심하게 연소한다.

② 저장 및 취급방법

산화제와 혼합되지 않게 하고 할로겐원소와 수분 등과 접촉을 피하도록 하여야 한다. 화기취급에 주의하여 분진폭발을 방지하여야 한다.

③ 소화방법

주수소화하면 오히려 위험이 따르므로 마른모래(건조사) 등으로 피복하여 소화하여야 한다.

5) 금속분

금속분은 마그네슘 및 알루미늄이외의 금속분을 말하며 그 종류로는 아연분, 알루미늄분 등이 있다.

① 아연분(Zn)

은백색의 분말로 공기중에서 가열하면 연소하기 쉬우며, 산, 알칼리에 녹아서 수소(H_2)를 발생한다. 직사일광, 온도가 높은 곳을 피하고 냉암소에 저장하여야 한다. 소화방법은 마그네슘에 준한다.

② 알루미늄분(Al)

은백색의 무른 금속으로 전선, 연성이 풍부하며 열전도율, 전기전도율이 크다. 황산, 묽은 질산에 잘 녹으며, 알칼리 용액에서도 일반적으로 약하며 수소를 발생시킨다.

가열, 충격, 마찰 등에 의해 발화되기 쉽고 할로겐원소와 접촉되면 고온으로 되어 자연발화의 가능성이 있다. 그리고 습기나 수분에 의해서 자연발화의 가능성이 있다. 그러므로 산화제와 혼합되지 않게 하고, 수분, 할로겐원소와의 접촉을 피하여야 한다.

소화방법으로는 마그네슘에 준한다.

9.2.3 제3류 위험물(자연발화성 물질 및 금수성 물질)

(1) 특 성

1) 개 요

① 성질

금수성 및 자연발화성 물질

② 품명

칼륨, 나트륨, 알킬알미늄, 알킬리튬, 황린, 알칼리금속(칼륨, 나트륨제외) 및 알카리토류금속, 유기금속화합물류, (알킬알루미늄 및 알킬리튬 제외), 금속의 수소화물, 금속의 인화물, 칼슘, 또는 알미늄의탄화물의 10계열.

③ 취급

칼륨(K), 나트륨(Na)은 물과 반응하여 수소가스를 발생하고 공기중에서도 산화반응을 한다. 또한, 황린은 직사광선과 산성화를 피하고 공기와 접촉시 자연발화하므로 물속에 저장한다.

④ 소화

금수성이므로 마른모래, 팽창질석, 팽창진주암으로 소화.

2) 종 류

품 명	지정수량
칼 륨	10kg
나트륨	10kg
알킬알루미늄	10kg
알킬리튬	10kg
황 린	20kg

품 명	지정수량
알칼리금속(K, Na 제외)류 및 알칼리토금속류	50kg
유기금속화합물류(R-AI 및 R-Li 제외)	50kg
금속의 수소화물	300kg
금속인화화합물류	300kg
칼슘 또는 알루미늄의 탄화물류	300kg

3) 법령상 제한

① 자연발화성 물질 및 금수성 물질은 고체 또는 액체이어야 한다.

② 공기중에서 발화위험이 있는 것 또는 물과 접촉하여 발화하거나 가연성 가스의 발생 위험성이 있어야 한다.

4) 일반적인 성질

① 대표적 성질은 자연발화성 물질 및 물과 반응하여 가연성 가스를 발생하는 물질로서 복합적 위험성을 가지고 있다.

② 알킬알루미늄, 알킬리튬과 유기금속화합물은 유기화합물이다.

③ K, Na, 알킬알루미늄, 알킬리튬은 물보다 가볍고 나머지는 물보다 무겁다.

④ 모두 물에 대해 위험한 반응을 초래하는 물질(황린 제외)이다.

5) 위험성

① 황린을 제외한 모든 품목은 물과 반응하여 모두 가연성 가스를 발생한다.

② 일부 품목은 공기중에 노출되면 자연발화를 일으킨다.

③ 일부 품목은 물과 접촉에 의해 발화한다.

④ 일부 품목은 물과 반응시 점화원이 될 수 있는 열을 발생한다.

⑤ 강산화성 물질 또는 강산류와 접촉에 의해 위험성이 증가한다.

⑥ 물과 반응시 생긴 부식성 물질은 발열하는 것도 있다.

6) 예방대책

① 저장용기는 완전 밀폐하여 공기와의 접촉을 방지하고 물과 수분의 침투 및 접촉을 금하여야 한다.

② 산화성 물질과 강산류와의 혼합을 방지한다.

③ K, Na 및 알칼리금속은 석유 등의 산소가 함유되지 않은 석유류에 저장한다.

④ 알킬알루미늄, 알킬리튬 및 유기금속화합물은 화기를 엄금하고 용기의 내압이 상승되지 않도록 한다.

⑤ 자연발화성 물질의 경우는 불티, 불꽃 또는 고온체에의 접근을 방지한다.

7) 소화대책

① 절대 주수를 엄금하며 어떤 경우든 물에 의한 냉각소화는 불가능하다.

② 상황에 따라 건조분말, 건조사, 팽창질석, 건조석회를 조심스럽게 사용한다.

③ K, Na는 격렬히 연소하기 때문에 특별한 소화수단이 없으므로 연소확대 방지에 주력하여야 한다.

④ 알킬알루미늄, 알킬리튬 및 유기금속화합물은 금속화재와 같은 양상이 되므로 진압시 각별히 주의를 하여야 한다.

(2) 개별특성

1) 칼륨(K)

① 일반적인 성질

은백색 광택이 있는 무른 금속으로 공기중의 수분과 반응하여 수소를 발생한다. 물과의 반응성은 대단히 강하여 수소와 열을 발생한다.

화학적으로 활성이 강하며 반응성이 나트륨(Na)보다 크다.

수분 또는 습기가 있는 공기와 접촉하면 수소를 발생하고 발생한 수소는 공기와 함께 폭발성 혼합기체를 형성한다. 금속칼륨은 물보다 비중이 작으므로 물에 떠서 물과 반응하여 수소가스를 발생하고 발열하다.

② 저장 및 취급방법

습기나 물과의 접촉을 피하고 보호액(석유)으로부터 위험물이 노출되지 않도록 저장하여야 한다.

③ 소화방법

주수는 물론 포소화약제와 같은 물이 함유된 것은 절대엄금이며, 마른모래(건조사), 탄산가스, 소화분말 등이 적합하다.

2) 나트륨(Na)

① 일반적인 성질

은백색 광택이 있는 무른 금속으로 물과는 심하게 분해하여 다량의 수소와 열을 발생하고 공기와 혼합되어 폭발한다.

화학적으로 활성이 크고, 대부분의 원소와 반응한다.

② 저장 및 취급방법

칼륨에 준하다.

③ 소화방법

칼륨에 준한다.

3) 칼슘 또는 알루미늄의 탄화물

① 탄화칼슘(CaC_2)

(가) 일반적인 성질

카바이트, 탄화석탄이라 하며 백색 입방체 결정으로 공기와는 상온에서 반응하지 않지만 350℃ 이상에서는 산화되며, 수증기 및 물과 반응해서 아세틸렌을 발생하고 열을 발생한다.

$$CaC_2 + 2H_2O \rightarrow Ca(OH) + C_2H_2 + 27.8kcal$$

탄화칼슘 자신은 불연성이지만 수증기 및 물과 반응해서 아세틸렌이 발생하고 아세틸렌이 공기와 함께 폭발성 혼합가스를 만든다.

(나) 저장 및 취급방법

용기에 저장시 습기의 침입에 의해 아세틸렌이 발생되어 폭발을 일으키므로 반드시 밀폐용기에 저장하여야 한다.

저장시에는 아세틸렌의 발생상황을 점검하고 질소가스와 같은 불연성 가스를 채운다. 또한 화기로부터 먼 곳에 저장한다.

(다) 소화방법

주수는 물론, 포말소화약제와 같은 물이 함유된 것은 절대엄금이며, 마른모래(건조사), 탄산가스, 소화분말 등이 접합하다.

② 인화칼슘(Ca_3P_2)

(가) 일반적인 성질

인화석탄이라 하며 적갈색 괴상의 고체이다.

물과 작용할 때 인화수소가스(PH_3=포스핀가스)가 발생하여 연소한다.

인화수소가스는 유독하다.

(나) 저장 및 취급방법

탄화칼슘에 준하다.

(다) 소화방법

주수 및 포말소화약제는 적당하지 않다. 마른모래(건조사) 등으로 피복하여 자연진화를 기다리는 방법 이외는 다른 방법이 없다.

③ 탄화알루미늄(Al_4C_3)

황색의 결정으로 1400℃ 이상에서 분해한다.

물과 반응하여 발열하고 메탄가스를 발생한다. 냉수에는 반응이 급격하지 않다.

$$Al_4C_3 + 2H_2O \rightarrow 4Al(OH)_3 + 3CH4\uparrow + 360kcal$$

4) 알킬알루미늄

① 일반적인 성질

알킬알루미늄은 알킬기와 알루미늄의 화합물이며, 이중에는 할로겐원소를 함유하는 것도 있다. 산소나 물과의 반응성이 크며, 특히 탄소수가 적은 알킬알루미늄은 공기(산소)에 접촉하면 자연발화하고 물과 심하게 폭발적으로 반응해서 발화한다. 반응성의 대소는 알킬알루미늄의 탄소수나 할로겐원소의 수에 의해서 좌우되고 탄소수가 많은 것일수록, 또, 할로겐 치환이 된 것일수록 적어진다.

② 저장 및 취급방법

용기는 완전히 밀봉하고, 공기나 물의 접촉을 절대 피해야 한다.

③ 소화방법

알킬알루미늄 화재시 물, CO_2, CCl_2와 심하게 반응하므로 적당한 소화약제가 없는 관계로 소화가 극히 곤란하다.

그러므로 알킬알루미늄 화재시 소화방법은 건조사 등으로 주위를 막고 유출을 방지시킨 후에 분말소화약제나 팽창질석 또는 팽창진주암을 살포하여 화세를 억제시키면서 주위가 연소되지 않도록 안전하게 연소시켜서 자연진화를 기다리지 않으면 안 된다.

9.2.4 제4류 위험물(인화성 액체)

(1) 특 성

1) 개 요

① 성질

인화성액체

② 품명

특수인화물류, 제 1석유류~제 4석유류, 알코올류, 동식물유류

(가) 특수인화물류 : 이황화탄소, 디에틸에테르 등

(나) 알코올류 : 수용액농도가 60[V%] 이상인 것을 말함.

③ 취급

전기 부도체 이므로 정전기와 공기보다 무거운 증기발생에 주의하고 화기를 엄금한다. 이황화탄소는 물속에 저장, 증기발생을 억제한다. 특수인화물인 아세트알데이드, 산화프로필렌은 알루미늄, 철의 용기에 저장한다.

④ 소화

포, 이산화탄소, 할론, 분말 또는 무상주수한다. 알코올과 같은 수용성 유류화재시

알코올포 소화약제를 사용한다.

2) 종 류

품 명	지정수량
특수인화물	50L
제1석유류	비수용성 200L, 수용성 400L
알코올류	400L
제2석유류	비수용성 1,000L, 수용성 2,000L
제3석유류	비수용성 2,000L, 수용성 4,000L
제4석유류	6,000L
동 · 식물유류	10,000L

3) 법령상 제한

① "특수인화물"이라 함은 1기압에서 액체로 되는 것으로서 발화점이 100° C 이하인 것 또는 인화점이 -20℃ 이하로서 비점이 40℃ 이하인 것을 말한다.

② "석유류"라 함은 각각 다음의 물품 및 성상(기압에 있어서의 성상을 말한다)을 가지는 것을 말한다.

(가) 제1석유류 : 액체로서 인화점이 21℃ 미만인 것

(나) 제2석유류 : 액체로서 인화점이 21℃ 이상 70℃ 미만인 것, 다만, 도료류, 그 밖의 물품에 있어서는 인화성 액체량이 40vol% 이하이고 인화점이 40℃, 연소점이 60℃ 이상인 것은 제외한다.

(다) 제3석유류 : 액체로서 인화점이 70℃ 이상 200℃ 미만인 것, 다만, 도료류, 그 밖의 물품에 있어서는 인화성 액체량이 40vol% 이하인 것은 제외한다.

(라) 제4석유류 : 액체로서 인화점이 200℃ 이상 300℃ 미만인 것 다만, 20L 이하의 불연성 용기에 수납 밀전하여 지정수량 미만의 양을 저장, 취급하고 있는 것과 40vol% 이하인 것은 제외한다.

③ "알코올류"라 함은 1분자내의 탄소원자 수가 3개 이하인 포화 1가 알코올(변성알코올을 포함한다.)로서 알코올 수용액의 농도가 60vol% 이상인 것을 말하며 그 농도가 60vol% 미만인 것과 그밖에 알코올로서 1기압과 섭씨 20도에서 액상인 것은 석유류로 본다. 다만 음료용 주류 완제품으로서 포장된 것은 제외한다.

④ "동식물류"라 함은 1기압과 20℃에서 액체로 되는 동식물류를 말하며 불연성 용기에 수납밀전되고 저장 보관되어 있는 것은 제외한다.

4) 일반적인 성질

① 인화점

(가) 휘발유와 같은 것은 인화점이 최저 -43℃로 상온에서 증발 인화가 용이하다.

(나) 인화점이 높은 액체(중유, 기계유)도 천에 배어들거나 분무상태로 있을 때에는 그 물질의 인화점보다 낮은 온도에서 쉽게 착화한다.

※ 인화점이란 공기중에서 인화성 액체를 가열시 그 액체표면에서 발생되는 가연성 증기에 점화원을 부여했을 때 인화되는 최저의 액체온도를 말한다.

② 발화점

특수인화물 중 CS_2, 디에틸에테르, 아세트알데히드의 발화점은 100~200℃로서 저온에서 발화하므로 취급시 상당한 주의를 요구한다.

※ 발화점이란 다른 곳으로부터 착화원 없이 가연성 물질을 지연성 가스속에서 가열에 의해 발화 또는 폭발을 일으키는 최저의 온도를 말한다.

③ 자연발화

불포화도가 높은 건성유, 반건성유가 다공성 가연물에 스며들어 장기간 저장되어 있는 경우 공기와 자연 산화하고 산화열이 축적되어 자연발화한다.

④ 연소범위

연소범위가 넓을수록 인화가 용이하고 연소범위의 하한이 낮을수록 약간의 액체나 증기가 누설되면 인화위험이 있다.

⑤ 증기비중

대부분 공기보다 무겁기 때문에 가연성 증기는 체류하게 되어 점화원에 의해 연소, 폭발한다.

⑥ 비점

비점이 낮은 경우 기화하기 쉬우므로 가연성 증기가 공기와 혼합하여 인화성, 폭발성 혼합가스를 형성하며 비점이 낮을수록 위험성이 높다.

⑦ 최소점화에너지

가연성 가스와 공기와의 혼합가스에 불꽃으로 점화시 발화가 일어나기 위해 필요한 불꽃의 최저 에너지를 말하며, 산소농도가 증가하거나, 온도의 압력이 상승하면 최소점화에너지는 감소한다(디에틸에테르=0.0013mJ, 벤젠=0.22mJ).

최소점화에너지가 작을수록 연소위험성은 증가한다.

5) 위험성

① 인화위험이 높다.

② 증기는 공기보다 가볍다.

③ 연소범위의 하한이 낮다(디에틸에테르 = 1.9%, 휘발유 = 1.4%, 벤젠 = 1.4%).

④ 액 비중은 물보다 가볍고 물에 녹지 않는 것이 많다.

(가) 액 비중이 1보다 큰 것 : CS_2 = 1.26, 염화아세틸 = 1.1, 클로로벤젠 = 1.1, 제3석유류 등

(나) 수용성 : 알코올류, 에스테르류, 아민류, 알데히드류 등

⑤ 비교적 발화점이 낮다(CS_2 = 100℃, 디에틸에테르 = 180℃, 아세트알데히드 = 175℃).

⑥ 폭발위험성이 공존한다.

6) 예방대책

① 누출방지

(가) 밀폐용기의 사용

(나) 배관의 이용

(다) 누출의 극소화

② 폭발혼합기의 형성방지(환기철저)

③ 점화원의 제거

7) 소화대책

① 타고 있는 위험물을 제거시킨다.

② 소량 위험물의 연소시는 물을 제외한 소화약제로 질식 소화하는 것이 효과적이며 대량의 경우에는 포에 의한 질식소화가 좋다.

③ 높은 인화점을 가지거나 휘발성이 낮은 위험물의 화재시 증기발생을 억제한다.

④ 수용성 위험물에는 알코올형 포를 사용하거나 다량의 물로 희석시켜 가연성증기의 발생을 억제하여 소화한다.

(2) 개별특성

1) 특수인화물

특수인화물에 해당하는 물품은 개별품목이 지정되어 있지만 성상에 따른 지정품목도 있다.

지정품목에는 디엘틸에테르, 이황화탄소, 코로디온이고 성상에 따른 지정에는 다음의 두 종류가 있다.

- 1기압 20℃에서 액체이면서 발화점이 100℃이하인 것.

• 1기압 20℃에서 액체이면서 -20℃이하로서 또 비점이 40℃이하인 것.

특수인화물에 지정되어 있는 물품은 착화온도가 극히 낮은 것. 또 인화점이 모두 낮은 것이 대상이 되고 있다. 여기에 해당되는 물품은 제4류 위험물 중에서 위험성이 가장 큰 것이다. 디에틸에테르, 이황화탄소 이외에 특수 인화물에 해당하는 물품으로서는 석유화학 등 화학공업의 원료 등으로 쓰이는 것이 있지만 대표적인 아세트알데히드, 산화프로필렌 등이 있다.

① 디에틸에테르($C_2H_5OC_2H_5$)

(가) 일반적인 성질

에틸에테르, 디에틸에테르, 산화에틸이라 하며, 휘발되기 쉬운 무색 투명한 독특한 냄새가 나는 액체이며, 물에 녹기 어렵고, 알코올에 잘 녹는다. 건조된 에테르는 전기의 불량도체이므로 정전기가 발생하기 쉽다. 증기는 마취성이 있다. 대단히 휘발하기 쉬우며, 그 증기는 제4류 위험물 중에서 가장 인화하기 쉽고 가솔린보다 더 위험하다. 햇빛 또는 공기와 접촉하면 과산화물이 생성되는데 이러한 에테르는 가열이나 압축하면 폭발할 수가 있다.

(나) 저장 및 취급방법

화기를 가까이 하지 말아야 하며, 액체나 증기가 새지 않도록 하고 통풍을 잘 시켜야 한다. 용기에 저장할 시에는 직사광선을 피하고 밀전하여 환기가 잘 되는 찬곳에 저장하며, 용기의 파손에 주의하여야 한다.

(다) 소화방법

소화약제로는 이산화탄소(CO_2)가 적당하지만, 다른 불연성가스나 할로겐 화합물 소화약제로 사용할 수 있다.

② 이황화탄소(CS_2)

(가) 일반적인 성질

순수한 것은 냄새가 없으며, 무색 투명한 액체이다. 물보다 무겁고 일광에 쪼이면서 서서히 변질하여 불쾌한 냄새가 증가하고 황색을 띤다. 물에는 녹지 않으나 알코올, 에테르, 벤젠 등 많은 유기용제에 녹으며 유지, 수지, 생고무, 황, 황인 등을 녹인다.

휘발성 및 인화성이 강하고 착화온도는 제4류 위험물 중에서 가장 낮으므로 (100℃) 조심하지 않으면 안된다. 또한, 연소범위가 넓고 하한이 낮으므로 대단히 위험도가 높다. 연소시에는 유독한 아황산가스가 발생한다.

(나) 저장 및 취급방법

착화온도가 가장 낮으므로 화기를 피해야 하며 통풍을 잘 시키고 직사일광을 피하여 찬 곳에 저장하는 것이 좋다. 물보다 무겁고, 물에 녹기 어려우므로 용기나 탱크에 넣어둘 때에는 상부에 물로 덮어서 증발을 막는 것이 보통이다.

(다) 소화방법

소화약제로는 이산화탄소 등 불연성가스, 할로겐화합물, 소화약제, 분말소화약제 등이 효과가 있다. 때에 따라서는 대량의 물로 피복 소화하는 경우가 있다.

③ 아세트알데히드(CH_3CHO)

(가) 일반적인 성질

대단히 휘발하기 쉽고 자극성 냄새를 가진 무색의 액체로 반응성이 풍부하여 산화 또는 환원되며 여러 가지 물질과 작용한다. 물에 잘 녹으며 많은 유기용매에도 잘 녹으며 고무도 녹이는 성질이 있다. 비점(21℃)이 대단히 낮으면 착화온도(185℃)가 낮고 연소범위(4.1~58%)가 넓어서 폭발의 위험성도 크다. 아세트알데히드는 구리, 마그네슘, 수은, 은 등과 접촉하면 반응성이 촉진된다.

(나) 저장 및 취급방법

공기와의 접촉을 막아야 하며, 구리나 마그네슘 등과 접촉하면 폭발성 인화합물을 만들 가능성이 있으므로 구리나 마그네슘 및 그 합금인 용기의 사용을 피하여야 한다.

(다) 소화방법

물에 녹으므로 소화제로는 안개모양의 물, 이산화탄소, 분말소화약제 등이 가장 적합하다.

④ 산화프로필렌(CH_3CHCH_2)

(가) 일반적인 성질

물, 알코올, 에테르, 벤젠 등 많은 유기용제에 녹는다. 화학 반응이 풍부하며, 다른 물질과 반응하는 것 이외에 산, 알칼리, 또는 구리, 마그네슘, 수은, 은의 존재하에서는 중합반응을 일으킨다. 증기는 유독하며 현기증, 두통, 구토를 일으키고 심할 때는 눈점막을 자극시키고 더욱 심할 때는 폐부종을 일으킨다.

(나) 저장 및 취급방법

증기나 액체는 구리, 은, 마그네슘 등의 금속이나 합금 등 아세틸라이드를 만드는 금속과의 접촉을 피해야 한다. 또 용기에 수납하고 있을 때에는 질소가스 등의 불연성 가스로 항상 채워둔다. 이것은 인화폭발의 위험이 높기 때문에 연소범위내의 증기의 생성을 방지하기 위해서이다.

(다) 소화방법

소화에 있어서는 독성을 고려해서 방독마스크의 사용 등 주의를 요한다. 소화약제는 분말소화약제, 이산화탄소, 할로겐화합물 소화약제 등이 적합하다.

2) 제1석유류

지정품목으로는 아세톤과 가솔린의 두 품목이고 또 성상에 따라 다음과 같은 종류가 있다. 1기압 20℃에서 액체이고 인화점이 21℃ 미만인 것.

제1석유류는 인화점이 대단히 낮은 것이며, 제4류 위험물 중 특수인화물 다음으로 위험성이 큰 것이다.

① 아세톤(CH_3COCH_3)

(가) 일반적인 성질

무색의 독특한 냄새가 나는 휘발성액체로 물, 알코올, 에테르, 가솔린, 크로르포름 등 유기용제에 잘 녹는다. 보관중 황색으로 변색되며, 일광에 노출되면 분해한다. 비점(56.6℃)이 낮으므로 휘발하기 쉬우며, 인화에 대한 위험이 크다. 인체에는 독성이 적으나 증기를 다량 흡수하면 구토하기도 한다.

(나) 저장 및 취급방법

화기에 주의하고 저장 및 취급시는 통풍이나 환기를 잘 시키고, 폭발성 혼합기체가 생기지 않게 한다. 저장용기는 밀봉하고 찬곳에 저장한다.

(다) 소화방법

수용성이기 때문에 소화약제에는 안개모양의 물(무상주수)이 가장 적당하며, 이산화탄소도 사용된다. 또 소화약제는 중 내알코올형포를 사용하여도 효과가 있다.

② 휘발유

(가) 일반적인 성질

가솔린이라고 하며 용도에 따라서 자동차용, 공업용, 항공기용이 있다. 주성분은 포화, 불포화의 탄화수소가 주성분이며, 이들의 혼합물이다. 독특한 냄새가 있는 액체이며 쓰이는 곳에 따라서 무색, 오렌지색, 청색의 세종류가 있다. 물에 녹지 않으며 각종 유기용제에 잘 녹으며 고무, 유지, 수지 등을 잘 녹이며, 전기의 불량도체이다. 발화점은 약 300℃, 연소범위는 1.4~7.6%, 인화점은 -20~-43℃정도이다.

증기는 공기보다 3~4배 무거우므로 낮은 곳에 고이기 쉽다. 특히, 바람이 없을 때에는 위험범위가 넓어진다.

(나) 저장 및 취급방법

화기를 피해야 하며, 저장이나 취급하는 곳은 통풍이 잘 되어야한다. 특히, 옥내에 고여 있는 증기를 옥외로 배출시켜야 한다.

저장시에는 용기로부터 증기가 새어나오는 것을 막아야 한다. 뚜껑이 없는 개방용기는 위험하다. 위험은 액체 그 자체보다 증기에 있으므로 먼저 증기의 유무에 대하여 주의하지 않으면 안된다.

(다) 소화방법

소량의 가솔린 화재시에는 소화기(질식소화)로 소화할 수 있으나 대량의 것은 포에 의한 소화가 가장 좋고, 경우에 따라서는 이산화탄소나 분말 등의 소화장치를 사용 할 수도 있다.

③ 벤젠(C_6H_6)

(가) 일반적인 성질

무색투명한 휘발성액체로 방향성이 있고 증기는 약한 마취성을 가지며 독성이 있다. 물에 녹지 않지만 알코올, 에테르, 아세톤 등 각종 유기용제에 녹고, 유지, 수지 등을 잘 녹인다.

(나) 저장 및 취급방법

화기를 피해야 하며 누설을 막고 누설의 위험이 있는 곳에는 통풍을 잘 시켜서 고여 있는 증기를 배출시키도록 한다.

(다) 소화방법

휘발유에 준한다.

3) 알코올류

알코올은 수용성이지만, 분자량이 증가함에 따라서 물에 녹기 어려워지고 또 분자량이 커질수록 이성체가 많아진다.

① 메틸알코올(CH_3OH)

(가) 일반적인 성질

메탄올, 목정이라고 하며, 휘발성인 무색, 투명한 액체로 먹으면 눈이 멀거나 생명을 읽는다. 물에는 잘 녹으며, 수지 등을 잘 녹인다.

(나) 저장 및 취급방법

휘발유에 준한다.

(다) 소화방법

포 소화약제 중 내알코올형포 만이 효과가 있다.

② 에틸알코올(C_2H_5OH)

(가) 일반적인 성질

메탄올, 주정이라 하며, 무색투명한 액체로 휘발성이 있다. 물, 에스테르류와는 혼합이 되며, 유기물을 잘 녹인다.

(나) 소화방법

메틸알코올에 준한다.

4) 제2석유류

제2석유류에 해당하는 품목이 지정되어 있는 것과 물품의 성상에 따른 지정이 있다. 품명으로 지정되어 있는 것은 등유 및 경우의 두 품목이고, 또 성상에 따른 품목은 1기압, 20℃에서 액체이고 인화점이 21℃ 이상 70℃미만인 것, 다만, 도료류 그 밖의 물품에 있어서는 인화성 액체량이 40vol% 이하이고 인화점이 40℃ 이상, 연소점이 60℃ 이상인 것은 제외한다.

가열 등에 의하여 액체의 온도가 인화점 이상으로 높아지면 제 1석유류와 같은 위험성을 가지며 또, 인화점 이하에서도 안개모양이 되어 공기중에 섞여 있을 때에는 증기와 같은 인화의 위험성이 있으므로 주위하지 않으면 안된다.

저장취급에 있어서는 용기의 파손, 누설에 주의하고 특히, 정전기의 발생에 있어서는 제 1석유류와 같이 주의하지 않으면 안 된다.

소화약제는 제1석유류와 같이 포에 의한 소화가 적당하다.

① 등유

(가) 일반적인 성질

케로신, 석유라 하며, 여러 가지 포화, 불포화 탄화수소의 혼합물로 조금 휘발되기 어려운 탄화수소이다. 물에는 녹지 않으며, 착색의 정도(정제하는 정도에 관계있다.)에 따라서 백등유, 다등유 등의 구분을 하지만 쓰이는 곳에 따라 분류되는 것이 일반적이다.

등유는 전기의 불량도체이며, 가솔린과 같이 정전기가 발생, 축적되지만 보통 인화점이 상온보다 높으므로 방전불꽃에 의해 인화의 위험은 없지만, 온도가 인화점 이상으로 가열되면 방전불꽃에 의해 인화될 위험이 있다.

(나) 저장 및 취급방법

휘발유에 준한다.

(다) 소화방법

휘발유에 준한다.

② 경 유

(가) 일반적인 성질

담황색 또는 담갈색의 액체로 등유와 비슷한 성질을 가진다.

(나) 저장 및 취급방법

휘발유에 준한다.

(다) 소화방법

휘발유에 준한다.

③ 의산(HCOOH)

개미산, 포름산이라 하며 무색 투명한 액체로 코를 찌르는 자극성이 있다.

물, 에테르, 알코올에 녹으며 점화하면 푸른 불꽃을 내면서 연소한다.

피부에 닿으면 수포상의 화상을 입는다.

④ 테레핀유

송정유라 하며 무색 또는 담황색의 액체이며 불쾌한 냄새가 난다.

물에 녹지 않으나 알코올, 에테르, 클로로포름 등 유기용제에 녹는다. 또 유지, 수지를 잘 녹인다.

공기중에서 산화중합하는 성질이 있으므로 천에 묻혀서 방치하면 자연발화의 위험이 있다.

⑤ 장뇌유

장뇌를 분리한 후의 기름이며 방향을 가지는 액체이다. 물에는 녹지 않으나 알코올, 에테르, 이황화탄소에서 잘 녹는다.

5) 제3석유류

제3석유류는 품목에 의한 지정을 받고 있는 것은 중유 및 크레오소오트유의 두 품목이고, 성상에 따른 지정품목은 1기압 20℃에서 액체이고, 인화점이 70℃ 이상 200℃ 미만의 것 다만, 도료류 그 밖의 물품에 있어서는 인화성 액체량이 40vol% 이상인 것은 제외한다.

제3석유류에 속하는 물품으로서는 인화점이 높은 화공약품 등 여러 가지 물품이 있다. 이들 물품은 인화점이 높으므로 가열하지 않는 한 인화의 위험은 없다. 그러나 인화되었을 경우는 액온이 높으므로 물이나 포를 방사하면 수분이 비등 증발하므로 소화가 곤란 하다. 대량일 때는 쉽게 냉각되지 않으므로 인화점이 낮은 경질유보다 소화가 더 어렵다.

따라서 액온을 인화점 이상으로 오르지 않도록 하는 것이 중요하다.

① 중 유

중유는 상압증류나 감압증류할 때의 찌꺼기유, 분해가솔린을 만들 때의 찌끼유 등을 혼합한 것인데 갈색 혹은 흑갈색의 점조한 액체이다.

② 크레오소오트유

황색 내지 암록색인 기름모양의 액체이며 독특한 냄새가 있고 증기는 유독하다. 물보다 무겁고 물에는 녹지 않으나 알코올, 에테르, 벤젠, 톨루엔에는 잘 녹는다. 성분중에 타르산의 함량이 많을 경우에는 금속에 대한 부식성이 있으므로 저장시에 내산성 용기를 사용하여야 한다.

③ 글리세린($CH_2OH \cdot CH(OH)CH_2OH$)

무색·무취의 끈기가 있는 액체이며 흡수성이 있고 단맛이 있으므로 감유라고도 한다. 물, 알코올에는 혼합되며 에테르, 클로로포름, 벤젠 등에는 녹지 않는다.

6) 제4석유류

제4석유류에 해당하는 품목은 기계유 및 실린더유이고 또 성상에 따른 지정은 1기압, 20℃에서 액체이고 인화점이 200℃ 이상인 것 다만, 도료류 그 밖의 물품에 있어서는 인화성 액체량이 40vol% 이하인 것을 제외한다.

제4석유류에 속하는 물품은 인화점이 높은 윤활유, 가소제 등의 여러 가지 물품이 있다. 인화점이 대단히 높기 때문에 가열하지 않는 한 인화의 위험은 없지만, 일단 인화되면 액온이 높아서 포 등 물을 성분으로 하는 소화약제를 사용하면 수분이 비등 증발하므로 소화는 대단히 어려워진다. 그 곤란정도는 제3석유류보다 더 크다고 보아야 할 것이다. 일반적으로는 제4석유류에 속하는 물품은 가열하여 사용하는 일은 적지만, 가열하는 경우는 충분히 주의하지 않으면 안 된다.

① 윤활유

윤활유는 일반적으로 석유의 감압증류의 유분을 탈납정제하여 제조한다.
기계의 마찰부분은 감소시키고, 그 운전을 원활하게 할 뿐만 아니라, 동력손실, 기계의 마모 등을 방지하는 목적으로 쓰인다.

② 가소제

가소제는 비교적 휘발성이 적은 용제이며, 합성수지, 합성고무 등 고분자물질에 첨가시켜서 가소성을 가지게 하거나 가소성을 크게 하는 물리적 성상을 변화시키는 것이다.

7) 동·식물유류

인화점이 높으므로 상온에서는 인화하기 어려우나 가열되는 일이 많고 가열되어 인화점 이상에 달하면 인화위험은 가솔린과 같은 인화의 위험성을 갖는다.

건성유(아마인유, 동유 등)는 넝마 등 섬유에 배어들어 있는 상태에서 방치해 두면 자연발화를 일으키는 일이 있다. 이것은 동식물유류의 분자 속에 있는 불포화결합이 공기중의 산소에 의하여 산화중합을 일으켜, 축적되어 발화하는 것이다. 일반적으로 동 · 식물유류는 분자 속에 불포화결합을 많이 포함하고 있는 것일수록, 건조되기 쉽고, 자연발화를 일으키기 쉽다. 동식물유류 속에 불포화결합이 많고, 적음을 나타내는 데는 요드 즉, 지방 100g이 흡수하는 요오드의 g수를 쓴다. 요오드가 100 이하인 것을 불건성유, 100~130사이의 것을 반건성유, 130 이상인 것을 건성유라고 한다.

저장 취급시에는 액체의 누설을 방지하고 화기를 가까이 하지 않도록 해야 한다. 분무주수, 이산화탄소 및 분말 등이 소화효과가 있다.

① 건성유

식물성 건성유에는 해바라기유, 아마인유 등이 있고 2중결합이 많아서 불포화도(요오드가)가 크다. 공기중에 방치하면 산화되고 고화되어 단단한 막을 만들기 쉬운 기름이 건성유이다. 동물성 건성유에는 정어리기름 등이 있다.

② 반건성유

식물성 반건성유에는 연실유, 쌀겨기름, 옥수수기름 등이 있고 건조성이 약하고 단단한 막을 이루지 못한다. 동물성 반건성유에는 청어기름 등이 있다.

③ 불건성유

식물성 불건성유에는 땅콩기름, 올리브유, 파마자 기름 등이 있다. 2중 결합이 적어도 불포화도가 작다.

9.2.5 제5류 위험물(자기반응성 물질)

(1) 특 성

1) 개 요

① 성질

자기 반응성 물질(폭발성 물질)

② 품명

유기과산화물, 니트로화합물, 니트로소화합물, 아조화합물, 디아조화합물, 히드록실아민, 질산에스테르류, 히드록실 아민염류 9계열

③ 취급

(가) 질화면의 질화도는 12.8%기준으로 그 이상이면 강질화면, 그 미만이면 약질화

면이라하고 질화가 클수록 위험하다. 니트로셀롤로오즈(질화면)는 자연발화위험성이 있어 알코올 등 습면포로 덮어 보관한다.

(나) 셀롤로이드류 : 자연발화에 특히 주의 한다.

④ 소화

초기는 다량의 물로 소화하나 본격소화시는 적당한 소화방법이 없어 차라리 자연진화 되기를 기다린다.

2) 종 류

품 명	지정수량
유기과산화물	10kg
질산에스테르류	10kg
셀롤로이드류	100kg
니트로화합물	200kg
니트로소화합물류	200kg
아조화합물	200kg
디아조화합물	200kg
히드라진 유도체	200kg

2) 일반적인 성질

① 대표적 성질은 자기반응성 물질(Self-Reactive Substances)이다. 즉 외부로부터 산소의 공급 없이도 가열, 충격 등에 의해 연소폭발을 일으킬 수 있는 물질이다.

② 대부분 유기화합물이며 유기과산화물을 제외하고는 질소를 함유한 유기질소화합물이다.

③ 모두 가연성의 액체 또는 고체물질이고 연소할 때는 다량의 가스를 발생한다.

3) 위험성

① 유기과산화물류, 질산에스테르류, 셀룰로이드류, 니트로화합물류, 니트로소화합물류는 외부의 산소공급 없이도 자연연소하며, 연소속도가 빠르고 폭발적이다.

② 아조화합물류, 디아조화합물류, 히드라진 유도체류는 고농도인 경우 충격에 민감하며 연소시 순간적인 폭발로 이어진다.

③ 유기질소화합물은 불안정하여 분해가 용이하고 공기 중 장시간에 걸쳐 분해열이 축적되면 자연발화하는 것도 있다.

④ 연소생성물은 다량이고 유독성 가스가 많아 밀폐된 곳에서도 중독위험이 있다.

⑤ 니트로화합물은 화기, 가열, 충격, 마찰에 민감하여 발화폭발위험이 있다.

⑥ 강산화제, 강산류와 혼합한 것은 발화를 촉진시키고 위험성도 증가한다.

⑦ 일부 액체상태인 것은 인화하기 쉽고 가열에 의해 폭발위험이 있다.

4) 예방대책

① 화염, 불꽃 등 점화원의 엄금, 가열, 충격, 마찰, 타격 등을 피한다.
② 직사광선 차단, 습도에 주의하고 통풍이 양호한 찬 곳에 보관한다.
③ 강산화제, 강산류, 기타 물질이 혼입되지 않도록 한다.
④ 가급적 작게 나누어서 저장하고 용기파손 및 위험물의 누출을 방지한다.
⑤ 안정제(용제 등)가 함유되어 있는 것은 안정제의 증발을 막고 증발되었을 때는 즉시 보충한다.

5) 소화대책

① 자기연소성 물질이기 때문에 CO_2 분말, 하론, 포 등에 의한 질식소화는 효과가 없으며, 다량의 물로 냉각 소화하는 것이 적당하다.
② 초기화재 또는 소량 화재시에는 분말로 일시에 화염을 제거하여 소화할 수 있으나, 재발화가 염려되므로 최종적으로는 물로 냉각소화하여야 한다.
③ 화재시 폭발위험이 상존하므로 화재 진압시에는 충분히 안전거리를 유지하고 접근시에는 엄폐물을 이용하며 방수시에는 무인방수포 등을 이용한다.
④ 밀폐공간 내에서 화재발생시에는 반드시 공기호흡기를 착용하여 유독가스에 질식되는 일이 없도록 한다.

(2) 개별특성

1) 유기과산화물

유기과산화물은 일반적으로 과산화수소의 유도체로 볼 때 H-O-O-H 중의 한 개 또는 두 개의 수소원자를 유기기로 치환한 것이다.
저장시에는 직사일광을 피하고 찬 곳에 저장하여야 하며, 다른 약품과 같은 장소에 저장하는 것을 피해야 하고 환원제의 가까이에 저장하지 말 것.
취급상 주의사항으로는 보안경과 보호구를 반드시 착용하여야 한다.
취급장소에는 화기는 물론 전기불꽃, 열을 많이 내는 기기 등은 사용하지 말아야 하며, 이것들은 착화, 분해의 원인이 된다.
유기과산화물은 물에 녹기 어려우므로 배수구에는 흘려버리지 말 것.
유기과산화물 처분시 주의할 것은 유기과산화물은 흡수할 흡수제를 모을 경우에 강철제의 곡괭이나 삽 등을 사용하지 말아야 한다. 이것은 콘크리트바닥, 못, 돌등과 삽이 부딪쳐서 불꽃을 발할 위험이 있기 때문이다.

2) 질산에스테르류

질산(HNO_3) 수소를 알칼기(CnH2n+1)로 치환한 화합물의 총칭이며, 질산과 알코올을 작용시켜 탈수되어서 생긴 것이라 볼 수 있다.

질산에스테르류에는 니트로셀룰로오스, 니트로글리세린, 질산에틸, 질산메틸 등이 있다. 가연성 물질이며 또한 산소함유물질이므로 자기산소에 의해서 연소되기 쉽고 그 연소속도도 대단히 빠르므로 위험성이 강한 물질이다.

① 니트로셀룰로오스($[C_6H_7O_2(ONO_2)_3]n$)

(가) 일반적인 성질

NC, 질화면, 소화면, 질산섬유, 질산셀룰로우스라하며, 셀룰로오스(섬유소)를 진한질산과 진한황산의 혼합액에 작용시켜서 만든 셀룰로오스의 질산에스테르이다.

맛과 냄새가 없고 초산에틸, 초산아밀, 아세톤 등에는 잘 녹지만 물에는 녹지 않는다. 셀룰로오스 중 수산기(OH)를 니트로기로 어느 정도 치환하는가를 나타내는 질화도(보통 전량에 대한 질소량%)에 따라서 여러 가지가 얻어진다. 즉, 에테르와 알코올의 혼합액(2:1)에 녹지 않은 것(N〈12.8)은 강면약, 녹는 것(N〉12.8)을 약면약이라 한다.

니트로셀롤로오스는 질화도의 정도에 따라 차이는 있으나 점화, 충격, 가열 등으로 격렬히 타거나 폭발할 수도 있다. 130℃정도에서 서서히 분해하고, 180℃에서 격렬히 연소한다. 완전히 분해하면 1500배의 부피로 기체가 된다. 또 정제가 나빠서 산이 완전히 빠지지 않았을 때는 그 남은 산이 햇빛의 직사나 가열 등에 의해서 자연발화하는 수도 있다.

(나) 저장 및 취급방법

저장, 수송할 때에는 물이나 알코올로 습면 시킬 필요가 있다. 취급에 있어서는 점화원이 될 수 있는 열원, 타격, 마찰 등을 가하지 않도록 주의하고 냉암소에 저장한다.

(다) 소화방법

다량의 주수소화 또는 모래 등으로 뿌리는 것이 적당하나 연소속도가 너무 빨라서 폭발의 위험도 있으므로 소화는 곤란하다.

② 니트로글리세린($C_3H_5(ONO_2)_3$)

(가) 일반적인 성질

NG라하며, 상온에서는 액체이지만 겨울에는 동결한다. 물에는 거의 녹지 않으나, 메탄올, 에탄올, 벤젠, 클로로포름, 아세톤에 녹는다. 소량의 글리세린에 점화하면 타기만 하지만, 양이 많을 경우에는 폭굉에 이르므로 위험성이 커서 단독으로는 쓰이지 않는다.

가열, 마찰, 충격에 민감하므로 신중히 다루어야 하며 산의 존재하에서 분해가 촉진되고 폭발하는 수도 있다.

보통 다이나마이트의 기제로 사용된다.

(나) 저장 및 취급방법

가열, 마찰, 충격 등에 대단히 민감하여 저장 및 취급시 특히 주의하여야 하며, 화재시 폭굉을 일으키기 쉽고 접근하는 것은 위험하다.

(다) 소화방법

연소가 폭발적으로 발생하여 직접적인 소화는 어려우므로 연소위험이 있는 주위의 소화를 생각하여야 할 것이다.

3) 니트로화합물

유기화합물의 탄소와 직결되는 수소원자가 니트로기($-NO_2$)로 치환된 화합물의 총칭이다.

일반적으로 이 류에 속하는 것은 폭약으로는 비교적 둔감하지만 불안정하고 분해되기 쉽게, 폭발성이 강하다. 종류에는 피크린산, 트리니트로톨루엔 등이 있다.

① 피크린산($C_6H_2(NO_2)_3OH$)

(가) 일반적인 성질

편편한 침상결정이고 휘황색으로 찬물에는 극히 작게 녹고 에테르, 알코올, 벤젠, 더운물에 잘 녹는다. 쓴맛이 있으며, 독성이 있다.

단독으로는 타격, 마찰 등에 둔감하나 요오드, 가솔린, 알코올, 유황 등과 혼합된 것은 마찰, 타격에 의해 심하게 폭발한다. 주로, 화약, 불꽃놀이 등에 많이 쓰인다.

(나) 저장 및 취급방법

화기를 가까이 하지 말아야 하며 건조될수록 위험성이 증가하므로 주의해서 취급해야 하며 산화되기 쉬운 물질과 혼합하지 않게 하여야 한다.

(다) 소화방법

주수소화하는 것이 효과적이다.

② 트리니트로톨루엔($C_6H_2(NO_2)_3CH_3$)

(가) 일반적인 성질

트로틸, T·N·T라 하며, 담황색의 주상결정이지만 햇빛에 쪼이면 다갈색으로 변한다.

강력한 폭약이며 급격한 타격에 의하여 폭발한다. 물에는 잘 녹지 않으나 알코올에는 가열하면 녹는다. 또 에테르에게 잘 녹는다.

다른 니트로 폭약에 비하면 안정되어 있지만 산화되기 쉬운 물질과 공존하면 타격 등에 의해서 폭발한다. 폭발력이 대단하여 피해범위도 넓어 위험하다.

폭발력의 표준으로 쓰이기도 하며, 병기, 다이나마이트 등 제조에 사용된다.

(나) 저장 및 취급방법

타격, 충격, 마찰을 피하고 화기로부터 멀리한다.

폭발했을 때 연소속도가 빠르고 피해가 커지므로 취급시 세심한 주의를 한다.

(다) 소화방법

연소시에는 연소속도가 상당히 빨라서 소화가 곤란하지만 초기에는 다량의 물로 주수소화한다.

4) 니트로소화합물류

니트로소화합물이란 니트로소기 -N=O을 가지고 있는 화합물을 말하지만, 소화방법에서는 하나의 벤젠핵에 수소원자 대신에 니트로소기 -NO가 둘 이상 결합된 것에 한하고 있다. 니트로소화합물은 불안전한 것이 많고 가열, 충격에 의하여 폭발을 일으키는 위험이 많다.

9.2.6 제6류 위험물(산화성 액체)

(1) 특 성

1) 개 요

① 성질

산화성액체

② 품명

과염소산, 과산화수소(농도 36wt% 이상), 황산(비중 1.82 이상), 질산(비중 1.49 이상)

③ 취급

강산화제이므로 물과 접촉시 발열로 인해 접촉을 피한다.

④ 소화

마른모래나 이산화탄소 소화약제를 쓴다.

2) 종 류

- 과염소산 : 300kg
- 과산화수소 : 300kg
- 질산 : 300kg

3) 법령상 제한

① 과산화수소 : 농도 36wt% 이상

② 질산 : 비중 1.49 이상을 위험물로 본다.

4) 일반적인 성질

① 대표적 성질은 산화성 액체이며 모두가 무기화합물로 물보다 무겁다.

② 과산화수소를 제외하고 강산성 물질이며 물에 녹기 쉽다.

③ 모두 산소를 포함하고 있으며 다른 물질을 산화시킨다.

④ 불연성 물질이다.

⑤ 증기는 유독하며 피부와 접촉시 점막을 부식시킨다.

5) 위험성

① 자신은 불연성 물질이지만 산화성이 커서 다른 물질의 연소를 돕는다(지연성).

② 제2류, 제3류, 제4류, 제5류, 강환원제, 일반 가연물과 혼합한 것은 혼촉발화하거나 가열 등에 의해 위험한 상태가 된다.

③ 과산화수소를 제외하고 물과 접촉하면 심하게 발열한다.

④ 염기와 작용하여 염과 물을 만드는데 이때 발열한다.

6) 예방대책

① 화기엄금, 직사광선 차단, 강환원제, 유기물질, 가연성위험물과 접촉을 피한다.

② 염기 및 물, 제1류 위험물과의 접촉을 피한다.

③ 용기의 밀전, 파손방지, 전도방지, 변형방지에 주의한다.

④ 가열에 의한 유독성 가스의 발생을 방지시킨다.

7) 소화대책

① 자신은 불연성이지만 연소를 돕는 물질이므로 화재시에는 가연물과 격리하도록 한다.

② 소량 화재시는 다량의 물로 희석할 수 있지만 원칙적으로 주수는 하지 않아야 한다.

③ 화재진압시는 공기호흡기, 방호의, 고무장갑, 고무장화 등 보호장구를 반드시 착용한다.

(2) 개별특성

1) 질산(HNO_3)

① 진한 질산

(가) 일반적인 성질

농질산이라 하며 무색액체로 보통 담황색의 독특한 냄새가 나고 부식성이 있다. 질산자신은 포발성, 연소성이 없지만 강한 산화성이 있으므로 다른 물질과 접촉하면 발화 또는 폭발하는 수도 있다.

(나) 저장 및 취급방법

질산이 든 용기는 직사일광을 피하고 찬곳에 저장하며 저장장소에는 항상 다량의 물을 준비하여 놓아야 한다.

(다) 소화방법

화재장소에 많은 질산이 있을 때는 직접 소량의 주수는 피해야 한다.

② 발연 질산

발연 초산이라 하며 무색 또는 적갈색인 발연성 액체로 심한 부식성이 있다. 진한 질산보다 산화력이 강하고 질식성인 이산화질소(NO_2) 가스를 내며, 유독하다.

2) 과염소산($HClO_4$)

무색 유동되기 쉬운 액체이나 공기속에서 맹렬하게 연기가 발생한다.

방치하면 분해하고 물과 반응해서 6종의 안정된 화합물을 만든다. 가열하면 폭발하고 산화력이 강하고 종이, 나무조각 등과 접촉하면 폭발과 동시에 연소한다. 물과는 심하게 발열하면서 작용한다.

3) 과산화수소(H_2O_2)

① 일반적인 성질

물, 에테르, 알코올에 용해하지만 석유, 벤젠에는 녹지 않는다. 농도가 큰 것은 불순물, 구리, 은, 백금 등의 미립자에 의하여 폭발적으로 분해한다.

알칼리성 용액에 의해서도 심하게 분해한다.

열, 햇빛에 의하여 빨리 분해하며, 농도 60% 이상인 것은 충격에 의하여 단독으로도 폭발적으로 분해하기도 한다.

② 저장 및 취급방법

직사일광을 피하고 냉암소에 저장해야 하며, 과산화수소가 누설되었을 때는 다량의 물로 씻어 흘려버린다.

용기는 밀전해서는 안 되고, 통기하기 위하여 구멍이 뚫린 마개로 막는다.

③ 소화방법

주수소화에 의하는 것이 효과적이다.

CHAPTER 10

위험물 저장시설의 기준 및 소화대책

CHAPTER 10

위험물 저장시설의 기준 및 소화대책

위험물은 일반적으로 화재발생시 소화가 곤란하다. 이 때문에 사람이나 물건에 대한 손해가 크고 피해가 증대하게 된다.

10.1 위험물제조소 등의 시설기준

10.1.1 위험물 제조소

(1) 안전거리

1) 제조소(제6류 위험물을 취급하는 제조소를 제외한다)는 다른 건축물 등으로부터 당해 위험물의 제조・저장 또는 취급용도에 직접 사용되는 건축물의 외벽 또는 공작물(배관을 제외한다)의 외측(방화벽 또는 담이 있는 경우에는 그 벽 또는 담)까지의 사이에 다음의 기준에 의한 수평거리(이하 "안전거리"라 한다)를 보유하여야 한다.

안전거리	대 상 건 축 물
3m이상	• 사용전압이 7,000V초과 35,000V 이하의 특고압가공전선
5m이상	• 사용전압이 35,000V를 초과하는 특고압가공전선
10m이상	• 주거용으로 사용되는 것 (제조소가 설치된 부지내에 있는 것을 제외)
20m이상	• 고압가스 제조시설(용기에 충전하는 것 포함) • 고압가스 사용시설(300㎥/일 이상 취급시설) • 고압가스 저장시설 • 액화산소 소비시설 • 액화석유가스 제조 및 저장시설 • 도시가스 공급시설

30m이상	• 학교 · 병원 • 공연장 · 영화상영관 : 수용인원 300명 이상 • 복지시설 · 보육시설 · 정신보건시설. 가정폭력피해자 보호시설 : 수용인원 20명이상
50m이상	• 유형문화재 와 지정문화재

※ 안전거리 : 건축물의 외벽으로부터 당해 제조소의 외벽까지의 수평거리

(2) 보유공지

1) 위험물을 취급하는 건축물 기타의 시설(위험물을 이송하기 위한 배관 기타 이와 유사한 시설을 제외한다)의 주위에는 그 취급하는 위험물의 최대수량에 따라 다음 표에 의한 너비의 공지를 보유하여야 한다.

표 10.1 위험물의 수량별 공지의 너비

취급하는 위험물의 최대수량	공지의 너비
지정수량의 10배 이하	3m 이상
지정수량의 10배 초과	5m 이상

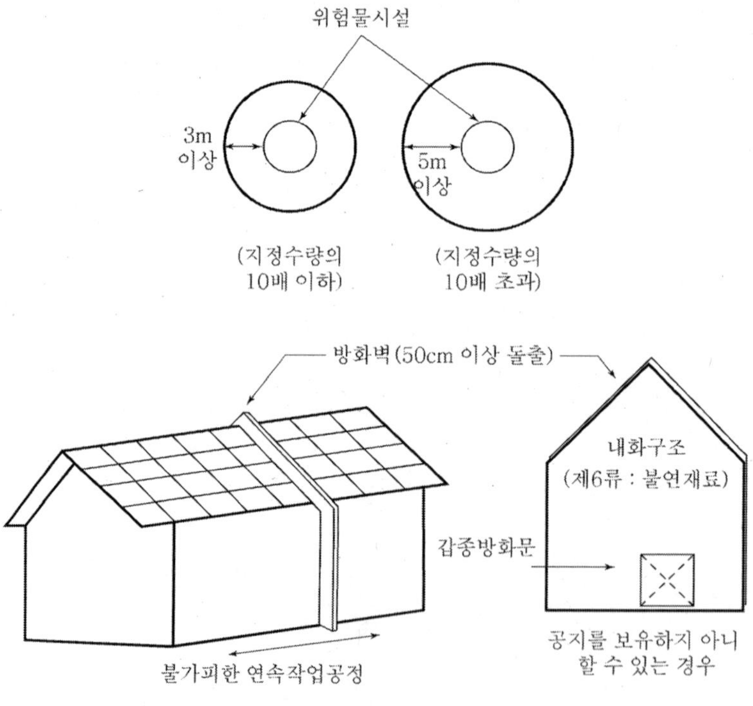

그림 10.1 위험물제조소의 보유공지

2) 제조소의 작업공정이 다른 작업장의 작업공정과 연속되어 있어 건축물 기타의 공작물의 주위에 공지가 두개 되는 경우 그 제조소의 작업에 현저한 지장이 생길 우려가 있고, 당해 제조소와 다른 작업장의 사이에 다음의 기준에 의한 방화벽을 설치한 경우에는 1)의 규정에 의한 공지를 보유하지 아니할 수 있다.
   ① 방화벽은 내화구조로 할 것. 다만, 취급하는 위험물의 제6류 위험물인 경우에는 불연재료로 할 수 있다.
   ② 방화벽에 설치하는 출입구 및 창 등의 개구부는 가능한 한 최소로 하고, 출입구에는 갑종방화문을, 창 등의 개구부에는 트랜처설비 또는 자동방화셔터를 설치할 것
   ③ 방화벽의 양단 및 상단이 외벽 또는 지붕으로부터 50cm 이상 돌출하도록 할 것

(3) 표지 및 게시판

1) 위험물 제조소에는 그 보기 쉬운 곳에 다음의 기준에 의하여 위험물 제조소라는 뜻을 표시한 표지를 설치하여야 한다.
   ① 표지는 한 변의 길이 0.6m 이상, 다른 한 변의 길이 0.3m 이상의 것으로 할 것
   ② 표지의 바탕은 백색으로, 문자는 흑색으로 할 것

2) 위험물 제조소의 보기 쉬운 곳에 다음의 기준에 의하여 방화에 관하여 필요한 사항을 기재한 게시판을 설치하여야 한다.
   ① 게시판은 한 변의 길이 0.6m 이상, 다른 한 변의 길이 0.3m 이상의 것으로 할 것
   ② 게시판에는 취급하는 위험물의 유별, 품명 및 취급 최대수량과 위험물 보안감독자의 성명을 기재할 것
   ③ 게시판의 바탕은 백색으로, 문자는 흑색으로 할 것

사진 10.1 표지 및 게시판 예

3) 위험물의 제조소에는 (2)의 게시판 외에 취급하는 위험물에 따라 다음에 의한 주의사항을 표시한 게시판을 따로 설치하여야 한다. 이 경우 게시판의 크기는 가로 0.6m 이상, 세로 0.3 m 이상의 것으로 하여야 한다.
   ① 제4류 위험물 및 제5류 위험물에 있어서는 "화기엄금"
   ② 제1류 위험물중 무기과산화물·삼산화크롬 및 제3류 위험물에 있어서는 "물기엄금"

③ 제2류 위험물에 있어서는 "화기주의"

④ 제6류 위험물에 있어서는 "물기주의"

⑤ ①및 ③의 게시판은 적색바탕에 백색문자로, ② 및 ④의 게시판은 청색바탕에 백색문자로 할 것.

(4) 건축물의 구조

제조소 중 위험물을 취급하는 건축물의 구조는 다음의 기준에 의하여야 한다.

1) 지하층이 없도록 하여야 한다. 다만, 위험물을 취급하지 아니하는 지하층으로서 출입구 및 개구부가 그 건축물의 다른 층으로 통하는 복도, 계단 및 개구부와 떨어져 있고 위험물의 취급장소에서 새어나온 위험물이 지하층으로 흘러들어올 우려가 없는 구조로 된 경우에는 그러하지 아니한다.

2) 벽 기둥, 바닥, 보, 서까래 및 계단은 불연재로 하고, 연소의 우려가 있는 외벽은 내화구조로 할 것. 다만, 제6류 위험물을 취급하는 건축물에 있어서 위험물이 침윤될 우려가 있는 부분에 대하여는 아스팔트 기타 부식되지 아니하는 재료로 피복할 수 있다.

3) 지붕(작업공정상 제조기 기계시설 등이 2층 이상에 연결되어 설치된 경우에는 최상층의 지붕)은 가벼운 금속판 또는 불연재료로 덮을 것. 다만, 제2류 위험물(유황분 및 금속분을 제외한다), 제4류 위험물 중 제4석유류, 동·식물유류 또는 제6류 위험물을 취급하는 건축물의 지붕은 내화구조로 할 수 있다.

4) 출입구에는 갑종방화문 또는 을종방화문을 설치할 것

5) 액체의 위험물을 취급하는 건축물의 바닥은 위험물이 침윤하지 못하는 재료를 사용하고, 적당한 경사를 두어 그 최저부에 저유설비를 설치할 것

(5) 채광·조명 및 환기 설비

1) 위험물을 취급하는 건축물에는 다음의 기준에 의하여 위험물을 취급하는데 필요한 채광·조명 및 환기설비를 설치하여야 한다.

① 채광설비는 불연재료를 사용하고 연소의 우려가 없는 장소에 설치하되 채광면적을 최소로 할 것

② 환기설비는 다음의 기준에 의할 것

(가) 환기는 자연배기방식으로 할 것

(나) 급기구는 바닥면적 150m^2마다 1개 이상으로 하되 그 크기는 800cm^2 이상으로 할 것. 다만, 바닥 면적이 150m^2인 경우에는 다음의 크기로 하여야 한다.

(다) 급기구는 낮은 곳에 설치하고 가는 눈의 동망 등으로 인화방지망을 설치할 것

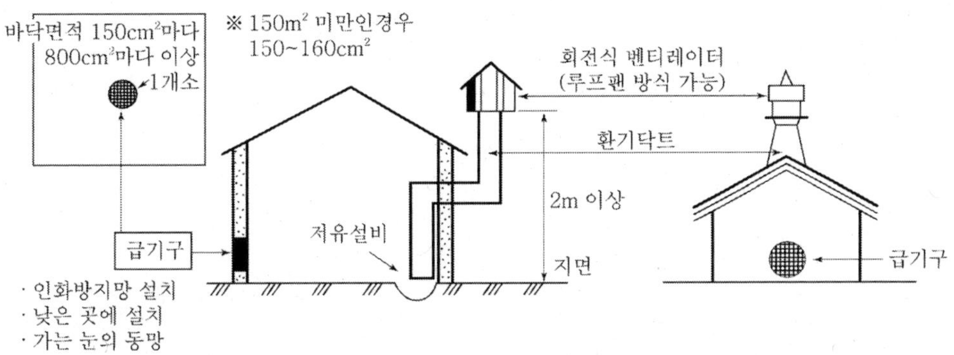

그림 10.2 위험물제조소의 자연배기방식의 환기설비

표 10.2 바닥 면적별 급기구의 면적

바닥면적	급기구의 면적
$60m^2$미만	$150m^2$이상
$60m^2$이상 $90m^2$미만	$300m^2$이상
$90m^2$이상 $120m^2$미만	$450m^2$이상
$120m^2$이상 $150m^2$미만	$600m^2$이상

(라) 환기구는 지붕위 또는 지상 2m 이상의 높이에 회전식 고정벤티레이터 또는 루프팬 방식으로 설치할 것

③ 조명설비는 다음의 기준에 적합하게 설치할 것

(가) 가연성가스 등이 체류할 우려가 있는 장소의 조명등은 방폭등으로 할 것

(나) 전선은 내화·내열전선으로 할 것

(다) 점멸스위치는 출입구 바깥부분에 설치할 것. 다만, 스위치의 스파크로 인한 화재·폭발 등의 우려가 없는 경우에는 그러하지 아니한다.

④ 제조소안에 설치하는 전기설비는 전기설비 기술기준에 관한 규칙의 규정에 의할 것

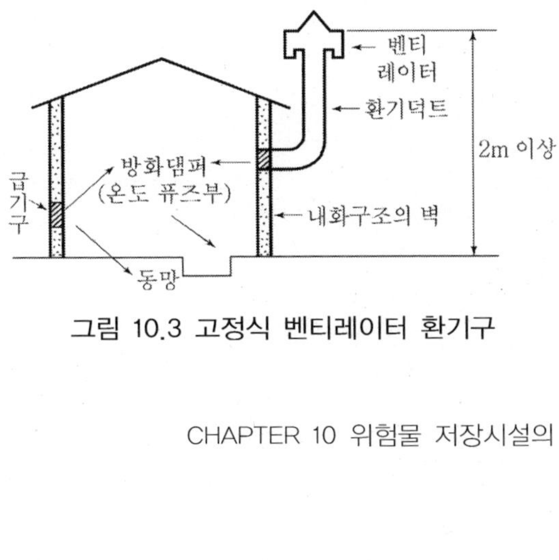

그림 10.3 고정식 벤티레이터 환기구

2) 배출설비가 설치되어 유효하게 환기가 되는 건축물에는 환기설비를 하지 아니할 수 있다.

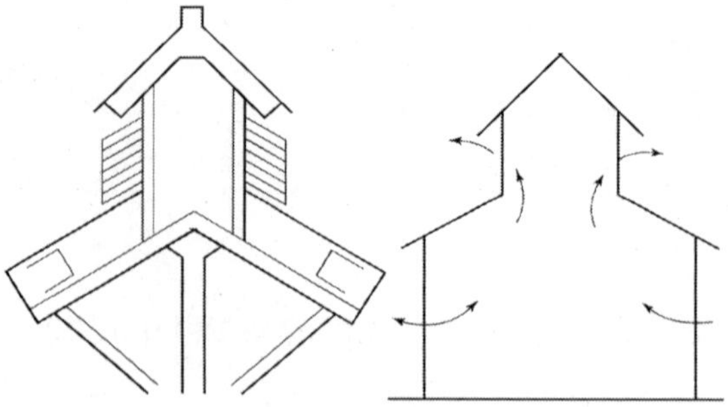

그림 10.4 루프팬 환기구

(6) 배출설비

가연성의 증기 또는 미분이 체류할 우려가 있는 건축물에는 그 증기 또는 미분을 옥외의 높은 곳으로 배출할 수 있도록 다음의 기준에 의하여 배출설비를 설치하여야 한다.

① 배출설비는 국소방식으로 할 것. 다만, 다음의 경우에는 전역방식으로 할 수 있다.

(가) 위험물 취급설비가 배관이음 등으로만 된 경우

(나) 건축물의 구조·작업장소의 분포 등의 조건에 의하여 전역방식이 유효한 경우

② 배출설비는 배풍기 · 배출닥트 · 후드 등을 이용하여 강제적으로 배출하는 것으로 할 것

③ 배출능력은 1시간당 배출장소 용적의 20배 이상인 것으로 할 것

④ 배출설비의 설치는 다음의 기준에 의할 것

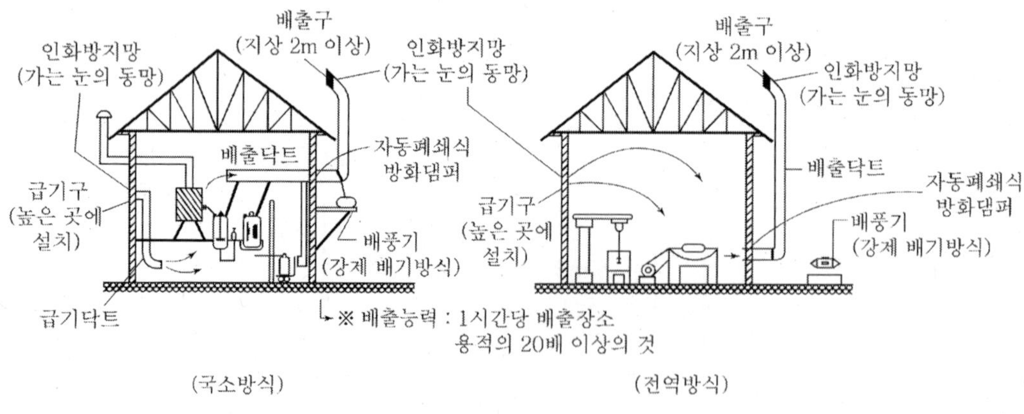

그림 10.5 위험물제조소의 배출설비

(가) 급기구는 높은 곳에 설치하고, 가는눈의 동망 등으로 인화방지망을 설치할 것
(나) 배출구는 지상 2m 이상으로서 연소의 우려가 없는 장소에 설치하여야 하며, 배출 닥트가 관통하는 벽부분의 바로 가까이에 화재시 자동으로, 폐쇄되는 방화댐퍼를 설치할 것

⑤ 배풍기는 강제 배기방식으로 하고, 옥내닥트의 내압이 대기압 이상이 되지 아니하는 위치에 설치할 것

(7) 옥외시설의 바닥

옥외에서 액체의 위험물을 취급하는 설비의 바닥은 다음의 기준에 의하여야 한다.

① 바닥의 둘레에 높이 0.15m 이상의 턱을 설치하는 등 위험물이 외부로 흘러나가지 아니하도록 할 것
② 바닥은 콘크리트 기타 불침윤재료로 하고, ①의 턱이 있는 쪽이 낮고 경사지게 할 것
③ 바닥의 최저부의 저유설비를 할 것
④ 제4류 위험물(물에 용해하는 성질의 것을 제외한다)을 취급하는 설비에 있어서는 당해 위험물이 직접 배수구에 흘러 들어가지 아니하도록 행정자치부장관이 정하여 고시하는 유분리장치(이하 "유분리장치"라 한다)를 설치할 것

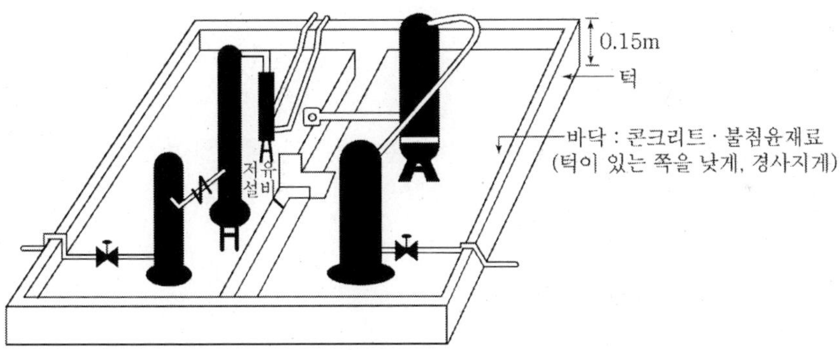

그림 10.6 위험물 제조소의 옥외시설의 바닥

(8) 위험물의 누출·비산방지

위험물을 취급하는 기계·기구 기타 설비에는 위험물이 새거나 넘치거나 비산하는 것을 방지할 수 있는 구조로 하여야 한다. 다만, 당해 설비에 위험물의 누출 등으로 인한 재해를 방지할 수 있는 부대설비(되돌림판, 수막설비 등)를 한 때에는 그러하지 아니하다.

(9) 가열·냉각설비의 온도 측정장치

위험물을 가열하거나 냉각하는 설비 또는 위험물의 취급에 따라 온도변화가 생기는 설비에는 온도측정장치를 설치하여야 한다.

(10) 가열건조설비

위험물을 가열 또는 건조하는 설비는 직접 불을 사용하지 아니하는 구조로 하여야 한다. 다만, 당해 설비가 방화상 안전한 장소에 설치되어 있거나 화재를 방지할 수 있는 부대설비를 한 때에는 그러하지 아니하다.

(11) 압력계 및 안전장치

위험물을 가압하는 설비 또는 그 취급에 따라 위험물의 압력이 상승할 우려가 있는 설비에는 압력계 및 다음의 규정에 의한 안전장치를 설치하여야 한다. 다만, ④의 파괴판은 위험물의 성질에 따라 안전밸브의 작동이 곤란한 가압설비에 한한다.

① 자동적으로 압력의 상승을 정지시키는 장치
② 감압측에 안전밸브를 부착한 감압밸브
③ 안전밸브를 병용하는 경보장치
④ 파괴판

(12) 정전기 제거설비

위험물을 취급함에 있어서 정전기가 발생할 우려가 있는 설비에는 다음의 규정에 해당하는 방법으로 정전기를 유효하게 제거할 수 있는 설비를 설치하여야 한다.

① 접지에 의한 방법
② 공기중의 상대습도를 70% 이상으로 하는 방법
③ 공기를 이온화하는 방법

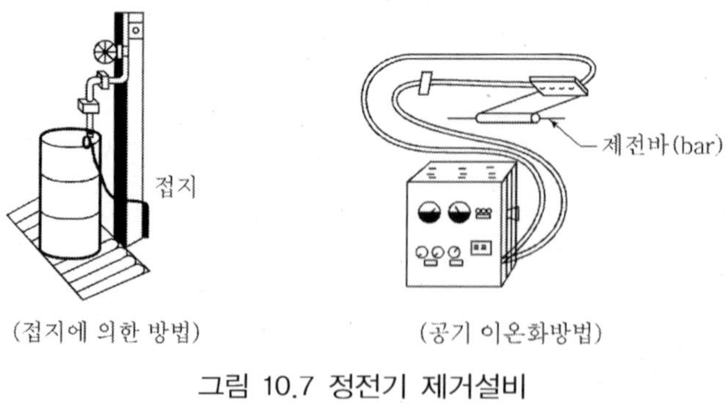

(접지에 의한 방법) (공기 이온화방법)

그림 10.7 정전기 제거설비

(13) 피뢰설비

① 지정수량의 10배 이상의 위험물을 취급하는 제조소(제6류 위험물을 취급하는 위험물 제조소를 제외한다)에는 피뢰침(KSC 9606)을 설치하여야 한다. 다만, 위험물 제조소 주위의 상황에 따라 안전상 지장이 없는 경우에는 피뢰침을 설치하지 아니할 수 있다.

② 이동탱크저장시설의 차고로서 위험물의 체류설비가 없고 벽체가 없는 경우와 대규모 건축물 내에 있어서 위험물을 분산 취급하고 돌침을 설치하기가 곤란한 경우에는 돌침을 생략 할 수 있다.

③ 철골 또는 철근콘크리트구조의 건축물 또는 철구조물 내부에 위험물을 수용할 경우에 있어서는 한국산업규격에 의한 간략법에 의할 수 있다.

(14) 위험물 취급탱크

위험물제조소의 옥외에 있는 위험물 취급탱크로서 액체위험물(이황화탄소를 제외한다)을 취급하는 것의 주위에는 다음의 기준에 의하여 방유제를 설치하여야 한다.

① 하나의 취급탱크 주위에 설치

② 둘 이상의 취급탱크 주위에 하나의 방유제를 설치하는 경우 그 방유제의 용량은 당해 탱크 중 용량이 최대인 것의 50%에 나머지 탱크 용량 합계의 10%를 가산한 양 이상이 되게 할 것

(15) 배 관

위험물 제조소 내의 위험물을 취급하는 배관은 다음의 기준에 의하여 설치하여야 한다.

① 강관 기타 이와 유사한 금속성을 할 것. 다만, 지하에 매설하는 금속쌍 외의 배관의 경우에는 행정자치부장관이 정하여 고시하는 유리섬유 강화프라스틱, 이중배관 등을 사용할 수 있다.

② 배관에 걸리는 최대상용압력이 1.5배 이상의 압력으로 내압시험을 하여 누설 기타의 이상이 없는 것으로 할 것. 이 경우 내압시험은 불연성의 액체 또는 기체로 하여야 한다.

③ 배관을 지상에 설치하는 경우에는 지진・풍압・지반침하・온도변화에 안전한 구조의 지지물에 설치하되, 지면에 닿지 아니하도록 하고 배관의 외면에 부식방지를 위한 도장을 하여야 한다. 다만, 불변강관의 경우는 그러하지 아니하다.

③ 배관을 지하에 설치하는 경우에는 배관의 외면에 부식방지를 위한 도장을 하거나 필요한 조치를 하고 배관의 접합부분(용접에 의한 접합부분을 제외한다)에는 위험물 누설 여부를 점검할 수 있는 점검구를 설치하여야 한다.

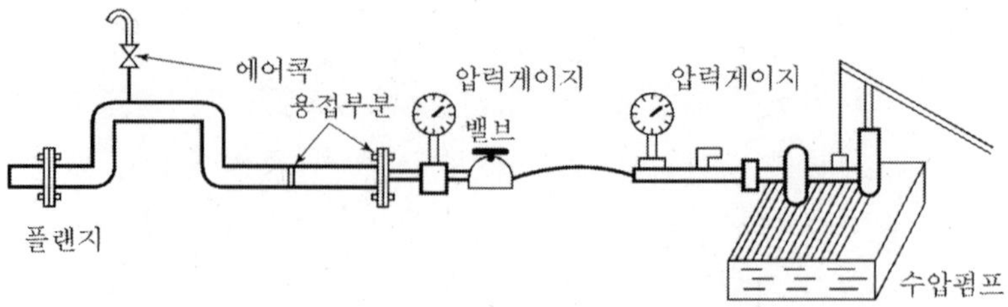

그림 10.8 위험물 제조소의 배관

(16) 위험물 제조설비의 금속의 사용제한

아세트알데히드 또는 산화프로필렌을 취급하는 설비는 은·수은·동·마그네슘 또는 은·수은·동·마그네슘 성분을 함유한 합금을 사용하여서는 안 된다.

(17) 불연성 가스등의 봉입장치 등

① 아세트알데히드 또는 산화프로필렌을 취급하는 설비에는 연소성 혼합기체의 생성에 의한 폭발방지를 위하여 불연성 가스 또는 수증기를 봉입하는 장치를 설치하고, 상시 봉입하는 경우의 압력은 위험물을 취급하는 설비의 상용압력이하로 하여야 한다.

② 아세트알데히드 또는 산화프로필렌을 취급하는 시설 중 저장탱크에는 냉각장치 또는 저온을 유지하기 위한 장치를 하여야 한다. 다만, 지하탱크 저장시설로서 아세트알데히드 또는 산화프로필렌의 온도를 저온으로 유지할 수 있는 경우에는 그러하지 아니하다.

③ 알킬알루미늄 또는 알칼리튬을 취급하는 설비에는 불활성 기체를 봉입할 수 있는 장치를 설치하여야 한다.

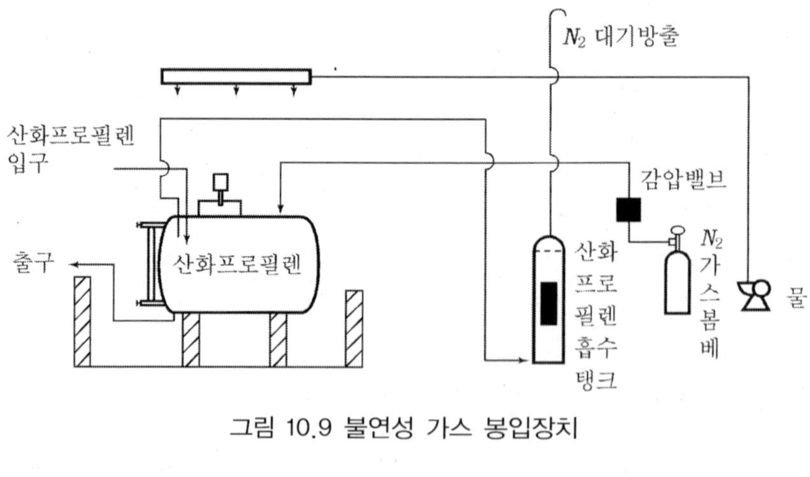

그림 10.9 불연성 가스 봉입장치

10.1.2 위험물저장소

(1) 옥내저장소

1) 안전거리

옥내저장소(지정유기과산화물의 옥내저장소를 제외한다)는 위험물 제조소의 안전거리 규정에 준하여 다른 건축물 등에 대한 안전거리를 두어야 한다. 다만, 다음에 해당하는 옥내저장소는 그러하지 아니하다.

① 제4석유류 또는 동·식물유류를 지정수량의 20배미만을 저장 또는 취급하는 옥내저장소

② 제6류 위험물을 저장 또는 취급하는 옥내저장소

③ 지정수량의 20배 미만의 위험물을 저장 또는 취급하는 옥내저장소로서 다음의 기준에 적합한 것

(가) 저장창고의 벽 · 기둥 · 바닥 · 보 및 지붕을 내화구조로 할 것

(나) 저장창고의 출입구에 갑종방화문을 설치할 것

(다) 저장창고에 창을 설치하지 아니할 것

2) 보유공지

① 옥내저장소(지정유기과산화물의 옥내저장소를 제외한다)의 주위에는 그 저장 또는 취급하는 위험물의 최대수량에 따라 다음 표에 의한 너비의 공지를 보유하여야 한다.

② 지정수량의 20배를 초과하는 위험물을 저장 또는 취급하는 옥내저장소(제6류 위험물의 옥내저장소를 제외한다)를 동일구내에 2개 이상 인접하여 설치하는 경우 그 인접하는 방향의 보유공지의 너비는 3m 이상이 되어야 한다.

표 10.3 위험물의 수량별 공지의 너비

저장 또는 취급하는 위험물의 최대수량	공지의 너비	
	벽 · 기둥 및 바닥이 내화구조로 된 건축물	기타의 건축물
지정수량의 5배 미만		0.5m 이상
지정수량의 5배 이상 20배 미만	1m 이상	1.5m 이상
지정수량의 20배 이상 50배 미만	2m 이상	3m 이상
지정수량의 50배 이상 100배 미만	3m 이상	5m 이상
지정수량의 100배 이상 200배 미만	5m 이상	10m 이상
지정수량의 200배 이상	10m 이상	15m 이상

③ 지정수량의 5배 이상 20배 미만의 제4석유류 또는 동식물유류와 지정수량의 5배 이상의 제6류 위험물을 저장 또는 취급하는 옥내저장소에 있어서는 ①의 규정에 의한 보유공지의 1/3 이상의 너비로 할 수 있다. 이 경우 보유공지의 너비는 1m이상이 되어야 한다.

④ 지정수량의 5배 이상 20배 미만의 제4석유류 또는 동식물유류나 지정수량의 5배 이상의 제6류 위험물을 저장 또는 취급하는 옥내저장소를 동일구내에 2개 이상 인접하여 설치하는 경우 그 인접하는 방향의 보유공지는 ③의 규정에 의하여 산출된 너비의 1/3 이상의 너비로 할 수 있다. 이 경우 보유공지의 너비는 1m 이상이 되어야 한다.

3) 표지 및 게시판

① 옥내저장소에는 그 보기 쉬운 곳에 위험물 옥내저장소라는 뜻을 표시한 표지를 설치하고, 방화에 관하여 필요한 사항을 기재한 게시판 및 취급하는 위험물에 따른 주위사항을 표시한 게시판을 설치하여야 한다.

② ①의 표지 및 게시판은 위험물 제조소의 표지 및 게시판 규정에 준하여 설치하여야 한다.

4) 건축물의 구조

① 옥내저장소의 하나의 저장창고의 건축면적(연면적을 말한다)은 다음의 기준면적이하로 하여야 한다.

(가) 아염소산염류, 염소산염류, 과염소산 염류, 무기과산화물, 칼륨, 나트륨, 알킬알루미늄, 알킬리튬, 특수인화물, 제1석유류, 알코올류, 제6류위험물을 저장하는 창고는 $1000m^2$

(나) 상기 이외의 위험물을 저장하는 창고는 $2000m^2$

② ①의 저장창고는 위험물저장을 전용으로 하며 지면에서 처마까지의 높이가 6m 이하인 단층 건축물로 하고 그 바닥은 지면보다 높게 하여야 한다. 다만, 제2류 위험물 또는 제4류 위험물만을 저장하는 창고로서 다음의 기준에 해당하는 경우에는 20m이하로 할 수 있다.

(가) 벽 · 기둥 · 보 및 바닥을 내화구조로 하여야 한다.

(나) 창 및 출입구에 갑종방화문을 설치하여야 한다.

(다) 피뢰침을 설치한 경우, 다만, 주위상황에 따라 안전상 지장이 없는 경우에는 그러하지 아니하다.

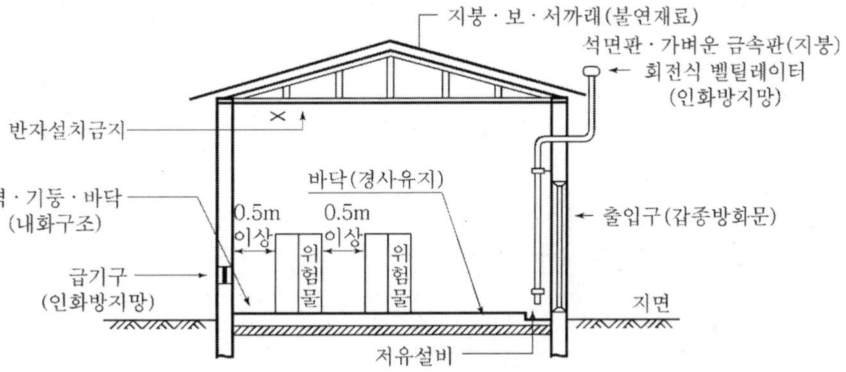

그림 10.10 옥내저장소의 건축물의 구조

③ 저장창고의 벽 · 기둥 및 바닥은 내화구조로 하고, 보와 서까래는 불연재료로 하여야 한다. 다만, 지정수량의 10배 이하의 위험물 저장창고 또는 제2류와 제4류의 위험물만을 저장하는 창고에 있어서는 연소의 우려가 없는 벽 · 기둥 및 바닥을 불연재료로 할 수 있다.

④ 저장창고의 지붕은 가벼운 금속판 또는 불연재료로 하여야 한다. 다만, 셀룰로이드류의 위험물 저장창고의 지붕은 가벼운 불연성 단열재료로 하고, 제2류 위험물(유황분 및 금속분을 제외한다) · 제6류 위험물의 저장창고의 지붕은 내화구조로 할 수 있다.

⑤ 저장창고에는 반자를 설치하여서는 안 된다. 다만, 셀룰로이드류의 위험물을 저장창고에는 불연재료 또는 난연재료로 된 반자를 설치할 수 있다.

⑥ 저장창고의 출입구에는 갑종방화문 또는 을종방화문을 설치하여야 한다.

⑦ 제1류 위험물중 알칼리금속의 과산화물, 제2류 위험물중 철분 · 금속분 · 마그네슘분, 제3류 위험물 중 금수성물질 · 제4류 위험물 또는 제6류 위험물의 저장창고의 바닥은 물이 침투하지 아니하는 구조로 하여야 한다.

⑧ 액체위험물 저장창고의 바닥은 위험물이 침투하지 아니하는 재료를 사용하되, 적당하게 경사지게 하고, 그 최저부에 저유설비를 하여야 한다.

⑨ 셀룰로이드류의 저장창고에는 통풍장치 · 냉방장치 등을 설치하여 저장창고안의 온도가 30℃이하를 유지할 수 있도록 하여야 한다.

5) 지정유기과산화물의 옥내저장소

① 지정유기과산화물의 옥내저장소는 다른 건축물 등으로부터 당해 옥내저장소의 외벽(이에 상응하는 공작물의 외축을 포함한다)까지의 사이에 위험물 안전관리법 시행규

칙 별표 5의 부표 1의 기준에 의한 안전거리를 두어야 한다.

② 지정유기과산화물 저장창고의 주위에는 그 저장 또는 취급하는 지정유기과산화물의 최대수량에 따라 위험물 안전관리법 시행규칙 별표 5의 부표 2에 의한 너비의 공지를 보유하여야 한다. 다만, 지정유기과산화물의 옥내저장소를 동일구내에 2개 이상 인접하여 설치하는 경우 그 인접하는 방향의 보유공지는 위험물 안전관리법 시행규칙 별표 5의 부표 2에 의한 보유공지 너비의 3분의 2 이상으로 할 수 있다.

③ 지정유기과산화물 저장창고는 바닥면적 150m^2 이내마다 개구부가 없는 격벽으로 완전구획하되, 그 격벽은 두께 30cm 이상의 철근콘크리트조 또는 철골철근콘크리트조로 하거나 두께 40cm 이상의 보강콘크리트 블록조로 하고, 격벽의 양측은 외벽으로부터 1m 이상, 상부는 지붕으로부터 50m 이상이되도록 하여야 한다.

④ 지정유기과산화물 저장창고의 외벽은 두께 20cm 이상의 철골콘크리트조 또는 철골철근콘크리트조로 하거나, 두께 30cm 이상의 보강콘크리트블록조로 하여야 한다.

⑤ 지정유기과산화물 저장창고의 지붕은 가벼운 불연성 단열재 기타 가벼운 불연재료로 하고, 그 안쪽은 다음의 기준에 해당하는 것으로 하여야 한다.

(가) 중도리 또는 서가래의 간격을 30cm 이하로 할 것

(나) 지붕의 내면에 한변의 길이 45cm 이하의 둥근 철강이나 경량형강 등의 강철제 격자를 할 것

(다) 지붕의 내면에 철망을 치고, 그 철망을 처마도리 · 보 또는 서가래에 고착시킬 것

⑥ 지정유기과산화물 저장창고의 출입구에는 갑종방화문을 설치하고, 창은 바닥으로부터 2m 이상의 높이에 설치하되, 하나의 창의 면적은 0.4m^2 이내로 하고, 1개면의 벽에 설치하는 창의 면적의 합계가 그 벽의 면적의 1/80 이내가 되도록 하여야 한다.

(2) 옥외탱크저장소

1) 안전거리

옥외탱크저장소는 위험물제조소의 안전거리의 규정에 준하여 다른 건축물 등에 대한 안전거리를 두어야 한다.

2) 보유공지

① 옥외탱크저장소(위험물을 이송하는 배관 기타 이에 준하는 시설을 제외한다)의 주위에는 그 저장 또는 취급하는 위험물의 최대수량에 따라 옥외저장탱크의 측면으로

부터 다음 표에 의한 너비의 공지를 보유하여야 한다.

② 제6류 위험물외의 위험물을 저장 또는 취급하는 옥외탱크저장소(지정수량의 4,000배 이상을 저장 · 취급하는 옥외탱크저장소를 제외한다)를 동일구내에 2개 이상 인접하여 설치하는 경우 그 인접하는 방향의 보유공지는 ①의 규정에 의한 보유공지의 1/3 이상의 너비로 할 수 있다. 이 경우 보유공지의 너비는 3m 이상이 되어야 한다.

표 10.4 위험물 최대저장량별 공지너비

저장 또는 취급하는 위험물의 최대저장량	공지의 너비
지정수량의 500배 미만	3m 이상
지정수량의 500배 이상 1,000배 미만	5m 이상
지정수량의 1,000배 이상 2,000배 미만	9m 이상
지정수량의 2,000배 이상 3,000배 미만	12m 이상
지정수량의 3,000배 이상 4,000배 미만	15m 이상
지정수량의 4,000배 이상	당해 탱크의 최대지름과 탱크의 높이 또는 길이 중 큰 것과 같은 거리 이상이어야 한다. 다만, 30m 초과의 경우에는 30m 이상으로 할 수 있고, 15m 미만의 경우에는 15m 이상으로 하여야 한다.

③ 제6류 위험물을 저장 또는 취급하는 옥외탱크저장소는 ①의 규정에 의한 보유공지의 1/3 이상의 너비로 할 수 있다. 이 경우 보유공지의 너비는 1.5m 이상이 되어야 한다.

④ 제6류 위험물을 저장 또는 취급하는 옥외탱크저장소를 동일구내에 2개 이상 인접하여 설치하는 경우 그 인접하는 방향의 보유공지는 ③의 규정에 의하여 산출된 너비의 1/3 이상의 너비로 할 수 있다. 이 경우 보유공지의 너비는 1.5m 이상이 되어야 한다.

⑤ ①의 규정에 불구하고, 옥외탱크저장소에 다음의 기준에 적합한 물분무설비로 방호조치를 한 경우에는 그 보유공지 중 ①의 규정에 의한 보유공지의 1/2 이상의 너비로(3m 이상) 할 수 있다.

(가) 화재안전기준(NFSC) 104 규정에 의한 물분무소화설비의 설치기준에 적합할 것

(나) 탱크의 높이(탱크하단에서부터 탱크측판상부까지의 높이를 말한다. 이하 같다)가 15m를 초과하는 경우에는 물분무설비의 가압송수장치의 토출량 및 수원이 다음의 기준에 적합할 것

• 가압송수장치의 토출량은 탱크의 높이 15m 마다 원주둘레길이 1m당 37L를 곱한 양 이상으로 할 것

• 수원은 가목에 의한 토출량을 20분 이상 방수할 수 있는 양으로 할 것

(다) 물분무설비의 헤드는 탱크의 높이를 고려하여 적절하게 설치할 것

3) **표지 및 게시판**

① 옥외탱크저장소에는 그 보기 쉬운 곳에 위험물 옥외탱크저장소라는 뜻을 표시한 표지를 설치하고, 방화에 관하여 필요한 사항을 기재한 게시판 및 취급하는 위험물에 따른 주의사항을 표시한 게시판을 설치하여야 한다.

② 제1항의 표지 및 게시판은 위험물제조소의 표지 및 게시판의 규정에 준하여 설치하여야 한다. 이 경우 옥외탱크 저장소군에 있어서 위험물 안전관리법 시행규칙 별표 4에 준하는 게시판은 각 탱크마다 1개씩 설치하여야 하며, 위험물 안전관리법 시행규칙 별표 4의 Ⅲ에 준하는 표지 및 게시판은 탱크군마다 1개씩 설치할 수 있다.

4) **탱크의 외부구조 등**

① 옥외탱크저장소의 탱크(고체위험물의 옥외저장탱크를 제외한다)는 두께 3.2mm이고 한국산업규격(KS B 6225)에서 정한 두께이상인 강철판 또는 이와 동등이상의 강도 · 내식성 및 내열성이 있다고 행정자치부장관이 인정하여 고시하는 것으로 완전용입용접 또는 양면겹침이음용접을 하여 틈이 없도록 제작하여야 한다. 다만, 탱크의 바닥판 및 지붕판의 겹침이음은 한면용접으로, T이음 필렛용접은 부분용입용접으로 할 수 있다.

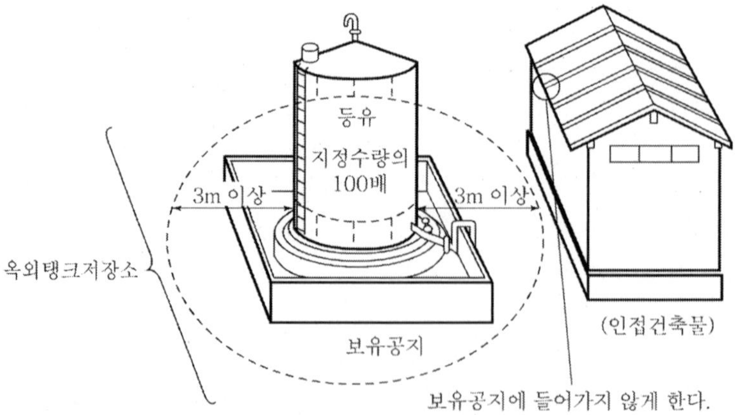

그림 10.11 옥외탱크저장소의 보유공지

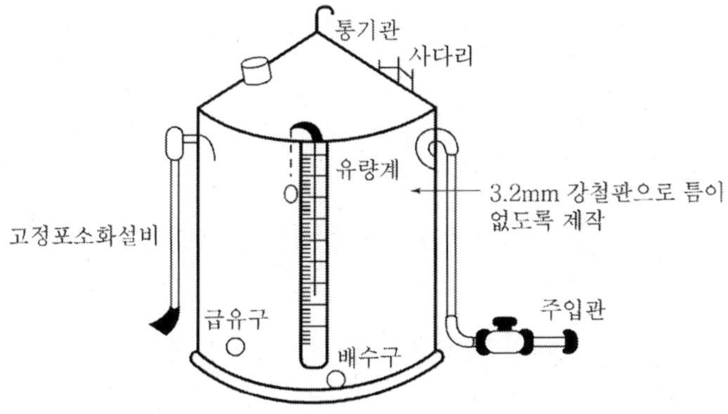

그림 10.12 옥외탱크의 외부구조

② 옥외탱크저장소의 탱크중 압력탱크의 경우에는 기밀시험과 비파괴시험 또는 수압시험(최대 상용압력의 1.5배의 압력으로 10분간 수압을 가하는 시험을 말한다. 이하 같다)을, 압력탱크외의 경우에는 비파괴시험[방사선투과시험 · 초음파탐상시험 · 자기탐상시험 또는 침투탐상시험을 한국산업규격(KS B 6225)이 정하는 바에 따라 실시하는 것을 말한다. 이하 같다)으로 실시하되, 용량 100만 L 이상의 탱크는 비파괴시험과 충수시험을 병행하여 실시하여야 한다.

③ ②의 규정에 의한 시험결과 수압시험에 있어서는 압력강하나 변형이 없어야 하고, 충수시험에 있어서는 새거나 변형이 없어야 하며, 비파괴시험에 있어서는 한국산업규격이 정하는 기준에 적합하여야 한다.

④ 탱크의 외면에는 탱크의 부식을 방지하기 위하여 도장을 하여야 한다. 이 경우 탱크의 저판을 지면에 접하여 설치하는 때에는 그 저판의 외면을 아스팔트샌드 등의 방식재료로 보호하거나 이와 동등이상의 부식방지조치를 하여야 한다.

5) 탱크의 내진 및 내풍압 구조

① 옥외탱크저장소의 탱크는 다음의 기준에 의한 진동력 및 풍압력에 견딜 수 있는 구조로 하여야 한다.

(가) 탱크는 고정하중과 적재하중의 합계에 수평진도를 곱하여 계산한 진동력의 경우 수평진도는 0.3 이상으로 하여야 한다.

(나) 다음의 식에 의하여 산출된 속도압에 풍력계수(원형탱크에 있어서는 0.7, 기타의 탱크에 있어서는 1)를 곱하여 계산한 풍압력. 다만, 해안 또는 산정등 강풍을 직접 받을 우려가 있는 장소에 설치된 탱크에 있어서는 그 속도압은 1m2에 대하여 300kg으로 한다.

$q = 60\sqrt{p}$

여기서, q : 속도압(kg/m^2), p : 지면으로부터의 높이(m)

② 옥외탱크저장소의 탱크는 다음의 기준에 의하여 견고한 지면 또는 기초위에 고정시켜야 한다.

(가) 진동력 또는 풍압력에 대한 대응력이 탱크의 측면 · 지주 등 어느 한쪽에만 집중하지 아니하도록 할 것

(나) 지주(제6류 위험물의 옥외저장탱크의 지주를 제외한다)는 철근콘크리트조 · 철골철근콘크리트조 기타 이와 동등이상의 성능이 있는 것으로 할 것

6) 탱크의 이상내압방출구조

옥외탱크저장소의 탱크는 위험물의 폭발 등으로 탱크안의 압력이 이상 상승할 경우 내부의 가스 또는 증기를 상부로 방출할 수 있도록 하기 위하여 다음의 기준에 해당하는 구조로 하여야 한다.

① 지붕판을 측판보다 얇게 하고, 보강재 등으로 접합하지 아니할 것

② 지붕판과 측판의 접합을 측판 상호 또는 측판과 저판의 접합보다 약하게 할 것

7) 탱크의 통기장치

옥외탱크저장소의 압력탱크외의 탱크에는 통기관을 설치하되, 제4류 위험물의 탱크에 설치하는 통기관은 다음의 기준에 의한 밸브 없는 통기관 또는 대기밸브 부착통기관으로 하여야 한다.

① 밸브없는 통기관

(가) 통기관의 지름은 30mm 이상으로 할 것

(나) 통기관의 선단은 수평면에 대하여 45° 이상 구부려 빗물 등이 들어가지 아니하도록 할 것. 다만, 빗물 등이 들어가지 아니하는 구조로 된 것은 그러하지 아니하다

(다) 가는 눈의 동망 등으로 인화방지망을 할 것

② 대기밸브부착 통기관

(가) $100g/cm^2$ 이하의 압력에서 작동할 수 있는 것으로 할 것

(나) 가는 눈의 동망 등으로 인화방지망을 할 것

8) 압력탱크의 안전장치

옥외저장탱크 중 압력탱크에 있어서는 위험물 제조소 안전장치의 규정에 의한 안전장치를 설치하여야 한다.

9) 탱크의 자동계량장치

지정수량의 5배 이상의 액체위험물을 저장하는 옥외탱크저장소의 탱크에는 위험물의 양이 자동적으로 측정될 수 있도록 기물부유식 계량장치, 증기가 비산하지 아니하는 구조의 부유식 계량장치, 전기압력자동방식 또는 방사선 동위원소를 이용한 방식에 의한 자동계량장치 또는 유리게이지(금속관으로 보호된 경질유리 등으로 되어있고 게이지가 파손되었을 때 위험물의 유출을 자동적으로 정지할 수 있는 장치가 되어 있는 것에 한한다)를 설치하여야 한다.

10) 탱크의 주입구

옥외탱크저장소 중 액체위험물의 탱크주입구는 다음의 기준에 의하여 설치하여야 한다.

① 화재예방에 편리한 위치에 설치할 것
② 급유호오스 또는 급유관과 결합할 수 있도록 하고, 위험물이 새지 아니하도록 할 것
③ 주입구에는 밸브 또는 뚜껑을 설치할 것
④ 인화점이 섭씨 21℃ 미만인 위험물 탱크의 주입구에는 그 보기 쉬운 곳에 탱크의 주입구라는 뜻을 표시한 표지와 정전기 제거설비를 설치하고, 방화에 관하여 필요한 사항을 기재한 게시판을 설치할 것
⑤ ④의 표지 및 게시판은 위험물제조소의 표지 및 게시판의 규정에 준하여 설치할 것

11) 펌프설비

옥외탱크저장소의 펌프설비는 다음의 기준에 의하여 설치하여야 한다.

① 펌프설비의 주위에는 3m 이상의 공지를 보유할 것. 다만, 방화상 유효한 격벽(건축물내에 설치하는 것에 있어서는 내화구조의 것에 한한다)을 설치하는 경우와 제6류의 위험물 또는 지정수량의 10배 이하의 위험물을 저장 또는 취급하는 경우에는 그러하지 아니하다.
② 펌프설비와 탱크와의 사이에는 당해 옥외탱크저장소의 보유공지너비의 3분의 1이상의 거리를 둘 것
③ 펌프설비는 견고한 기초위에 고정할 것
④ 펌프 및 이에 부속하는 전동기를 설치하기 위한 건축물 기타 시설(이하 "펌프실"이라 한다)의 벽 · 기둥 · 바닥 · 보 및 서까래는 불연재료로 하고, 제6류의 위험물을 취급하는 것에 있어서는 내화구조로 할 수 있다.

⑤ 펌프실의 지붕은 석면판 · 가벼운 금속판 기타 가벼운 불연재료로 할 것. 다만, 제6류의 위험물을 취급하는 것에 있어서는 내화구조로 할 수 있다.

⑥ 펌프실의 출입구에는 갑종방화문 또는 을종방화문을 설치할 것

⑦ 펌프실의 바닥은 콘크리트 기타 불침윤재료로 적당히 경사지게 하고, 그 둘레에 높이 0.2m 이상의 턱을 설치하며, 바닥의 최저부에는 저유설비를 설치할 것

⑧ 펌프실에는 위험물의 취급에 적당한 채광 · 조명 및 환기설비를 설치할 것

⑨ 펌프실외의 장소에 설치하는 펌프설비주위의 바닥은 콘크리트 기타 불침윤재료로 적당히 경사지게 하고, 그 둘레에 높이 0.15m 이상의 턱을 설치하여야 하며, 바닥의 최저부에는 저유설비를 설치할 것. 이 경우 제4류 위험물(수용성의 것을 제외한다)을 취급하는 펌프설비에 있어서는 당해 위험물이 직접 배수구에 흘러 들어가지 아니하도록 저유시설과 유분리 장치를 하여야 한다.

⑩ 인화점이 섭씨 21℃ 미만의 위험물탱크의 펌프설비에는 그 보기 쉬운 곳에 펌프설비라는 뜻을 표시한 표지를 설치하고, 방화에 관하여 필요한 사항을 기재한 게시판을 설치할 것

⑪ ⑩의 표지 및 게시판은 위험물제조소의 표지 및 게시판의 규정에 준하여 설치할 것

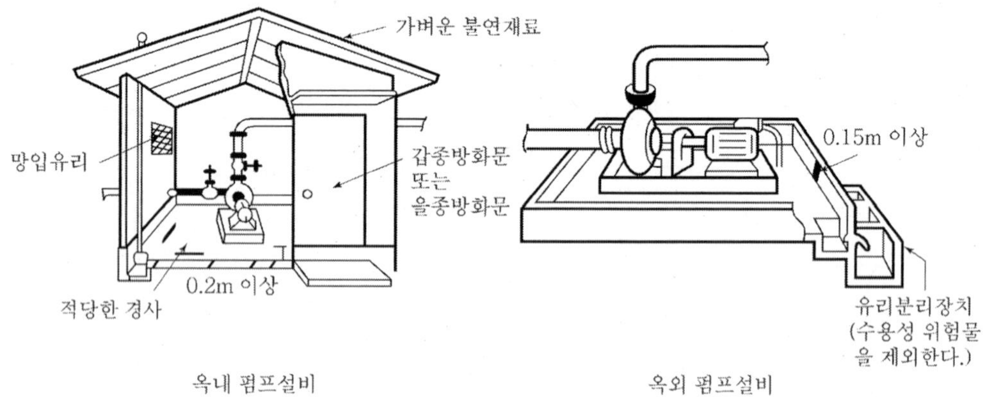

그림 10.13 옥외탱크저장소의 펌프설비

12) 배관 및 배수관

① 옥외탱크저장소의 배관은 위험물제조소의 배관의 규정에 준하여 설치하여야 한다.

② 배관과 탱크와의 결합부분은 진동 등에 의하여 손상을 받지 아니하도록 완충조치를 하여야 한다.

③ 옥외탱크저장소의 배수관은 탱크의 측면판에 설치하여야 한다. 다만, 탱크와의 결

합부분이 진동 등에 의하여 손상을 받지 아니하도록 설치한 경우에는 탱크의 아랫부분에 설치할 수 있다.

13) 금속사용의 제한

아세트알데히드 또는 산화프레필렌의 옥외탱크저장소는 은 · 수은 · 동 · 마그네슘 또는 은 · 수은 · 동 · 마그네슘을 함유한 합금을 사용하여서는 안 된다.

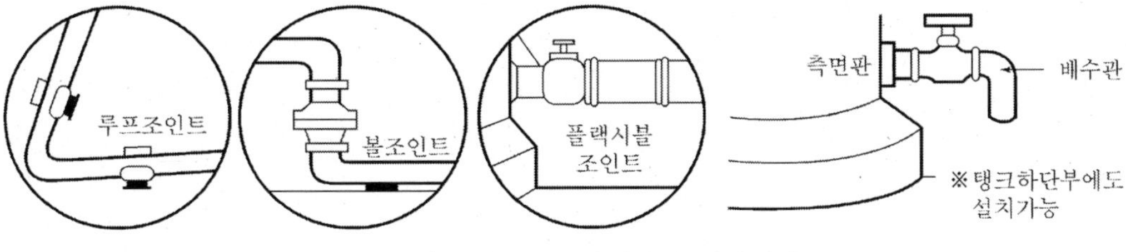

그림 10.14 옥외탱크저장소의 펌프설비

14) 옥외탱크저장소의 보냉장치 및 불연성 가스 봉입장치

아세트알데히드 또는 산화프로필렌의 옥외탱크저장소에는 냉각장치 기타 저온을 유지하기 위하여 필요한 보냉장치 및 연소성 혼합기체의 생성에 의한 폭발의 방지를 위하여 불연성가스 또는 수증기를 봉입하는 장치를 설치하고, 상시 봉입하는 경우의 압력은 탱크의 상용압력이하로 하여야 한다.

15) 피뢰설비

지정수량의 10배 이상의 위험물을 저장 또는 취급하는 옥외탱크저장소(제6류 위험물의 옥외탱크저장소를 제외한다)에는 위험물제조소의 피뢰설비의 규정에 준하여 피뢰침(KS C 9609)을 설치하여야 한다. 다만, 옥외탱크저장소의 지붕과 벽이 모두 3.2mm 이상의 금속재료로 되어 있고, 탱크에 한국산업규격에 적합한 접지시설을 설치한 경우에는 그러하지 아니하다.

16) 방유제

① 인화성액체위험물(이황화탄소를 제외한다)의 옥외탱크저장소의 탱크 주위에는 다음의 기준에 의하여 방유제를 설치하여야 한다.

(가) 방유제의 용량은 방유제 안에 설치된 탱크가 하나인 때에는 그 탱크의 용량이상, 2이상인 때에는 그 탱크중 용량이 최대인 것의 용량이상으로 하여야 한다. 이 경우 하나의 방유제안에 2이상의 탱크가 설치되고 그 탱크중 지름이 45m

이상인 탱크가 있는 때에는 지름이 45m 이상인 탱크는 각각 다른 탱크와 분리될 수 있도록 다음의 기준에 의한 간막이 둑을 설치하여야 한다.

- 간막이 둑의 높이는 0.3m 이상으로 하되, 방유제의 높이보다 0.2m 이상을 감한 높이로 하여야 한다.
- 간막이 둑은 철근콘크리트 · 철골철근콘크리트 또는 흙담으로 하여야 한다.

(나) 방유제의 높이는 0.5m 이상 3m 이하로 하여야 한다.

(다) 방유제의 면적은 80,000㎡ 이하로 할 것

(라) 하나의 방유제내의 탱크는 10기(방유제내의 전탱크의 용량이 200kL 이하이고, 위험물의 인화점이 섭씨 70℃ 이상 섭씨 200℃미만인 경우에는 20기) 이하로 할 것. 다만, 인화점이 섭씨 200℃ 이상일 경우에는 그러하지 아니하다.

(마) 방유제는 철근콘크리트 · 철골철근콘크리트 또는 흙담으로 하고, 새어나온 위험물이 방유제 외부로 유출되지 아니하는 구조로 할 것

(바) 방유제내에는 당해 방유제내에 설치된 탱크에 사용되는 배관외의 다른 배관을 설치하지 아니할 것

(사) 방유제내에는 물을 배출시키기 위한 배수구를 설치하고, 그 외부에는 이를 개폐하는 밸브 등을 설치할 것

(아) 높이가 1m를 넘는 방유제(1.의 규정에 의한 간막이 둑을 포함한다)의 안팎에 폭 1.5m 이상의 계단 또는 경사로(30° 이하의 것을 말한다)를 50m의 간격으로 설치하여야 한다.

(자) 방유제의 2면 이상(원형인 경우는 그 둘레의 1/2이상)은 자동차의 통행이 가능한 폭 3m 이상의 통로와 접하도록 하여야 한다.

(차) 방유제는 탱크의 지름에 따라 그 탱크의 측면으로부터 다음 각호의 기준에 의한 거리를 확보하여야 한다. 다만, 인화점이 섭씨 200℃ 이상의 위험물을 저장 · 취급하는 것에 있어서는 그러하지 아니할 수 있다.

- 지름이 15m 미만인 경우에는 탱크의 높이의 1/3 이상
- 지름이 15m 이상인 경우에는 탱크의 높이의 1/2 이상

(하) 방유제 또는 간막이 둑에는 배관을 설치할 수 없다. 다만, 그 방유제안의 탱크와 연결된 배관이 방유제 또는 간막이 둑을 관통하거나 넘어가는 것으로서 화재예방 또는 소화활동에 지장을 주지 아니하는 구조의 것은 그러하지 아니하다.

② 인화성이 없는 액체위험물을 저장하는 옥외탱크저장소의 탱크주위에는 ①의 1 · 2 · 5 내지 9 및 11의 기준에 의하여 방유제 및 간막이 둑을 설치하여야 한다. 다만, 제

5류 위험물(액체에 한한다)과 같이 폭발위험성이 있는 경우에는 방유제의 높이를 3m 이상으로 할 수 있다.

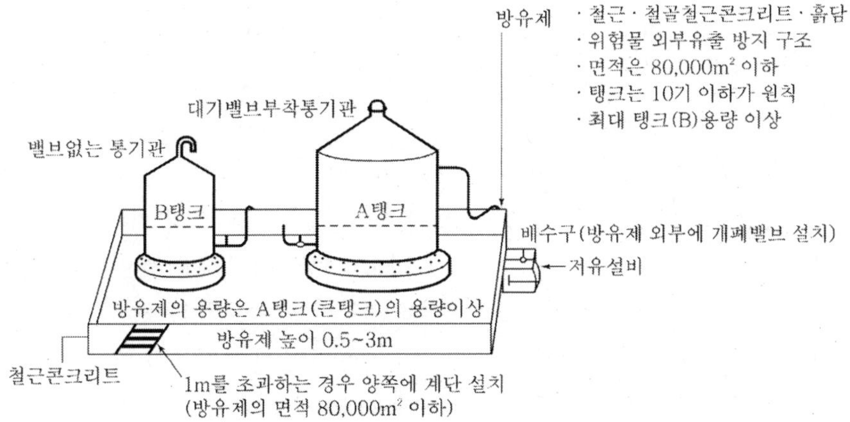

그림 10.15 옥외탱크저장소의 방유제

17) 금수성 위험물의 옥외탱크저장소

제3류 위험물 중 금수성물질(고체에 한함)의 옥외탱크저장소의 탱크에는 방수성의 불연재료로 피복하여야 한다.

18) 이황화탄소의 옥외탱크저장소

이황화탄소의 옥외탱크저장소의 탱크는 벽 및 바닥의 두께가 0.2m 이상이고, 바닥이 새지 아니하는 철근콘크리트조의 수조에 넣어 물속에 설치하여야 한다. 이 경우 보유공지 · 통기장치 및 자동계량장치는 생략할 수 있다.

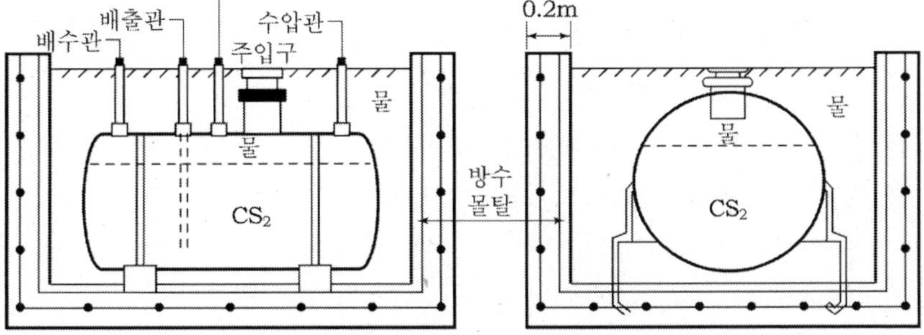

그림 10.16 이황화탄소의 옥외탱크저장소

(3) 옥내탱크저장소

1) 탱크전용실

① 옥내탱크저장소의 탱크는 단층건물의 탱크전용실에 설치하여야 한다. 다만, 제2류 위험물 중 황화린 · 적린 및 덩어리 유황 · 제3류 위험물중 황린 · 제6류 위험물중 황산 및 질산의 탱크는 단층이 아닌 건축물의 1층 또는 지하층의 탱크전용실에, 제4류 위험물중 제2석유류 · 제3석유류 · 제4석유류 및 동 · 식물유류의 탱크는 단층이 아닌 건축물의 1층 내지 5층 또는 지하층의 탱크전용실에 설치할 수 있다.

② 단층건물에 설치하는 옥내탱크저장소의 탱크전용실은 다음의 기준에 적합하여야 한다.

(가) 벽 · 기둥 및 바닥을 내화구조로 하고, 보와 서까래를 불연재료로 할 것. 다만, 을종위험물의 탱크전용실에 있어서는 연소의 우려가 없는 외벽 · 기둥 및 바닥을 불연재료로 할 수 있고, 제6류 위험물의 탱크전용실에 있어서 위험물이 침윤될 우려가 있는 부분에 대하여는 내화구조 또는 불연재료에 갈음하여 아스팔트 기타 부식하지 아니하는 재료로 피복할 수 있다.

(나) 지붕은 불연재료로 하고, 반자를 설치하지 아니할 것

(다) 출입구에는 갑종방화문 또는 을종방화문을 설치할 것

(라) 액체위험물 탱크전용실의 바닥은 콘크리트 기타 불침윤성 재료로 적당히 경사지게 하고, 그 최저부에 저유설비를 설치할 것

(마) 모든 위험물이 누출되더라도 탱크전용실 밖으로 넘쳐 흐르지 아니하도록 0.2m 이상의 문턱을 설치할 것

③ 단층이 아닌 건축물의 1층 내지 5층 또는 지하층에 설치하는 탱크전용실은 다음의 기준에 적합하여야 한다.

(가) 벽 · 기둥 · 바닥 · 보 및 서까래를 내화구조로 할 것. 다만, 제6류 위험물의 탱크전용실에 있어서 위험물이 침윤될 우려가 있는 부분에 대하여는 내화구조에 갈음하여 아스팔트 기타 부식하지 아니하는 재료로 피복할 수 있다.

(나) 상층의 바닥을 내화구조로 할 것

(다) 상층이 없는 부분에 대하여는 그 지붕을 불연재료로 하고 반자를 설치하지 아니할 것

(라) 창을 설치하지 아니할 것. 다만, 제6류 위험물의 탱크전용실에 있어서는 갑종방화문 또는 을종방화문이 있는 창을 설치할 수 있다.

(마) 출입구에는 갑종방화문을 설치할 것. 다만, 제6류 위험물의 탱크전용실에 있어서는 을종방화문을 설치할 수 있다.

(바) 바닥 및 문턱은 ②의 4. 및 5.의 기준에 의할 것

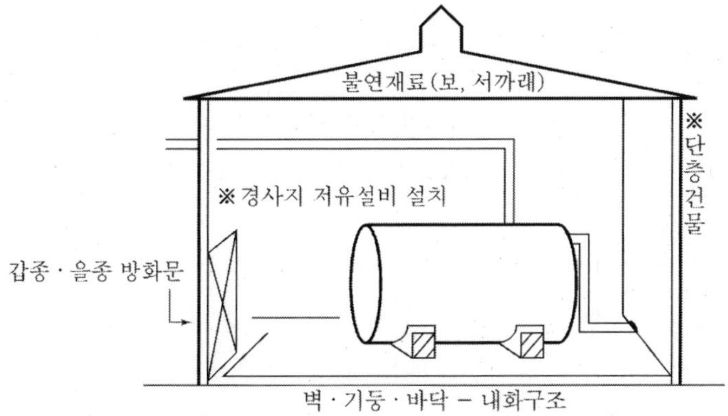

그림 10.17 단층건물의 탱크 전용실

2) 탱크 등의 간격

탱크와 탱크전용실의 벽(기둥 등 돌출된 부분을 제외한다) 및 탱크 상호간에는 0.5m 이상의 간격을 두어야 한다. 다만, 탱크의 점검 및 보수에 지장이 없는 경우에는 그러하지 아니하다.

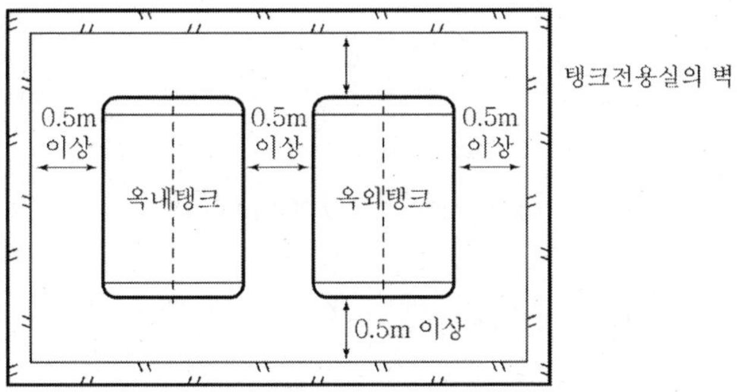

그림 10.18 옥내탱크저장소의 탱크 등의 간격

3) 탱크전용실 탱크의 용량

하나의 탱크전용실에 설치하는 탱크의 용량(하나의 탱크전용실에 2이상의 탱크를 설치하는 경우에는 각 탱크의 용량의 합계)은 1층 또는 지하층의 경우에는 20,000L 이하. 그 밖의 층의 경우에는 1,000L 이하가 되어야 한다. 다만, 제4류 위험물중 제4석유류 또는 동 · 식물유류의 탱크를 1층에 설치하는 경우에는 그러하지 아니하다.

4) 탱크의 통기장치

옥내탱크저장소의 탱크중 압력탱크외의 것에 있어서는 통기장치를 설치하되, 제4류 위험물의 탱크에 설치하는 통기관은 다음의 기준에 의한 밸브없는 통기관으로 하여야 한다.

① 통기관의 지름은 30mm 이상으로 할 것

② 통기관의 선단은 수평면에 대하여 아래로 45° 이상 구부려 빗물 등이 들어가지 아니하도록 할 것 다만, 빗물이 들어가지 아니하는 구조로 된 통기관의 경우에는 그러하지 아니하다

③ 가는 눈의 동망 등으로 인화방지 장치를 할 것

④ 통기관의 선단은 건축물의 창 또는 출입구 등의 개구부로부터 1m 이상 떨어진 곳의 옥외에 설치하되, 지면으로부터 4m 이상의 높이로 할 것

⑤ 통기관은 가스 등이 체류하지 아니하도록 굴곡이 없도록 할 것

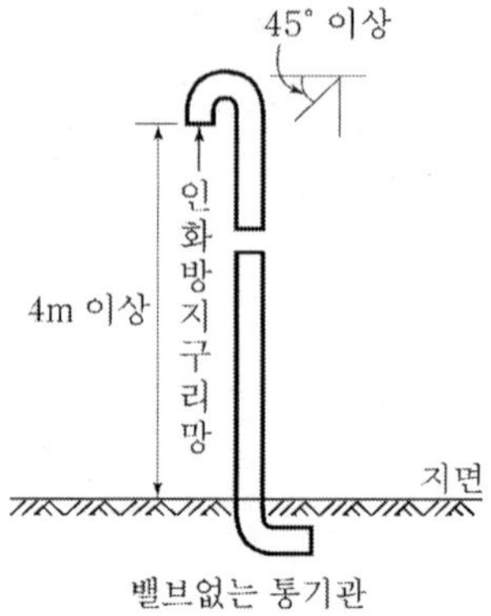

그림 10.19 옥내탱크의 통기관

5) 위험물제조소 및 옥외탱크저장소에 관한 기준의 준용

① 옥내탱크저장소의 표지 및 게시판, 채광 · 조명 및 환기설비, 배출설비(갑종위험물에 한한다). 안전장치는 위험물제조소 및 옥외탱크저장소에 관한 기준에 준하여 설치하여야 한다.

② 옥내탱크저장소의 탱크의 외부구조, 탱크의 부식방지조치, 자동계량장치 및 주입구, 펌프 설비, 배관 및 배수관, 금속의 사용제한, 보냉장치 및 불연성 가스 봉입장치는 위험물제조소 및 옥외탱크저장소에 관한 기준에 준하여 설치하여야 한다.

(4) 지하탱크저장소

1) 탱크의 설치

① 지하탱크저장소의 탱크는 지면(건축물에 설치하는 경우에는 그 건축물의 최저부의 바닥) 밑에 설치된 탱크전용실에 설치하여야 한다. 다만, 제4류 위험물의 탱크를

다음의 기준에 적합하게 설치하는 경우에는 그러하지 아니하다

(가) 탱크를 지하철 · 지하터미널 또는 지하통로의 외벽으로부터 수평거리 10m 이상이 되는 곳에 설치할 것

(나) 다음에 해당하는 기준에 의하여 탱크의 보호조치를 할 것

- 탱크의 외면에 방청 및 아스팔트도장을 한 후 아스팔트루핑 및 철망으로 피복하고 그 위에 두께 2cm 이상의 몰탈을 도장할 것. 이 경우 아스팔트루핑 · 철망 및 몰탈은 다음의 기준에 적한 것으로 하여야 한다.
  ㉠ 아스팔트루핑은 한국산업규격(KS F) 4902(35kg) 이상의 성능을 가진 것일 것
  ㉡ 철망은 한국산업규격(KS F) 4551 이상의 성능을 가진 것일 것
  ㉢ 모르타르에는 방수제를 혼합할 것. 다만, 모르타르를 도장한 표면에 방수제를 도장하는 경우에는 그러하지 아니하다.
- 탱크의 외면에 두께 1cm 이상이 되도록 방청 및 아스팔트 도장과 아스팔트루핑에 의한 피복을 할 것. 이 경우 아스팔트루핑은 한국산업규격 에프(KS F) 4902(35kg) 이상의 성능을 가진 것이어야 한다.
- 탱크의 외면에 방청도장 또는 부식방지처리를 한 후 두께 3mm 이상의 유리 섬유강화플라스틱 또는 고밀도폴리에틸렌으로 피복하여 이중벽구조로 할 것.
  이 경우 유리섬유강화플라스틱의 휨강도는 한국산업규격(KS L) 2327의 이상의 성능으로 하고, 고밀도폴리에틸렌은 한국산업규격(KS M) 3353중 3종 1류 이상의 성능을 가진 것이어야 하며, 탱크자체에 누유검사를 할 수 있는 누유검사관을 부착하여야 한다.

(다) 지하에 매설한 탱크위에 두께가 0.3m 이상이고 길이 및 너비가 각각 당해 탱크의 길이 및 너비보다 0.6m 이상이 되는 철근 콘크리트조의 뚜껑을 덮을 것. 이 경우 뚜껑의 중량이 직접 당해 탱크에 가하여지지 아니하도록 하여야 한다.

(라) 탱크를 견고한 기초위에 고정시킬 것

② 탱크실의 벽 및 바닥은 두께 0.3m 이상의 철근콘크리트조 또는 이와 동등이상의 성능이 있는 구조로 하고, 적당한 방수조치를 하

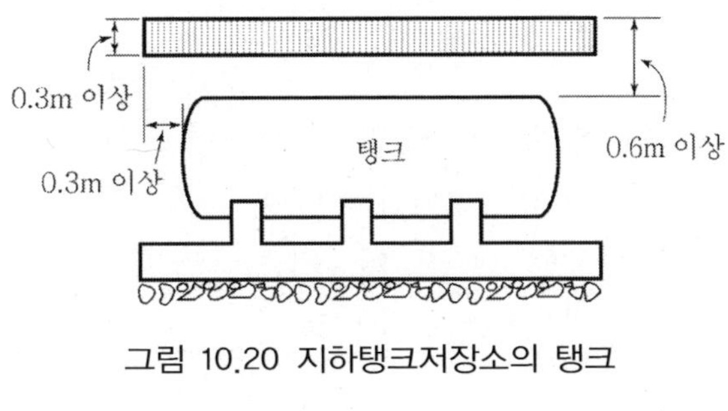

그림 10.20 지하탱크저장소의 탱크

여야 하며, 뚜껑은 두께 0.3cm 이상의 철근콘크리트조로 하고, 방수조치를 하여야 한다. 다만, 탱크의 맨홀부분은 그러하지 아니하다.

2) 탱크의 매설

① 지하탱크저장소의 탱크는 건축물 기타 시설의 벽 또는 그 외측으로부터 수평거리 0.6m(전용실을 설치한 탱크는 전용실로부터 0.3m) 이상 떨어진 곳에 설치하되, 그 본체 윗부분이 지면(건축물에 설치하는 경우에는 그 건축물의 최저부의 바닥)으로부터 0.6m 이상의 깊이가 되도록 매설하여야 한다.

② 탱크실을 설치하는 경우에는 그 상 · 하 · 좌 · 우의 내벽과 탱크와의 사이에 0.1m 이상의 간격을 두고, 탱크실 내부에는 건조된 모래 또는 습기 등에 의하여 응고되지 아니하는 입자지름이 5mm 이하인 마른 자갈분을 채워야 한다.

③ 2개 이상의 탱크를 인접하여 설치하는 경우에는 그 상호간에 1m 이상의 간격을 두어야 한다. 다만, 2개 이상의 탱크 용량의 합계가 지정수량의 100배 미만일 때에는 그 상호간의 간격을 0.5m 이상으로 할 수 있다.

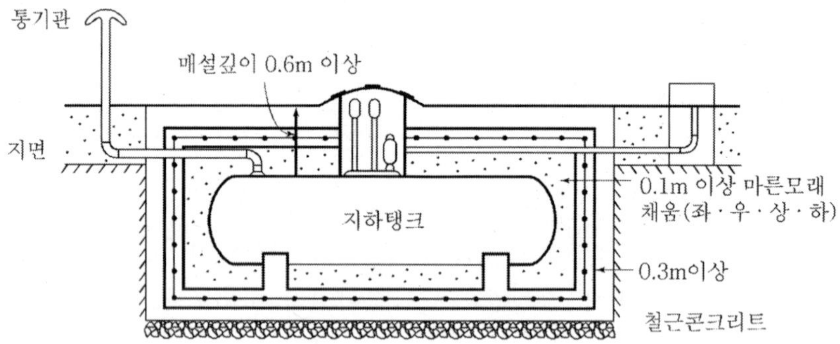

그림 10.21 지하탱크의 매설

3) 탱크의 구조

① 지하탱크저장소의 탱크는 두께 3.2mm 이상의 강철판으로 완전용입용접 또는 양면겹침 이음용접을 하여 틈이 없도록 제작하여야 하며, 기밀시험(압력탱크에 한한다) · 비파괴시험 또는 수압시험(압력탱크에 있어서는 최대상용압력의 1.5배의 압력으로, 압력탱크외의 탱크에 있어서는 $0.7kg/cm^2$의 압력으로 10분간을 실시하여 새거나 변형되지 아니할 것)을 실시하여야 한다.

② 용량 100만L 이상의 탱크에 대하여 수압시험을 하고자 하는 경우에는 반드시 비파괴시험을 하여야 한다.

③ 탱크전용실에 설치하는 탱크의 외면에는 두께 0.3mm 이상의 방청도장을 하여야 한다.

④ 지하탱크에는 허가용량을 초과하는 위험물이 주입될 때 자동으로 그 주입구가 패쇄되는 자동폐쇄장치를 설치하여야 한다. 이 경우 자동폐쇄장치는 행정자치부장관이 정하여 고시하는 바에 따라 설치하여야 한다.

4) 지하탱크저장소의 계량장치

액체위험물을 저장하는 지하탱크저장소의 탱크에는 위험물의 양이 자동적으로 측정될 수 있는 계량장치 또는 계량구를 설치하여야 한다.

5) 배관

지하탱크저장소의 배관은 다음의 기준에 의하여 설치하여야 한다.

① 배관은 당해 탱크의 윗부분에 설치할 것. 다만 제4류 위험물중 제2석유류로서 인화점이 섭씨 40℃ 이상인 것. 제3석유류, 제4석유류 및 동·식물유류의 탱크에 있어서 그 부근에 유효한 제어벨브를 설치한 경우에는 그러하지 아니하다.

② 주입배관의 선단은 탱크안의 밑바닥으로부터 0.1m 이하에 달하도록 할 것. 다만, 인화점이 섭씨 71℃ 이상인 것은 그러하지 아니할 수 있다.

③ 배관의 재질 및 방식조치는 위험물제조소의 배관 기준에 준할 것

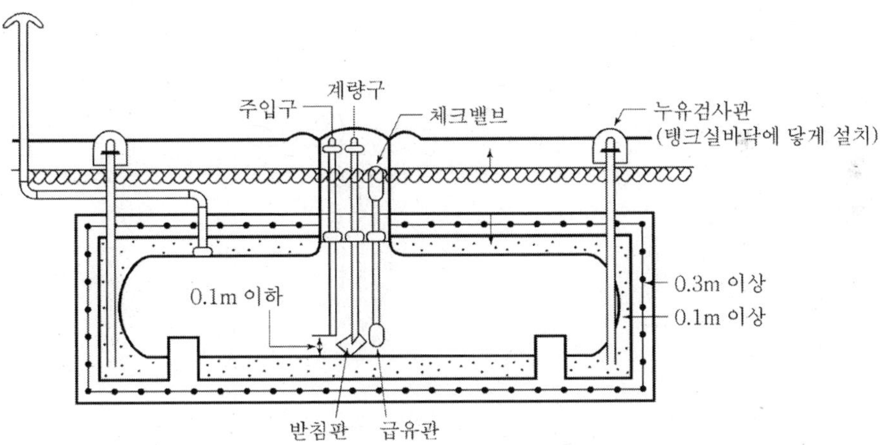

그림 10.22 지하탱크저장소의 배관

6) 탱크실의 누유검사관

① 액체위험물의 탱크실에는 탱크로부터 위험물이 새는 것을 검사하기 위하여 다음의 기준에 적합한 관을 탱크 1개에 대하여 4개 이상을 적당한 곳에 설치하여야 한다.

(가) 이중관으로 할 것. 다만, 소공이 없는 상부는 단관으로 할 수 있다.

(나) 재료는 금속관 또는 경질합성수지관으로 할 것

(다) 관은 탱크실의 바닥에 닿게 할 것

(라) 관의 밑 부분으로부터 탱크의 중심 높이까지의 부분에는 소공이 뚫려있을 것. 다만, 지하수위가 높은 장소에 있어서는 지하수위의 부분에 소공이 뚫려있어야 한다.

(마) 상부는 물이 침투하지 아니하는 구조로 하고, 뚜껑은 검사시에 쉽게 열 수 있도록 할 것

② 2개 이상의 탱크를 0.5m 이상 1m 이하의 간격으로 설치할 경우에는 2개의 탱크사이에 설치하는 누유검사관을 공용할 수 있다.

③ 이중벽자체에 누유검사관을 설치하는 경우에는 다음의 기준에 적합하게 설치하여야 한다.

(가) 재료는 금속관 또는 경질합성수지관으로 할 것

(나) 관은 탱크자체의 이중벽 사이에 최저부에 닿게 할 것

(다) 누유검사관에 탱크저장물의 유입을 방지하도록 할 것

(라) 상부는 물이 침투하지 아니하는 구조로 하고, 뚜껑은 검사시 쉽게 열 수 있도록 할 것

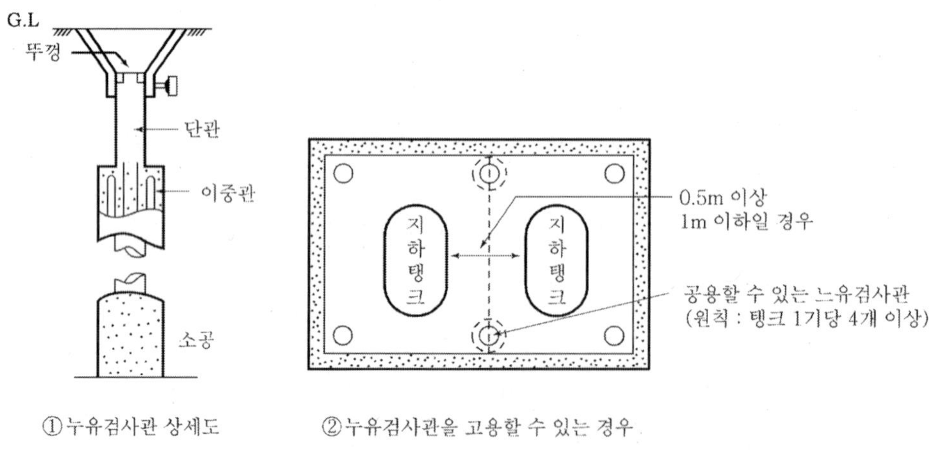

그림 10.23 지하탱크의 누유검사관

7) 지하탱크저장소의 맨홀

지하탱크저장소에는 다음의 기준에 의하여 맨홀을 설치하여야 한다.

① 맨홀은 지면까지 올라오지 아니하고, 가능한 한 낮게 할 것

② 보호틀은 다음의 기준에 의하여 설치할 것

(가) 보호틀을 탱크에 용접할 것

(나) 보호틀의 뚜껑에 걸리는 하중에 직접 보호통에 걸리지 아니하도록 설치하고, 빗물등이 침투하지 않도록 할 것

③ 배관이 보호틀을 통과하는 부분은 용접을 하는 등 침수를 방지하도록 할 것

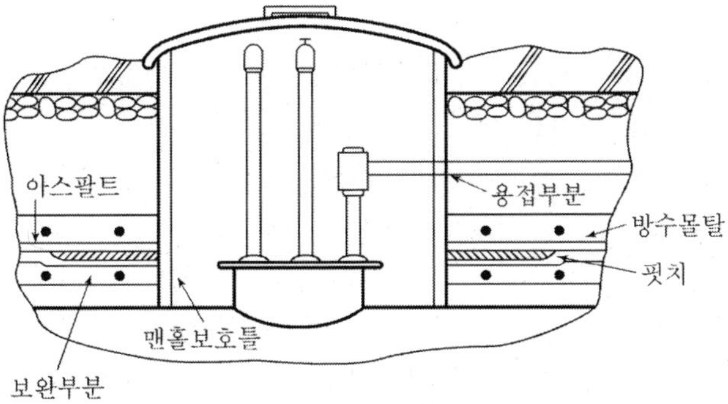

그림 10.24 지하탱크저장소의 맨홀

8) 위험물제조소 및 옥외탱크저장소에 관한 기준의 준용

① 지하탱크저장소의 표지 및 게시판과 안전장치는 위험물제조소 및 옥외탱크저장소에 관한 기준의 규정에 준하여 설치하여야 한다.

② 지하탱크저장소의 탱크의 주입구 및 통기장치는 위험물제조소 및 옥외 탱크저장소의 관한 기준의 규정에 준하여 설치하여야 한다.

(5) 간이탱크저장소

1) 설치장소

간이탱크저장소의 탱크는 옥외에 설치하여야 한다. 다만, 다음의 기준에 적합한 전용실안에 설치하는 경우에는 그러하지 아니하다.

① 단층건물에 설치하는 옥내탱크저장소의 기준에 적합할 것

② 위험물제조소의 채광 · 조명설비와 환기 또는 배출설비 규정에 준하여 채광 · 조명설비와 환기 또는 배출설비를 설치할 것

2) 탱크의 수 및 용량

① 하나의 간이탱크저장소에 설치하는 탱크는 3개 이하로 하고, 동일한 위험물의 탱크를 2개 이상 설치하여서는 안 된다.

② 간이탱크저장소의 1개의 탱크의 용량은 600L 이하로 하여야 한다.

3) 탱크의 설치방법

간이탱크저장소의 탱크는 움직이거나 넘어지지 아니하도록 지면 또는 가설대에 고정시키고, 옥외에 설치하는 경우에는 그 탱크의 주위에 너비 1m 이상의 공지를 두어야 하며, 전용실안에 설치하는 경우에는 탱크와 전용실의 벽과의 사이에 0.5m 이상의 간격을 두어야 한다.

4) 탱크의 구조

① 간이탱크저장소의 탱크는 두께 3.2mm 이상의 강철판으로 틈이 없도록 제작하여야 하며, 비파괴시험을 실시하여 새거나 변형되지 아니하여야 한다.

② 탱크의 외면에는 방청도장을 하여야 한다.

5) 통기관의 설치

① 통기관의 지름은 25mm 이상으로 할 것

② 통기관은 옥외에 설치하되, 그 선단의 높이는 지상 1.5m 이상으로 할 것

③ 통기관의 선단은 수평면에 대하여 아래로 45℃ 이상 구부려 빗물 등이 들어가지 아니하도록 할 것

④ 가는 눈의 동망 등으로 인화방지장치를 할 것

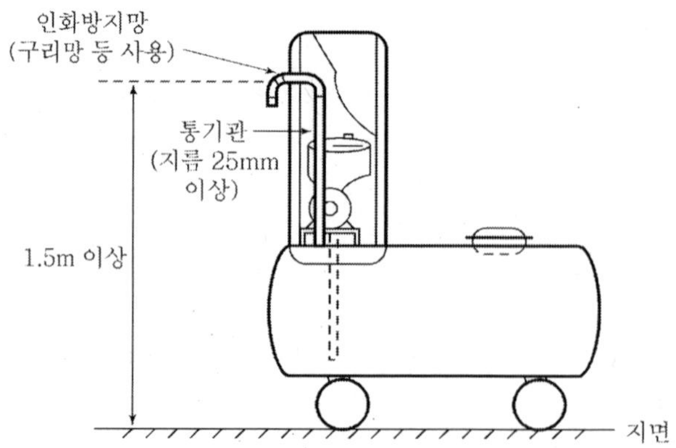

그림 10.25 간이탱크저장소의 통기관

6) 간이탱크저장소의 주유설비

원동기 기타 기계설비 등에 주유할 목적으로 간이 탱크저장소를 설치하는 경우에는 주유취급소의 고정주유설비 규정에 의한 주유설비를 하여야 한다.

7) 간이탱크저장소의 표지 및 게시판

간이탱크저장소에는 위험물제조소의 표지 및 게시판 규정에 준하여 표지 및 게시판을 설치하여야 한다.

(6) 이동탱크저장소

1) 이동탱크저장소의 차고

이동탱크저장소의 차고는 다음의 기준에 의하여 설치하여야 한다.

① 옥외차고는 이동탱크저장소를 주차시키는 경우 그 주위에 0.5m 이상의 공지가 있도록 할 것

② 옥내차고는 벽, 바닥, 보, 서가래 및 지붕을 내화구조 또는 불연재료로 한 건축물의 1층에 설치할 것

③ 차고는 화기를 사용하는 장소 및 인근건축물과 인화 또는 연소의 우려가 없도록 충분한 거리를 확보할 것.

2) 이동탱크저장소의 탱크의 구조

① 이동탱크의 탱크(아세트알데히드 또는 산화프로필렌의 탱크를 제외한다)의 구조는 다음의 기준에 의하여야 한다.

(가) 탱크(맨홀 및 주입관의 뚜껑을 포함한다)는 두께 3.2mm 이상의 강철판 또는 이와 동등이상의 강도 · 내식성 및 내열성이 있다고 행정자치부장관이 인정하여 고시하는 것으로 위험물이 새지 아니하게 제작할 것

(나) 압력탱크외의 탱크는 비파괴시험을 실시하여 합격하거나 0.7kg/cm^{2}의 압력으로 10분간의 수압시험을 실시하여 새거나 변형되지 아니할 것

(다) 압력탱크는 기밀시험 및 비파괴시험을 실시하여 합격하거나 최대상용압력의 1.5배의 압력으로 10분간의 수압시험을 실시하여 새거나 변형되지 아니할 것

② 아세트알데히드 또는 산화프로필렌의 탱크의 구조는 다음의 기준에 의하여야

(가) 탱크(맨홀 및 주입관의 뚜껑을 포함한다)는 두께 3.2mm 이상 강철판으로 위험물이 새지 아니하게 제작하고, 불연성 가스를 봉입할 수 있는 구조로 할 것.

(나) 산화프로필렌의 탱크 및 보냉장치가 있는 아세트알데히드의 탱크는 기밀시험 및 비파괴시험을 실시하여 합격하거나 0.7kg/cm^{2}의 압력으로 10분간 수압시험을 실시하여 새거나 변형되지 아니할 것

(다) 보냉장치가 없는 아세트알데히드의 탱크는 기밀시험 및 비파괴시험을 실시하여 합격하거나 1.3kg/cm^{2}의 압력으로 10분간의 수압시험을 실시하여 새거나

변형되지 아니할 것

③ 이동탱크저장소의 탱크는 그 내부에 4000L 이하마다 3.2mm 이상의 강철판 또는 이와 동등이상의 강도 · 내열성 · 내식성이 있는 금속성의 것으로 칸막이를 설치하여야 한다.

④ ③의 규정에 의한 칸막이로 구획된 각 부분마다 맨홀과 다음의 기준에 의한 안전장치 및 방파판을 설치하여야 한다. 다만, 칸막이로 구획된 부분의 용량이 2000L 미만인 부분에는 방파판을 설치하지 아니할 수 있다.

(가) 안전장치

상용압력이 $0.2kg/cm^2$ 이하인 탱크에 있어서는 $0.2kg/cm^2$ 이상 $0.24kg/cm^2$ 이하의 압력에서, 상용압력이 $0.2kg/cm^2$을 초과하는 탱크에 있어서는 사용압력의 1.1배 이하의 압력에서 작동하는 것으로 할 것

(나) 방파판

㉠ 두께 1.6mm 이상의 강철판 또는 이와 동등이상의 강도 · 내열성 · 내식성이 있는 금속성의 것으로 할 것

㉡ 하나의 구획부분에 2개 이상의 방파판을 이동탱크저장소의 진행방향과 평행으로 설치하되 각 방파판은 그 높이 칸막이로부터의 거리를 다르게 할 것

㉢ 하나의 구획부분에 설치하는 각 방파판의 면적의 합계는 당해 구획부분의 최대수직단면적의 50% 이상으로 할 것. 다만 수직단면이 원형이거나 짧은 지름이 1m이하의 타원형일 경우에는 40% 이상으로 할 수 있다.

⑤ 맨홀 · 주입구 및 안전장치 등이 탱크의 상부에 돌출되어 있는 탱크에 있어서는 다음의 기준에 의하여 부속장치의 손상을 방지하기 위한 측면틀 및 방호틀을 설치하여야 한다. 다만, 피견인자동차에 고정된 탱크에는 측면틀을 설치하지 아니할 수 있다.

(가) 측면틀

㉠ 탱크 뒷부분의 입면도에 있어서 측면틀의 최외측과 탱크의 최외측을 연결하는 직선(이하 이 조에서 "최외측선"이라 한다)의 수평면에 대한 내각이 75° 이상이고, 최대 수량의 위험물을 저장한 상태에 있을 때의 당해 탱크중량의 중심점과 측면틀의 최외측을 연결하는 직선과, 그 중심점을 지나는 직선중 최외측선과 직각을 이루는 직선과의 내각이 35° 이상이 되도록 할 것

㉡ 외부로부터의 하중에 견딜수 있는 구조로 할 것

㉢ 탱크상부의 네 모퉁이에 당해 탱크의 전단 또는 후단으로부터 각각 1m이내의 위치에 설치할 것

㉣ 측면틀에 걸리는 하중에 의하여 탱크가 손상되지 아니하도록 측면틀의 부착부분에 받침판을 설치 할 것

(나) 방호틀

㉠ 두께 2.3mm 이상의 강철판으로 산모양의 형상으로 하거나 이와 동등이상의 강도가 있는 형상으로 할 것

㉡ 정상부분은 부속장치보다 50mm 이상 높게 하거나 이와 동등이상의 성능이 있는 것으로 할 것

⑥ 탱크의 외면에는 방청도장을 하여야 한다.

3) 이동탱크저장소의 탱크의 밸브

① 이동탱크저장소의 탱크의 밑에 배출밸브를 설치하는 경우에는 소방기술기준에 관한 규칙 제218조 제3항의 규정에 의한 각 칸막이마다 배출을 담당하는 1차밸브를 설치하는 외에 모든 칸막이의 배출을 담당하는 2차밸브를 추가하여 설치하여야 한다. 이 경우 1차밸브 및 2차밸브의 구조는 비상시에 이를 즉각 폐쇄할 수 있는 폐쇄장치로 하여야 한다.

② ①의 규정에 의한 배출밸브는 비상시에 1차밸브를 폐쇄할 경우 그 칸막이의 배출을 중지시키고, 2차밸브를 폐쇄할 경우 1차밸브의 폐쇄여부와 관계없이 모든 칸막이의 배출을 중지시킬 수 있도록 설치하되, 배출밸브를 수동의 것으로 하는 때에는수동식 폐쇄장치를 작동시킬 수 있는 길이 15cm 이상의 레버를 설치하여 앞으로 당김으로서 폐쇄장치가 작동될 수 있도록 하여야 하며, 레버의 가까운 곳에 "레버라고 표시한 표지를 설치하여야 한다.

③ ①의 규정에 의하여 배출밸브를 설치하는 경우, 그 배출밸브에 대하여 외부로부터의 충격으로 인한 손상을 방지하기 위하여 필요한 장치를 하여야 한다.

④ 탱크의 배관의 선단부에는 개폐밸브를 설치하여야 한다.

4) 금속의 사용제한

아세트알데히드 또는 산화프로필렌의 탱크의 설비는 은, 수은, 동, 마그네슘 또는 은, 수은, 동, 마그네슘을 함유한 합금을 사용하여서는 안 된다.

5) 결합금속구

① 액체위험물 이동탱크저장소의 주입호스는 탱크의 주입구와 결합할 수 있는 금속구를 사용하되, 그 결합금속구(제6류 위험물의 탱크의 것을 제외한다)는 놋쇠 기타 마찰 등에 의하여 불꽃이 생기지 아니하는 재료로 하여야 한다.

② ①의 규정에 의한 주입호스 및 탱크의 주입구의 규격은 소방방재청장이 정하여 고시한다.

6) 표지 및 게시판

① 이동탱크저장소에는 그 뒷면 보기 쉬운 곳에 저장 또는 취급하는 위험물의 유별 품명, 최대수량 및 적재중량을 표시하되, 표시문자의 크기는 가로 45mm, 세로 40mm 이상(혼재할 수 있는 위험물의 경우 적재품명별 문자의 크기는 가로 20mm, 세로 20mm를 표준으로 한다)으로 하고, 차량 전후방의 보기 쉬운 곳에 사각형(한 변의 길이가 0.6m 이상, 다른 변의 길이가 0.3m 이상)의 흑색바탕에 황색의 반사도료 기타 반사성이 있는 재료로 "위험물"이라고 표시한 표지를 설치하여야 한다.

② 이동탱크저장소의 탱크외부에는 위험물의 종별로 행정자치부장관이 정하여 고시하는 바에 따라 도장을 하여야 한다.

(7) 옥외저장소

1) 설치장소

① 옥외저장소는 위험물제조소의 안전거리 규정에 준하여 다른 건축물 등에 대한 안전거리를 두어야 한다.

② 옥외저장소는 습기가 없고 배수가 잘되는 장소에 설치하여야 한다.

③ 옥외저장소에는 경계표시를 하여야 한다. 다만, 유황의 옥외저장소에는 그 주위에 높이 2m 이상의 담 또는 벽을 설치하여야 한다.

④ 액체위험물을 저장하는 옥외저장소의 바닥은 콘크리트 기타 불침윤 재료로 경사지게 하고 저장위험물이 직접 배수구로 흘러들어가지 아니하도록 유분리장치를 하여야 한다. 다만, 수용성 위험물만을 저장할 경우에는 유분리장치를 설치하지 아니할 수 있다.

2) 보유공지

옥외저장소의 주위에는 그 저장 또는 취급하는 위험물의 최대수량에 따라 다음 표에 의한 너비의 공지를 보유하여야 한다. 다만, 제4석유류와 제6류 위험물을 저장 또는 취급하는 옥외저장소의 보유공지는 다음 표 10.5에 의한 공지너비의 3분의 1 이상의 너비로 할 수 있다.

표 10.5 위험물의 최대수량별 공지의 너비

저장 또는 취급하는 위험물의 최대수량	공지의 너비
지정수량의 10배 미만	3m 이상
지정수량의 10배 이상 20배 미만	5m 이상
지정수량의 20배 이상 50배 미만	9m 이상
지정수량의 50배 이상 200배 미만	12m 이상
지정수량의 200배 이상	15m 이상

3) 표지 및 표시판

① 옥외저장소에는 그 보기 쉬운 곳에 위험물 옥외저장소라는 뜻을 표시한 표지를 설치하고, 방화에 관하여 필요한 사항을 기재한 게시판 및 취급하는 위험물에 따른 주의사항을 표시한 게시판을 설치하여야 한다.

② ①의 표지 및 게시판은 위험물제조소의 표지 및 게시판 규정에 준하여 설치하여야 한다.

4) 선반 등 구조물

① 옥외저장소에 선반을 설치하고자 하는 경우에는 다음의 기준에 의하여야 한다.

(가) 선반은 불연재료로 하고 지반에 견고하게 고정하여야 한다.

(나) 선반은 저장하는 위험물의 하중, 풍력, 지진 등의 재해에 견딜 수 있는 안전한 구조로 하여야 한다.

(다) 선반의 높이는 위험물을 적재한 상태에서 6m를 초과하여서는 아니된다.

② 과산화수소 또는 과염소산을 저장하는 옥외저장소에는 차광막을 설치하여야 한다.

(8) 선박탱크저장소

1) 탱크의 구조

① 선박탱크저장소의 탱크(맨홀을 포함한다)는 두께 3.2mm 이상의 강철판으로 틈이 없도록 제작하여야 하며, 비파괴시험을 실시하여 합격하거나 0.7kg/㎠의 압력으로 10분간의 수압시험을 실시하여 새거나 변형되지 아니하여야 한다.

② 탱크의 외면에는 방청도장을 하여야 한다.

③ 탱크에는 적당한 통기관을 설치하고, 가는 눈의 동망 등으로 인화방지장치를 하여야 한다.

2) 선박내의 탱크

선박내에 설치하는 탱크는 다음의 기준에 의하여야 한다.

① 탱크의 주위에 0.5m 이상의 공간을 둘 것
② 탱크를 설치하는 장소는 불연재료로 만들거나 피복하는 등의 구조로 할 것
③ 탱크를 설치한 부분은 기계실 기타 화기를 취급하는 장소와 구별하여 방화구획을 설치할 것
④ 탱크를 설치한 선박내의 펌프실 기타 가스가 발생하는 장소에는 유효한 환기설비를 하고 가는 눈의 동망 등으로 인화방지장치를 할 것
⑤ 탱크를 장치한 저장실에는 새어나온 유류를 제거할 수 있는 장치를 할 것

(9) 암반탱크저장소

1) 암반탱크저장소의 공동 등

① 암반탱크저장소의 공동은 다음의 기준에 의하여 설치하여야 한다.
(가) 암반탱크는 암반투수계수가 10^{-5}m/sec 이하인 천연암반 내에 설치할 것
(나) 암반탱크는 저장할 위험물의 증기압을 억제할 수 있는 지하수면하에 설치할 것
(다) 암반탱크의 내벽은 암반균열에 의한 낙반을 방지할 수 있도록 록볼트, 콘크리트 등으로 보강할 것
② 암반탱크는 다음의 기준에 적합한 수리조건을 갖추어야 한다.
(가) 암반탱크저장소내로 유입되는 지하수의 양은 암반내의 지하수 충전량보다 적을 것
(나) 저장소의 상부로 물을 주입하여 수압을 유지할 필요가 있는 경우에는 수벽공을 설치할 것
(다) 저장소에 가해지는 지하수압은 저장소의 최대운영압보다 항상 크게 유지할 것

2) 지하수위 관측공의 설치

암반탱크저장소 주위에는 지하수위 및 지하수의 흐름 등을 확인, 통제할 수 있는 관측공을 설치하여야 한다.

3) 계량장치

액체위험물을 저장하는 암반탱크저장소에는 위험물의 양과 내부로 유입되는 지하수의 양을 측정할 수 있는 계량구와 자동측정이 가능한 계량장치를 설치하여야 한다.

4) 배수시설

암반탱크저장소에는 주변 암반으로부터 유입되는 침출수를 자동으로 배출할 수 있는 시설을 설치하되, 당해 위험물이 직접 배수구로 흘러 들어가지 아니하도록 유분리장치를 설치하여야 한다.

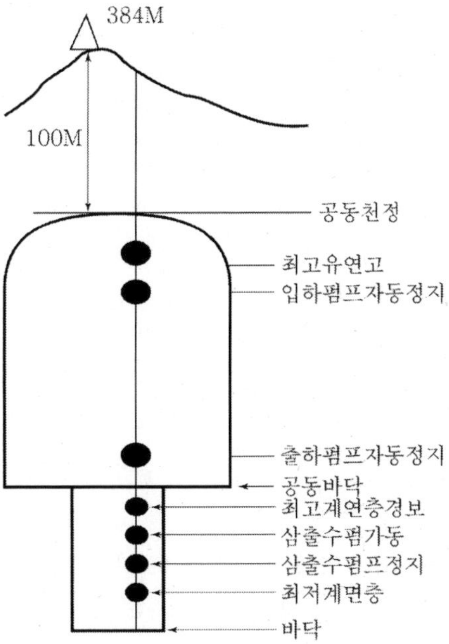

그림 10.26 암반탱크저장소의 구조

4) 배수시설

암반탱크저장소에는 주변 암반으로부터 유입되는 침출수를 자동으로 배출할 수 있는 시설을 설치하되, 당해 위험물이 직접 배수구로 흘러 들어가지 아니하도록 유분리장치를 설치하여야 한다.

5) 펌프설비

지하암반저장소의 펌프설비는 점검 및 보수를 위하여 사람의 출입이 용이한 구조의 전용공동에 설치하여야 한다. 다만, 유중펌프를 설치한 경우에는 그러하지 아니하다.

6) 위험물제조소 및 옥외탱크저장소에 관한 기준의 준용

위험물제조소 및 옥외탱크저장소에 관한 기준의 규정은 암반탱크저장소의 표지 및 게시판, 압력계 및 안전장치, 정전기 제거설비, 배관, 주입구의 설치에 관하여 이를 준용한다.

10.1.3 위험물취급소

(1) 주유취급소

1) 주유취급소와 가연성가스시설과의 거리

주유취급소의 담 또는 벽(담 또는 벽이 없는 경우에는 대지경계선)으로부터 고압가스 안전관리법, 액화석유가스의 안전 및 사업관리법 또는 도시가스사업법에 의한 가연성가스의 제조 또는 저장시설까지의 거리는 동법이 정하는 바에 의한다.

2) 보유 공지

① 주유취급소의 고정주유설비(펌프기기 및 호스기기로 되어 있는 것으로서 현수식 주유설비를 포함한다)중 자동차 등에 직접 주유하기 위한 고정주유설비의 주위에는 주유를 받으려는 자동차 등이 출입할 수 있도록 너비 15m 이상, 길이 6m 이상의 콘크리트로 포장한 공지를 보유하여야 하고, 등유용고정주유설비(등유 또는 경유를 용기에 채우거나 이동저장탱크에 주입하기 위한 고정주유설비를 말한다.)를 설치하는 경우에는 등유용 고정주유설비 중 호스기기의 주위에 필요한 공지를 보유하여야 한다.

② ①의 규정에 의한 공지의 바닥은 주위의 지면보다 높게 하고, 그 표면을 적당하게 경사지게 하여 새어나온 기름 기타의 액체가 공지의 외부로 유출되지 아니하도록 배수구, 저유설비 및 유분리시설을 하여야 한다.

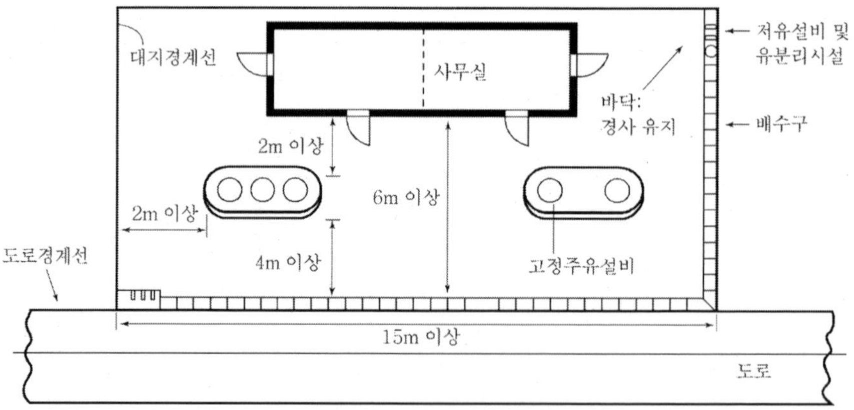

그림 10.27 주유취급소의 공지

3) 표지 및 게시판

주유취급소에는 위험물제조소의 표지 및 게시판 규정에 준하여 "위험물주유취급소"라는 뜻을 표시한 표지 및 방화에 관하여 필요한 사항을 기재한 게시판을 설치하고 황색바탕에 흑색문자로 "주유중 엔진정지"라고 표시한 표지판과 적색바탕에 백색문자로 "화기 엄금"이라고 표시한 게시판을 따로 설치하여야 한다.

4) 탱 크

주유취급소에는 다음의 탱크 외에는 위험물을 저장할 수 없다.

① 자동차 등에 주유하기 위한 고정주유설비에 직접 접속하는 탱크로서 50,000L 이하의 탱크
② 등유용 고정주유설비에 직접 접속하는 탱크로서 50,000L 이하의 탱크
③ 보일러 등에 직접 접속하는 탱크로서 10,000L 이하의 탱크
④ 자동차 등을 점검, 정비하는 작업장 등(주유취급소안에 설치된 것을 말한다)에서 사용하는 폐유, 윤활유 등의 위험물을 저장하는 탱크로서 용량(2이상 설치하는 경우에는 각 용량의 합계를 말한다)이 2,000L 이하인 탱크
⑤ 이동탱크저장소(이동판매취급소에 설치하는 것을 포함한다)
⑥ 등유용 고정주유설비에 직접 접속하는 3기이하의 간이저장탱크(다만, 도시계획법에 의한 방화지구안에 위치하는 주유취급소의 경우를 제외한다)

5) 고정주유설비

① 주유취급소에는 자동차 등에 직접 주유하거나 실소비자에게 위험물을 판매할 수 있는 고정주유설비를 설치하여야 한다.
② 고정주유설비의 주유관의 길이(선단의 개폐밸브를 포함한다)는 5m(현수식의 경우에는 지면위 0.5m의 수평면에 수직으로 내려 만나는 점을 중심으로 반경 3m)이내로 하고 그 선단에는 축적된 정전기를 유효하게 제거할 수 있는 장치를 설치하여야 한다.
③ 고정주유설비는 또는 등유용고정주유설비는 다음의 기준에 적합하게 설치하여야 한다.
   (가) 도로경계선으로부터 4m 이상, 대지경계선 및 건축물의 벽으로부터 2m(개구부가 없는 벽으로부터는 1m) 이상의 거리를 두어야 한다.
   (나) 자동차 등에 위험물을 직접 주유하기 위한 고정주유설비는 실소비자에게 등유 또는 보일러용 경유를 판매하기 위한 고정주유설비와 등유용 고정주유설비의 사이 에는 4m 이상의 거리를 두어야 한다.

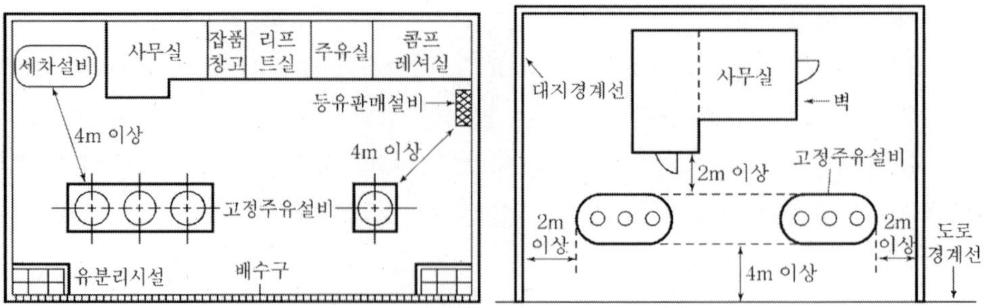

그림 10.28 주유취급소의 부대설비

6) 건축물 등의 제한

자유취급소에는 주유 또는 그에 부대하는 업무를 위하여 사용되는 다음의 건축물 또는 시설 외에는 다른 건축물 그 밖의 공작물을 설치할 수 없다.

① 주유 또는 등유, 경유를 채우기 위한 작업장
② 주유취급소의 업무를 행하기 위한 사무소
③ 자동차 등의 점검 및 간이정비를 위한 작업장
④ 자동차 등의 세정을 위한 작업장
⑤ 주유취급소에 출입하는 사람을 대상으로 한 한 점포, 휴게음식점 또는 전시장
⑥ 주유취급소의 관계자가 거주하는 주거시설

7) 건축물 등의 구조

주유취급소에 설치하는 건푹물 등은 다음에 정한 위치 및 구조의 기준에 적합하여야 한다.

① 건축물은 벽, 기둥, 바닥, 보 및 지붕을 내화구조 또는 불연재료로 하고, 창 및 출입구에는 방화문 또는 불연재료로 된 문을 설치할 것
② 주유취급소의 관계자가 거주하는 주거시설의 용도에 사용하는 부분은 개구부가 없는 내화구조의 바닥 또는 벽으로 당해 건축물의 다른 부분과 구획하는 한편 주유를 위한 작업장 등 위험물 취급장소에 면한 쪽의 벽에는 출입구를 설치하지 아니할 것
③ 사무실 등의 창 및 출입구에 유리를 사용하는 경우에는 망입유리 또는 강화유리로 할 것(강화유리의 두께는 창에는 8mm 이상, 출입구에는 12mm 이상으로 하여야 한다)
④ 건축물중 사무실 그밖에 화기를 사용하는 곳은 누설한 가연성의 증기가 그 내부에 유입되지 아니하도록 다음의 기준에 적합한 구조로 할 것
(가) 출입구는 건축물의 안에서 밖으로 수시로 개방할 수 있는 자동폐쇄식의 것으

로 할 것

(나) 출입구 또는 사이 통로의 문턱의 높이를 15cm 이상으로 할 것

(다) 높이 1m 이하의 부분에 있는 창 등은 밀폐시킬 것

⑤ 자동차 등의 점검, 정비를 행하는 설비는 다음의 기준에 적합하게 할 것

(가) 고정주유설비로부터 4m 이상, 도로경계선으로부터 2m 이상 떨어지게 할 것

(나) 위험물을 취급하는 설비는 위험물의 누설, 넘침 또는 비산을 방지할 수 있는 구조로 할 것

⑥ 자동차 등의 세정을 행하는 설비는 다음의 기준에 적합하게 할 것

(가) 증기세차기를 설치하는 경우에는 그 주위에 불연재료로 된 높이 1m 이상의 담을 설치하고 출입구가 고정주유설비에 면하지 아니하도록 할 것(이 경우 담은 고정주유설비로부터 4m 이상 떨어지게 하여야 한다)

(나) 증기세차기 외의 세차기를 설치하는 경우에는 고정주유설비로부터 4m 이상, 도로 경계선으로부터 2m 이상 떨어지게 하여야 한다.

8) 담 또는 벽

주유취급소(인근에 건축물이 없는 고속도로 변이나 이와 유사한 도로변에 설치하는 것을 제외한다)의 주위에는 자동차 등이 출입하는 쪽외의 부분에 높이 2m 이상의 내화구조 또는 불연재료의 담 또는 벽을 설치하되, 주유취급소의 인근에 연소의 우려가 있는 건축물이 있는 경우에는 행정자치부장관이 정하여 고시하는 바에 따라 방화상 유효한 높이로 하여야 한다.

9) 캐노피

주유취급소에 캐노피를 설치하는 경우에는 다음의 기준에 의하여야 한다.

① 배관이 캐노피 내부를 통과할 경우에는 1개 이상의 점검구를 설치할 것

② 캐노피 외부의 배관으로서 점검이 곤란한 장소에는 용접이음으로 할 것

③ 캐노피 외부의 배관이 일광열의 영향을 받을 우려가 있는 경우에는 단열재로 피복할 것

10) 펌프실 등의 구조

주유취급소에 펌프실 그밖에 위험물을 취급하는 실을 설치하는 경우에는 다음의 기준에 적합하게 하여야 한다.

① 바닥은 위험물이 침투하지 아니하는 구조로 하고 적당한 경사를 두어 저유설비를 설치할 것

② 펌프실 등에는 위험물을 취급하는데 필요한 채광, 조명 및 환기설비를 할 것

③ 가연성증기가 체류할 우려가 있는 펌프실 등에는 그 증기를 옥외에 배출하는 설비를 설치할 것

④ 고정주유설비중 펌프기기를 호스기기와 분리하여 설치하는 경우에는 펌프실의 출입구를 주유공지 또는 등유용주유공지에 접하도록 하고, 자동폐쇄식의 갑종방화문을 설치할 것

⑤ 펌프실 등에는 위험물제조소의 표지 및 게시판의 규정에 준하여 표지 및 게시판을 설치 할 것

(2) 판매취급소

1) 제1종판매취급소(지정수량 20배 이하)

① 제1종판매취급소는 단층건축물 또는 건축물의 1층에 설치하여야 한다.

② 제1종판매취급소에는 저장시설 및 작업실을 구분하여 설치하여야 한다.

③ 표지 및 게시판

제1종판매취급소에는 그 보기 쉬운 곳에 위험물 판매취급소(제1종)라는 뜻을 표시한 표지를 설치하고, 방화에 관하여 필요한 사항을 기재한 게시판 및 취급하는 위험물에 따른 주의사항을 표시한 게시판을 설치하여야 한다.

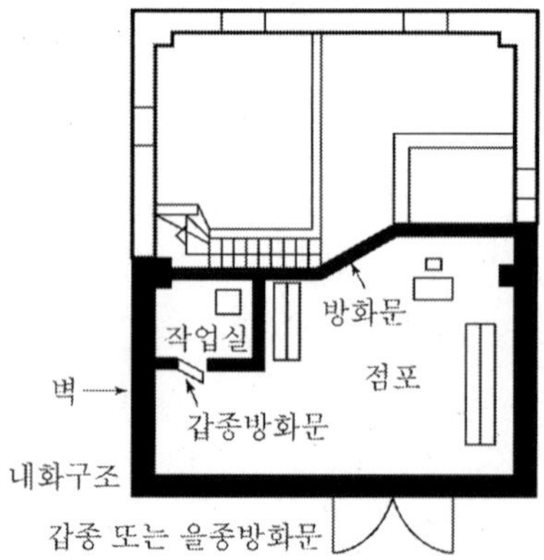

그림 10.29 석유판매취급소의 건축물 구조

④ 건축물의 구조

(가) 판매취급소의 용도로 사용되는 부분은 내화구조 또는 불연재료로 하되, 판매취급소로 사용되는 부분과 다른 부분과의 사이에는 내화구조로 된 격벽을 설치하여야 한다.

(나) 제1종판매취급소로 사용되는 부분에 상층이 있는 경우에는 그 상층의 바닥을 내화구조로 하고, 상층이 없는 경우에는 지붕을 내화구조 또는 불연재료로 하여야 한다.

(다) 제1종판매취급소의 위험물을 저장 또는 취급하는 부분의 출입구에는 갑종방화문 또는 을종방화문을 설치하여야 한다.

⑤ 제1종판매취급소의 배합실

(가) 바닥면적은 $6m^2$ 이상 $15m^2$ 이하로 할 것

(나) 내화구조로 된 벽으로 구획할 것

(다) 바닥에는 적당한 경사를 두고, 저유설비를 할 것

(라) 출입구에는 갑종방화문을 설치할 것

(마) 출입구에는 바닥으로부터 0.1m 이상의 턱을 설치할 것

(바) 내부에 체류한 증기를 지붕위로 방출할 수 있는 환기장치를 할 것

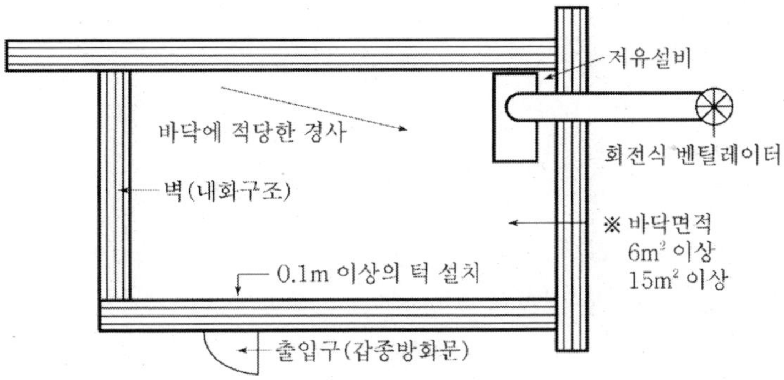

그림 10.30 제1종판매취급소의 배합실

2) 제2종판매취급소(지정수량 40배 이하)

① 건축물의 구조

(가) 제2종판매취급소의 용도로 사용되는 부분의 벽, 보, 바닥 및 천정은 내화구조로, 천장은 불연재료로 하고, 판매취급소로 사용되는 부분과 다른 부분과의 사이에는 내화구조로 된 격벽으로 구획하여야 한다.

(나) 제2종판매취급소로 사용되는 부분에 상층이 있는 경우에는 그 상층의 바닥을 내화구조로 하고, 상층이 없는 경우에는 그 지붕을 내화구조 또는 불연재료로 하여야 한다.

(다) 제2종판매취급소로 사용되는 부분의 출입구에는 갑종방화문 또는 을종방화문

을 설치하여야 한다.

(라) 위험물 배합실은 제1종 판매취급소의 배합실 기준에 준한다.

(3) 이송취급소

1) 설치장소

① 이송취급소는 다음의 장소 외의 장소에 설치하여야 한다.

(가) 철도 및 도로의 터널 안

(나) 고속도로 및 자동차전용도로의 차도, 길 어깨, 중앙분리대

(다) 호수, 저수지 등의 수원이 되는 곳

(라) 급경사 지역으로서 붕괴위험성이 있는 곳

② 지형 상황 등 부득이한 사유가 있고, 안전에 필요한 조치를 한 경우는 위의 장소에 설치할 수 있다.

2) 배관의 설치기준

① 지하 매설 시 안전거리

(가) 건축물 : 1.5m 이상

(나) 지하가 및 터널 : 10m 이상

(다) 수도시설(위험물유입 우려가 있는 곳) : 300m 이상

② 도로 밑 매설시 배관의 외면과 지표면과의 거리는 1.2m 이상 유지

③ 철도부지 밑 매설 시 배관의 외면과 지표면과의 거리는 1.2m 이상 유지

④ 지상 설치 시 배관이 지표면에 접하지 아니할 것

⑤ 해저에 설치 시 해저면 밑에 설치

10.2 위험물제조소 등의 소방시설 적용기준

위험물제조소 등은 소화의 난이도에 따라 위험물 안전관리법 시행규칙 별표 17에 의해 소화난이도 등급 Ⅰ, Ⅱ, Ⅲ 등으로 구분한다.

10.2.1 소화난이도 등급 Ⅰ의 소화설비기준

소화난이도 등급 Ⅰ에 적응하는 소화설비를 다음의 기준에 의하여 설치하여야 한다.

① 제조소, 옥내저장소, 옥외탱크저장소, 옥내탱크저장소, 옥외저장소 및 일반취급소에

있어서는 옥내소화전설비. 옥외소화전설비. 스프링클러설비 또는 물분무 등 소화 설비를 설치하되, 제조소 및 일반취급소중 화재시 연기가 충만할 우려가 있는 것에 있어서는 스프링클러설비 또는 물분무등 소화설비(호스릴포설비, 포소화전설비를 제외한다)를 설치한다.

② 옥내저장소중 처마의 높이가 6m 이상의 단층건물에 설치된 것에 있어서는 스프링클러설비 또는 물분무등 소화설비(호스릴포설비를 제외한다)를 설치한다.

③ 옥외탱크저장소 중 유황만을 저장 또는 취급하는 것에 있어서는 물분무소화설비를 설치한다.

④ 제4류 위험물중 인화점이 섭씨 70℃ 이상인 것을 저장 또는 취급하는 것에 있어서는 물분무소화설비 또는 포소화설비를, 그 밖의 것에 있어서는 포소화설비를 설치한다.

⑤ 옥내탱크저장소 중 유황 등 가연성고체를 저장 또는 취급하는 것에 있어서는 물분무소화설비를, 그 밖의 것에 있어서는 물분무등소화설비를 설치하여야 한다.

⑥ 옥외저장소에 있어서는 옥외소화전설비, 스프링클러소화설비, 물분무등소화설비를 설치하여야 한다.

⑦ 제조소 및 일반취급소로서 인화점이 섭씨 130℃ 이상의 위험물을 저장 또는 취급 하는 것에 있어서는 대형수동식소화기 및 그 위험물에 대한 소화기구의 소요단위에 해당하는 능력단위의 수동식소화기로 설치할 수 있다.

⑧ 옥외탱크저장소중 유황등 가연성 고체를 섭씨 100℃ 이상의 용융상태에서 저장, 취급하는 것에 있어서는 소화설비를 설치하지 아니한다.

⑨ 가연성 증기 또는 가루, 먼지 등이 체류할 우려가 있는 부분에는 ①~⑧의 규정에 의한 소화설비외에 대형수동식소화기를 설치하고, 그 위험물에 대한 소화기구의 소요 단위에 해당하는 능력단위의 수동식소화기를 설치할 것.

⑩ 제4류 위험물을 저장하는 옥외탱크저장소 또는 옥내탱크저장소에 있어서는 능력단위 3단위 이상의 수동식소화기 2개 이상을 설치할 것

⑪ 제조소, 옥외탱크저장소 또는 일반취급소의 작업공정상 소화설비의 방사능력 범위가 그 제조소등에서 저장 또는 취급하는 위험물의 전부에 미칠 수 없을 때에는 당해 위험물에 대한 소화기구의 소요단위에 해당하는 능력단위의 수동식소화기를 설 치할 것

10.2.2 소화난이도 등급 II의 소화설비기준

소화난이도 등급 II에 적응하는 소화설비를 다음의 기준에 의하여 설치하여야 한다.

① 제조소, 옥내저장소, 옥외저장소 또는 일반취급소에 있어서는 대형수동식소화기를 설치하되, 당해 위험물에 대한 소화기구의 소요단위의 1/5 이상에 해당하는 능력 단위의

것으로 할 것

② 옥외탱크저장소 또는 옥내탱크저장소에 있어서는 대형수동식소화기 및 능력단위 3단위 이상의 소형수동식소화기 각각 1개 이상을 설치할 것

10.2.3 소화난이도 등급 Ⅲ의 소화설비기준

소화난이도 등급 Ⅲ에 적응하는 소화설비를 다음의 기준에 의하여 설치하여야 한다.

① 지하탱크저장소에 있어서는 능력단위 3단위 이상의 수동식소화기 2개 이상을 설치할 것

② 이동탱크저장소에 있어서는 능력단위 3단위 이상의 수동식소화기(이산화탄소 소화기, 하론 또는 이와 유사한 소화기, 자동차용 분말소화기) 2개 이상을 설치할 것. 다만, 알킬알루미늄을 저장하는 이동탱크저장소에 있어서는 150L 이상의 마른 모래나 640L 이상의 팽창질석 또는 팽창진주암을 추가하여 설치하여야 한다.

③ ① 및 ②에 규정한 것 외의 제조소등에 있어서는 당해 제조소등 및 위험물에 대한소요단위에 해당하는 능력단위의 수동식소화기를 설치할 것

④ ① 및 ③의 소화설비기준 외에 석유판매취급소의 경우에는 옥내탱크저장소 및 작 업실에, 특수위험물판매취급소에는 점포, 저장실 및 작업실에 각각 1개 이상의 자동화산소화용구를 설치하여야 한다.

10.2.4 소요단위의 산정방법

위의 (1)~(3) 규정에 의한 소요단위는 다음의 기준에 의하여 산출한다.

① 제조소 또는 취급소용 건축물로서 외벽이 내화구조로 된 것에 있어서는 연면적 $100m^2$를, 외벽이 내화구조가 아닌 것에 있어서는 연면적 $50m^2$를 각각 소요단위 1단위로 할 것

② 저장소용 건축물로서 외벽이 내화구조인 것에 있어서는 연면적 $150m^2$를, 외벽이 내화구조가 아닌 것에 있어서는 연면적 $75m^2$를 소요단위 1단위로 할 것

③ 제조소등의 옥외에 있는 공작물은 외벽이 내화구조로 된 것으로 보고, 그 공작물의 수평최대면적에 대하여 ① 및 ②의 기준에 의하여 산출할 것

④ 위험물에 있어서는 지정수량의 10배를 소요단위 1단위로 할 것

10.2.5 경보설비의 적용기준

지정수량의 10배 이상의 위험물을 저장 또는 취급하는 제조소등(이동탱크저장소를 제외한다)에는 다음의 기준에 의하여 경보설비를 설치하여야 한다.

① 옥내에서 지정수량의 100배 이상의 위험물(제6류 위험물을 제외한다)을 저장 또는 취급하는 제조소 또는 일반취급소, 지정수량의 100배 이상의 제2류, 제3류 또는 제5류 위험물을 저장 또는 취급하는 옥내저장소 또는 지정수량의 200배 이상의 제 1류 또는 제4류 위험물을 저장 또는 취급하는 옥내저장소에 있어서는 자동화재탐지 설비를 설치할 것. 다만, 자동경보장치가 부착된 스프링클러설비 및 물분무 등 소화설비를 설치한 때에는 자동화재탐지설비를 설치한 것으로 본다.

② ①의 규정에 의한 제조소등외의 제조소등으로서 지정수량의 10배 이상의 위험물을 저장 또는 취급하는 것에 있어서는 자동화재탐지설비, 비상경보설비, 휴대용메거폰 또는 비상방송설비를 설치할 것

10.2.6 유해위험물의 보호시설 등

위험물중 인체에 유해한 것으로서 행정자치부장관이 정하여 고시하는 위험물을 저장 또는 취급하는 제조소등중 다음에 해당하는 것에는 공기호흡기(보조 마스크를 포함한다) 2개 이상과 행정자치부장관이 정하여 고시하는 제독장비를 화재시 쉽게 꺼내어 쓸 수 있는 장소에 비치하여야 한다.

① 지정수량 10배 이상을 제조하는 제조소

② 자체소방대를 두어야 할 제조소등

10.3 위험물의 저장, 취급 및 운반기준

10.3.1 공통기준

위험물의 저장 또는 취급에 관한 공통기준은 다음과 같다.

① 제조소등에 있어서는 허가를 받았거나 신고한 수량이상 또는 품명외의 위험물을 저장하거나 취급하여서는 아니 된다.

② 제조소등에 있어서는 함부로 화기를 취급하여서는 아니 된다.

③ 제조소등의 위험물을 취급하는 곳에는 직원 외의 자가 함부로 출입하지 못하도록 하여야 한다.

④ 제조소 등에 있어서는 항시 정비 및 청소에 노력하고 함부로 불필요한 가연물을 방치하여서는 아니된다.

⑤ 위험물의 찌꺼기 등은 1일 1회 이상 당해 위험물의 성질에 따라 안전한 장소에서 폐기하거나 기타의 안전한 방법으로 이를 처리하여야 한다.

⑥ 위험물을 저장 또는 취급하는 건축물 기타 공작물이나 설비는 당해 위험물의 성질에 따라 차광 또는 환기를 하여야 한다.

⑦ 위험물을 저장 또는 취급하는 건축물 안에 온도계, 습도계 기타의 계기를 비치하고 당해 위험물의 성질에 따라 적당한 온도 또는 습도를 유지하도록 하여야 한다.

⑧ 위험물을 저장 또는 취급하는 경우에는 당해 위험물이 새거나 넘치거나 비산하지 아니하도록 조치하여야 한다.

⑨ 위험물을 저장 또는 취급하는 경우에는 위험물의 변질, 이물의 혼입등으로 당해 위험물의 위험성이 증대되지 아니하도록 조치하여야 한다.

⑩ 위험물이 남아 있거나 남아있을 우려가 있는 설비, 기계, 기구, 용기 등을 수리할 경우에는 안전한 장소에서 환경에 위해를 미치지 아니하도록 위험물을 완전히 제거하여야 하며, 가연성증기가 폭발하한치 미만인지 여부 또는 유독성증기가 허용기준치미만인지 여부를 확인하는 등 안전조치를 한 후 작업하여야 한다.

⑪ 위험물을 용기에 수납할 경우에는 그 용기는 당해 위험물의 성질에 적응하는 것으로 하고, 파손, 부식, 틈 등이 생기지 아니하도록 하여야 한다.

⑫ 위험물이 수납된 용기를 저장 또는 취급할 때에는 함부로 넘어뜨리거나 떨어뜨리는 등 충격을 가하는 행위를 하여서는 아니 된다.

⑬ 가연성의 액체, 증기 또는 가스가 새거나 괼 우려가 있는 장소 또는 가연성의 작은가루가 떠돌아다닐 우려가 있는 장소에서는 전선과 전기기구를 완전히 이어야 하고 불꽃을 발하는 기계, 기구, 공구 등을 사용하거나 마찰에 의하여 불꽃을 발하는 기계, 기구, 공구등을 사용하거나 마찰에 의하여 불꽃을 발하는 신발을 신어서는 아니 된다.

⑭ 위험물을 보호액속에 보존하는 경우에는 당해 위험물이 노출하지 못하도록 조치하여야 한다.

10.3.2 유별공통기준

위험물의 저장 또는 취급에 관한 기준 중 위험물의 유별로 적용할 공통기준은 다음과 같다.

① 제1류 위험물은 가연물과의 접촉, 혼합이나 분해를 촉진하는 물품에의 접근 또 는 재해발생의 위험이 있는 과열, 충격, 마찰 등을 피하여야 하며, 알칼리금속의 과산화물

에 있어서는 물과의 접촉을 피하여야 한다.

② 제2류 위험물은 산화제와의 접촉 혼합이나, 불티, 불꽃, 고온체에의 접근 또는 과열을 피하여야 하며, 철분, 금속분 및 마그네슘에 있어서는 물이나 산과의 접촉을 피하여야 한다.

③ 제3류 위험물 중 자연발화성 물질에 있어서는 불티, 불꽃 또는 고온체에의 접근, 과열 또는 공기와의 접촉을 피하여야 하며, 금수성 물질에 있어서는 물과의 접촉을 피하여야 한다.

④ 제4류 위험물은 불티, 불꽃, 고온체에의 접근을 피하여야 하며, 증기발생을 억제하여야 한다.

⑤ 제5류 위험물은 불티, 불꽃, 고온체에의 접근이나 과열, 충격 또는 마찰등을 피하여야 한다.

⑥ 제6류 위험물은 가연물과의 접촉이나, 분해를 촉진하는 물품에의 접근을 피하여야 한다.

10.3.3 저장의 기준

(1) **위험물의 저장은 위의 1. 및 2.의 규정에 의한 것 외에 다음의 기준에 의하여야 한다.**

① 제3류 위험물중 황린 그 밖의 물속에 저장하는 물품과 금수성 물품은 동일한 저장소에서 저장하지 아니할 것

② 위험물을 옥내저장소에 저장할 경우에는 위험물별 용기에 수납하고 품명별로 구분하여 저장하고, 위험물마다 0.5m 이상의 간격을 두어야 한다.

③ ②의 경우에 있어서 동일 품명의 위험물이라도 자연발화의 위험이 있는 위험물 또는 재해가 현저하게 증대할 위험이 있는 위험물을 다량 저장할 때에는 지정수량의 10배 이하마다 구분하고 상호간 0.3m 이상의 간격을 두어야 한다.

④ 옥외저장탱크, 옥내저장탱크, 지하저장탱크 또는 간이저장탱크의 계량구는 계량할 때 외에는 폐쇄하여야 한다.

⑤ 옥외저장탱크, 옥내저장탱크 또는 지하저장탱크의 주된 밸브(액체의 위험물을 이송하기 위하여 배관에 설치되어 있는 밸브중 탱크의 부근에 있는 것을 말한다)는 위험물을 이송할 때 외에는 폐쇄하여야 한다.

⑥ 옥외저장탱크의 주위에 방유제가 있는 경우에는 그 배수구를 폐쇄하여 두고, 그 방유제의 내부에 괴어있는 유류 또는 물을 지체없이 배출하여야 한다.

⑦ 이동저장탱크 및 그 안전장치와 기타의 부속배관의 결합불량, 변형 또는 주유호오스의 파손 등으로 위험물이 새지 아니하도록 하고, 그 탱크의 배출밸브는 사용시외

에는 완전히 폐쇄하여야 한다.

⑧ 컨테이너식 이동탱크저장소외의 이동탱크저장소에 있어서는 위험물을 저장한 상태로 이동탱크를 적재하여서는 아니된다.

⑨ 이동탱크저장소의 설치허가증은 운전석의 앞 유리창에 부착하여야 한다. 다만, 컨테이너식 이동탱크저장소 또는 이동저장탱크를 피견인차량에 고정시킨 이동탱크저장소의 경우에는 허가내용을 표시한 알루미늄제의 표지를 탱크의 뒷 경판의 보기 쉬운 곳에 부착하여야 한다.

⑩ 위험물중 알킬알루미늄 또는 알킬리튬을 저장하는 이동탱크저장소에는 긴급시의 연락처. 응급조치에 관하여 필요한 사항을 기재한 서류 및 고무장갑. 밸브등의 결합 공구와 확성기를 비치하여야 한다.

⑪ 위험물을 옥외저장소에 저장할 경우에는 위험물별 용기에 수납하고 품명별로 구분하고 품명별마다 0.5m 이상의 간격을 두어야 한다.

⑫ 용기에 수납하지 아니하고 유황을 저장할 때에는 지면에 설치된 방화담 또는 벽의 안쪽에 그 방화담 또는 벽의 높이이하로 저장하고, 유황이 넘치거나 비산하는 것을 방지할 수 있도록 난연성 또는 불연성의 씨트로 덮어야 한다.

⑬ 옥외저장소에 저장하는 위험물의 용기를 겹쳐 쌓거나 선반에 쌓는 경우에는 위험물의 용기가 바닥에 굴러 떨어지지 아니하도록 하여야 한다.

(2) **에틸에테르, 아세트알데히드 또는 산화프로필렌의 저장에 관한 기준은 다음에 의한다.**

① 옥외저장탱크, 옥내저장탱크 또는 이동저장탱크에 아세트알데히드 또는 산화프로필렌을 저장하는 경우에는 그 탱크안에 불연성가스를 봉인하여야 한다.

② 옥외저장탱크 또는 옥내저장탱크중 압력탱크외의 탱크에 저장하는 에틸에테르, 아세트알데히드 또는 산화프로필렌의 온도는 에틸에테르 또는 산화프로필렌에 있어서는 섭씨 30도 이하로, 아세트알데히드에 있어서는 섭씨 15℃ 이하로 유지하여야 한다.

③ 옥외저장탱크 또는 옥내저장탱크중 압력탱크에 저장하는 아세트알데히드 또는 산화프로필렌의 온도는 섭씨 40℃ 이하로 유지하여야 한다.

④ 보냉장치가 있는 이동저장탱크에 저장하는 아세트알데히드 또는 산화프로필렌의 온도는 당해 위험물의 비점이하로 유지하여야 한다.

⑤ 보냉장치가 없는 이동저장탱크에 저장하는 아세트알데히드 또는 산화프로필렌의 온도는 섭씨 40℃ 이하로 유지하여야 한다.

10.3.4 취급의 기준

(1) 위험물의 제조과정에서의 취급기준은 다음과 같다.

① 증류공정에 있어서는 위험물을 취급하는 설비의 내부압력의 변동등에 의하여 액체 또는 증기가 새지 아니하도록 하여야 한다.

② 추출공정에 있어서는 추출관의 내부압력이 이상 상승하지 아니하도록 하여야 한다.

③ 건조공정에 있어서는 위험물의 온도가 국부적으로 상승하지 아니하는 방법으로 가열 또는 증기가 새지 아니하도록 하여야 한다.

④ 분쇄공정에 있어서는 위험물의 분말이 현저하게 부유하고 있거나 위험물의 분말이 현저하게 기계, 기구 등에 부착되어 있는 상태로 그 기계, 기구를 사용하여서는 아니된다.

(2) 위험물을 용기에 담는 경우에는 위험물별 기준에 의하여야 하며, 방화상 안전한 장소에서 하여야 한다.

(3) 위험물을 소비하는 작업에 있어서의 취급기준은 다음과 같다.

① 분사도장작업은 방화상 유효한 격벽 등으로 구획된 안전한 장소에서 하여야 한다.

② 열처리작업은 위험물이 위험한 온도에 달하지 아니하도록 하여야 한다.

③ 염색 또는 세척작업은 가연성 증기의 환기를 완전히 하고 폐액을 안전하게 처리하여야 한다.

④ 버너를 사용하는 경우에는 버너의 역화를 방지하고 석유류가 넘치지 아니하도록 하여야 한다.

(4) 위험물을 폐기하는 작업에 있어서의 취급기준은 다음과 같다.

① 소각할 경우에는 안전한 장소에서 감시원의 감시하에 하되 연소 또는 폭발에 의하여 타인에게 위해나 손해를 주지 아니하는 방법으로 하여야 한다.

② 매몰할 경우에는 위험물의 성질에 따라 안전한 장소에서 하여야 한다.

③ 위험물은 해중 또는 수중에 유출시키거나 투하하여서는 아니된다. 다만, 타인에게 위해나 손해를 줄 우려가 없거나 재해 및 환경오염의 방지를 위하여 적당한 조치를 한 때에는 그러하지 아니하다.

(5) 주유취급소, 판매취급소 또는 이동탱크저장소에서의 위험물의 취급기준은 다음과 같다.

① 주유취급소의 위험물의 취급기준(항공기, 선박, 철도주유취급소를 제외한다)

(가) 자동차등에 주유할 때에는 고정주유설비를 사용하여 직접 주유하여야 한다.

(나) 자동차등이 주유할 때에는 자동차등의 원동기를 정지시켜야 한다.

(다) 자동차등의 일부 또는 전부가 주유취급소의 공지 밖에 나온 채로 주유하여서는 아니된다.

(라) 주유취급소의 전용탱크에 위험물을 주입할 때에는 그 탱크에 접결되는 고정주유 설비의 사용을 중지하여야 하며, 자동차등을 그 탱크의 주입구에 접근시켜서는 아니된다.

(마) 유분리장치에 고인 유류는 넘치지 아니하도록 수시로 퍼내어야 한다.

(바) 고정주유설비에 유류를 공급하는 배관은 전용탱크로부터 고정주유설비에 직접 접결된 것이어야 한다.

(사) 자동차등에 주유할 때에는 정당한 이유없이 다른 자동차등을 그 주유취급소에 주차시켜서는 아니된다. 다만, 재해발생의 우려가 없는 경우에는 그러하지 아니하다.

② 판매취급소의 위험물의 취급기준

(가) 판매취급소안에서는 위험물을 배합하여서는 아니된다. 다만, 특수위험물판매취급소안에서 유황. 도료류. 인쇄잉크. 절연바니스와 제4류 위험물(경유 및 등유를 제외한다) 또는 제6류(과염소산 및 과산화수소를 제외한다)를 작업실에서 배합하는 경우에는 그러하지 아니하다.

(나) 석유판매취급소에서 위험물을 판매할 때에는 위험물이 넘치거나 비산하는 계량기(액용되를 포함한다)를 사용하여서는 아니된다.

③ 이동탱크저장소 또는 이동판매취급소의 위험물의 취급기준

(가) 이동저장탱크로부터 위험물을 저장 또는 취급하는 탱크에 액체의 위험물을 주입 할 경우에는 그 탱크의 주입구에 이동저장탱크의 급유호스를 견고하게 결합하여야 한다.

(나) 이동저장탱크로부터 위험물을 저장 또는 취급하는 탱크에 인화점이 섭씨 40℃ 미만의 위험물을 주입할 때에는 이동탱크저장소의 원동기를 정지시키고 이동저장탱크로부터 직접 위험물을 자동차의 연료탱크에 주입하지 말 것

(다) 휘발유, 벤젠, 기타 정전기에 의한 재해발생의 우려가 있는 액체의 위험물을 이동저장탱크에 주입하거나 이동저장탱크로부터 배출하는 때에는 도선으로 이동저장탱크와 접지전극 등과의 사이를 긴밀히 연결하여 당해 이동저장탱크를 접지하여야하고, 이동저장탱크의 상부로 주입하는 때에는 주입관을 사용하되, 당해 주입관의 선단을 이동저장탱크의 밑바닥에 밀착할 것

(라) 다의 규정에도 불구하고 휘발유를 저장하던 이동저장탱크에 등유나 경유를 주입 할 때 또는 등유나 경유를 저장하던 이동저장탱크에 휘발유를 주입할 때에는 다음의 기준에 따라 정전기등으로 인한 재해발생의 방지조치를 하여야 한다.

㉠ 탱크의 위로부터 주입관에 의하여 위험물을 주입할 때의 주입관내 위험물의 주입 속도는 탱크내 위험물의 액표면이 주입관의 선단을 넘는 높이가 될 때까지 1m/sec 이하로 할 것

㉡ 탱크 밑바닥에 설치된 고정 주입배관을 이용하여 위험물을 주입할 때의 주입배관내의 위험물 주입 속도는 탱크내 위험물 액표면이 주입배관의 선단을 넘는 높이가 될 때까지 1m/sec 이하로 할 것

㉢ 기타의 방법으로 위험물을 저장하고자 할 때에는 주입전에 탱크에 가연성 증기가 없도록 조치하고, 안전한 상태인 것을 학인한 후에 주입할 것

(마) 이동탱크저장소는 이동탱크저장소의 상치장소 규정에 의한 상치장소에 주차하여야 한다. (다만, 원거리 운행등으로 상치장소에 주차할 수 없는 경우에는 다른 이동탱크저장소의 상치장소, 화물자동차운수사업법에 의한 일반화물자동차 운수사업을 위한 차고, 화물유통촉진법에 의한 화물터미널의 주차장. 주차장법에 의한 주차장중 노외의 옥외주차장으로서 이동탱크저장소의 상치장소의 규정에 적합한 장소 또는 소방서장으로부터 승인을 얻은 장소에 일시 주차할 수 있다)

(바) 이동저장탱크를 '5'의 규정에 의한 상치장소 등에 주차시킬 때에는 완전한 빈 탱크이어야 한다.

(사) 위험물제조소등 설치자는 이동저장탱크의 운전자에 대하여 위험물취급안전에 관한 교육을 실시하여야 한다.

10.3.5 운반용기의 기준

① 운반용기의 재질은 금속판, 유리, 플라스틱, 화이버, 폴리에틸렌, 합성수지 또는 나무로 하여야 한다.

② 위험물을 수납 또는 운반하는 용기의 구조와 최대용적 및 중량은 '위험물별 위험물의 운반용기와 수납방법' 기준에 의한다. 다만, 국제해사기관이 채택한 위험물운송에 관한 규정(IMDG Code)에 정한 기준에 적합한 것으로 인정된 용기에 대하여는 이를 적용하지 아니한다.

③ 운반용기는 위험물이 샐 우려가 없도록 견고하게 하여야 한다.

10.3.6 적재방법

(1) 위험물은 다음의 기준에 따라 '운반용기의 기준' 규정에 의한 운반용기에 수납하여 적재하여야 한다.

① 위험물이 온도변화 등에 의하여 누설되지 아니하도록 운반용기를 밀봉하여 수납 할 것

② 수납하는 위험물과 위험한 반응을 일으키지 아니하는 등 당해 위험물의 성질에 적합한 재질의 운반용기에 수납할 것

③ 고체위험물은 운반용기 내용적의 95% 이하의 수납율로 수납할 것

④ 액체위험물은 운반용기 내용적의 98% 이하의 수납율로 수납하되, 55℃ 이상에서 누설되지 아니하도록 충분한 공간용적을 유지할 것

⑤ 하나의 외장용기에는 다른 종류의 위험물을 수납하지 아니할 것

⑥ 제3류 위험물은 다음 기준에 따라 운반용기에 수납할 것

(가) 자연발화성물품외의 경우에는 불활성기체를 봉입하여 밀봉하는 등 공기와 접촉하지 아니하도록 할 것

(나) 자연발화성물품외의 물품의 경우에는 파라핀, 경유, 등유 등의 보호액으로 가득 채워 밀봉하거나 불활성기체를 봉입하여 밀봉하는 등 수분과 접촉하지 아니하도록 할 것

(2) 위험물은 당해 위험물 또는 위험물을 수납한 운반용기가 운반도중에 전도, 낙하 또는 파손되지 아니하도록 적재하여야 한다.

(3) 운반용기는 수납구를 위로 향하게 하여 적재하여야 한다.

(4) 위험물에 대하여는 일광의 직사 또는 빗물의 침투를 방지하기 위하여 당해 위험물의 성질에 따라 다음의 구분에 따른 조치를 하여야 한다.

① 제1류 위험물 제3류 위험물 중 자연발화성 물질, 제4류 위험물 중 특수인화물, 제5류 위험물 또는 제6류 위험물은 차광성이 있는 피복으로 덮을 것

② 제1류 위험물중 알칼리금속 과산화물, 제2류 위험물중 철분, 금속분, 마그네슘 또는 제3류 위험물 중 금수성물질은 방수성이 있는 피복으로 덮을 것

③ 제5류 위험물중 50℃ 이하의 온도에서 분해될 수 있는 것에 대하여는 적정한 온도를 유지하도록 할 것

(5) 위험물은 유별을 달리하는 위험물 또는 재해를 발생시킬 우려가 있는 물품과 함께 적재하여서는 아니된다.

(6) 고압가스안전관리법, 액화석유가스의, 안전 및 사업관리법 또는 도시가스사업법의 적

용을 받는 고압가스와 위험물은 함께 적재할 수 없다. 다만, 불연성가스와 제4류 위험물은 그러하지 아니하다.

(7) 위험물을 수납한 운반용기와 이를 포장한 외부에는 다음의 사항을 표시하여 적재하여야 한다.

① 위험물의 품명, 화학명 및 수용성

② 위험물의 수량

③ 다음의 구분에 의한 주의사항

(가) 제1류 위험물 중 알칼리과산화물 및 이의 함유물에 있어서는 "화기, 충격주의", "물기엄금" 및 "가연물접촉주의", 기타의 것에 있어서는 "화기, 충격주의"및 "가연물접촉주의"

(나) 제2류 위험물 중 철분, 금속분 또는 마그네슘의 경우에는 "화기주의" 및 "물기엄금", 인화성 고체의 경우는 "화기엄금" 그 밖의 것의 경우에는 "화기주의"

(다) 제3류 위험물 중 자연발화성 물질에 있어서는 "화기엄금" 및 "공기접촉엄금", 금수성물질에 있어서는 "물기엄금"

(라) 제4류 위험물에 있어서는 "화기엄금"

(마) 제5류 위험물의 경우에는 "화기엄금" 및 "충격주의"

(바) 제6류 위험물 중 과염소산, 과산화수소 및 질산에 있어서는 "가연물접촉주의"

(8) 제1류, 제2류 또는 제4류 위험물(특수인화물류를 제외한다)의 운반용기중 최대용적이 1L 이하인 운반용기의 품명 및 주의사항은 위험물의 통칭명 및 해당 주의사항과 동일한 의미를 가진 다른 주의사항으로 표시할 수 있다.

(9) 제4류 위험물에 해당하는 화장품의 운반용기중 최대용적이 300mL 이하인 운반용기에 대하여는 (7)의 ① 및 ③의 규정에 의한 표시를 하여야 한다.

(10) 제4류 위험물에 해당하는 동, 식물유류의 운반용기중 3L 이하인 운반용기의 품명및 주의사항은 당해 위험물의 통칭명 및 해당 주의사항과 동일한 의미를 가진 다른 주의사항으로 표시할 수 있다.

10.3.7 운반방법

위험물의 운반방법의 기준은 다음과 같다.

(1) 위험물 또는 위험물을 수납한 용기가 현저하게 마찰 또는 동요를 일으키지 아니하도록 운반하여야 한다.

(2) 지정수량 이상의 위험물을 차량(이동저장탱크를 포함한다.)으로 운반할 때에는 다음의 기준에 의한 표지를 하여야 한다.

① 크기는 한 변의 길이 0.6m, 다른 한 변의 길이 0.3m 이상의 판으로 할 것
② 바탕은 흑색으로 하고, 황색의 반사도료 기타 반사성이 있는 재료로 "위험물"이라고 표시할 것
③ 표지는 차량의 전면 또는 후면의 보기 쉬운 곳에 할 것

(3) 지정수량 이상의 위험물을 차량으로 운반하는 경우에 다른 차량에 바꾸어 싣거나 휴식, 고장 등으로 차량을 일시 정차시킬 때에는 안전한 장소를 택하고 운반하는 위험물의 안전에 주의하여야 한다.

(4) 지정수량 이상의 위험물을 차량으로 운반하는 경우에는 위험물 안전관리법 시행규칙 별표 17의 나의 규정에 의한 소화설비로서 그 위험물에 적응한 것을 비치하여야 한다.

(5) 위험물의 운반도중 위험물이 현저하게 새는 등 재해발생의 우려가 있는 경우에는 그 재해를 방지하기 위한 응급조치를 하고 가까운 소방관서 기타의 관계기관에 통보하여야 한다.

CHAPTER 11

소방시설의 자체점검

CHAPTER 11

소방시설의 자체점검

소방시설은 다른 편익시설과는 달리 평소에는 그 기능의 이상유무를 쉽게 발견할 수가 없다. 따라서 소방시설을 상시 점검하고 적절한 유지 관리를 통하여 신뢰할 수 있도록 확보해 두어야 한다.

국가 경제의 고도 성장에 따라 도시구조의 과밀화 및 고층화 그리고 산업현장의 대형화 등은 필연적으로 화재발생의 요인을 증가시키고 있다. 이에 따라 정밀하고 자동화된 고도의 소방 시설의 설치가 요구되고 의무화되어 있다. 그러나 아무리 현대화된 소방시설을 설치하였다 하더라도 일단 유사시에 그 본연의 기능을 발휘하지 못한다면 귀중한 인명과 막대한 재산의 손실을 동반한 대형화재로 발전한다.

소방시설은 다른 편익시설과는 달리 일상적으로 사용하는 것이 아니기 때문에, 평소에는 그 기능의 이상유무를 쉽게 발견할 수가 없다. 따라서 소방시설을 상시 점검하고 적절한 유지 관리를 통하여 신뢰할 수 있도록 확보해 두어야 한다.

11.1 옥내소화전설비의 작동 및 기능점검

11.1.1 수원

1) 물의 상태는 맨홀뚜껑 등을 열고 부패, 부유물, 침전물 등이 있는가를 육안으로 확인하거나 물양동이로 물을 퍼서 확인해야 한다.
2) 급수장치는 변형 · 손상 · 현저한 부식 등이 있는가를 육안으로 확인하고, 기능이 정상인가를 배수밸브를 조작하여 확인한다. 다만, 배수량이 많은 경우에는 다음 방법에 의한다.
   ① 수위전극을 사용하는 것은 전극의 회로배선을 차단(또는 시험스위치)함으로써 감수

상태를 만들어 급수하는 것을 확인하고, 다시 회로배선을 접속(또는 시험스위치)함으로써 만수상태를 만들어 급수 정지하는 것을 확인한다.

② 볼탑을 사용하는 것은 볼탑을 수중에 투입함으로써 감수상태를 만들어 급수하는 것을 확인하고, 그 후 볼탑을 원상태로 복구시킴으로써 만수상태를 만들어 급수 정지하는 것을 확인한다.

3) 수위계 · 압력계

① 수위계가 있는 것은 맨홀뚜껑을 열고 수위계의 지시치를 확인한다.

② 압력계가 있는 것은 게이지콕크 또는 밸브 등을 닫고, 압력계의 물을 빼서 지침이 0점인가를 확인하고, 다시 게이지콕크 또는 밸브 등을 열고 물을 충전하여 지침의 지시치를 확인한다.

4) 밸브류는 수동조작으로 개폐조작이 용이한가를 확인한다.

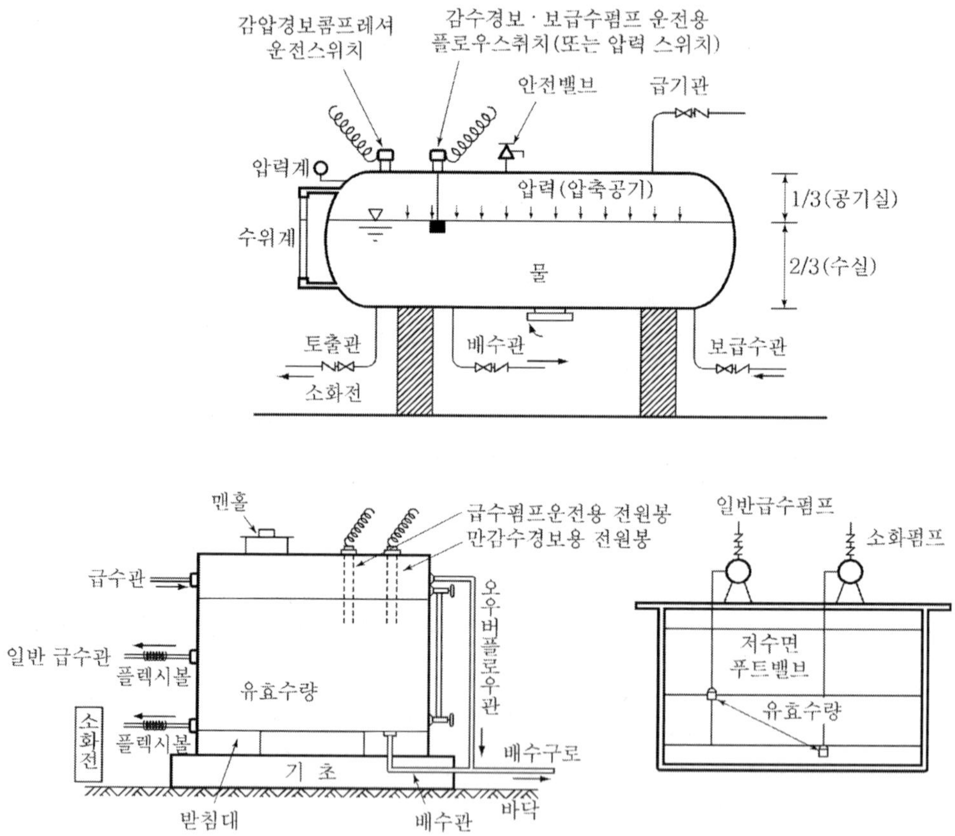

그림 11.1 수원의 종류

11.1.2 전동기의 제어장치

1) 개폐기 스위치류는 단자의 풀림 등이 없고, 드라이버 등을 사용하여 개폐조작함으로써 기능이 정상인가를 확인한다.
2) 퓨즈류는 손상 · 녹아떨어짐 등이 없고 소정의 종류 및 용량의 것인지를 확인한다.
3) 계전기는 탈락 · 단자의 이완 · 접점의 소손 · 먼지 등의 부착이 없고, 스위치를 조작하여 계전기의 작동기능을 확인한다.
4) 표시등은 스위치 등을 조작하여 점등을 확인한다.
5) 결선, 접속은 단선 · 단자의 이완 · 탈락 · 손상 등이 있는지를 드라이버 등으로 확인한다.
6) 접지는 현저한 부식 · 단선 등의 손상이 있는가를 육안 또는 회로계 등을 사용하여 확인한다.

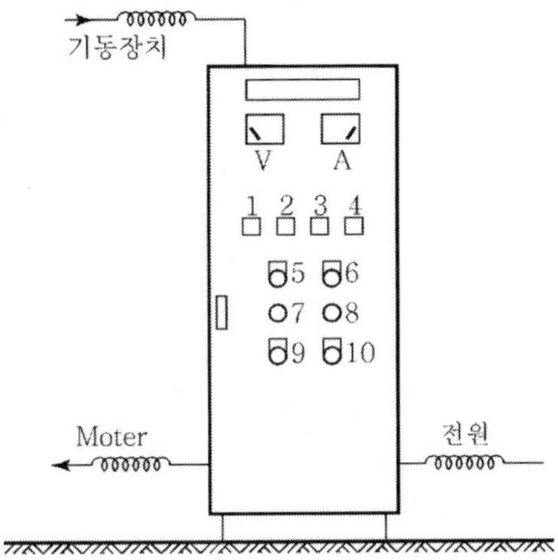

그림 11.2 제어반의 작동스위치

11.1.3 기동장치

1) 직접조작부를 조작하여 가압송수장치가 가동하는가를 확인한다.
2) 원격조작부는 누름버튼(자동화재탐지설비와 연동하는 것을 발신기), 개폐밸브의 개방 등으로 가압송수장치가 기동하는 것을 확인한다.
3) 수압개폐장치는 압력스위치 단자의 이완여부를 육안 또는 드라이버 등으로 확인하며, 설정 압력치가 설치도면과 일치하는가를 확인하고, 배수밸브를 조작하여 가압송수장치를 기동시킨 다음, 작동 압력치가 적정한가를 확인한다.

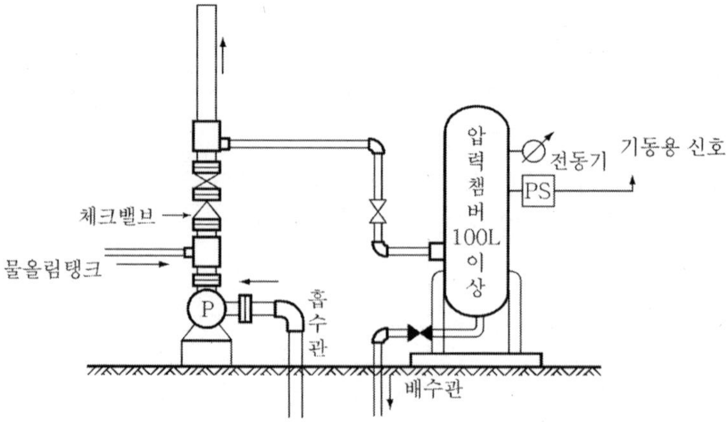

그림 11.3 펌프의 자동기동(기동용수압 개폐방식)

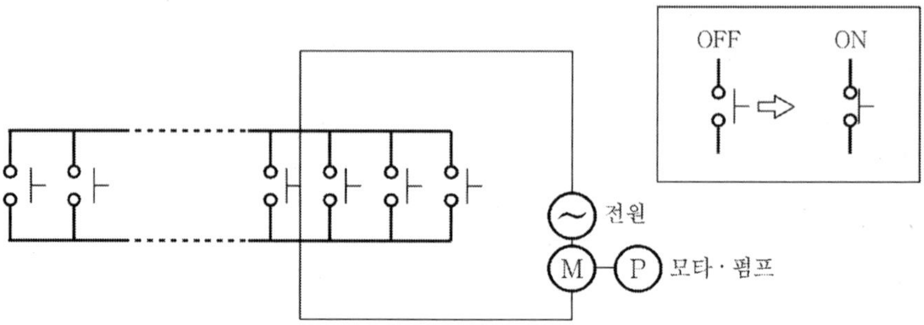

그림 11.4 펌프의 수동기동(ON-OFF방식)

11.1.4 전동기

1) 회전축의 회전이 원활한가를 손으로 돌려 확인한다.
2) 베어링부는 윤활유에 현저한 오염 · 변질 등이 없고, 필요량이 충분히 채워져 있는가를 확인한다.
3) 그랜드부는 현저한 누수가 있는가를 확인하다.
4) 연성계 · 압력계는 게이지콕크 또는 밸브 등을 닫고 물을 빼어 지침이 0점인가를 확인하고, 게이지콕크 또는 밸브 등을 다시 열어 기동장치를 조작함으로써 지침이 정상작동하는가를 확인한다.
5) 성능시험에 관해서는 펌프 토출측에 설치되어 있는 게이트밸브(지수밸브)를 잠그고 펌프를 기동하며, 시험성능배관의 시험밸브를 개방하여 부하운전시의 성능이 유지되는가를 확인한다.

11.1.5 펌프

1) 회전축의 회전이 원할한가를 손으로 돌려 확인한다.
2) 베어링부는 윤활유에 현저한 오염 · 변질 등이 없고, 필요량이 충분히 채워져 있는가를 확인한다.
3) 그랜드부는 현저한 누수가 있는가를 확인한다.
4) 연성계 · 압력계는 게이지콕크 또는 밸브 등을 닫고 물을 빼어 지침이 0점인가를 확인하고, 게이지콕크 또는 밸브 등을 다시 열어 기동장치를 조작함으로써 지침이 정상작동하는가를 확인한다.
5) 성능시험에 관해서는 펌프 토출측에 설치되어 있는 게이트밸브(지수밸브)를 잠그고 펌프를 기동하며, 시험성능배관의 시험밸브를 개방하여 부하운전시의 성능이 유지되는가를 확인한다.

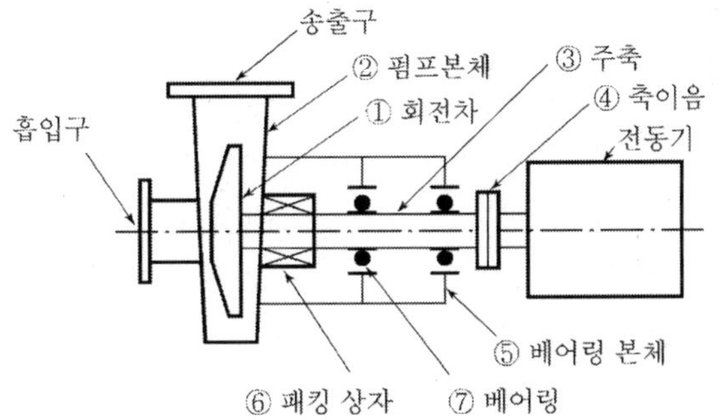

그림 11.5 펌프의 구조

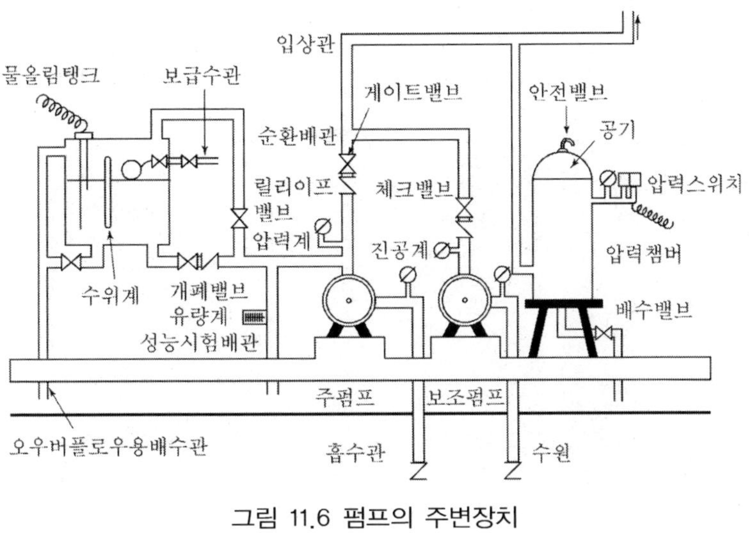

그림 11.6 펌프의 주변장치

11.2 스프링클러설비(물분무소화설비)의 작동 기능점검

11.2.1 기동창치

(1) 수동식 조작부

1) 개방형 스프링클러는 일제 개방밸브 및 수동식 개방밸브의 2차측 게이트밸브를 폐쇄하고, 직접조작부 및 원격조작부의 밸브 및 스위치류를 조작함으로써 가압송수장치의 기동여부를 확인한다.
2) 폐쇄형 스프링클러 헤드방식은 직접조작부의 스위치를 조작함으로써 가압송수장치의 기동여부를 확인한다.

(2) 자동식 기동장치

1) 기동용 개폐장치는 압력스위치 단자의 풀림 등이 있는가를 육안이나 드라이버 등을 사용하여 확인하며 설정 압력치가 설치도면대로인가를 확인한 다음, 배수밸브를 조작하여 가압송수장치를 가동시켜 작동압력치의 적정여부를 확인한다.
2) 화재감지장치의 감지기의 기능은 자동화재탐지설비의 점검요령에 준하고, 감지기의 작동에 의해 가압송수장치의 기동여부를 확인한다.

11.2.2 가압송수장치

(1) 가압밸브 등에 누설, 변형 등의 유무를 육안으로 확인한다.
(2) 폐쇄형 스프링클러 헤드방식은 가압송수장치의 가장 가까운 곳과 가장 먼 곳의 말단 시험밸브를 개방하여 적정의 압력인가를 확인한다.

사진 11.1 소방펌프 및 압력탱크

11.2.3 송수구

패킹의 노화 등의 유무를 확인하고 호스의 삽입금속구 또는 나사식금속구를 사용하여 쉽게 착탈할 수 있는지를 확인한다.

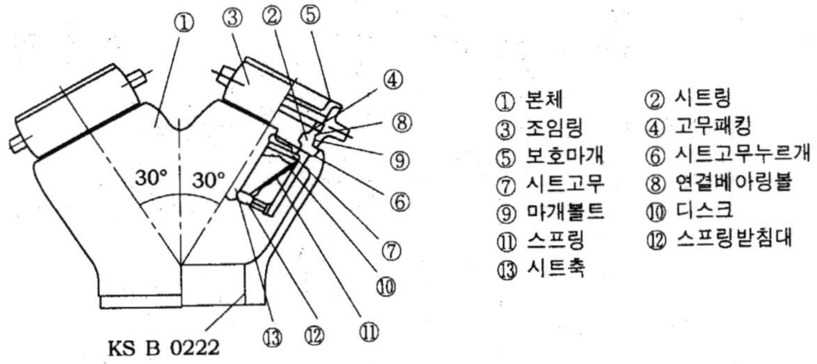

그림 11.7 송수구의 구조

11.2.4 유수검지장치 · 압력검지장치

1) 밸브본체는 검지장치의 시험밸브 또는 말단시험밸브의 조작에 의해 밸브본체, 부속밸브류 및 압력계 등의 기능이 정상인가를 확인한다.
2) 리타딩챔버는 지연작용 및 자동배수 등에 의한 배수를 유효하게 하는지를 확인한다.

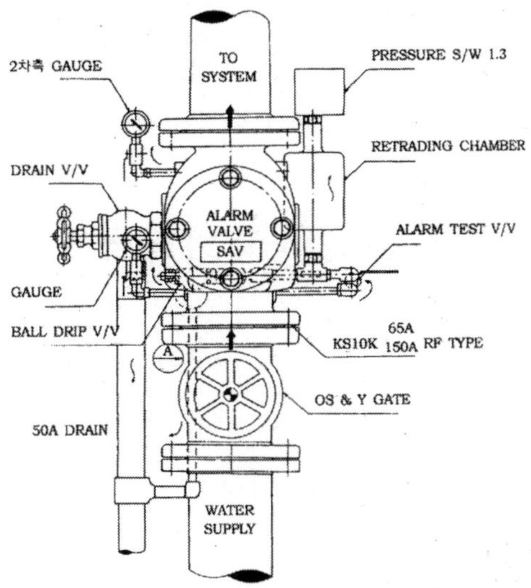

그림 11.8 유수검지장치의 구성

3) 압력스위치는 단자의 풀림 등을 드라이버를 사용하여 확인하여 설정 압력차가 설치도면대로인가를 확인한 다음, 작동압력치의 적정여부를 확인한다.

4) 음향경보장치 표시장치

① 경보장치의 벨, 사이렌, 워터모터공 등이 확실하게 작동하는지를 확인한다.

② 표시장치의 표시등 등에 손상이 없고 확실하게 표시되어 있는지를 확인한다.

11.2.5 일제개방밸브(전자밸브포함)

1) 전자밸브의 단자 풀림 등의 유무를 드라이버 등을 사용하여 확인한다.

2) 일제개방밸브의 2차측이 게이트밸브를 잠그고 기동조작부의 밸브 및 스위치 등을 조작하여 기능이 정상인지를 확인한다.

사진 11.2 일제개방밸브(Deluge Valve)

11.3 자동화재 탐지설비의 작동 · 기능점검

11.3.1 예비전원 · 비상전원

1) 단자전원은 예비전원 시험 스위치를 조작하여 전압계에 의하여 확인한다.

2) 절환장치는 수신기 내부의 전원 스위치의 조작 등에 의하여 확인한다.

3) 충전장치는 변형, 부식 및 발열 등의 유무를 육안으로 확인한다.

4) 결선접속의 단선, 단자의 풀림 등이 없는가의 여부를 육안이나 드라이버 등에 의하여 확인한다.

11.3.2 수신기 · 중계기

1) 스위치류는 단자의 풀림 등이 없고, 개폐기능의 정상유무를 드라이버 및 개폐 조작에 의하여 확인한다.
2) 퓨즈류는 손상, 녹아 끊어짐 등이 없고 적정의 용량인가를 확인한다.
3) 계전기는 탈락, 단자의 풀림, 접점의 소손 및 먼지 등의 부착이 없는 것을 확인하고, 시험장치 등에 의하여 계전기를 작동시켜 기능을 확인한다.
4) 표시등은 스위치 등의 조작에 의해 점등을 확인한다.
5) 통화장치
   ① 발신기의 잭에 휴대용 송수화기의 플러그를 삽입하여 수신기측을 불러낸다.
   ② 수신기측은 발신기측의 호출에 의해 부자가 울린 후 송수화기를 조작하여, 동시에 통화할 수 있는지의 여부를 확인한다.
   ③ 2이상의 수신기가 설치되어 있는 경우에는, 어느 수신기에 있어서나 당해 수신기의 상호간의 송수화기의 조작에 의하여 수신기를 호출하고, 동시에 통화될 수 있는지의 여부를 확인한다.
6) 결선접속은 단선, 단자의 풀림 등이 없는가의 여부를 육안이나 드라이버 등에 의하여 확인한다.
7) 접지는 부식, 단선 등이 없는가의 여부를 육안이나 회로계에 의해 확인한다.
8) 부속장치
   ① 표시 : 수신기에 있어서 화재표시 시험을 하여, 화재신호가 자동적으로 표시기 등에 표시되는가 등에 여부를 확인한다.

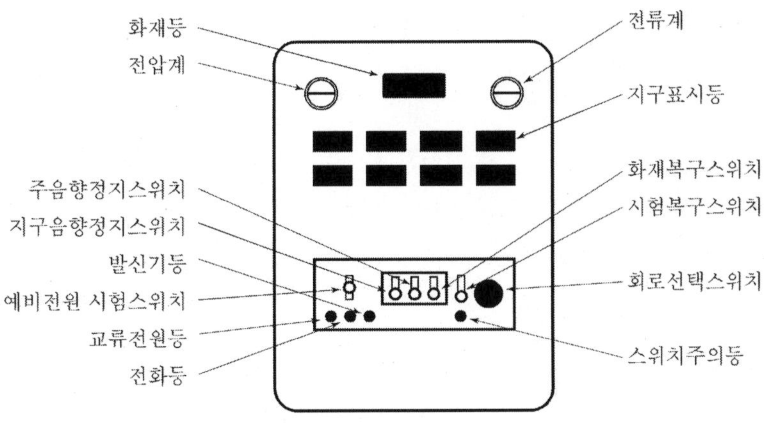

그림 11.9 P형 1급 수신기의 구조

② 소화전 연동 : 발신기를 조작하였을 때, 소화전 펌프가 자동적으로 작동되는가의 여부를 확인한다.

③ 순회장치 등 : 수신기 및 중계기의 기능에 이상이 생기지 않는지의 여부를 유의한다.

9) 화재표시

① 회선선택 스위치가 설치되어 있는 것은 화재시험용의 절환 스위치를 화재 시험측에 넣고 회로선택 스위치를 순차 회전시킨다. 이 경우, 시험은 1회선마다 자가유지기능을 유지하면서 복구 스위치를 조작하여 다음의 회선을 이행한다.

② 회선선택 스위치가 설치되어 있지 않은 것(1회선의 것)은 화재표시 시험스위치의 조작에 의해 확인한다.

10) 회로도통시험(회로도통시험 장치가 있는 것에 한한다)은 다음에 확인한다.

① 회로도통 시험용의 절환스위치를 회로도통측에 놓는다.

② 회로 선택 스위치를 순차 회전시킨다.

③ 각 회로마다 시험용 계기의 지시치가 적정의 범위 내에 있는가에 따라, 또는 도통표시 등에 의해 확인한다.

11.3.3 열감지기 스포트형

(1) 차동식

차동식, 보상식 및 정온식(재용형), 백금회로식 가열시험기에 따라 시험을 하는 경우에는, 차동식 또는 보상식에 관해서는 화구 2개, 정온식에 관해서는 화구 3개, 또한 적외선 전구식 가열시험기에 의해서 시험을 하는 경우는, 차동식 또는 보상식에 관해서는 소비전력 250W의 것, 정온식에 관해서는 소비전력 500W의 것에 의하여 각각 감지기를 가열하여 작동하기까지의 시간 및 경계구역의 표시가 적정한가의 여부를 확인한다.

(2) 정온식(비재용형)

설치된 감지기의 개수가 1 이상 10 이하일 때 감지기의 발취수 1, 11 이상 50 이하일 때 감지기의 발취수 2, 51 이상 100 이하일 때 감지기의 발취수 4, 101 이상일 때 감지기의 발취수 7에 의하여 떼어낸다.

(3) 공기관식

1) 화재작동시험(공기주입시험)은 다음에 의해 감지기의 작동공기압에 상당하는 공기량을 공기주입시험기(5cc용)에 의하여 투입하여, 작동하기까지의 시간 및 경계구역의 표시

가 적정한가의 여부를 확인한다.

① 검출부를 시험구멍에 공기주입시험기를 접속하여 시험콕크 또는 열쇠를 조작해서 시험 위치에 조정한다.

② 검출부에 표시되어 있는 공기량을 공기관에 투입한다.

③ 공기를 투입하고서 작동하기까지의 시간을 측정한다.

2) 작동계속시험은 화재작동시험에 의하여 감지기가 작동할 때부터 복구할 때까지의 시간을 측정하여 감지기의 작동계속이 정상여부인가를 확인한다.

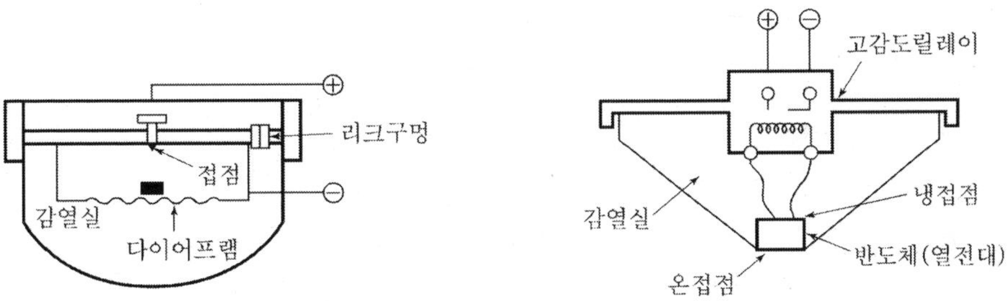

(a) 공기팽창을 이용한 것 (b) 열기전력을 이용한 것

그림 11.10 차동식 스포트형 감지기형

11.3.4 열감지기 분포형

(1) 공기관식

1) 유통시험

① 공기관에 공기를 투입시켜 공기관의 누설, 찌그러짐, 막힘 등의 유무 및 공기관의 길이를 다음에 따라 확인한다.

(가) 검출부의 시험구멍 또는 공기관의 일단에 마노메타를 접속하고 다른 끝에 공기주입시험기를 접속한다.

(나) 공기주입 시험기로 공기를 투입하여 마노메타의 수위를 약 100mm(반값) 상승시켜, 수위를 정지시킨다. 또한 수위가 정지하지 않는 경우에는 접속개소 등에서의 누설이 생각되므로 시험을 중지하여 점검한다.

(다) 시험콕크 또는 열쇠를 이동시키는 등에 의하여 급기구를 열어 앞 2)의 수위의 1/2(반값)까지 내려가는 시간(유통시간)을 측정한다.

② 마노메타의 취급에 관해서는 다음과 같다.

(가) 유통시간 측정에 사용하는 마노메타(U자유리관)의 내경으로 일반적으로 3mm

정도의 것으로, 보통물을 바다으로부터 100까지 넣어 0점을 맞춘다. 눈금판은 130mm 정도의 것을 유리관의 뒤에 첨부한다.

(나) 마노메타 측정에 있어서는 유리관 속의 물은 표면장력에 의해 원형이거나, 그 저부에서 0점에 맞추어 수위의 변화를 본다. 또한, 수위가 오를 때와 내릴 때에는 0.1~0.3mm 정도의 차이가 있으므로, 올라갈 때를 표준으로 한다.

2) 접점수고시험

공기관은 콕크스탠드에서 떼내어 마노메타 및 공기주입 시험기를 콕크스탠드에 접속시켜 미량의 공기를 서서히 투입하여 접점수고치를 확인한다. 또한, 시험구멍으로 하는것도 있다.

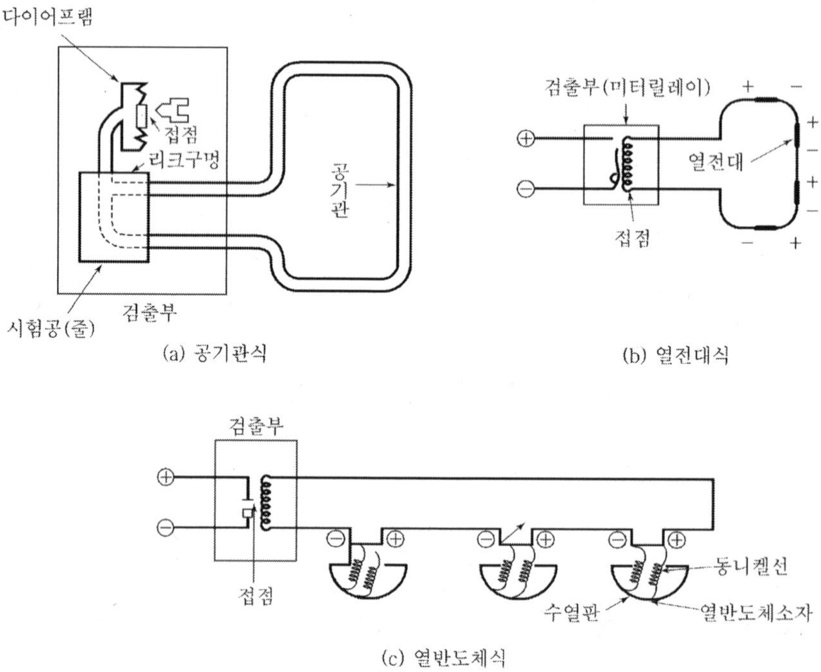

그림 11.11 차동식 분포형 감지기

(2) 열전대식

1) 화재작동시험은 다음에 따라 감지기의 작동전압에 상당하는 전압을 열전대식용 미터릴레이 시험기에 의해 검출부에 접속하여, 작동전압치 및 경계구역의 표시가 적정한지 확인한다.

① 시험기의 스위치를 작동시험 측에 넣고 검출부에 접속한다.

② 다이얼을 조작하여, 검출부에서 서서히 전압을 가하여 작동한 때의 작동전압치를 측정한다.

2) 회로합성 저항시험은 미터릴레이 시험기에 의하여 시험될 수 있는 것은 프로그를 검출부에 삽입하여 적정의 조작을 함으로써, 열전대회로를 검출부 단자에서 떼어내어 회로저항치의 적정여부를 확인한다.

(3) 열반도체식

열반도체식용 미터릴레이 시험기에 의해 열전대식의 점검 방법에 준하여 한다. 다만, 감열부의 부착면 높이가 8mm 미만인 것은 차동식 스포트형 감지기의 가열시험에 준하여 시험을 할 수 있다.

11.3.5 연기감지기 스포트형

이온화식 및 광전식이 있는데 가연시험기를 사용하여, 연기감지기가 작동하기까지의 시간 및 경계구역 표시의 적정 여부를 확인한다.

11.3.6 음향장치

1) 음향장치는 다른 기계 등이 소음이 있는 부분에 있어서는 감지기 또는 발신기를 작동시켜 음량 및 음색을 확인한다.

2) 작동방식은 감지기 또는 발신기를 작동시켜 지구 음향장치가 적정하게 작동하는가의 여부를 확인한다.

11.4 포소화설비의 작동기능 점검

11.4.1 수원

1) 물의 상태는 맨홀의 뚜껑 등을 열고 부패, 부유물, 침전물 등의 유무를 물양동이 등을 사용 · 채수하여 확인한다.

2) 급수 상태는 변형, 부식 등의 유무를 육안으로, 기능의 정상여부를 배수 밸브의 조작에 의해 확인한다. 또한 수량이 매우 많은 경우 방법에 따르기 어려운 때는 다음 방법에 따라 확인한다.

① 수위전극을 사용하는 회로의 배선을 떼어내는 것(또는 시험스위치)에 의해 급수를, 그 후 회로를 연결하는 것(또는 시험스위치)에 의해 만수상태로 하여 급수의 정지를 확인한다.

② 볼탑을 사용하는 것은 수동조작에 의해 볼을 수중에 투입함으로써 감수상태로 하여 급수를 하고, 볼을 원상으로 복구함으로써 만수상태로 하여 급수의 정지를 확인한다.

3) 수위계는 맨홀의 뚜껑 등을 열고 계측에 의해 수위를 측정하여 수위계의 지시치를 확인하고, 압력계는 게이지콕크 또는 밸브 등을 닫고 압력계의 물을 빼어 지침이 0점의 위치를 가리키는가의 여부를 확인하고 게이지콕크 또는 밸브 등을 열어 지침의 지시치를 확인한다.

4) 밸브류는 손으로 개폐조작을 쉽게 할 수 있는가의 여부를 확인한다.

11.4.2 전동기의 제어장치

1) 개폐기 스위치류는 단자의 풀림 등이 없고, 개폐기능의 정상여부를 드라이버 등을 사용하여 개폐 조작함으로써 확인한다.

2) 퓨즈류는 손상, 녹아떨어짐 등이 없고, 종류 및 용량이 적정한가를 확인한다.

3) 계전기는 탈락, 단자의 풀림, 접점의 소손, 먼지의 부착 등의 유무를 확인하고, 스위치 등의 조작에 의해 계전기를 작동시켜 기능을 확인한다.

4) 표시등은 스위치 등의 조작에 의해 점등을 확인한다.

5) 결선접속은 단선, 단자의 풀림 등의 유무를 드라이버 등에 의해 확인한다.

6) 접지는 부식, 단선, 등의 유무의 회로계에 의해 확인한다.

11.4.3 기동장치

1) 수동식 기동 조작부는 직접 조작부 및 원격조작부의 스위치를 조작함으로써 가압송수장치의 기종 여부를 확인한다.

2) 자동식 기동장치

① 기동용수압 개폐장치는 압력 스위치의 단자 풀림 등의 유무를 드라이버 등에 의해 확인하고 설정압력치가 설치도면대로 인가의 여부를 확인한 다음, 배부밸브의 조작에 의해 가압송수장치를 기동시켜 작동압력치의 적정 여부를 확인한다.

② 화재감지 장치의 감지기의 기능은 자동화재탐지 설비의 점검 요령에 준하여 하고, 감지기의 작동에 의해 가압송수장치의 기동여부를 확인한다.

11.4.4 전동기

1) 회전축은 회전의 원할 여부를 손으로 돌림으로써 확인한다.
2) 베어링부는 윤활유에 오염, 변질 등이 없고 필요량이 충만되어 있는가의 여부를 확인한다.
3) 축이음은 풀림 등이 없고, 기능의 정상 여부를 스패너 등에 의해 확인한다.
4) 본체는 기동장치의 조작에 의해 기능의 정상 여부를 확인한다.

11.4.5 펌프

1) 회전축은 회전의 원할 여부를 손으로 돌림으로써 확인한다.
2) 베어링부는 윤활유의 오염, 변질 등이 없고, 필요량이 충전되어 있는가의 여부를 확인한다.
3) 그랜드부는 현저한 누수의 여부를 확인한다.
4) 연성계 및 압력계는 게이지콕크 또는 밸브 등을 닫고 물을 빼어 지침이 0점을 가리키는가의 여부에 확인하고, 게이지콕크 또는 밸브 등을 열고 기동장치의 조작에 의해 지침이 정상으로 작동하는 가의 여부를 확인한다.
5) 성능은 펌프 토출측에 설치되어 있는 게이트 밸브를 닫고 펌프를 닫은 후 펌프를 기동시켜 성능 시험배관의 테스트밸브를 개방하여 유량계 및 압력계에 의해 정격부하 운전시의 성능이 유지되고 있는가의 여부를 확인한다.

11.4.6 고가수조방식

고가수조의 부근 및 가장 먼 곳의 시험밸브 등에 있어서의 정수압력을 압력계에 의해 측정하여 적정의 압력 여부를 확인한다.

11.4.7 압력수조방식

배수밸브를 개방한 경우에 자동적으로 가압되는가의 여부를 확인한다.

11.4.8 물올림장치

1) 밸브류는 손으로 조작함으로써 개방조작이 쉽게 될 수 있는가의 여부를 확인한다.
2) 자동급수장치는 변형, 손상 등의 유무를 확인하고, 급수밸브를 닫고 배수밸브의 조작에 의해 기능의 정상여부를 확인한다.
3) 배수경보장치는 변형, 부식 등의 유무를 확인하고, 급수밸브를 닫고 배수밸브의 조작에 의해 기능의 정상여부를 확인한다.

4) 푸트밸브

① 물올림관을 끌어올리거나 또는 철사 등의 조작에 의해 이물의 부착, 막힘 등의 유무를 확인한다.

② 펌프의 콕크를 개방함으로써 콕크에서 연속적으로 방수하는가의 여부를 확인한다.

③ 펌프의 콕크를 개방하여 물올림관의 밸브를 닫음으로써 체크 효과의 정상여부를 확인한다.

11.4.9 배관

1) 밸브류는 손으로 조작함으로써 개폐조작이 쉽게 될 수 있는가를 확인한다.
2) 여과장치는 여과망의 변형, 이물의 부착 등의 유무를 분해하여 확인한다.
3) 순환배관은 가압송수장치를 체절운전시켜 배수의 적정 여부를 확인한다.

11.4.10 포소화약제 저장탱크 등

1) 소화약제는 저장탱크에 설치되어 있는 배액구의 밸브를 열고 소화약제를 비이커 또는 메스실린더에 채액하여(상 · 중 · 하의 3위치에서 채액하는 것이 바람직하다) 변질, 오염 등의 유무를 확인한다.
2) 압력계는 게이지콕크 또는 밸브 등을 닫고 압력계의 물을 빼어, 지침이 0점의 위치를 가리키는 가의 여부를 확인하여 게이지콕크 또는 밸브 등을 열어 지침의 지시치를 확인한다.
3) 밸브류는 손으로 조작함으로써 개폐조작이 쉽게 될 수 있는가의 여부를 확인한다.

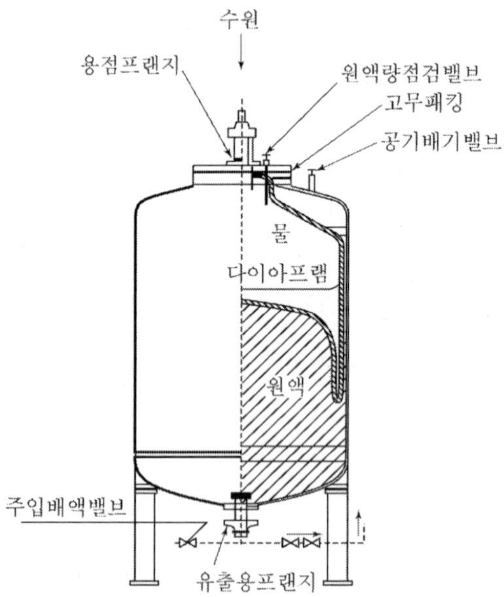

그림 11.12 포소화약제 저장탱크 (프레져 프로포셔너방식)

11.4.11 포소화약제 혼합장치 및 가압송액장치

1) 약제혼합장치의 혼합방식은 여러 가지 종류가 있고, 또한 제조업자에 따라 그 기능이 다르므로 관계도서에 의거한 혼합기송액장치, 비례혼합을 위한 조정기구 및 이들을 연결하는 배관의 제한사항, 능력이 적정하게 유지되고 있는가의 여부를 확인한다.

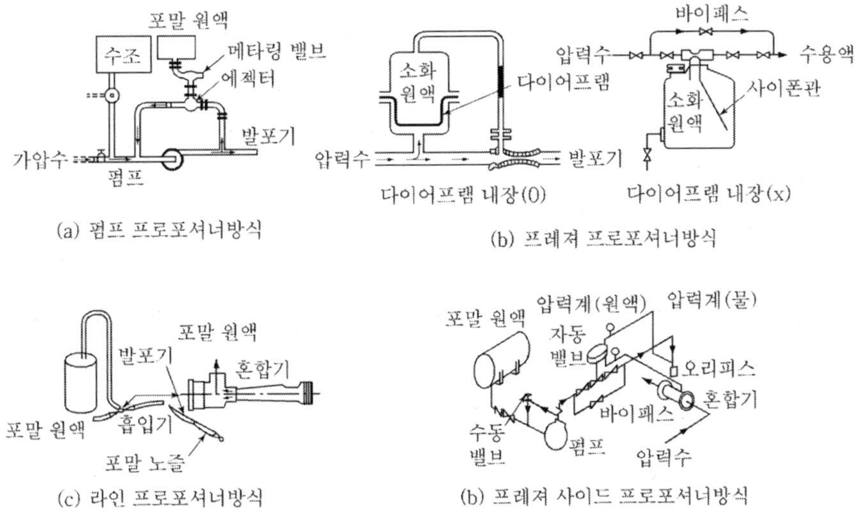

(a) 펌프 프로포셔너방식
(b) 프레져 프로포셔너방식
(c) 라인 프로포셔너방식
(b) 프레져 사이드 프로포셔너방식

그림 11.13 포 소화약제 혼합장치

2) 가압송액장치는 누액 등의 유무를 확인하고, 가압용으로 펌프를 사용하는 것에 있어서는 가압송수장치에 준하여 확인한다.

11.4.12 유수검지장치 및 압력검지장치

1) 밸브본체 등은 검지장치의 시험밸브 조작에 의해 밸브 본체, 부속밸브류 및 압력계 등 기능의 정상여부를 확인한다.
2) 리타딩 챔버는 지연작용 및 자동배수 등에 의한 배수가 유효하게 되는가의 여부를 확인한다.
3) 압력스위치는 단자의 풀림 등의 유무를 드라이버 등에 의해 확인하고, 설정압력치가 설치도면대로인가 확인한 다음, 작동압력치의 적정 여부를 확인한다.
4) 음향경보장치 및 표시장치에서 경보장치는 벨, 사이렌 등이 확실하게 작동하는가의 여부를 확인하고, 표시장치는 표시등 등에 손상이 없고 확실하게 표시되는가의 여부를 확인한다.

11.4.13 일제개방밸브(전자밸브를 포함함)

전자밸브의 단자의 풀림 등의 유무를 드라이버 등에 의해 확인하며 일제개방밸브 2차측의 게이트밸브를 폐쇄하여 기동조작부의 밸브 및 스위치류를 조작함으로써 기능의 정상여부를 확인한다.

11.5 이산화탄소소화설비의 작동 · 기능점검

11.5.1 이산화탄소 소화약제 저장용기 등(고압식)

(1) 소화약제량은 다음에 의해 확인한다.

1) 간평식 측정기를 사용하여 행하는 방법

① 용기밸브에 설치되어 있는 용기밸브 개방장치, 연결관, 조작관 및 용기누름 등을 떼어낸다.

② 측정기 지점부의 후크를 용기지구의 행가에 부착하고 다음에 측정기 선단의 후크를 용기 밸브에 확실하게 부착시킨다.

③ 측정기의 손잡이를 쥐고 조용히 끌어내려 측정기의 막대가 거의 수평의 상태에 있을 때 중량을 측정한다.

④ 약제량은 측정값에서 용기밸브 및 용기의 중량을 뺀 값이다.

사진 11.3 이산화탄소소화설비 약제 저장용기(고압식)

2) 액면계(액화가스레벨메타)를 사용하여 행하는 방법

① 액면계의 전원스위치를 넣고 전압을 체크한다.

② 용기는 통상의 상태 그대로 하고 액면계 프로프와 방사선원간에 용기를 끼워 넣듯이 삽입한다.

③ 액면계 점출부를 조심히 상하 방향으로 이동시켜 메타 지침의 흔들림이 크게 다른 부분을 발견하여 그 위치가 용기의 바닥에 얼마만큼의 높이인가를 측정한다.

④ 액면의 높이와 약제량과의 환산은 전용의 환산척을 이용한다.

(2) 용기밸브 개방장치

1) 전기식

① 용기밸브에 부착되어 있는 용기밸브 개방장치를 떼어내고 파개침 또는 커터에 구부러짐, 손상 등 유무를 확인한다.

② 수동식 기동장치 등을 조작하여 전기적 작동의 정상여부를 확인한다.

③ 안전핀 또는 로크핀 등을 뽑고 수동으로 조작하여 작동의 정상 여부를 확인한다.

④ 작동 후의 복구는 통전을 차단한 때 또는 복구 조작한 때 정상으로 복구하는지의 여부를 확인한다.

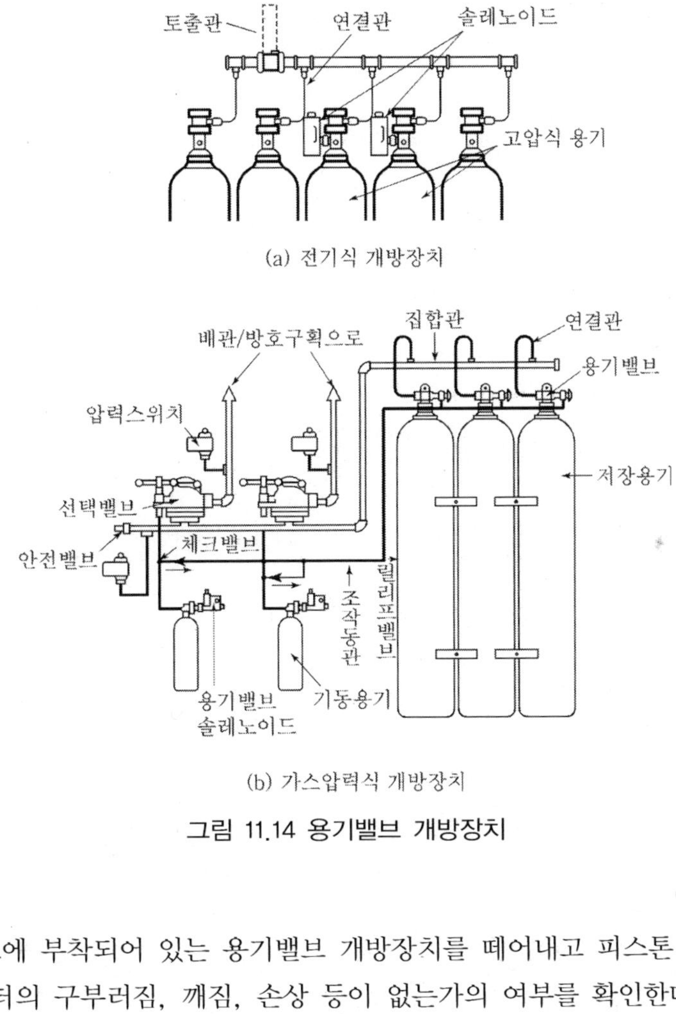

(a) 전기식 개방장치

(b) 가스압력식 개방장치

그림 11.14 용기밸브 개방장치

2) 가스압식

① 용기밸브에 부착되어 있는 용기밸브 개방장치를 떼어내고 피스톤 로드 및 파개침 또는 커터의 구부러짐, 깨짐, 손상 등이 없는가의 여부를 확인한다.

② 수동조작의 기능을 가진 것에 있어서는 안전핀 등을 뽑고 수동에 의하여 작동시켜

파개침 또는 커터 등의 작동, 스프링 등에 의한 복구작동이 정상인가의 여부를 확인한다.

③ 가스압만으로 작동하는 것에 있어서는 파개침 또는 커터 등을 손으로 잡아당겨 그 작동, 복구의 상태가 정상인가의 여부를 확인한다.

11.5.2 이산화탄소 소화약제 저장용기 등(저압식)

1) 소화약제량은 액면계에 의해 규정량의 약제가 충전되어 있는가를 확인한다.
2) 액면계, 압력계 변형, 손상 등이 없고 접속부는 누설되지 않는지의 여부를 확인하고 각종 압력계는 규정압력값을 지시하는가를 확인한다.
3) 경보장치 등은 접점부 압력계, 압력스위치 및 안정밸브(나사식의 것)등은 일시적으로 개폐밸브를 닫고 떼어내서 시험용 질소가스 등을 이용하여 작동에 이상이 없는가를 확인한다.
4) 자동냉동기의 시동, 정지기능의 점검은 접점부 등을 작동하여 운전상황이 정상인지를 확인한다.
5) 연결관, 집합관은 접속부에 풀림 등이 없는가를 스패너 등에 의해 확인한다.
6) 가스량은 다음에 의하여 확인한다.
   ① 용기밸브를 부착하고 있는 용기밸브 개방장치, 조작관 등을 떼어내어 용기수납함에서 꺼낸다.
   ② 20kg까지 측정할 수 있는 스프링 저울 또는 측량계를 사용하여 가스 용기의 중량을 측정한다.
   ③ 용기에 부착된 명판 또는 중량표에 기재된 중량과 대조한다.

11.5.3 선택밸브

1) 용기밸브 개방장치는 수동식의 것에 있어서는 용기밸브 개방장치를 떼어내고 피스톤 로드 및 파개침 또는 카터 대의 구부러짐, 깨짐, 손상 등이 없는가, 수동조작부의 안전핀 또는 봉인이 속히 이탈 될 수 있는가의 여부를 확인한다.
2) 본체는 접속부의 풀림 등이 없는가를 스패너 등으로 확인하고 시험용 가스를 사용하여 기능이 정상인가의 여부를 확인한다.
3) 전개식
   ① 단자부분의 커버를 벗기고 단말처리, 결선접속 등의 상태 적정 여부를 확인한다.
   ② 당해 선택밸브의 기동장치를 조작하여 개방장치를 작동시켜야 한다.

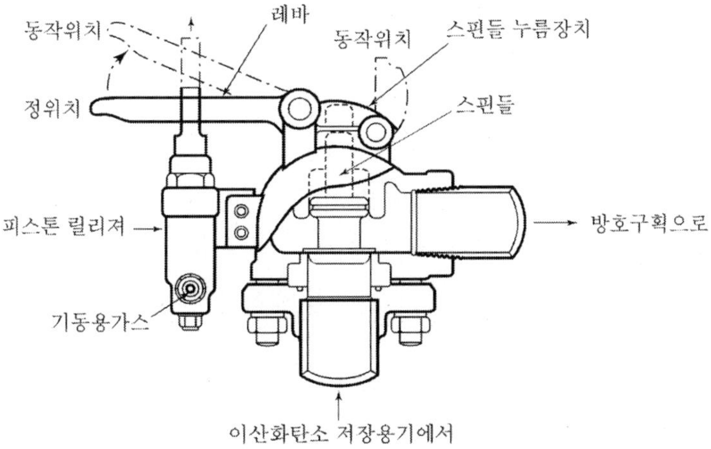

(a) 가스압력식에 의한 작동

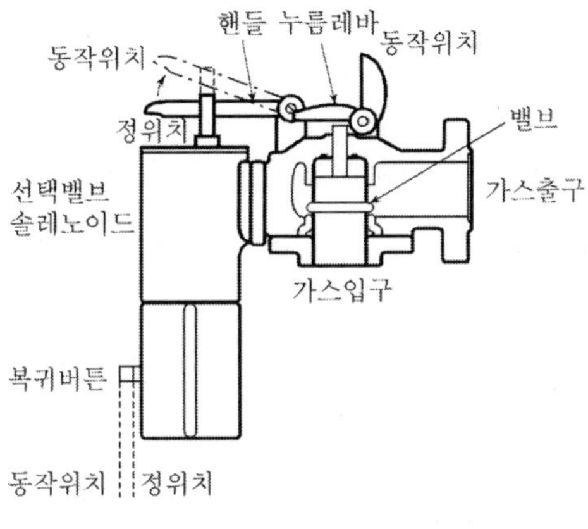

(b) 전기시에 의한 작동

그림 11.15 선택밸브

③ 기동장치를 복구한 후 제어반 등에 있어서 통전을 차단하고 누름레버를 복귀 또는 복귀 버튼 조작에 의해 개방장치를 원상태로 복귀 시켜야 한다.

④ 개방장치(누름레버 등)를 수동으로 조작하여 작동시킨 후 전과 마찬가지로 복귀시켜야한다.

4) 가스압식은 시험용 이산화탄소 용기(내용적 1L 이상, 이산화탄소 0.6kg 이상)를 이용하여 개방장치의 조작관 접속 부분에서 가압하여 작동이 정상인가의 여부를 확인하고, 가압원을 제거했을 때 선택밸브는 스프링의 작동 또는 누름레버 등을 조사하여 원상태로 복귀하는가의 여부를 확인한다.

11.5.4 수동식 기동장치

1) 경보용 스위치는 조작함의 문을 열고 경보용 스위치에 변형, 손상 등이 없고, 경보 장치가 정상으로 작동하는가의 여부를 확인한다.
2) 누름버튼 등
   ① 저장용기 또는 기동용 가스용기의 용기밸브 개방장치를 떼어내어 조작함의 문을 열고 누름버튼 등에 변형, 손상 등이 없는가의 여부를 확인한다.
   ② 당해 조작함의 방출용 누름버튼 또는 방출용 스위치를 조작하여 작동상황을 확인한다.
   ③ 상기 시험을 재차 행하여 지연장치가 시한범위 내이고, 비상정지용 누름 버튼 또는 비상정지장치를 조작할 때, 용기밸브개방장치가 작동하지 않는가의 여부를 확인한다.
3) 표시등은 스위치 등의 조작에 의하여 점등을 확인한다.

11.5.5 자동식 기동장치

1) 화재감지장치의 점검은 자동화재탐지설비의 점검 요령에 준하여 확인한다.
2) 자동, 수동 절환장치
   ① 저장용기 또는 기동용 가스용기의 용기밸브 개방장치를 모두 떼어낸다.
   ② 자동인 때는 절환장치를 '자동' 측으로 절환하여 감지기 또는 수식기 내의 감지기 회로의 단자를 단락한다.
   ③ 수동인 때는 절환장치는 수동측으로 절환하여 감지기 또는 수신기 내의 감지기 회로의 단자를 단락한다.
   ④ 방호구획 또는 방호대상물마다 행하여 기능을 확인한다.
3) 자동, 수동 절환 표시등은 스위치 등의 조작에 의해 점등을 확인한다.

11.5.6 경보장치

1) 음향은 방호구획 또는 방호대상물마다 감지기 또는 수동식 기동장치의 경보조작을 행하여 작동 여부를 확인하고, 음량은 소음계를 사용하여 측정한다.
2) 음성의 점검은 위의 밑줄 친 것과 같은 요령으로 2회 이상 행하여 항상 사이렌 등의 주의음을 발한 후에 발설되는가의 여부를 확인한다.

11.5.7 제어장치

1) 개폐기 스위치류는 단자의 풀림 등이 없고, 개폐기능이 정상인가의 여부를 드라이버 등으로 개폐 조작함으로써 확인한다.
2) 지연장치의 작동시간은 기동장치의 점검방법에 의하여 행하고, 방출용 누름버튼 조작 후 용기 밸브 개방장치의 작동까지의 시간을 측정한다.
3) 퓨즈류는 손상, 녹아 끊어짐이 없고 적정 종류 및 용량의 것인가의 여부를 확인한다.
4) 계전기는 탈락, 단자의 풀림, 접점의 소손, 먼지 등의 부착이 없는가의 여부를 확인하여 스위치 등의 조작에 의하여 계전기를 작동시켜 기능을 확인한다.
5) 표시등은 스위치 등의 조작에 의하여 점등을 확인한다.
6) 결선접속은 단선, 단자의 풀림 등이 없는가의 여부를 육안이나 드라이버 등에 의해 확인한다.
7) 접지는 부식, 단선 등이 없는가의 여부를 육안이나 회로계에 의하여 확인한다.

11.5.8 방출표시등

방출표시등은 압력스위치 등을 수동으로 작동시키거나, 또는 제어반내의 표시회로 단자를 단락시키거나 하여 점등 여부를 확인한다.

11.5.9 자동폐쇄장치

(1) 전기에 의한 작동

수동식 기동장치를 조작하여 자동폐쇄장치의 폐쇄상태의 이상 여부 확인

(2) 가스압에 의한 작동

1) 시험용 가스(기동용 가스, 질소가스, 또는 공기)를 사용하여 자동폐쇄장치로 통하는 조작관에 접속한다.
2) 시험용 가스를 개방하여 자동폐쇄장치의 폐쇄상태에 이상이 없는가를 확인할 것.
3) 조작관, 자동폐쇄장치 등으로부터의 가스누설 유무, 자동폐쇄장치의 복귀가 가압시의 압력을 뺌으로써 자동적으로 행해지고 그 복구 상태에 이상이 없는가의 여부확인

11.5.10 환기장치

수동기동장치를 조작하여 환기장치의 정지상태에 이상이 없는가의 여부를 확인할 것.

11.5.11 비상전원

1) 단자전압

① 충전회로의 축전지 단자전압을 충전상태에서 전압계로 측정하여 확인할 것.

② 전지시험용 스위치를 조작함으로써 용량이 적정한지의 여부를 전압계에 의하여 확인할 것.

2) 절환장치는 상용전원을 차단하여 전원의 절환상태에 전압계, 전원감시용 표시등에 의하여 확인할 것.

3) 충전장치

① 변압기, 정류기 등의 기능을 회로계 등에 의하여 확인할 것.

② 전용회로로 되어 있는가의 여부를 개폐조작에 의하여 확인할 것.

4) 결선접속

단선, 단자의 풀림 등이 없는가의 여부를 육안이나 드라이브 등에 의하여 확인할 것.

11.5.12 호스 등

1) 호스

① 호스를 릴에서 끌어내어 호스와 접속금속구와의 부분을 시험조임으로써 풀림이 없는가의 여부를 확인할 것.

② 호스에는 노화에 의한 파열, 현저한 균열 등이 생기고 있지 아니한가의 여부를 확인할 것.

③ 호스릴의 근원으로부터 노즐 선단까지의 길이는 설치시의 상태인가의 여부를 확인할 것.

2) 호스릴은 호스를 끌어낸 후 원 상태로 감음이 쉬운지의 여부를 확인할 것.

3) 노즐

① 호스, 레버, 혼 부의 접속부에 풀림 등이 없고 노즐이 먼지, 오물 등으로 폐쇄되어 있지 아니한가의 여부를 확인할 것.

② 노즐 손잡이 부분을 쥐고 위해방지조치가 적정한가의 여부를 확인할 것.

4) 노즐 개폐밸브를 수동으로 조작하여 작동의 여부를 확인할 것.

찾아보기

Index

ㅈ

최신 소방학개론(제2판)

저 자 최기봉 · 강균희 · 김동일

발행인 임 해 진
발행처 구미서관

발 행 2007년 2월 27일 제1판 1쇄
2014년 2월 25일 제2판 1쇄

주 소 서울시 마포구 신촌로 2길 5-15 구미빌딩
등 록 1979년 6월 29일 No.9-6호
ISBN 978-89-8225-973-9 (93500)

TEL : (代) 333-1101 FAX : 335-2201
http://www.goomibook.com

정가 20,000원

저자와의 협의하에 인지를 생략합니다.
파본이나 잘못된 책은 교환하여 드립니다.